全国技工院校数控类专业教材（高级技能层级）

# CAD/CAM应用技术（CAXA 2020）

人力资源社会保障部教材办公室组织编写

中国劳动社会保障出版社

## 简介

本书主要内容包括 CAXA 制造工程师 2020 软件基本操作、二维图形的绘制、曲面建模、实体特征造型、数控铣削二轴加工、数控铣削三轴加工、数控车削加工。本书使用最新版本的 CAXA 制造工程师软件，采用任务驱动的模式编写，内容简明，图文并茂，通俗易懂。本书既可作为数控专业学生数控造型和自动编程用教材，也可作为数控专业造型技术人员的自学教材。

本书由沈建峰任主编，蔡家松任副主编，管小丽、陈国炎、金伟龙、狄菲菲参加编写；李素兰、王继武任主审。

**图书在版编目（CIP）数据**

CAD/CAM 应用技术：CAXA 2020 / 人力资源社会保障部教材办公室组织编写 . -- 北京：中国劳动社会保障出版社，2022

全国技工院校数控类专业教材 . 高级技能层级

ISBN 978-7-5167-5424-5

Ⅰ. ①C… Ⅱ. ①人… Ⅲ. ①机械设计–计算机辅助设计–应用软件–技工学校–教材②机械制造–计算机辅助制造–应用软件–技工学校–教材③数控机床–计算机辅助设计–应用软件–技工学校–教材 Ⅳ. ①TH122②TH164③659

中国版本图书馆 CIP 数据核字（2022）第 144939 号

**中国劳动社会保障出版社出版发行**

（北京市惠新东街 1 号　邮政编码：100029）

*

北京宏伟双华印刷有限公司印刷装订　　新华书店经销

787 毫米 ×1092 毫米　16 开本　19 印张　403 千字

2022 年 10 月第 1 版　　2025 年 1 月第 3 次印刷

**定价：51.00 元**

营销中心电话：400-606-6496

出版社网址：http://www.class.com.cn

# 前言

为了更好地适应技工院校数控类专业的教学要求，全面提升教学质量，人力资源社会保障部教材办公室组织有关学校的骨干教师和行业、企业专家，在充分调研企业生产和学校教学情况，广泛听取教师对教材使用反馈意见的基础上，对全国技工院校数控类专业高级技能层级的教材进行了修订。

本次教材修订工作的重点主要体现在以下几个方面：

第一，更新教材内容，体现时代发展。

根据数控类专业毕业生所从事岗位的实际需要和教学实际情况的变化，合理确定学生应具备的能力与知识结构，对部分教材内容及其深度、难度做了适当调整。

第二，反映技术发展，涵盖职业技能标准。

根据相关工种及专业领域的最新发展，在教材中充实新知识、新技术、新设备、新工艺等方面的内容，体现教材的先进性。教材编写以国家职业技能标准为依据，内容涵盖数控车工、数控铣工、加工中心操作工、数控机床装调维修工、数控程序员等国家职业技能标准的知识和技能要求，并在配套的习题册中增加了相关职业技能等级认定模拟试题。

第三，精心设计形式，激发学习兴趣。

在教材内容的呈现形式上，较多地利用图片、实物照片和表格等将知识点生动地展示出来，力求让学生更直观地理解和掌握所学内容。针对不同的知识点，设计了许多贴近实际的互动栏目，以激发学生的学习兴趣，使教材“易教易学，易懂易用”。

第四，采用 CAD/CAM 应用技术软件最新版本编写。

在 CAD/CAM 应用技术软件方面，根据最新的软件版本对 UG、Creo、Mastercam、CAXA、SolidWorks、Inventor 进行了重新编写。同时，在教材中不仅局限于介绍相关的软件功能，而是更注重介绍使用相关软件解决实际生产中的问题，以培养学生分析和解决问题的综合职业能力。

第五，开发配套资源，提供教学服务。

本套教材配有习题册和方便教师上课使用的多媒体电子课件，可以通过登录技工教育网（http://jg.class.com.cn）下载。另外，在部分教材中使用了二维码技术，针对教材中的教学重点和难点制作了动画、视频、微课等多媒体资源，学生使用移动终端扫描二维码即可在线观看相应内容。

本次教材的修订工作得到了河北、辽宁、江苏、山东、河南等省人力资源和社会保障厅及有关学校的大力支持，在此我们表示诚挚的谢意。

人力资源社会保障部教材办公室

2022 年 7 月

# 目　录

# 模块一　CAXA 制造工程师 2020 软件基本操作

## 课题 1　CAXA 制造工程师 2020 软件界面操作

### 一、学习目标

1. 了解 CAXA 制造工程师 2020 软件的基本功能。
2. 掌握启动及关闭 CAXA 制造工程师 2020 软件的方法。
3. 熟悉 CAXA 制造工程师 2020 软件的基本模块及其功能。
4. 熟悉 CAXA 制造工程师 2020 软件的工作界面。
5. 掌握 CAXA 制造工程师 2020 软件中快捷键的使用方法。

### 二、任务描述

熟悉如图 1–1 所示 CAXA 制造工程师 2020 软件界面，并对软件系统进行参数设置等界面操作。

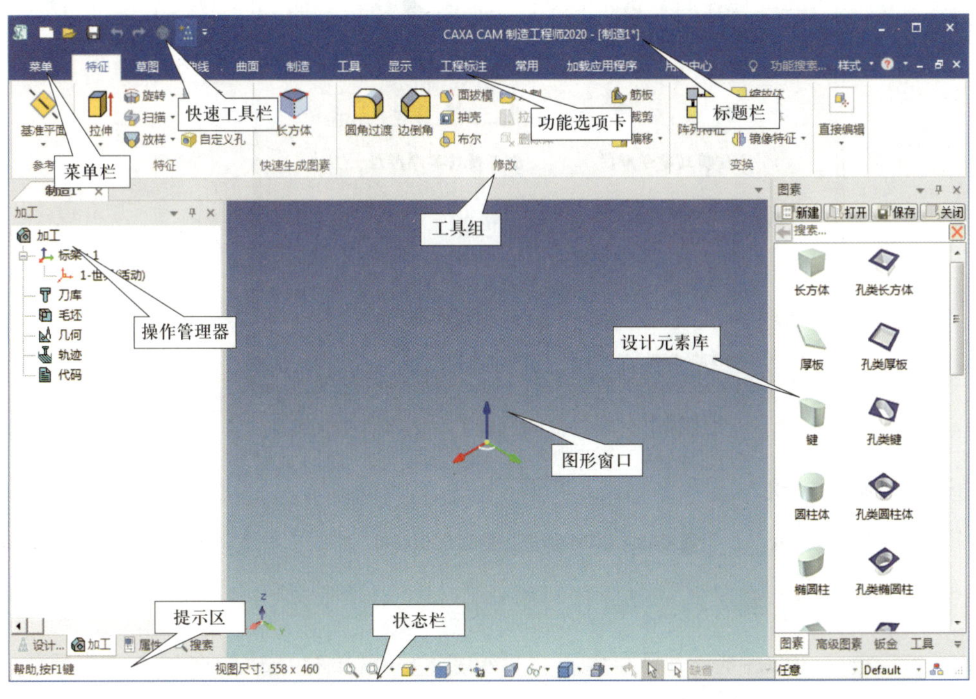

图 1–1　CAXA 制造工程师 2020 软件工作界面

## 三、任务实施

### 1. 启动 CAXA 制造工程师 2020

（1）通过快捷图标启动

双击如图 1–2 所示的快捷方式图标，显示如图 1–3 所示的软件启动界面，稍后即可进入如图 1–4 所示的“零件模式选择”对话框，选中对话框中的“不再显示本对话框”复选框后，单击“工程模式零件”选项，即可进入如图 1–1 所示的软件工作界面。

图 1–2　软件快捷方式图标

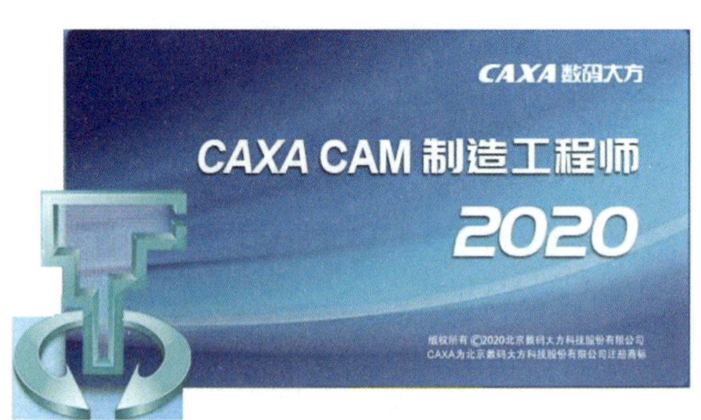


图 1–3　软件启动界面

图 1–4　“零件模式选择”对话框

（2）通过开始菜单启动

单击“开始”/“CAXA”/“CAXA CAM 制造工程师2020(x64)”即可完成软件的启动操作。

### 2. 熟悉软件工作界面

CAXA 制造工程师 2020 的工作界面主要包括标题栏、菜单栏、功能选项卡、工具组、操作管理器、图形窗口、状态栏等。

（1）标题栏和快速工具栏

标题栏位于工作界面的最上方，显示软件的版本信息。如果已经打开了一个文件，则在标题栏中显示该文件的路径与文件名。

快速工具栏位于工作界面左上侧，主要放置“新建”“保存”“打开”等常规操作按钮，用户可根据个人使用习惯定制快速工具栏。如图 1–5 所示，在相应的按钮上单击鼠标右键，再在弹出的右键菜单中分别选择“自快速启动工具栏删除”和“添加到快速启动工具栏”，即可完成快速工具栏中按钮的删除与添加操作。

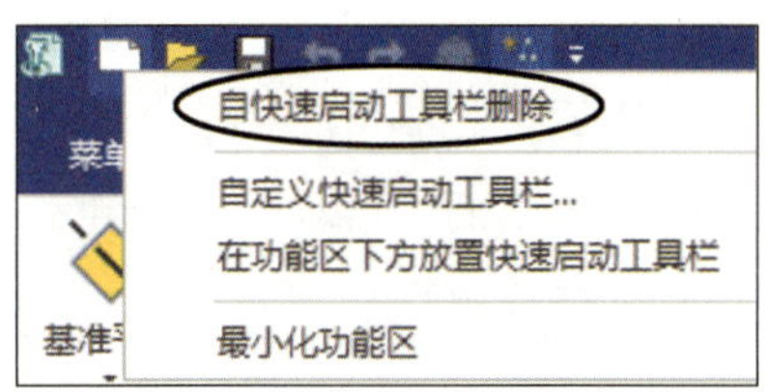


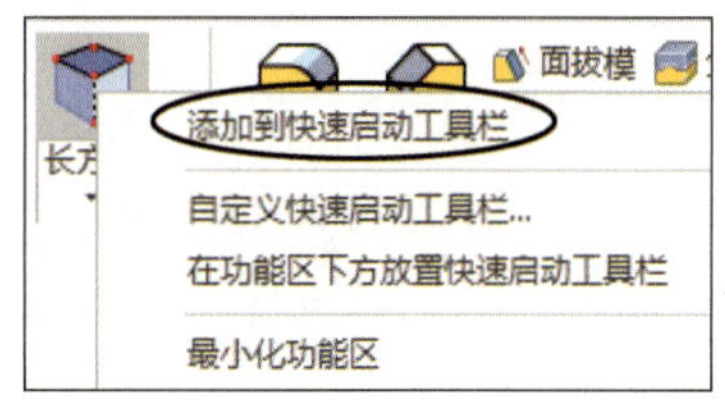


图 1–5　快速工具栏中按钮的删除与添加操作

（2）菜单和窗口右键菜单

CAXA 制造工程师 2020 仅有“菜单”为下拉菜单，其余均为功能选项卡。单击“菜单”，即可显示如图 1–6 所示的菜单，将光标移至某个菜单上，则可进一步显示下一级子菜单。

在图形窗口空白区单击鼠标右键，将显示如图 1–7a 所示的右键菜单，该菜单主要用于选择不同的窗口显示方式。在图形窗口某个图素或特征处单击鼠标右键，将显示如图 1–7b 所示的右键菜单，显示相关的图素或特征操作。将光标对准其他区域单击鼠标右键，也会显示各种形式的右键菜单。

图 1–6　“菜单”及其子菜单

图 1–7　窗口右键菜单

（3）功能选项卡和工具组

功能选项卡及其对应的工具组如图 1–8 所示。除“菜单”外，其余选项均为功能选项卡，单击某个功能选项卡，即可显示相对应的工具组和工具按钮。

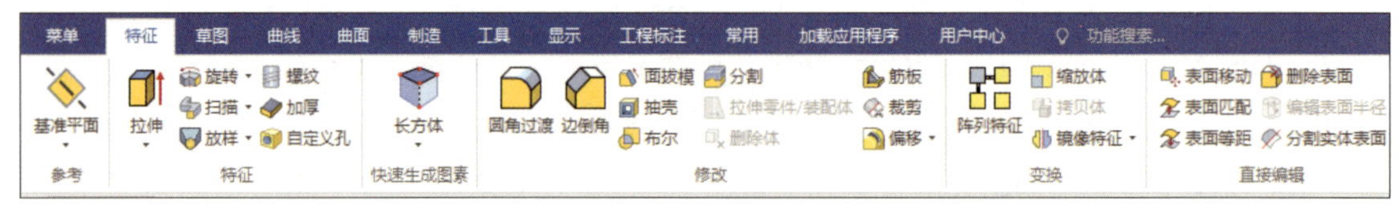


图 1–8　功能选项卡及其对应的工具组

（4）操作管理器

操作管理器位于工作界面的左侧，有“设计环境”“加工”“属性”“搜索”等多个功能选择按钮，单击相应的功能选择按钮，即显示该功能的操作管理。

（5）设计元素库

设计元素库位于工作界面的右侧，有“图素”“高级图素”“钣金”“工具”等多种功能选择按钮，单击相应的功能选择按钮，即可显示该功能的所有设计元素。相应的设计元素如图 1–9 所示，操作时，将需要的设计元素拖动至图形窗口，调整其位置和参数即可完成相应特征的建模，极大地方便了用户。

图 1–9　设计元素库

（6）图形窗口

图形窗口是用户用于绘图和建模的区域，相当于传统意义上的建模图板。图形窗口的左下角显示当前的坐标系，坐标系会根据用户的选择或操作发生变化。

（7）状态栏

状态栏位于工作界面的最下方，主要用于“显示全部”“局部放大”“指定面”“视角平面”“保存视向”“实体和线架模式显示选择”等视图显示操作。

（8）提示区

提示区位于工作界面的左下方，用于提示用户进行操作并显示当前状态或所处位置。

### 3. 改变窗口背景色

在初始状态下，窗口背景色为“2D 纹理”蓝白过渡底色，为更好地显示绘图效果，可通过以下方法将窗口底色改变为白色。

（1）单击“菜单”/“设置”/“背景”，弹出如图 1-10 所示的“设置环境属性”对话框。单击功能选项卡中的“显示”，再在“渲染器”工具组中单击“背景”按钮，也可弹出“设置环境属性”对话框。

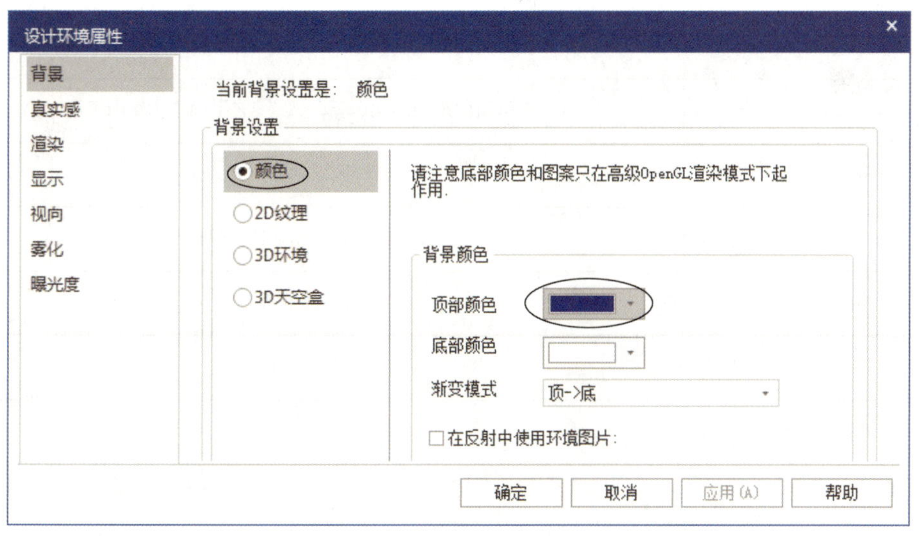


图 1-10 “设置环境属性”对话框

（2）单击选中“背景设置”下方的“颜色”单选按钮 颜色，单击“背景颜色”区中“顶部颜色”后的颜色方框“”，在弹出的“颜色管理”对话框中选中“白色”。

（3）单击“确定”按钮 确定，窗口背景色改变为白色。

## 四、知识拓展

### 1. 常用键和常用功能热键的含义

（1）常用键

鼠标左键：可以激活菜单、确定位置点、拾取元素等。

鼠标右键：用来确认拾取、结束操作、终止命令、打开快捷菜单等。

鼠标中键（滚轮）：滚动滚轮用来进行缩小或放大图素操作；按住滚轮并移动鼠标，可进行空间旋转图素操作。

回车键与数值键：在系统要求输入坐标、长度等数值时，通过回车键与数值键可以激活一个输入框，在输入框中输入数值。

空格键：当系统要求输入点和矢量方向及选择拾取方式时，按空格键可以弹出快捷菜单，以便于查找及选择。

（2）常用功能热键

常用功能热键及其功用见表 1–1。

**表 1–1　常用功能热键及其功用**

| 键名 | 功用 |
|---|---|
| Fn+F1 或 F1① | 打开系统帮助 |
| Fn+ F5 或 F5 | 在空间曲线绘制状态下，选择 *XY* 平面作为绘图平面 |
| Fn+F6 或 F6 | 在空间曲线绘制状态下，选择 *YZ* 平面作为绘图平面 |
| Fn+F7 或 F7 | 在空间曲线绘制状态下，选择 *XZ* 平面作为绘图平面 |
| Fn+ F8 或 F8 | 图形窗口区以轴测图方式显示 |
| Fn+F9 或 F9 | 在轴测图方式下循环选择绘图平面 |
| Ctrl+N | 新建文件 |
| Ctrl+O | 打开文件 |
| Ctrl+S | 另存文件 |

①在笔记本计算机上须按“Fn”+“F1 ~ F9”键，在台式计算机上只需按“F1 ~ F9”键，本书默认使用笔记本计算机。

### 2. 设置 CAXA 2020 软件工作界面

在 CAXA 2020 软件工作界面中，有些暂不用的功能可关闭其显示，需要时再将其打开，其操作过程如下：

单击“菜单”/“显示”/“设计元素库”，可将“设计元素库”对话框关闭。

单击“菜单”/“显示”/“状态条”，可关闭窗口下方的“状态栏”显示。

单击“菜单”/“显示”/“设计树”，可关闭窗口左侧的“设计树”显示。

同理，通过以上操作，也可打开相应的功能显示。

## 五、任务拓展

1. 通过设置显示参数，使绘图过程中选中某个图素时，不显示智能尺寸标注。
2. 熟悉智能渲染工具按钮的使用方法。

# 课题 2　体验 CAXA 制造工程师 2020 造型与加工

## 一、学习目标

1．体验实体建模的方法。

2．体验规划粗加工刀具轨迹并进行实体仿真的方法。

3．体验后置处理生成 G 代码的方法。

4．掌握保存及打开文件的方法。

## 二、任务描述

采用 CAXA 制造工程师 2020 软件，完成如图 1–11 所示零件的实体建模工作，规划刀具路径并生成 G 代码。

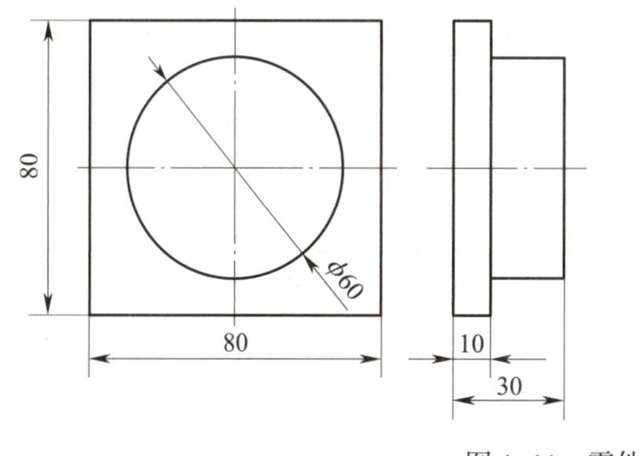


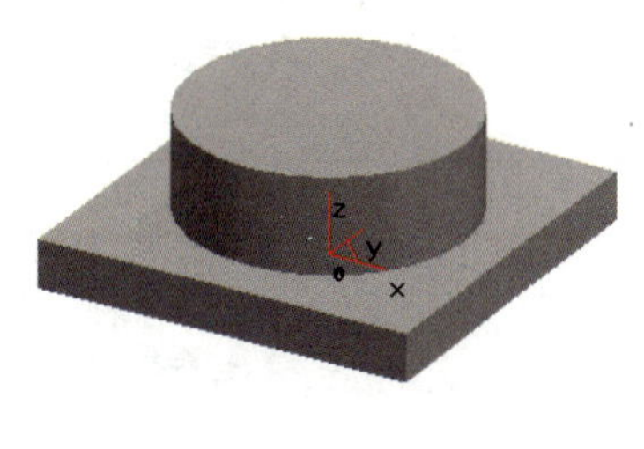

图 1–11　零件图

## 三、任务实施

### 1．实体建模

（1）绘制长方形草图

1）双击计算机桌面上“CAXA 制造工程师 2020”快捷方式图标，进入其工作界面。

2）单击功能选项卡中的“草图”，再单击“二维草图”按钮下方的下三角，弹出如图 1–12 所示的下拉菜单，单击选中“在 X–Y 基准面”。

3）单击如图 1–13 所示状态栏中“视角平面”选择图标右侧的下三角，在弹出的下拉菜单中选择“俯视图”作为视角平面。

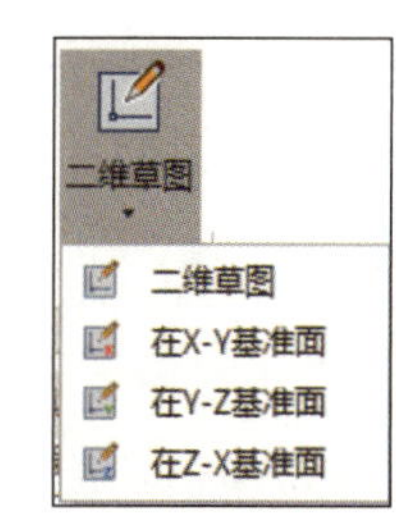


图 1–12　选择绘图平面

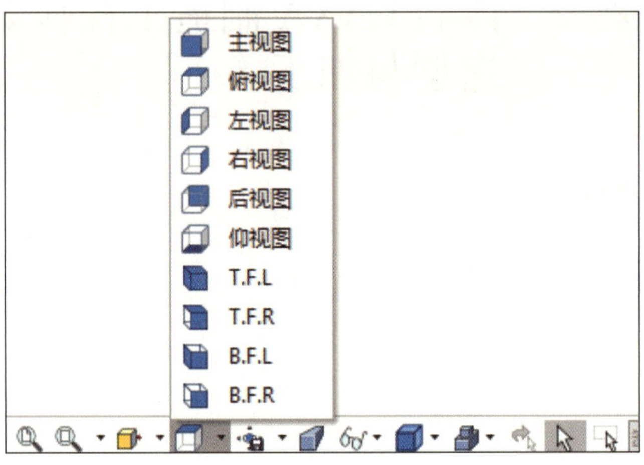


图 1–13　选择视角平面

4）在如图 1–14 所示的草图功能按钮中，单击“绘制”工具组中的“中心矩形”按钮 中心矩形。

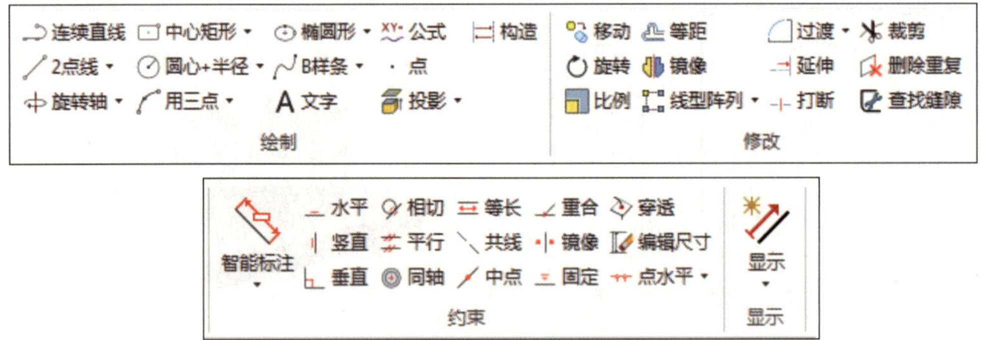


图 1–14　草图功能按钮

5）单击坐标原点，再在如图 1–15 所示的绘制长方形即时菜单中“长度（mm）”和“宽度（mm）”后输入“80”，按回车键完成长方形的绘制。

**提示**

即时菜单一般位于窗口左侧。在即时菜单中输入数值时，一定要注意所有数据全部修改完成后才能按回车键确认。

6）单击“确定”按钮 ✔ 完成草图绘制，绘图窗口为“正等测”视角平面，其结果如图 1–16 所示。

（2）拉伸长方体

1）单击功能选项卡中的“特征”，显示如图 1–8 所示的“特征”工具栏。单击“特征”工具组中的“拉伸”按钮，弹出如图 1–17 所示的“属性”对话框。

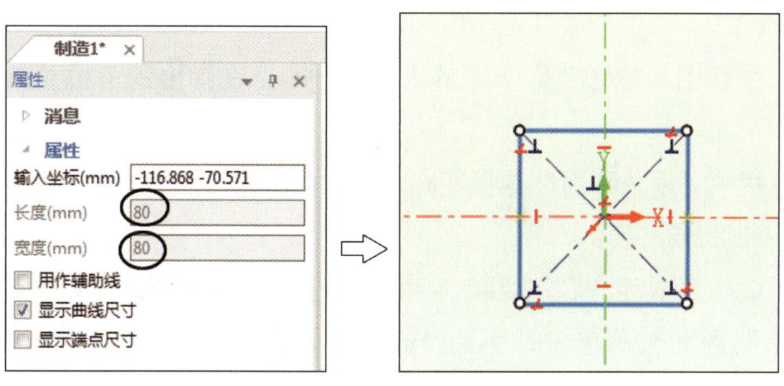


图 1-15　绘制长方形即时菜单

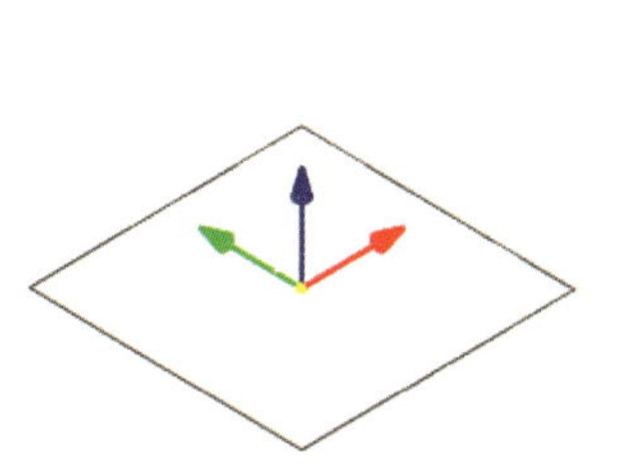

图 1-16　完成后的草图

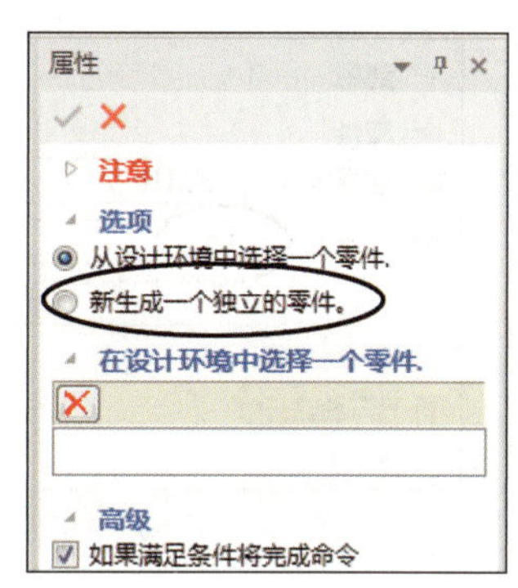


图 1-17　“属性”对话框

2）单击选中对话框中的“新生成一个独立的零件”单选按钮，单击草图中长方形的一条边，此时“属性”对话框变为如图 1-18 所示的参数设置对话框。选中“反向”复选框和“增料”单选按钮，修改“高度值：”为“10”。

3）单击对话框中的“确定”按钮 ✓，完成长方体的拉伸。

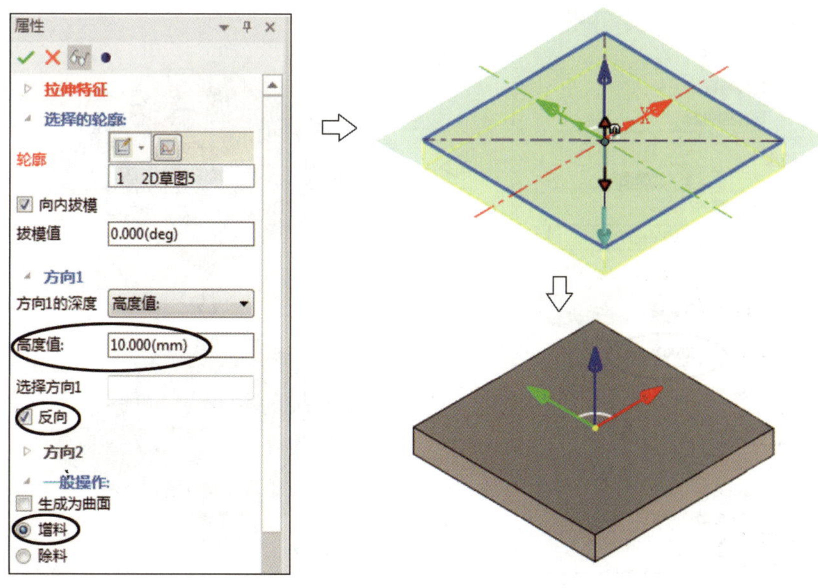


图 1-18　拉伸长方体

（3）拉伸圆柱

1）单击“二维草图”按钮 下方的下三角 ，在弹出的下拉菜单中单击选中“在 X–Y 基准面”。

2）单击状态栏中“视角平面”选择图标 右侧的下三角 ，在弹出的下拉菜单中选择“俯视图”作为视角平面。

3）单击“绘制”工具组中的“圆心 + 半径”按钮 圆心+半径，单击坐标原点，再在如图 1–19 所示的绘制圆即时菜单中“半径（mm）”后输入“30”，按回车键完成圆的绘制。单击“确定”按钮 完成草图的绘制。

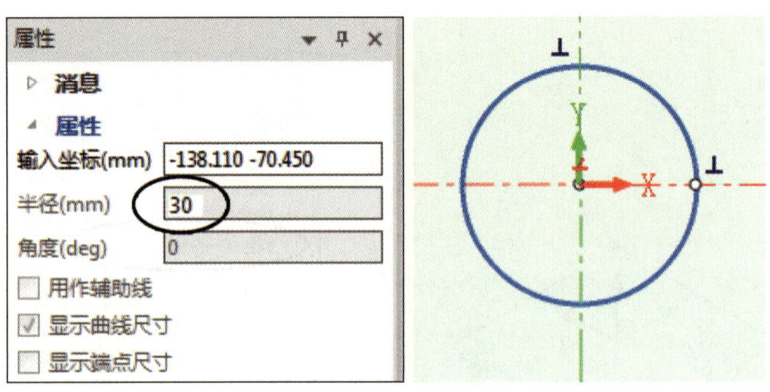


图 1–19　绘制圆即时菜单

4）单击“特征”工具组中的“拉伸”按钮 ，在弹出的“属性”对话框中选中“从设计环境中选择一个零件”单选按钮。

5）单击已生成的长方体，选中半径为“30”的圆，修改如图 1–20 所示“属性”对话框中的参数。选中“反向”复选框和“增料”单选按钮，修改“高度值：”为“20”。

6）单击“确定”按钮 ，完成圆柱的拉伸。

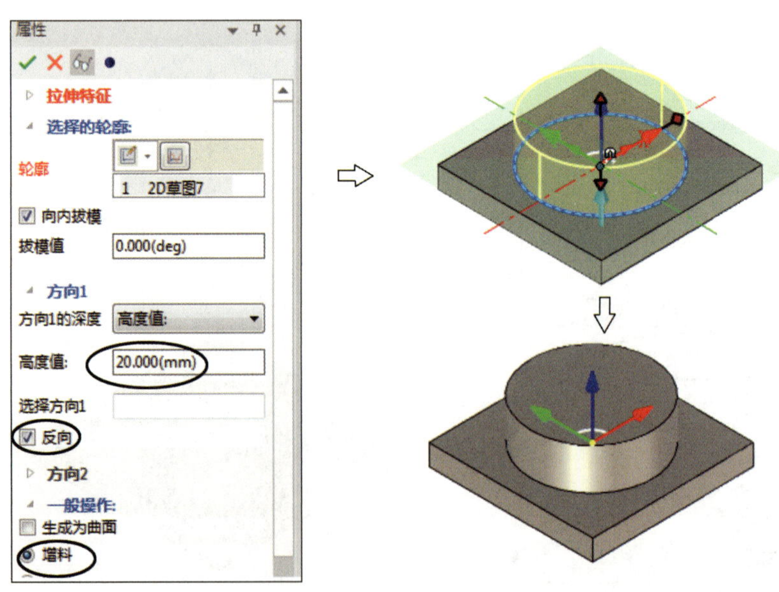


图 1–20　拉伸圆柱

## 2. 规划刀具路径

（1）定义毛坯

1）单击操作管理器下方的“加工”按钮加工，显示如图 1–21 所示的“加工”管理器，用鼠标右键单击特征树中的“毛坯”图标毛坯:，在弹出的右键菜单中单击“创建毛坯”，弹出如图 1–22 所示的“创建毛坯”对话框。

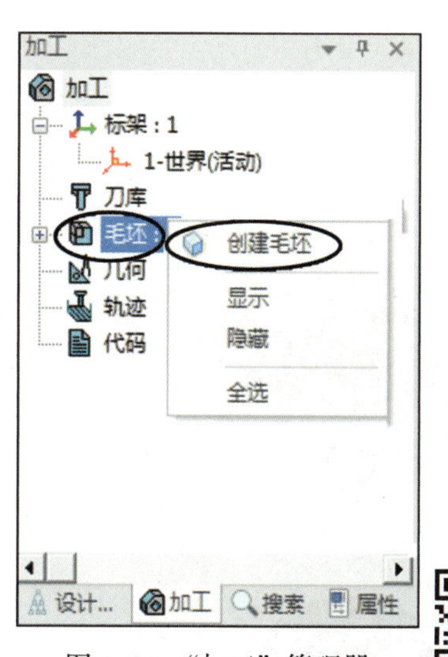


图 1–21 “加工”管理器

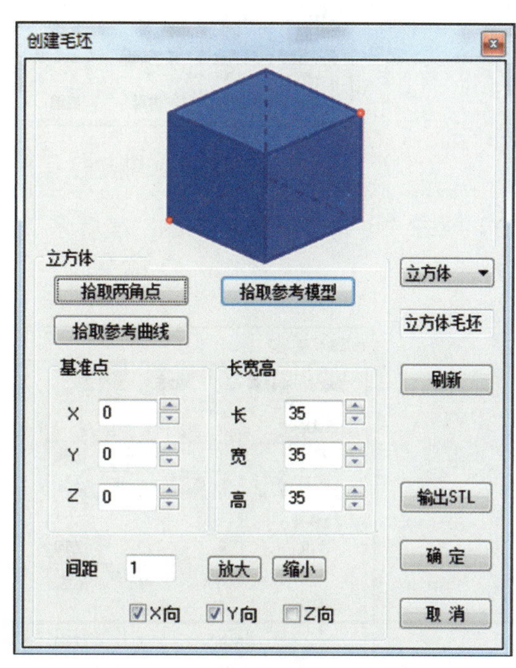


图 1–22 “创建毛坯”对话框

2）单击对话框中的“拾取参考模型”按钮拾取参考模型，弹出如图 1–23 所示的“面拾取工具”对话框，选中“零件”单选按钮，单击窗口中已生成的实体，单击“确定”按钮 ✓ 返回“创建毛坯”对话框。

3）单击“确定”按钮确定，完成毛坯创建，其结果如图 1–24 所示。

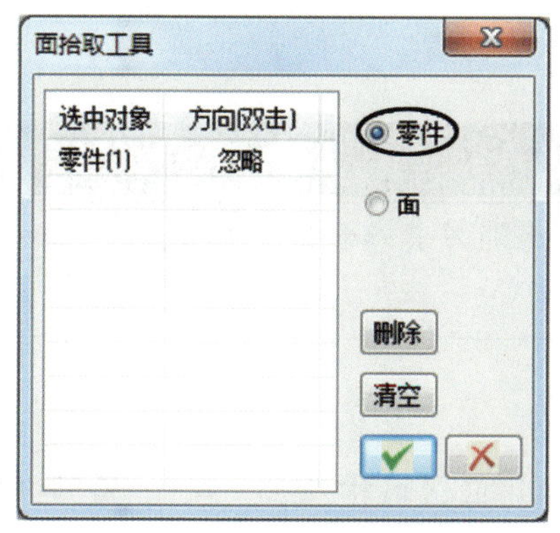


图 1–23 “面拾取工具”对话框

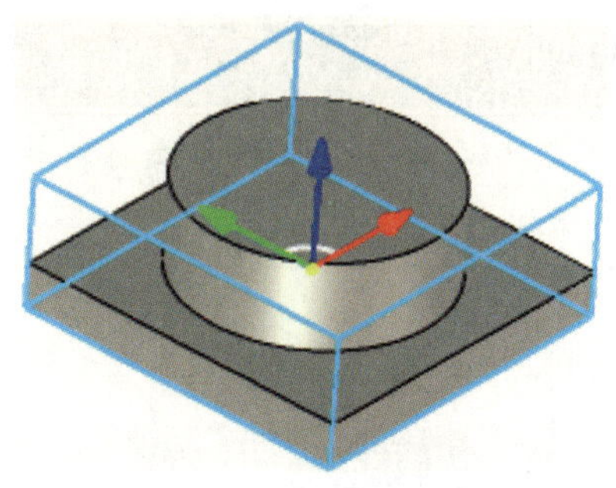

图 1–24 完成毛坯创建

（2）创建加工坐标系

1）单击功能选项卡中的“制造”，显示如图 1–25 所示的“制造”工具栏。

图 1–25 “制造”工具栏

2）单击“创建”工具组中的“坐标系”按钮 ，弹出如图 1–26 所示的“创建坐标系”对话框。

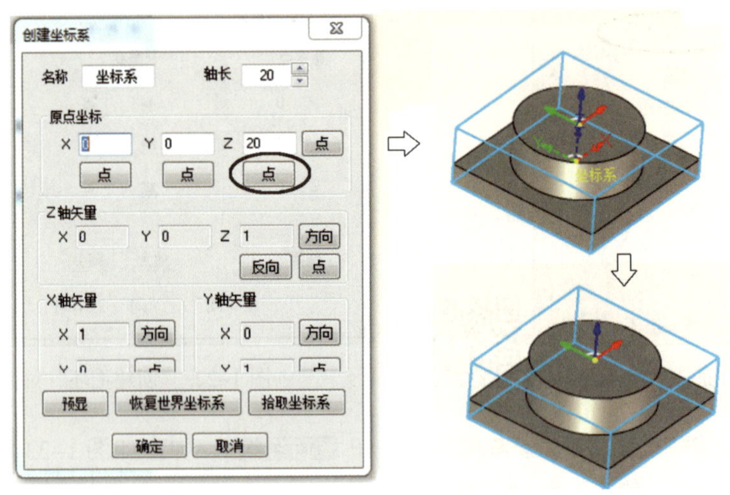


图 1–26 创建加工坐标系

3）单击对话框中“原点坐标”对应的“Z 20”下方的“点”按钮 ，弹出“点拾取工具”对话框，在实体上表面选择任意点，单击“确定”按钮 返回“创建坐标系”对话框，单击“确定”按钮 ，完成加工坐标系的创建。

**提示**

为了在实际加工过程中方便对刀等操作，在规划刀具路径时，通常将上表面中心设为加工坐标原点。

（3）规划粗加工刀具路径

1）单击如图 1–25 所示“二轴”工具组中的“平面区域粗加工”按钮 ，弹出如图 1–27 所示的“创建：平面区域粗加工”对话框，默认显示“加工参数”选项卡。

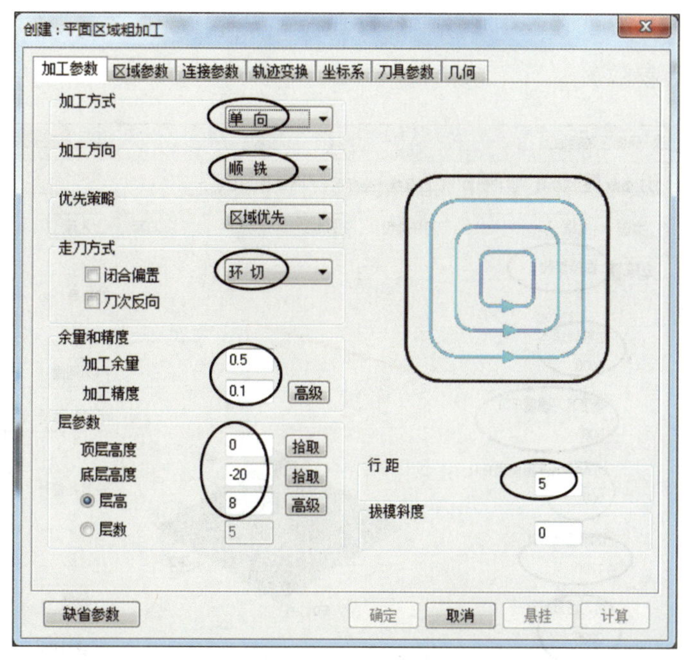


图 1–27　“创建：平面区域粗加工”对话框

2）参照图 1–27 设置加工参数，其中“加工余量”为“0.5”，“加工精度”为“0.1”，“顶层高度”为“0”，“底层高度”为“–20”，“层高”为“8”，“行距”为“5”，其余采用默认参数。

3）单击“创建：平面区域粗加工”对话框中的“刀具参数”标签，切换至“刀具参数”选项卡，在“类型”下拉列表中选择“立铣刀”，设置“刀具号”“半径补偿号”“长度补偿号”均为“1”，修改刀具“直径”为“16”，如图 1–28 所示。

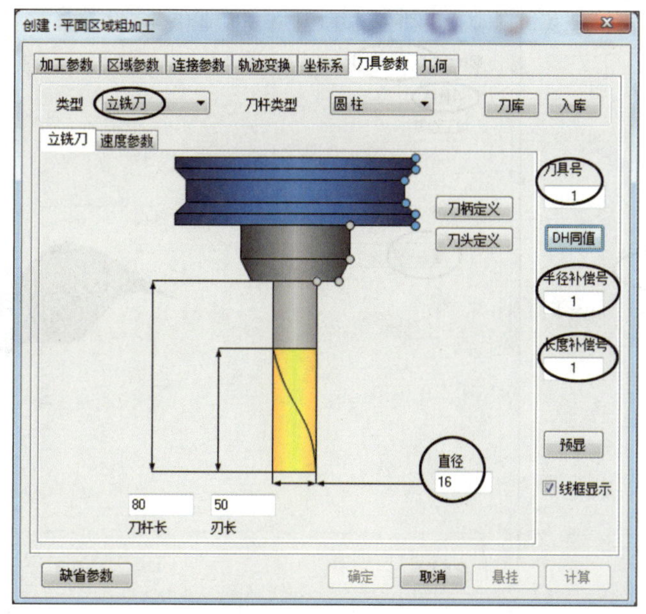


图 1–28　设置刀具参数

4）在“刀具参数”选项卡中单击“速度参数”标签，打开“速度参数”子选项卡，参照图 1–29 设置速度参数。

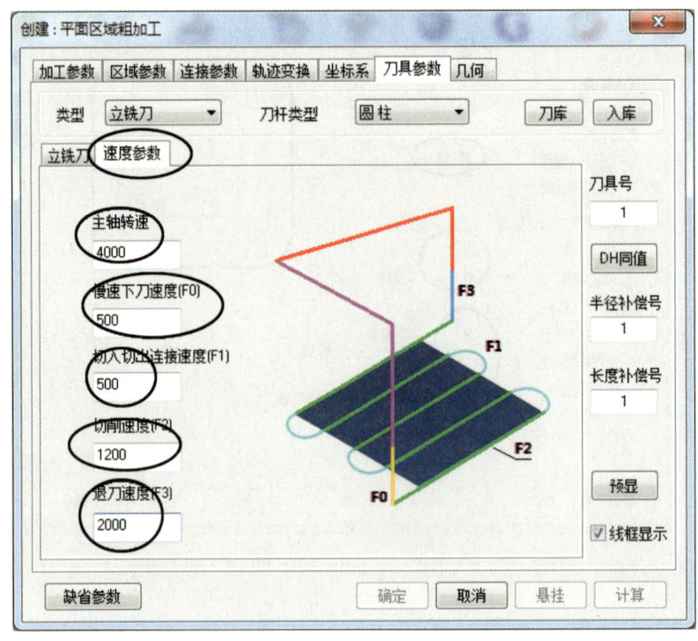


图 1–29　设置速度参数

5）单击“创建：平面区域粗加工”对话框中的“区域参数”标签，切换至如图 1–30 所示的“区域参数”选项卡。在“起始点”子选项卡中，设置起始点坐标为“X–50，Y0，Z0”。切换至“加工边界”子选项卡，在“刀具中心位于加工边界”下方选中“重合”。

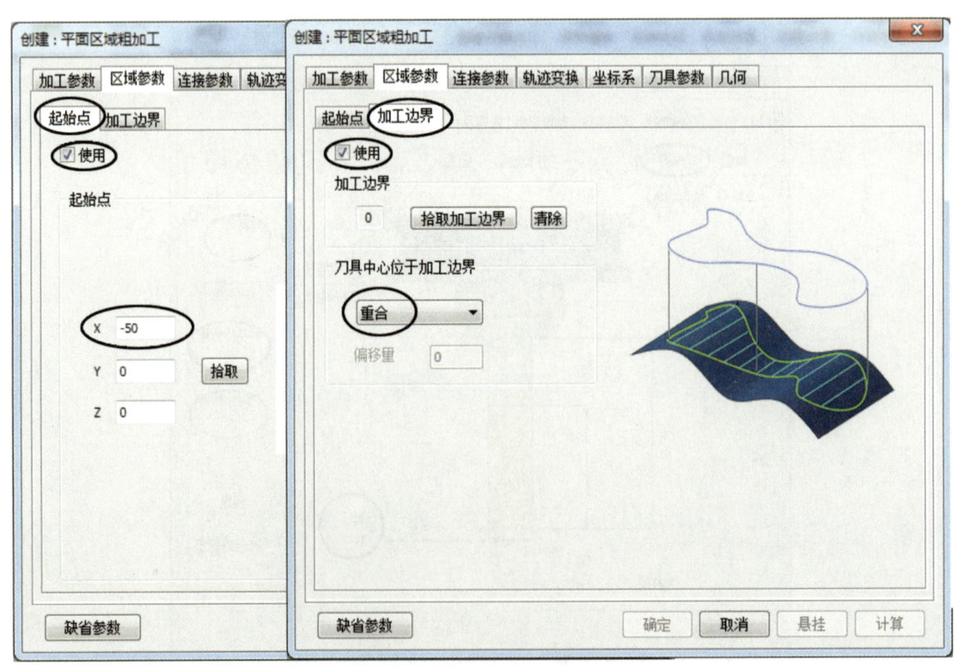


图 1–30　设置区域参数

6）在图 1–30 所示的“区域参数”选项卡中单击“拾取加工边界”按钮 拾取加工边界，弹出如图 1–31 所示的“轮廓拾取工具”对话框，选中“面的内外环”单选按钮，单击加工区域表面，拾取图中的加工边界，双击“正向”改变轮廓方向，单击“确定”按钮 ✓ 完成加工边界的拾取。

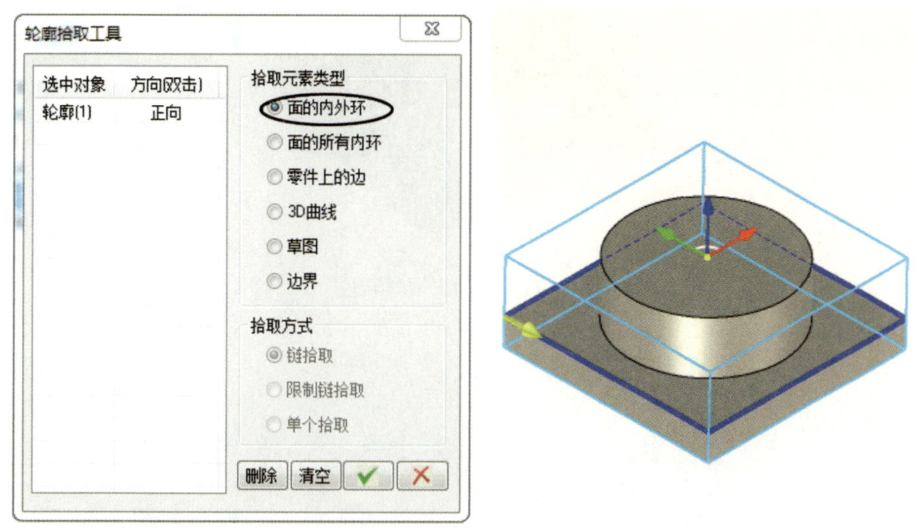


图 1–31　拾取加工边界

7）单击“创建：平面区域粗加工”对话框中的“几何”标签，切换至“几何”选项卡，如图 1–32 所示。单击“工件轮廓”按钮，弹出“轮廓拾取工具”对话框，选中“零件上的边”单选按钮，单击选中圆形工件轮廓。返回“几何”选项卡，单击“毛坯轮廓”按钮，选中图 1–32 中底部方形凸台的轮廓边界。

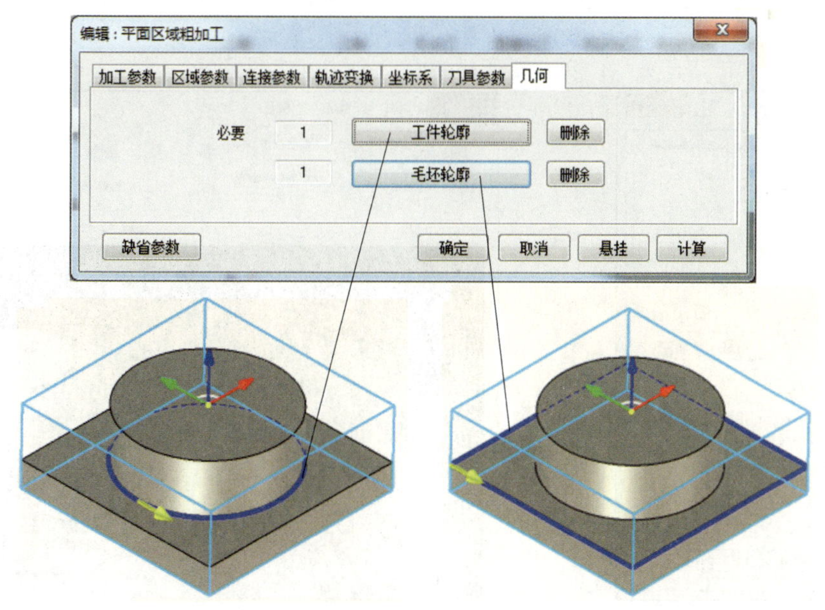


图 1–32　拾取几何轮廓

8）其他参数均采用默认设置，单击“确定”按钮 确定 ，生成如图 1–33 所示的粗加工刀具轨迹。

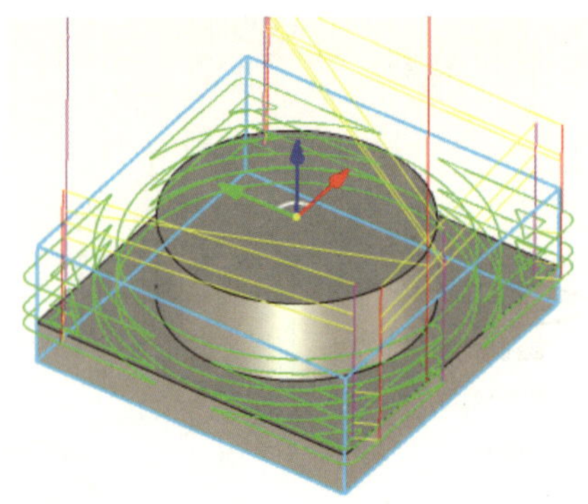

图 1–33 粗加工刀具轨迹

### 3. 实体仿真及生成 G 代码

（1）实体仿真

1）在“加工”管理器中单击选中“1- 平面区域粗加工”。

2）单击“仿真”工具组中的“实体仿真”按钮 实体仿真，弹出如图 1–34 所示“实体仿真”对话框，单击“仿真”按钮 仿真 ，进入如图 1–35 所示的“实体仿真”加工界面，单击界面中的“运行”按钮 ▶，即可执行“实体仿真”加工。

3）单击界面中的“文件”/“退出”，退出“实体仿真”加工界面。

（2）生成 G 代码

1）在“加工”管理器中单击“1- 平面区域粗加工”。

2）单击“后置”工具组中的“后置处理”按钮 G 后置处理，弹出如图 1–36 所示的“后置处理 Fanuc/ 铣加工中心 _3X”对话框。

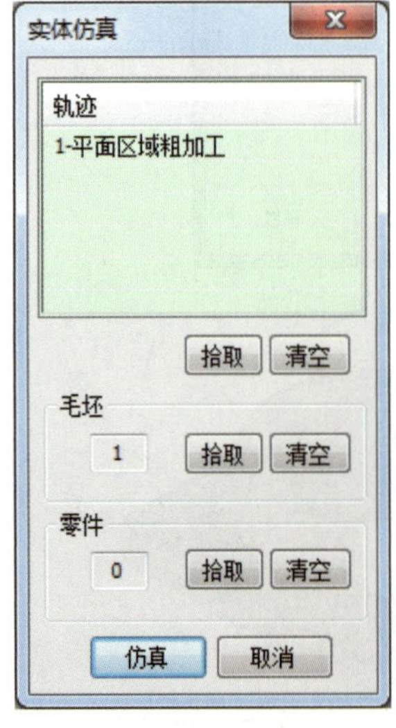


图 1–34 “实体仿真”对话框

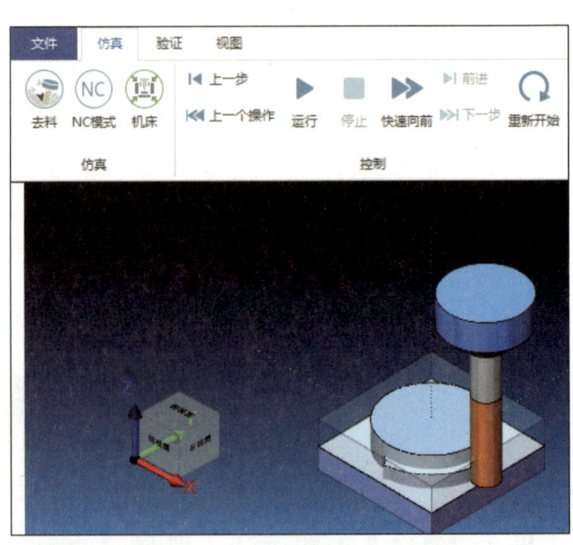


图 1–35 “实体仿真”加工界面

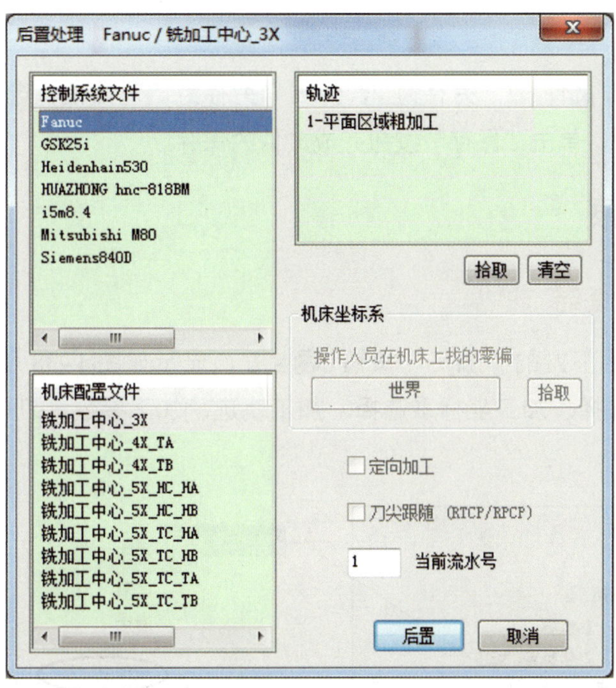


图 1–36　“后置处理　Fanuc/ 铣加工中心 _3X”对话框

3）单击“后置”按钮 后置 ，弹出如图 1–37 所示的“编辑代码”对话框。

4）单击“确定”按钮 确定 ，关闭对话框，在“加工”管理器中将生成 G 代码“1- NC0001”。

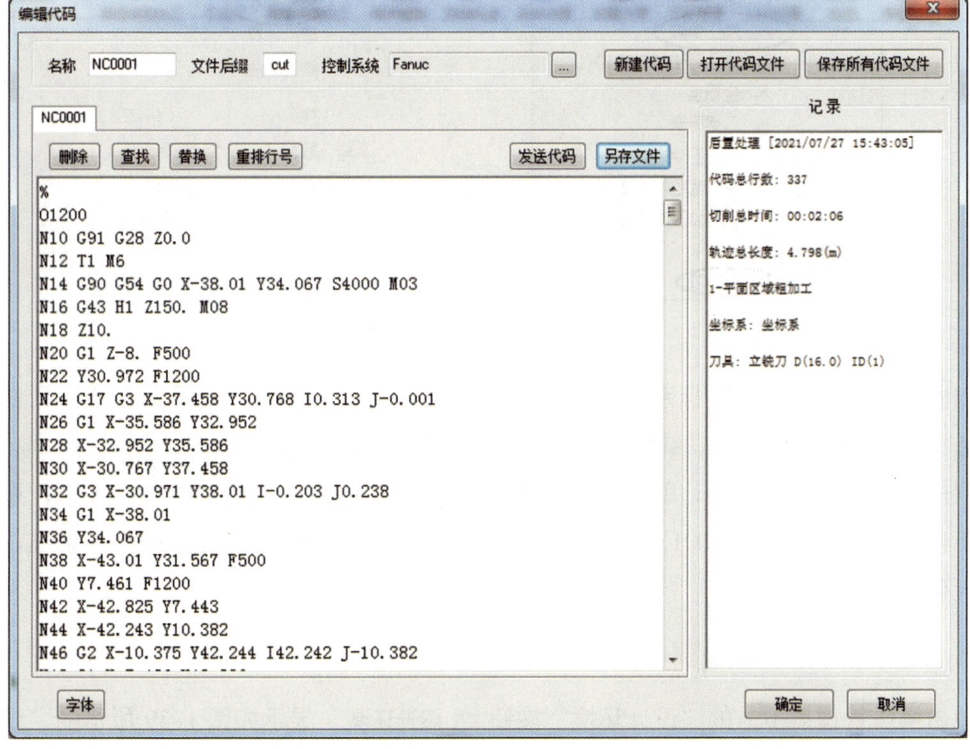


图 1–37　“编辑代码”对话框

### 4. 保存文件

单击“菜单”/“文件”/“另存为”，弹出“另存为”对话框，选择相应的文件目录、文件类型和文件名后，单击“保存”按钮完成文件的保存。

## 四、知识拓展

### 1. “加工”管理器

单击操作管理器下方的“加工”按钮 加工，显示如图 1–38 所示的“加工”管理器，主要包括毛坯选择、加工坐标系选择、加工轨迹、加工参数、刀具规格、加工代码等内容。

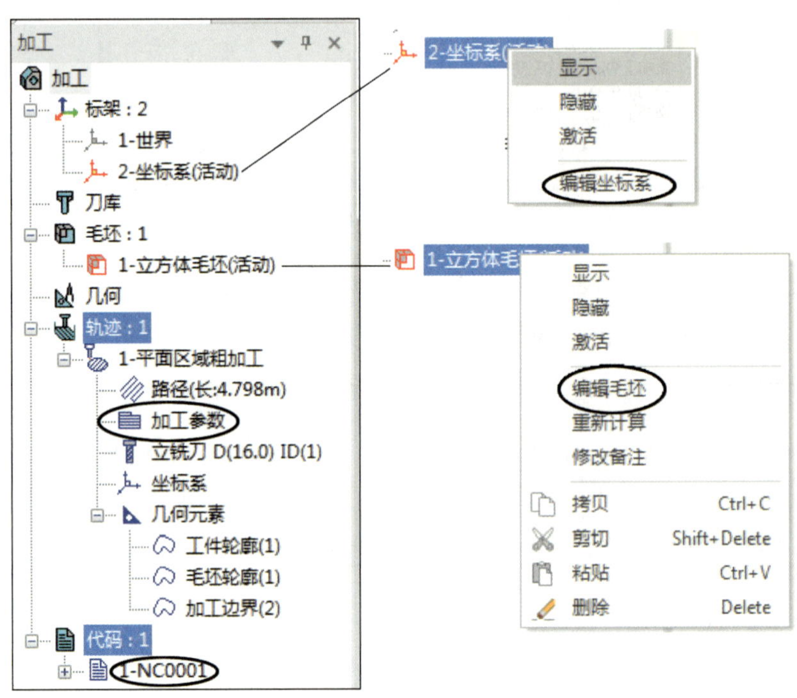


图 1–38 “加工”管理器

用鼠标右键单击“2- 坐标系（活动）”“1- 立方体毛坯（活动）”选项，在弹出的右键菜单中选择“编辑坐标系”和“编辑毛坯”，即可重新设置坐标系参数和毛坯参数。

双击“加工参数”选项，即可重新返回如图 1–27 所示的“加工参数”选项卡，重新设置加工参数。双击“1- NC0001”即可重新打开如图 1–37 所示的“编辑代码”对话框，重新编辑代码。

### 2. “设计环境”管理器

单击操作管理器下方的“设计环境”按钮 设计环境，显示如图 1–39 所示的“设计环境”管理器，主要包括全局坐标系、实体设计树、照相机、光源等内容。

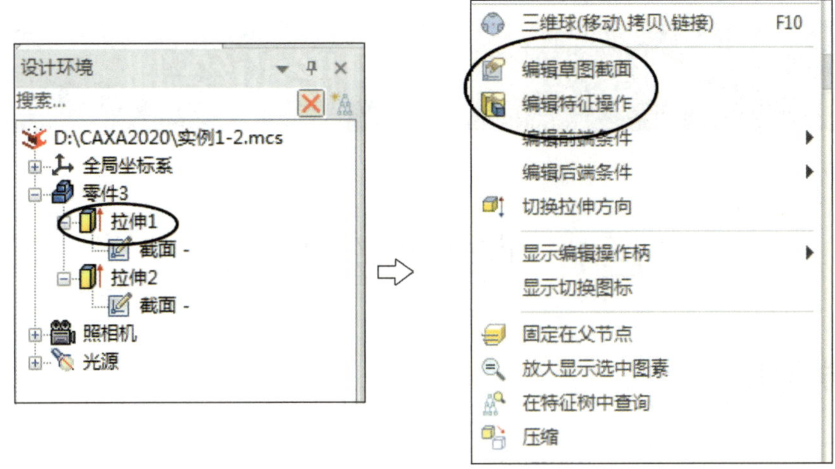


图 1-39　“设计环境”管理器

用鼠标右键单击实体操作中的“拉伸1”，在弹出的菜单中单击“编辑草图截面”，即可重新对草图进行编辑操作。用鼠标右键单击“拉伸1”，在弹出的菜单中单击“编辑特征操作”，即可重新对特征参数进行编辑操作。

## 五、任务拓展

完成如图 1-40 所示零件的实体建模，试规划刀具路径并通过后置处理生成 G 代码。

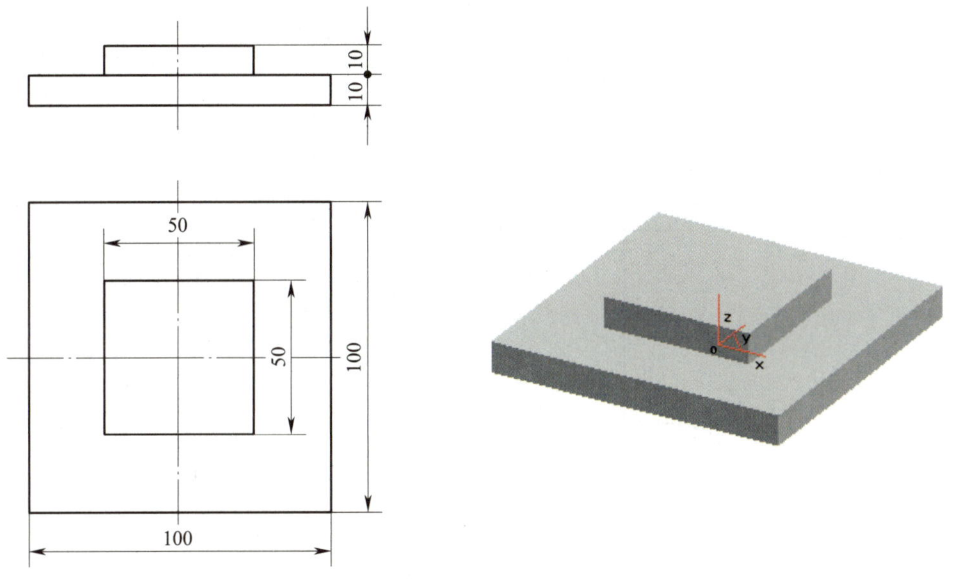


图 1-40　任务拓展

# 模块二　二维图形的绘制

## 课题 1　直线的绘制与修整

### 一、学习目标

1．掌握直线的多种画法。

2．掌握多边形和椭圆的画法。

3．掌握曲线修剪的方法。

4．掌握尺寸约束的方法。

### 二、任务描述

绘制如图 2–1 所示二维图形中的中心线和粗实线轮廓。

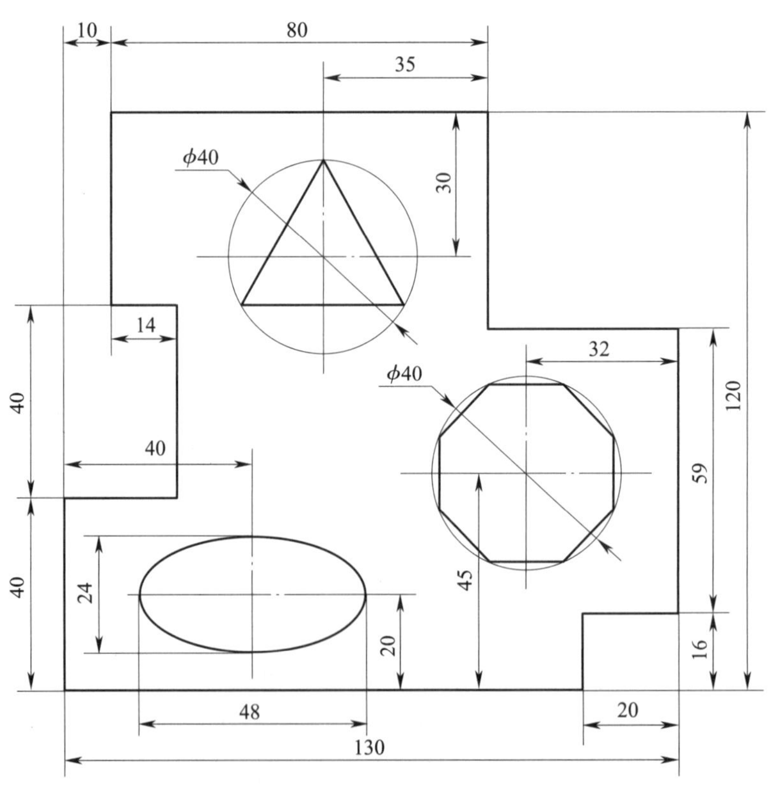

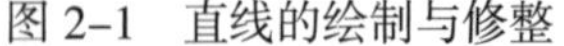
图 2–1　直线的绘制与修整

## 三、任务实施

### 1. 绘制外轮廓

（1）选择草图平面

1）双击计算机桌面上“CAXA 制造工程师 2020”快捷方式图标，进入其工作界面。

2）单击功能选项卡中的“草图”，再单击“二维草图”按钮 下方的下三角 ，在弹出的下拉菜单中单击选中“在 X-Y 基准面”。

3）单击如图 1-13 所示状态栏中“视角平面”选择图标 右侧的下三角 ，在弹出的下拉菜单中选择“俯视图”作为视角平面。

（2）绘制矩形

1）单击“绘制”工具组中的“矩形”按钮 ，弹出如图 2-2 所示的绘制矩形“属性”对话框。

2）用鼠标左键单击坐标原点（即选择轮廓左下角作为绘图原点），此时“输入坐标（mm）”显示为“0,0”，向右上角拖动鼠标至任意位置，按“Tab”键或直接用光标单击相应参数后的文本框，设置“长度（mm）”为“130”、“宽度（mm）”为“120”，按回车键完成矩形的绘制，其结果如图 2-3 所示。

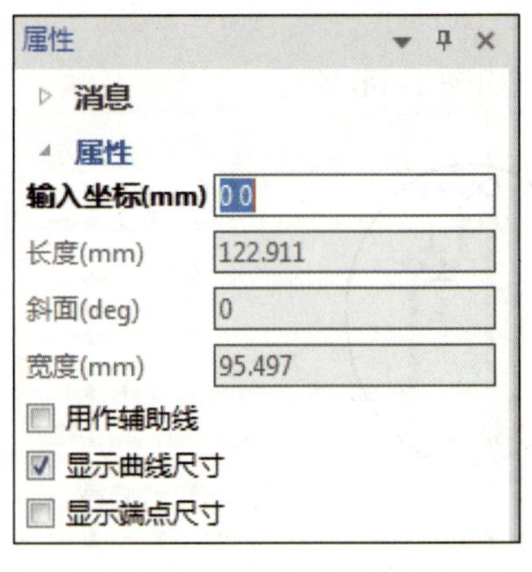

图 2-2　绘制矩形“属性”对话框

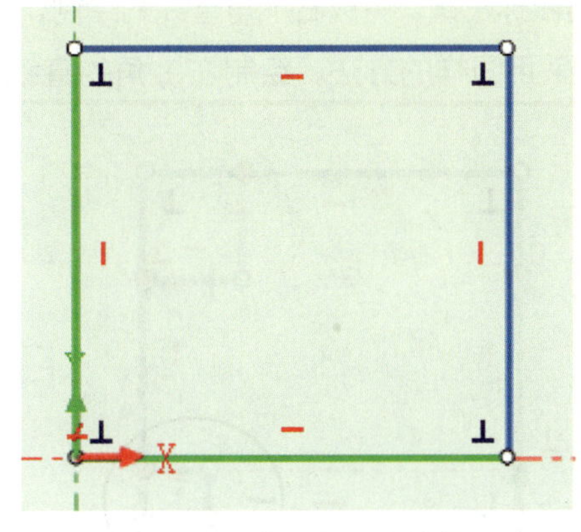

图 2-3　完成矩形的绘制

（3）绘制外轮廓草图直线

1）单击“绘制”工具组中的“2 点线”按钮 ，弹出如图 2-4 所示的绘制 2 点线“属性”对话框。

2）选中对话框中的“锁定水平 / 竖直拖到”复选框，在矩形上方的水平线上任一点单击鼠标左键，向下拖动鼠标至适当位置后再次单击鼠标左键，绘制垂直线，然后单击该直线的终点，向右拖动鼠标至矩形右侧垂直线上单击鼠标左键，完成右上角直线的绘制，其结果如图 2-5 所示。

3）单击“绘制”工具组中的“连续直线”按钮 ，弹出绘制连续直线“属性”对话框，该对话框与图 2-4 所示的绘制 2 点线“属性”对话框相同。

图 2-4　绘制 2 点线“属性”对话框

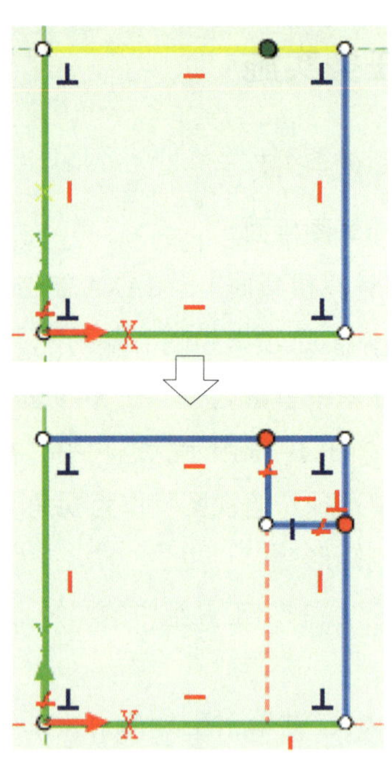

图 2-5　绘制“2 点线”

4）选中对话框中的“锁定水平 / 竖直拖到”复选框，在矩形右侧的垂直线上单击鼠标左键，向左拖动鼠标至适当位置后再次单击鼠标左键，绘制水平线，然后向下拖动鼠标至矩形下方水平线上单击鼠标左键，完成右下角直线的绘制，结果如图 2-6a 所示。按“Esc”键退出当前操作。

5）采用同样的方法，绘制左上角的直线，其结果如图 2-6b 所示。

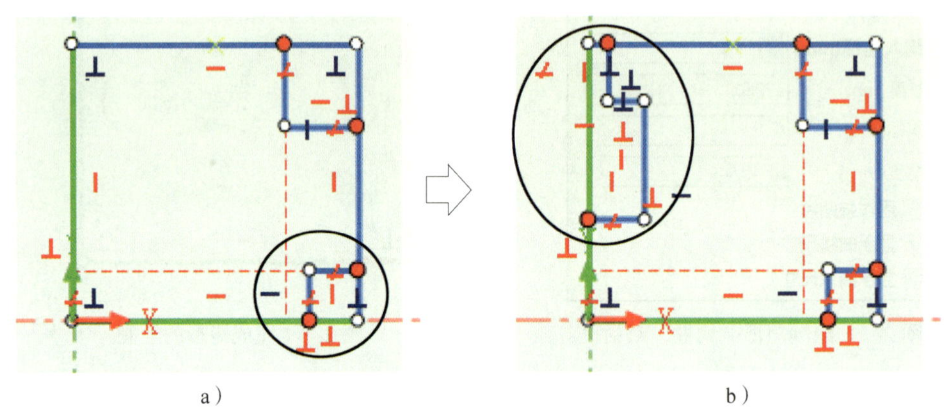

a）　　b）

图 2-6　绘制“连续直线”

（4）尺寸约束

1）单击“显示”工具组中“显示”按钮 下方的下三角 ，弹出如图 2-7 所示的下拉菜单，单击“显示约束”使其关闭，窗口图素中不再显示约束。

2）单击“约束”工具组中的“智能标注”按钮 。单击右下角轮廓内侧的垂直线，再单击矩形左侧垂直线，弹出如图 2-8 所示的“参数编辑”对话框，修改其值为“110”，单击“确定”按钮 确定 ，完成水平尺寸约束。

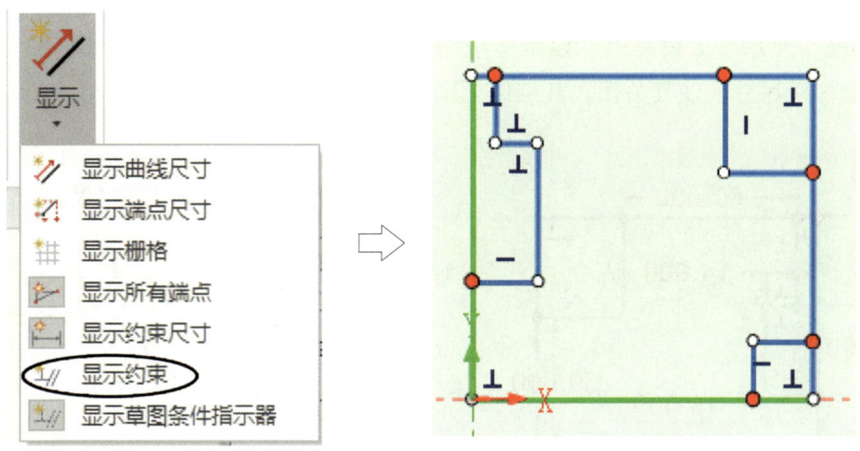


图 2-7　关闭约束显示

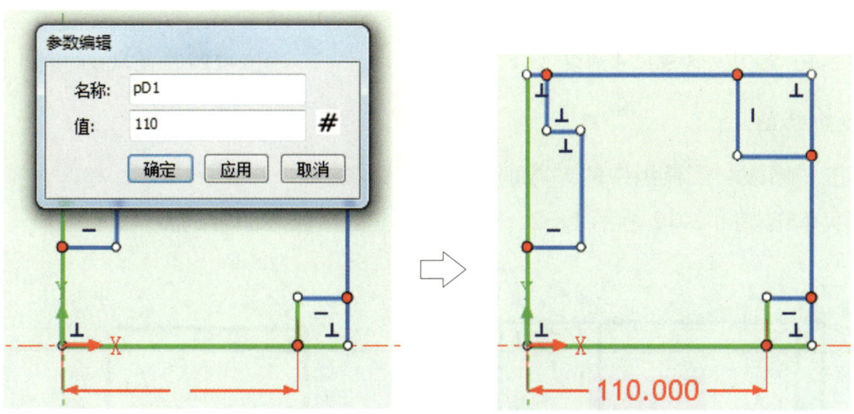


图 2-8　完成水平尺寸约束

3）单击“约束”工具组中的“智能标注”按钮 。单击右下角轮廓内侧的水平线，再单击矩形下方水平线，弹出“参数编辑”对话框，修改其值为“16”，单击“确定”按钮 确定，完成垂直尺寸约束，其结果如图 2-9 所示。

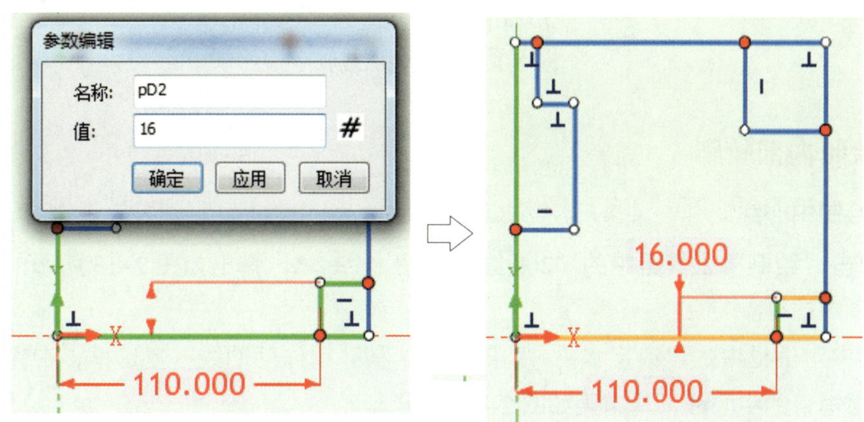


图 2-9　完成垂直尺寸约束

4）采用同样的方法，完成外轮廓其他直线的尺寸约束，其结果如图 2-10 所示。

5）单击“显示”工具组中“显示”按钮 下方的下三角 ，在弹出的下拉菜单中单击“显示约束尺寸”使其关闭，其结果如图 2-11 所示。

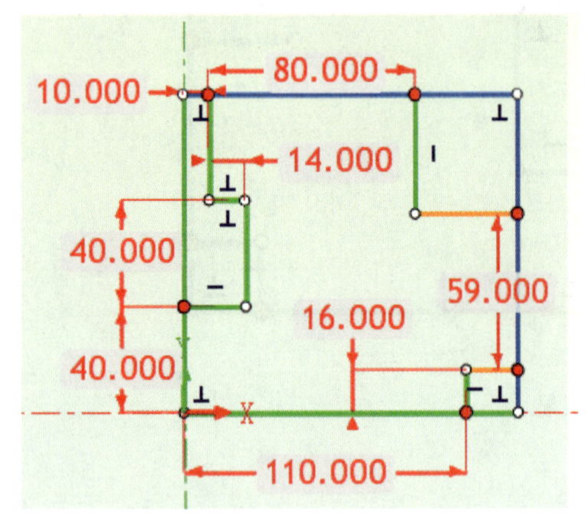

图 2-10　完成外轮廓尺寸约束

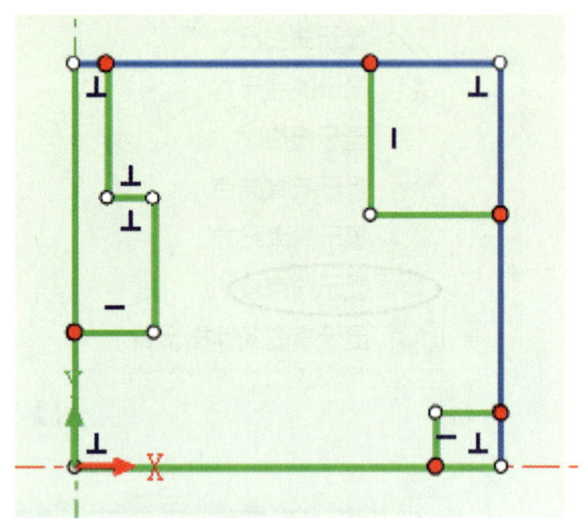


图 2-11　关闭尺寸约束显示

（5）轮廓裁剪

1）单击“修改”工具组中的“裁剪”按钮 。

2）依次单击如图 2-12 所示 1、2、…、6 处位置，完成图素的裁剪。

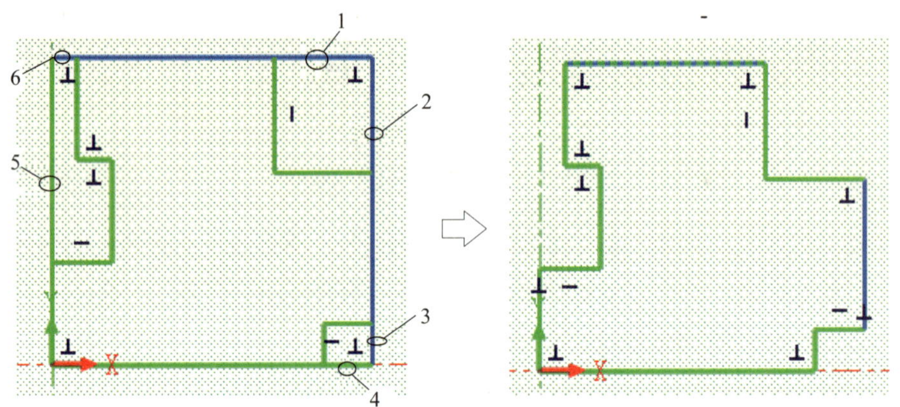


图 2-12　完成轮廓裁剪

## 2. 绘制内部轮廓

（1）绘制中心线

1）单击“绘制”工具组中的“2 点线”按钮 ，弹出如图 2-13 所示的绘制 2 点线“属性”对话框。

2）选中对话框中的“锁定水平 / 竖直拖到”和“用作辅助线”复选框，在轮廓内部绘制三组互相垂直的中心线，其结果如图 2-13 所示。

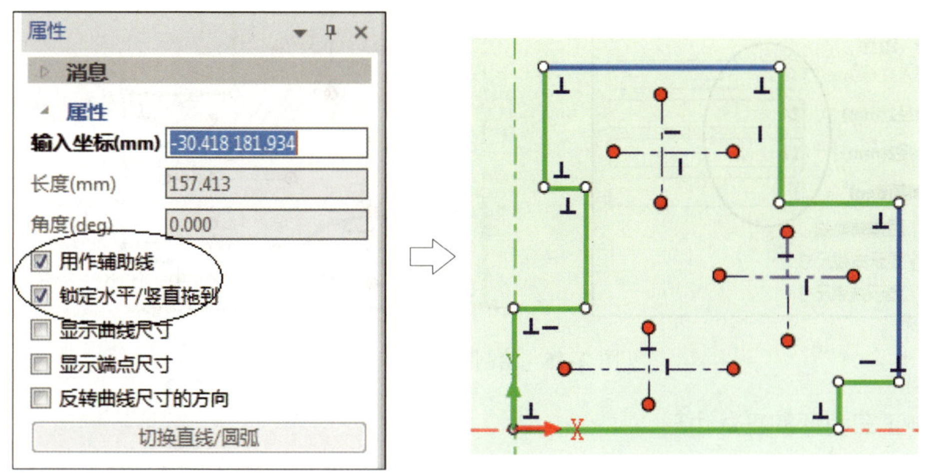

图 2–13　绘制中心线

3）单击“约束”工具组中的“智能标注”按钮 。单击左下侧水平中心线，再单击矩形下方水平线，弹出“参数编辑”对话框，修改其值为“20”，单击“确定”按钮 确定，完成垂直尺寸约束。用同样的方法约束左下侧垂直中心线，修改约束值为“40”，其结果如图 2–14 所示。

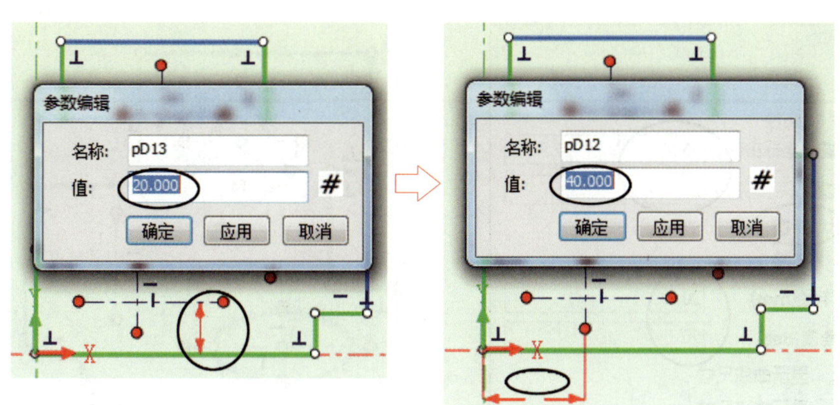


图 2–14　约束左下侧中心线

4）用同样的方法约束其他两组中心线。

（2）绘制椭圆

1）单击“绘制”工具组中的“椭圆形”按钮 椭圆形，弹出绘制椭圆“属性”对话框，如图 2–15 所示。

2）取消选中“用作辅助线”复选框。用鼠标左键单击左下侧中心线的交点，此时“输入坐标（mm）”显示为“40 20”，按下“Tab”键或直接用光标单击相应参数后的文本框，设置“半径 1（mm）”为“24”、“半径 2（mm）”为“12”、“角度（deg）”为“0”，按回车键完成椭圆的绘制，其结果如图 2–15 所示。

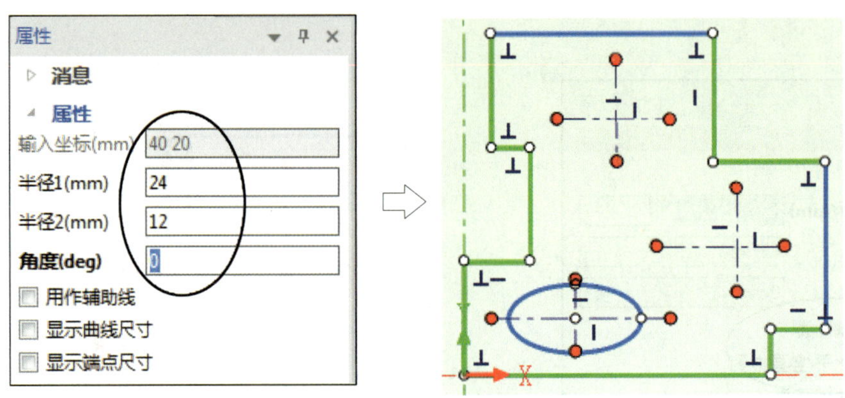


图 2–15　绘制椭圆

（3）绘制正三角形和正八边形

1）单击“绘制”工具组中的“多边形”按钮 ，弹出画多边形“属性”对话框，如图 2–16 所示。

2）选中对话框中的“外接”单选按钮，单击上方中心线的交点，此时“输入坐标（mm）”显示为“55 90”，按下“Tab”键或直接用光标单击相应参数后的文本框，设置“边数”为“3”、“半径（mm）”为“20”、“角度（deg）”为“90”，按回车键完成正三角形的绘制，其结果如图 2–16 所示。

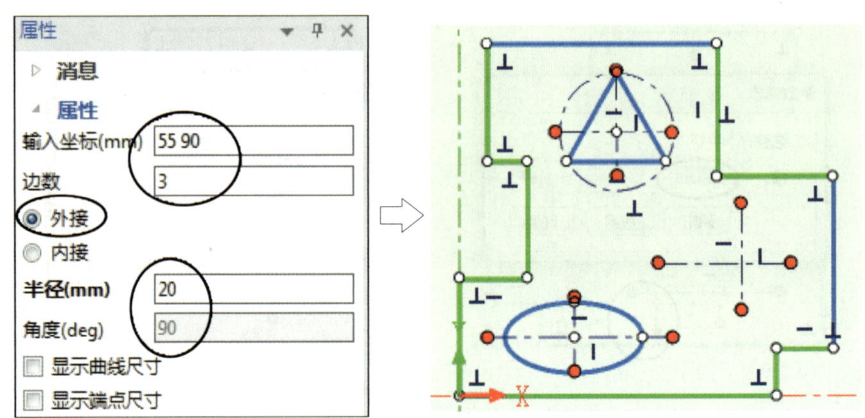


图 2–16　绘制正三角形

3）采用同样的方法绘制正八边形，其结果如图 2–17 所示。

4）单击“显示”工具组中“显示”按钮 下方的下三角 ，在弹出的下拉菜单中单击“显示所有端点”“显示草图条件指示器”等所有高亮显示选项使其关闭，此时绘图窗口显示如图 2–18 所示的草图轮廓。

### 3. 保存文件

（1）单击“确定”按钮 结束草图绘制，在状态栏中选择“正等测”视角平面 ，其结果如图 2–19 所示。

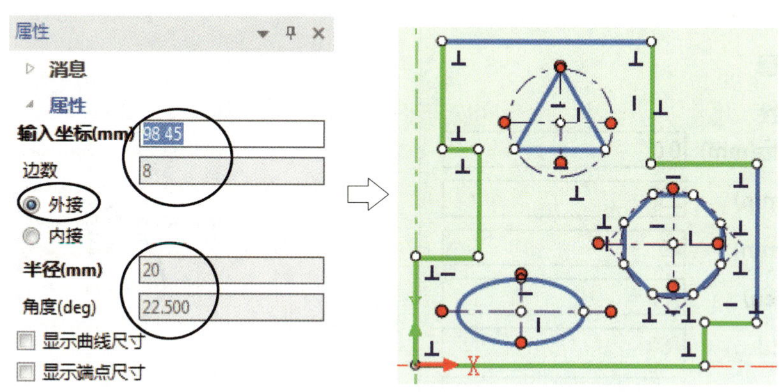


图 2-17　绘制正八边形

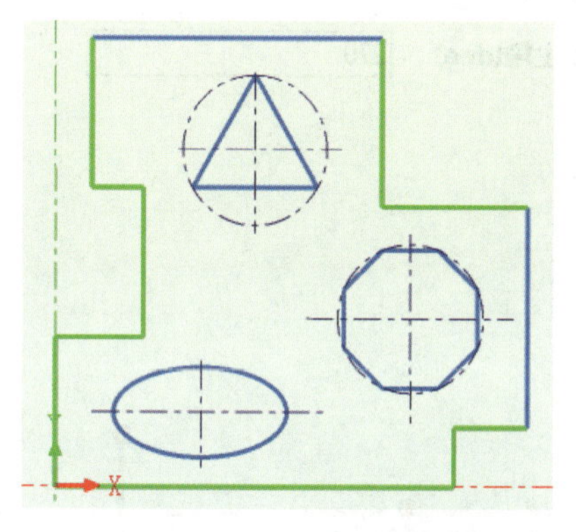

图 2-18　完成后的草图轮廓

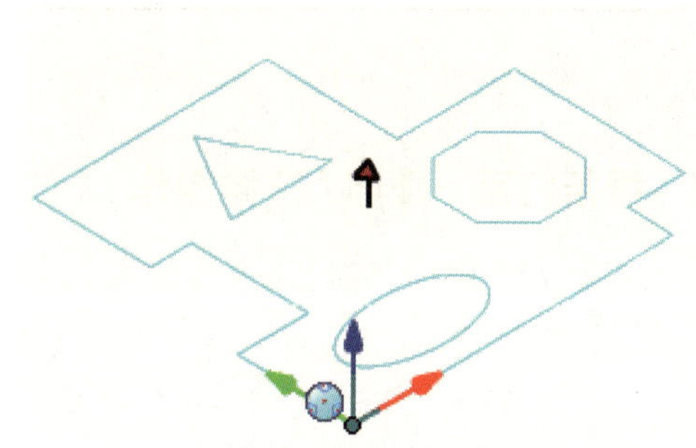

图 2-19　结束草图绘制

（2）单击“菜单”/“文件”/“另存为”，弹出“另存为”对话框，选择相应的文件目录、文件类型和文件名后，单击“保存”按钮完成文件的保存。

## 四、知识拓展

### 1. 椭圆的拓展画法

除了绘制完整的椭圆外，还可以绘制任意圆心角（起始角度和终止角度）的椭圆弧，其绘制过程如图 2-20 所示。

（1）单击“绘制”工具组中“椭圆形”按钮 椭圆形 右侧的下三角 ▼，在弹出的下拉菜单中单击“椭圆弧”按钮 椭圆弧，弹出绘制椭圆弧“属性”对话框。

（2）用鼠标左键单击坐标原点，此时“输入坐标（mm）”显示为“0 0”，按“Tab”键或直接用光标单击相应参数后的文本框，设置“半径 1（mm）”“半径 2（mm）”“角度（deg）”参数后按回车键。

（3）此时可设置“起始角（deg）”“终止角（deg）”参数，按“Tab”键设置相应参数后按回车键，完成椭圆弧的绘制。

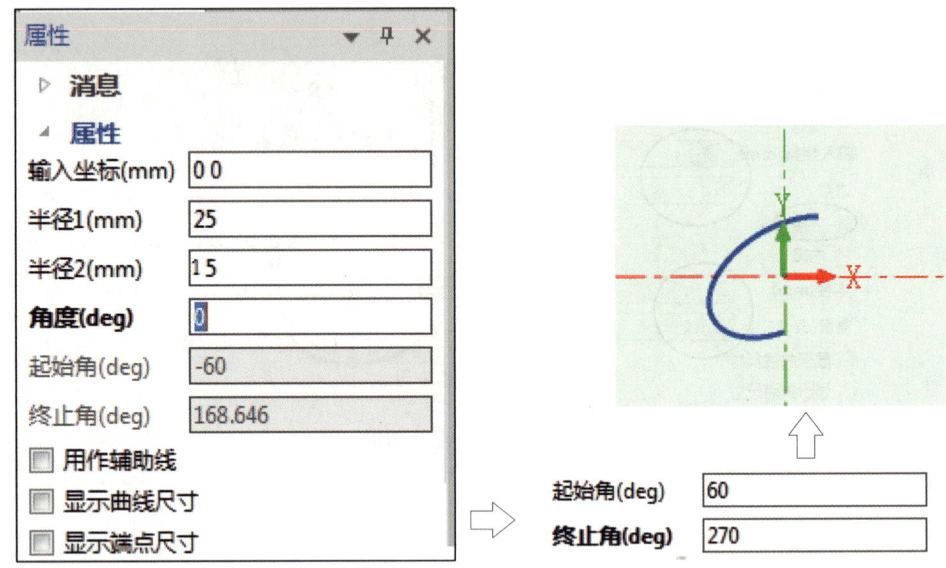

图 2-20　绘制椭圆弧

## 2. 线条打断 / 延伸 / 拉伸操作

线条打断 / 延伸 / 拉伸操作过程如图 2-21 所示。

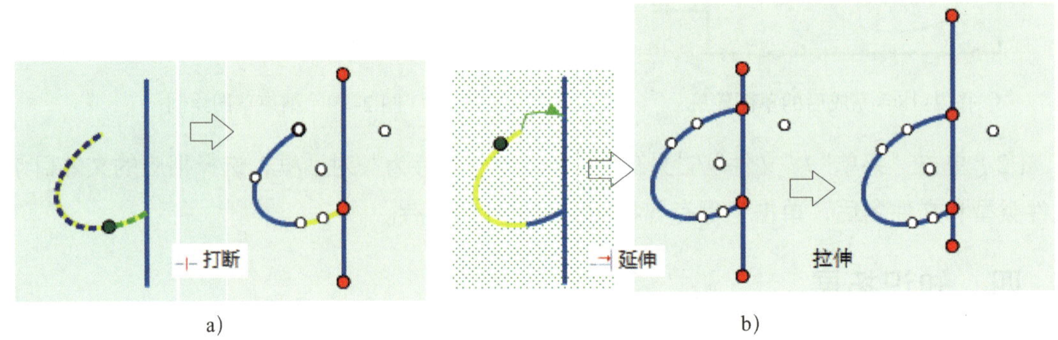

图 2-21　线条打断 / 延伸 / 拉伸操作

a）打断　b）延伸和拉伸

（1）打断

单击“修改”工具组中的“打断”按钮 打断，将光标移至某个线条上即可显示打断的点，单击鼠标左键即可在该点处打断该线条。

（2）延伸和拉伸

单击“修改”工具组中的“延伸”按钮 延伸，将光标移至某个线条上即可显示延伸效果，单击鼠标左键即可延伸该线条。

将光标移至线条端点位置，此时光标变为手形，按住鼠标左键拖动鼠标即可拉伸线条的端点。

## 五、任务拓展

任务拓展 1　绘制如图 2–22 所示二维图形中的粗实线轮廓与中心线。

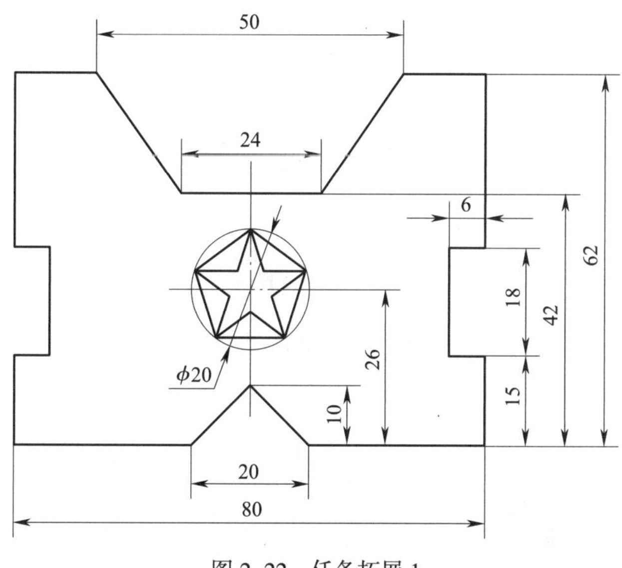


图 2–22　任务拓展 1

任务拓展 2　绘制如图 2–23 所示二维图形中的粗实线轮廓与中心线。

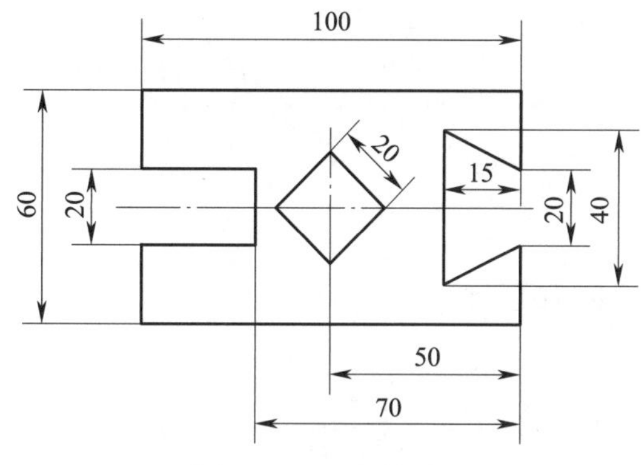


图 2–23　任务拓展 2

# 课题 2　圆弧的绘制与修整

## 一、学习目标

1．掌握圆和圆弧的多种画法。

2．掌握几何约束的方法。

3．进一步掌握尺寸约束的方法。

4．掌握镜像复制图素的方法。

## 二、任务描述

绘制如图 2–24 所示二维图形的中心线和粗实线轮廓。

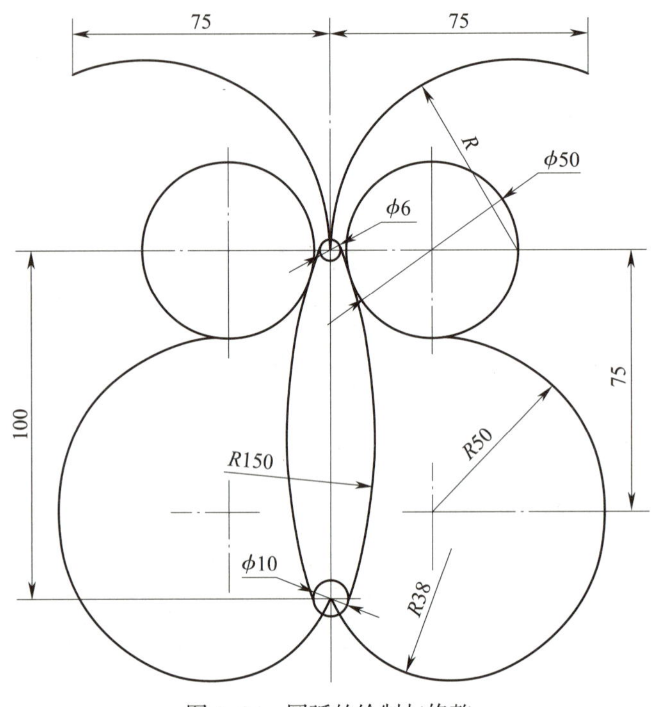

图 2–24　圆弧的绘制与修整

## 三、任务实施

### 1. 绘制中心位置的圆和圆弧

（1）选择草图平面

1）选择“在 X–Y 基准面”作为草图平面。

2）选择“俯视图”作为视角平面（选择下方圆心作为绘图原点）。

（2）绘制中心线

1）单击“绘制”工具组中的“2 点线”按钮 2点线，弹出绘制 2 点线“属性”对话框。

2）选中对话框中的“锁定水平 / 竖直拖到”和“用作辅助线”复选框，绘制如图 2–25 所示的中心线。

3）单击“显示”工具组中“显示”按钮下方的下三角，在弹出的下拉菜单中选中“显示约束尺寸”使其打开。

4）单击“约束”工具组中的“智能标注”按钮，约束中心线位置，其结果如图 2–26 所示。

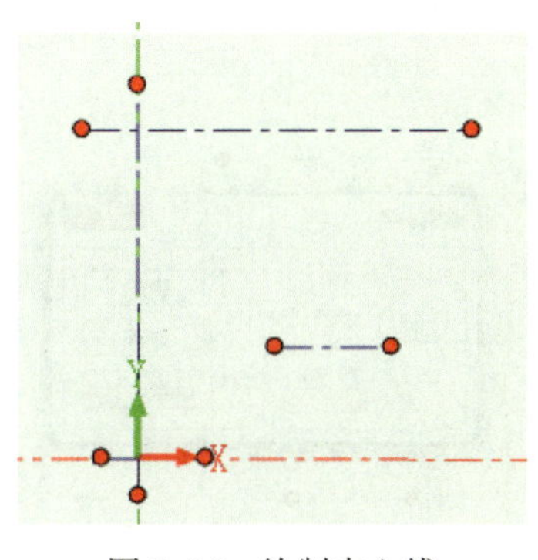

图 2–25　绘制中心线

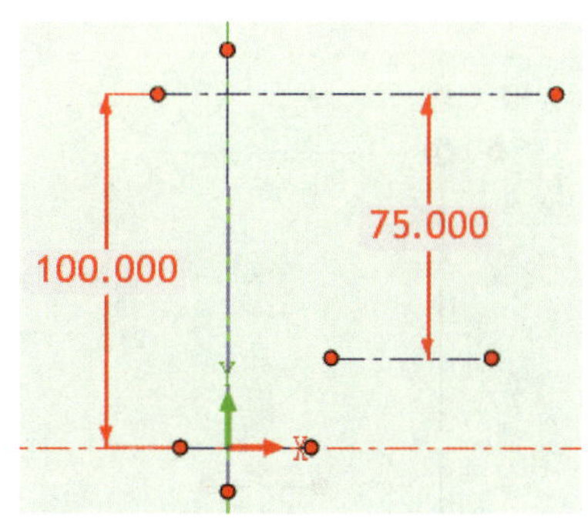

图 2–26　约束中心线尺寸

（3）绘制圆和圆弧

1）单击“绘制”工具组中的“圆心 + 半径”按钮 圆心+半径，弹出如图 2–27 所示“属性”对话框。

2）单击上方中心线交点，此时“输入坐标（mm）”显示为“0.000 100.000”，拖动鼠标至任意位置，单击鼠标右键，弹出如图 2–28 所示的“编辑半径”对话框，修改半径为“3”，单击“确定”按钮 确定 完成上方小圆的绘制。

**提示**

此处圆的半径值也可以在绘制圆“属性”对话框中直接输入。

3）采用相同的方法，绘制下方小圆，其半径为“5”。单击“显示”工具组中“显示”按钮 下方的下三角 ，在其下拉菜单中单击“显示约束尺寸”选项使其关闭，其结果如图 2–29 所示。

4）单击“绘制”工具组中“圆心 + 半径”按钮 圆心+半径 右侧的下三角 ，在弹出的下拉菜单中单击“两切点 + 一点”按钮 两切点+一点 。

5）分别单击上、下两个小圆，通过移动鼠标呈现多种形式的圆弧相切形式，直至出现如图 2–30 所示的相切形式时，单击鼠标右键，弹出“编辑半径”对话框，修改半径为“150”，单击“确定”按钮 确定 绘制相切圆弧。

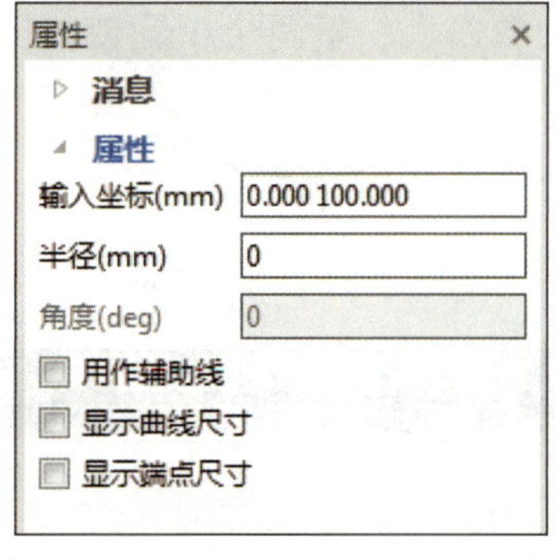

图 2–27　绘制圆“属性”对话框

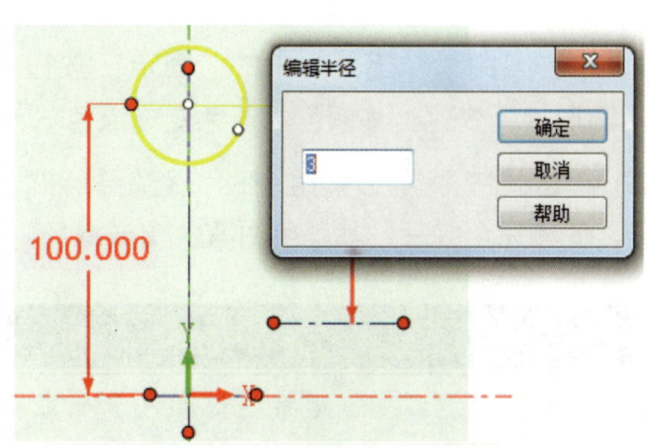

图 2–28　“编辑半径”对话框

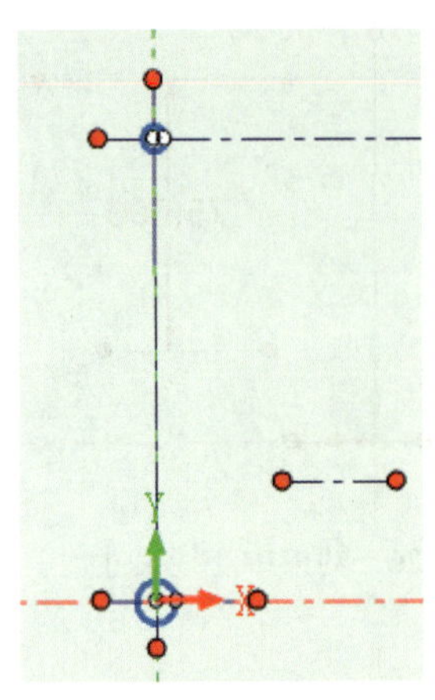

图 2-29　绘制下方小圆

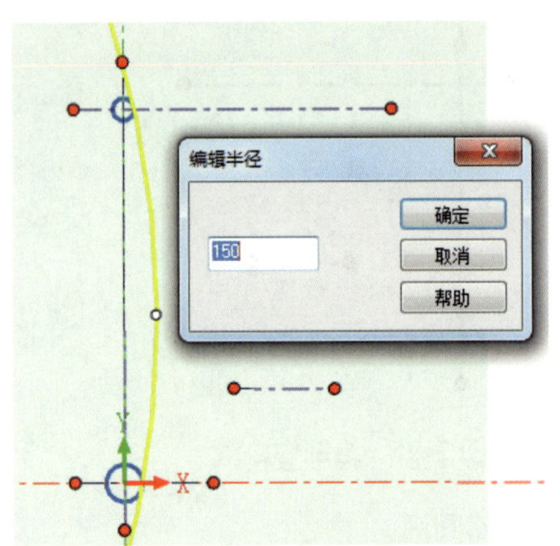


图 2-30　绘制相切圆弧

6）单击“修改”工具组中的“裁剪”按钮 裁剪，单击相切圆弧的外侧位置裁剪掉多余部分，其结果如图 2-31 所示。

7）采用同样的方法绘制左侧切弧，其结果如图 2-32 所示。

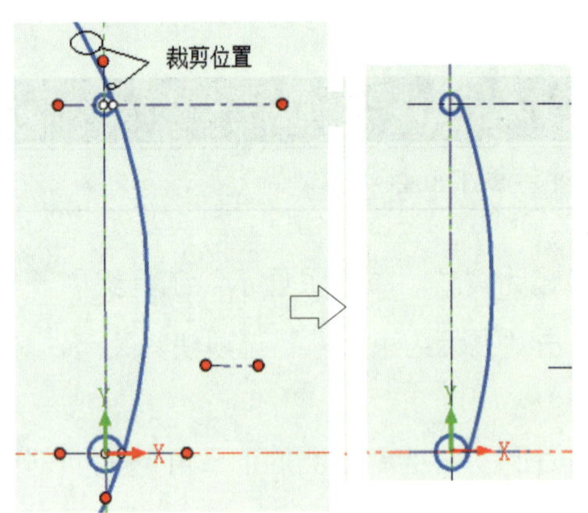


图 2-31　绘制右侧切弧

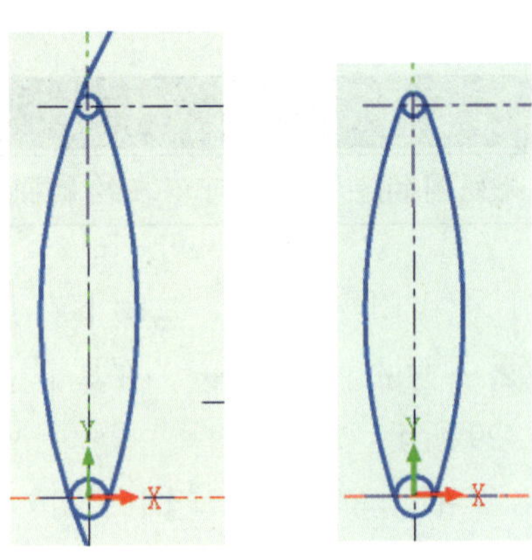

图 2-32　绘制左侧切弧

## 2. 绘制右侧轮廓

（1）绘制上方切圆和圆弧

1）单击“约束”工具组中的“固定”按钮 固定，单击上、下两个小圆使其固定，此时两圆形状无变化，其颜色由蓝色变成绿色。

2）单击“约束”工具组中的“智能标注”按钮，分别标注两条切弧的半径为“150”，使其完全约束，其颜色由蓝色变成绿色。

**提示**

在图素约束过程中，通常通过颜色来确定约束状态。蓝色表示不完全约束，绿色表示完全约束，红色表示过约束。

3）单击“绘制”工具组中“圆心 + 半径”按钮 ，右侧的下三角 ，在弹出的下拉菜单中单击“一切点 + 两点”按钮 。

4）单击右侧切弧，向右上移动鼠标，呈现如图 2–33 所示相切圆时，单击鼠标右键，弹出“编辑半径”对话框，修改半径为“25”，单击“确定”按钮 绘制相切圆。

5）单击“约束”工具组中的“重合”按钮 ，单击圆心，再单击上方水平中心线，使圆心位于中心线上。

6）单击“约束”工具组中的“智能标注”按钮 ，标注圆半径为“25”，使圆完全约束，其结果如图 2–34 所示。

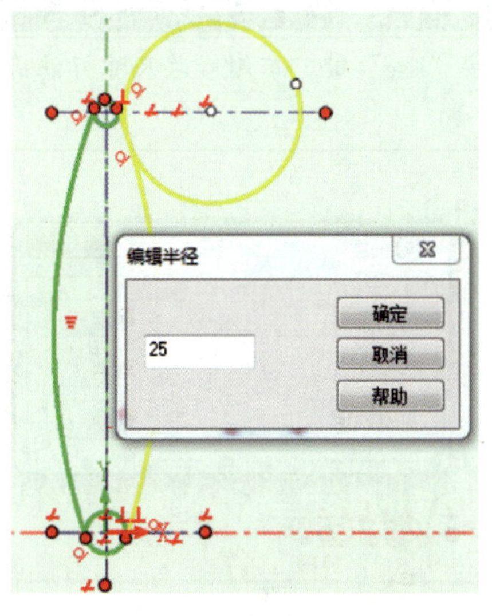

图 2–33　绘制切圆

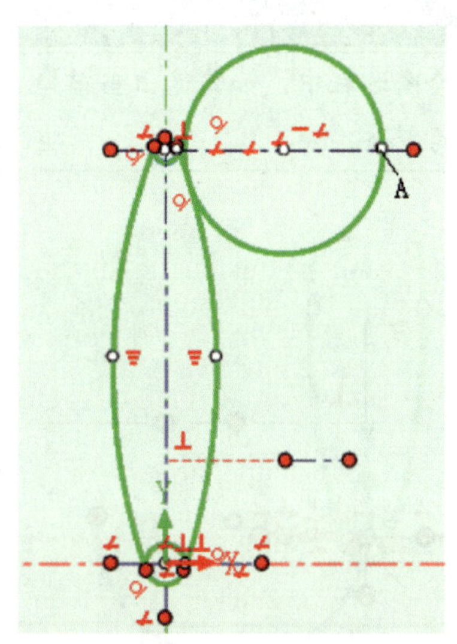

图 2–34　约束切圆

7）单击“绘制”工具组中“用三点”按钮 右侧的下三角 ，在弹出的下拉菜单中单击“圆心 + 端点”按钮 。

8）单击图 2–34 中圆与水平中心线的交点 *A*，再单击上方“$\phi$6”圆的圆心，向右上方拖动鼠标至适当位置后单击鼠标左键，绘制如图 2–35 所示的圆弧。

9）在“显示”工具组中打开“显示约束尺寸”。单击“约束”工具组中的“智能标注”按钮 ，标注如图 2–36 所示圆弧尺寸，其中圆弧半径为默认值。

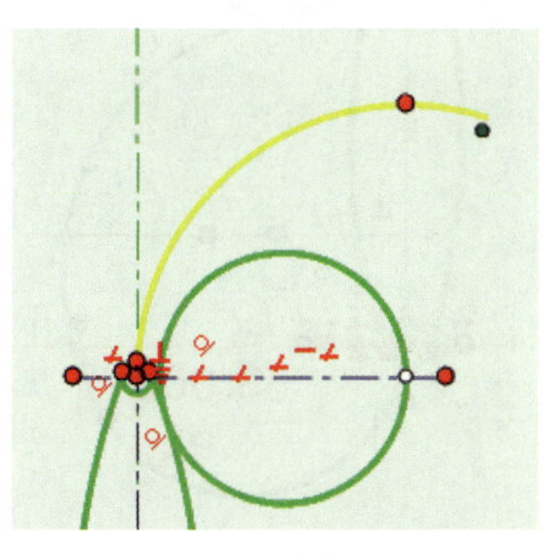
图 2–35　绘制圆弧

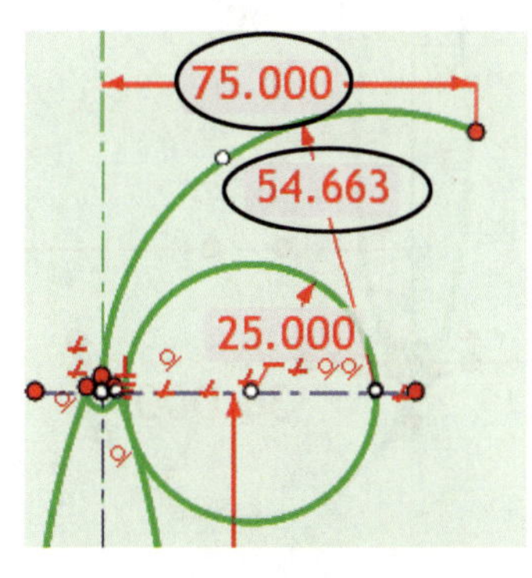

图 2–36　约束圆弧尺寸

（2）绘制下方圆弧

1）单击“绘制”工具组中“用三点”按钮 用三点 右侧的下三角 ▼，在弹出的下拉菜单中单击“两端点”按钮 两端点。

2）在右下方位置单击鼠标左键，再单击下方“$\phi$10”圆的圆心，绘制如图 2-37 所示的圆弧。

3）单击“约束”工具组中“智能标注”按钮，以默认尺寸标注圆弧半径，按“Esc”键退出当前命令。双击标注的尺寸，修改其值为“38”，其结果如图 2-38 所示。

**提示**

在绘图过程中，如需退出当前命令，只需按“Esc”键。本例修改尺寸标注前，须退出当前的命令。

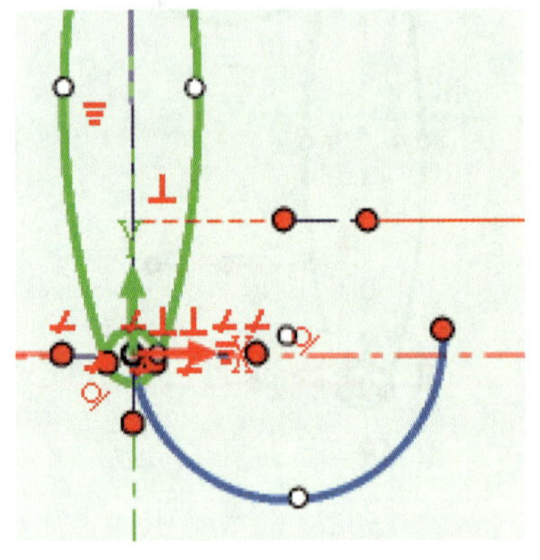

图 2-37　绘制两点圆弧

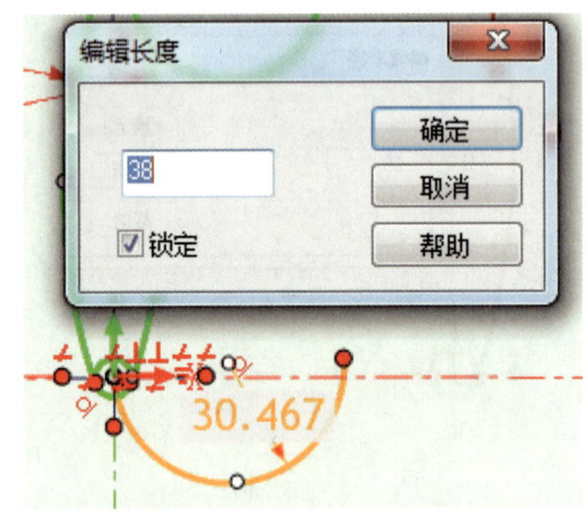


图 2-38　约束圆弧半径

4）单击“绘制”工具组中“两端点”按钮 两端点 右侧的下三角 ▼，在弹出的下拉菜单中单击“二切点 + 点”按钮 二切点+点。

5）分别单击“$R$38”圆弧和“$\phi$50”圆，移动鼠标呈现多种形式的切弧，直至呈现如图 2-39 所示相切形式时，单击鼠标左键，完成切弧的绘制。

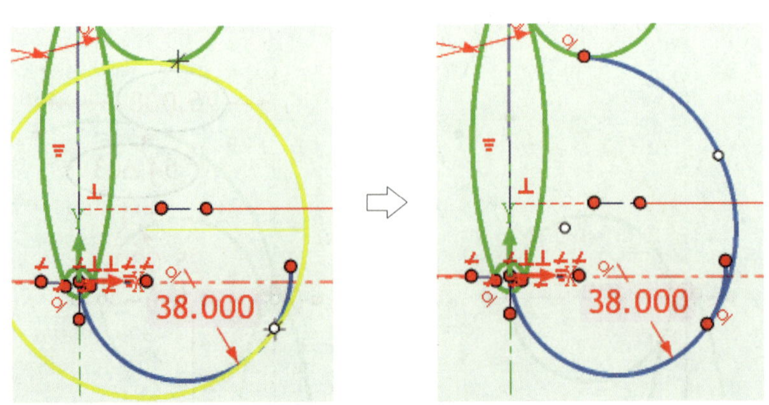


图 2-39　绘制切弧

6）单击“约束”工具组中的“重合”按钮 重合，单击图 2–39 中切弧的圆心，再单击下方水平中心线，使圆心位于中心线上。

7）单击“智能标注”按钮，以默认尺寸标注切弧半径，标注完成后双击标注的尺寸，修改其值为“50”，此时切弧与两圆弧不相交。

8）单击“修改”工具组中的“延伸”按钮 延伸，分别单击切弧的上部和下部，使其延伸至圆弧。单击“修改”工具组中的“裁剪”按钮 裁剪，裁剪“*R*38”圆弧，完成后如图 2–40 所示。

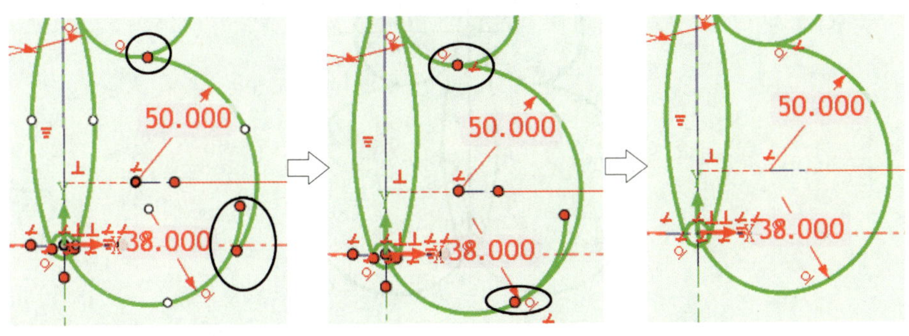


图 2–40　完成切弧的约束与修整

## 3. 完成草图

（1）镜像轮廓

1）单击“显示”工具组中“显示”按钮 下方的下三角，在弹出的下拉菜单中单击所有高亮显示选项使其关闭。

2）单击“修改”工具组中的“镜像”按钮 镜像，弹出如图 2–41 所示镜像“属性”对话框。

3）拖动对话框右侧滚动条，选中对话框中的“拷贝”单选按钮。依次单击右侧的圆弧和圆，单击鼠标右键确认。

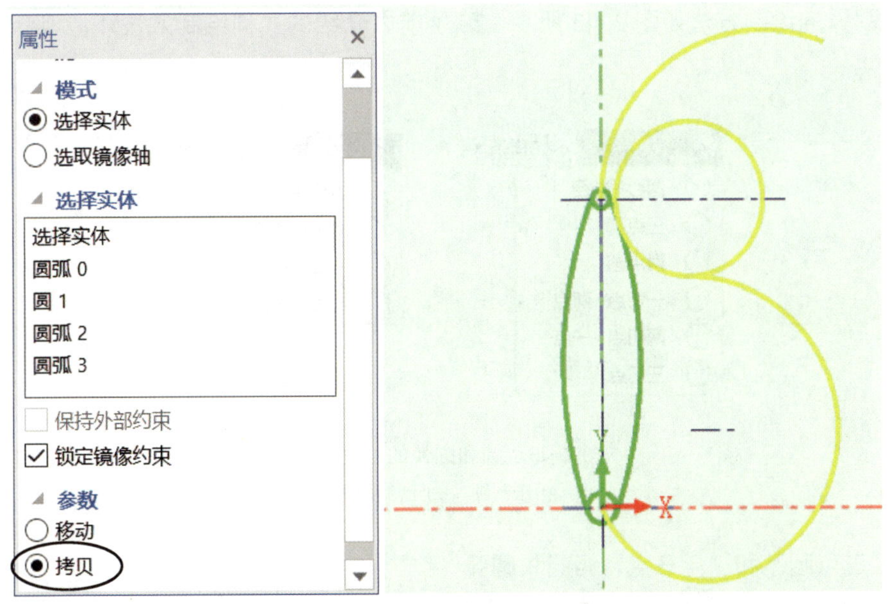


图 2–41　镜像“属性”对话框

4）窗口左下角提示“选择一条直线作为对称轴，用鼠标右键切换模式”，单击垂直中心线作为对称轴。

5）单击对话框中的“确定”按钮 ✔ 完成图素镜像，其结果如图 2–42 所示。

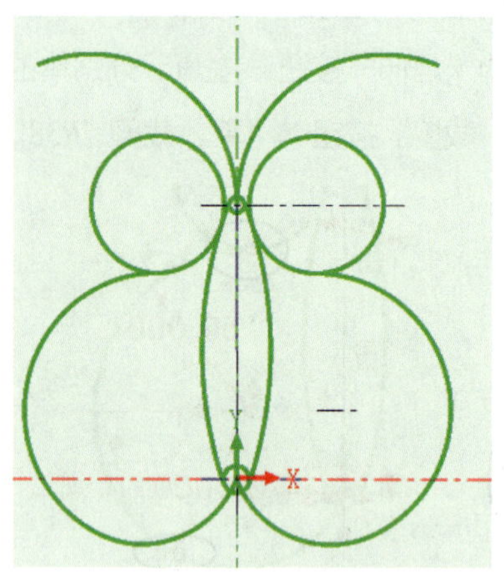

图 2–42 完成草图绘制

（2）保存文件

1）单击“确定”按钮 ✔，结束草图绘制。

2）单击“菜单”/“文件”/“另存为”，弹出“另存为”对话框，选择相应的文件目录、文件类型和文件名后，单击“保存”按钮完成文件的保存。

## 四、知识拓展

### 1. 圆和圆弧的其他绘制方法

圆和圆弧的绘制方法如图 2–43 所示，除了前面介绍的几种绘制方法外，现介绍以下几种绘制方法：

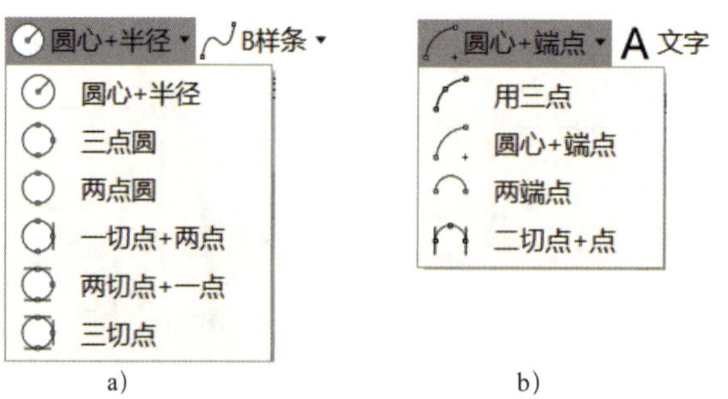


图 2–43 圆和圆弧的绘制方法

a）绘制圆 b）绘制圆弧

（1）“三点圆”和“用三点”画圆与圆弧

“三点圆”和“用三点”画圆弧的方法如图 2–44 所示，通过单击三个点确定圆和圆弧的位置以及圆和圆弧的半径。采用此方法时，也可在单击两个点后单击鼠标右键，通过修改半径来绘制圆和圆弧。

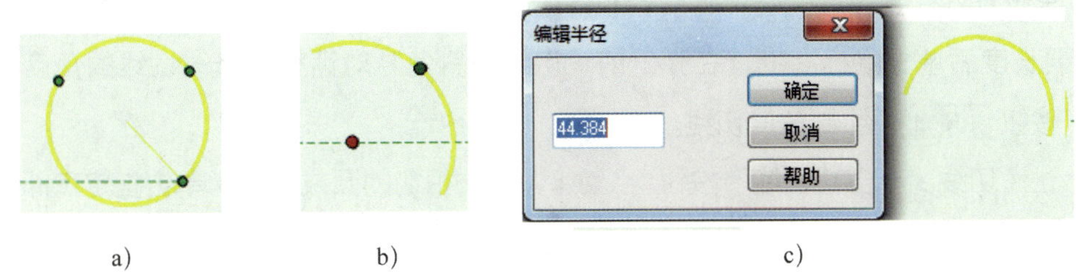


图 2–44　“三点圆”和“用三点”画圆与圆弧

a）三点圆　b）三点圆弧　c）两点 + 半径画圆与圆弧

（2）“两点圆”和“三切点”画圆

如图 2–45 所示，“两点圆”画圆是指用两点间的距离确定圆的直径，用两点间连线的中点确定圆心绘制圆。“三切点”画圆类似于三点画圆，是指用三切点确定圆的半径和位置的一种画圆方法。

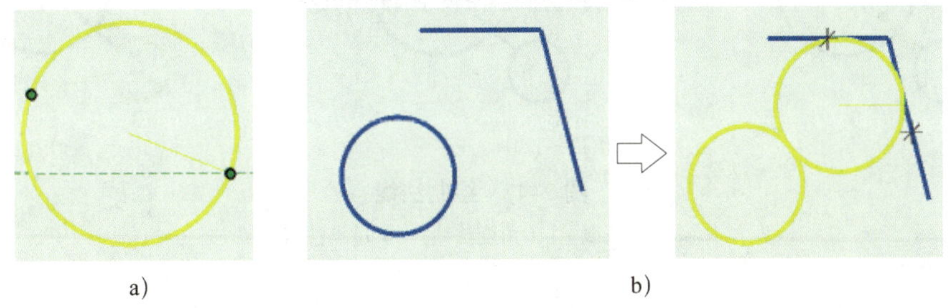


图 2–45　“两点圆”和“三切点”画圆

a）两点圆　b）三切点画圆

## 2. 与圆和圆弧相关的直线（切线和法线）绘制方法

（1）切线

切线的绘制方法如图 2–46 所示，主要有以下几种形式：

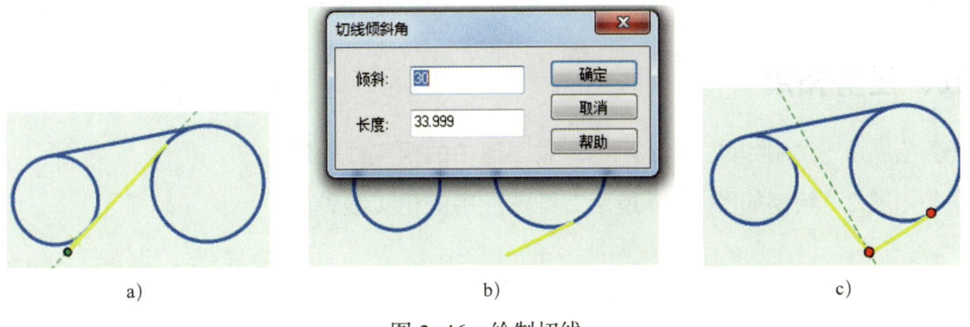


图 2–46　绘制切线

a）公切线　b）角度切线　c）过点切线

1）公切线。单击“绘制”工具组中的“切线”按钮 切线，分别单击两圆或圆弧，即可绘制两圆或圆弧的公切线。

2）角度切线。单击“切线”按钮 切线，单击相切的圆或圆弧，向需要的方向拖动鼠标至需要长度后单击鼠标右键，在弹出的“切线倾斜角”对话框中修改切线的角度，单击“确定”按钮 确定 绘制角度切线。

3）过点切线。单击“切线”按钮 切线，单击相切的圆或圆弧，单击指定点即可绘制过点切线。

（2）法线

法线的绘制方法如图 2-47 所示，主要有以下几种形式：

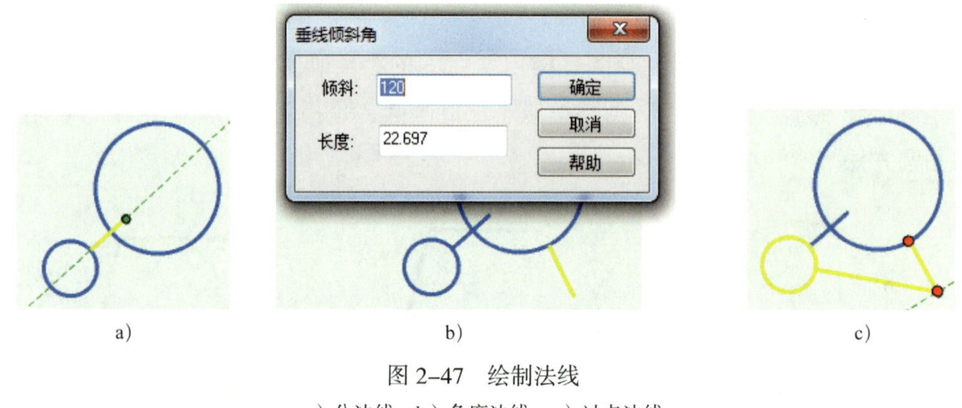


图 2-47　绘制法线

a）公法线　b）角度法线　c）过点法线

1）公法线。单击“绘制”工具组中的“法线”按钮 法线，分别单击两圆或圆弧，即可绘制两圆或圆弧的公法线。

2）角度法线。单击“法线”按钮 法线，单击相应的圆或圆弧，向需要的方向拖动鼠标至需要长度后单击鼠标右键，在弹出的“垂线倾斜角”对话框中修改法线的角度，单击“确定”按钮 确定 绘制角度法线。

3）过点法线。单击“法线”按钮 法线，单击相应的圆或圆弧，单击指定点即可绘制过点法线。

## 五、任务拓展

任务拓展 1　绘制如图 2-48 所示二维图形中的粗实线轮廓。

任务拓展 2　绘制如图 2-49 所示二维图形中的粗实线轮廓。

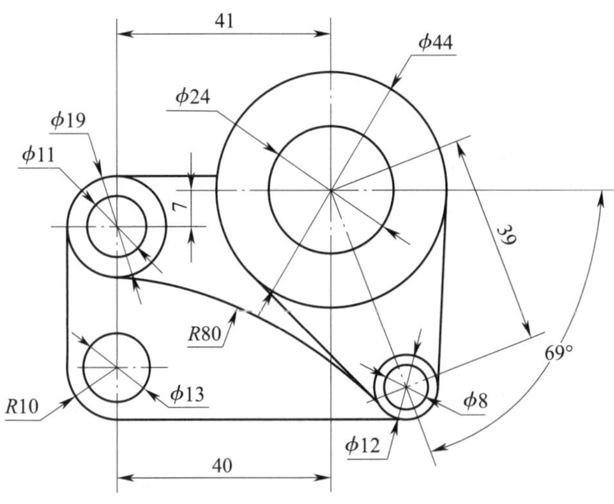


图 2–48　任务拓展 1

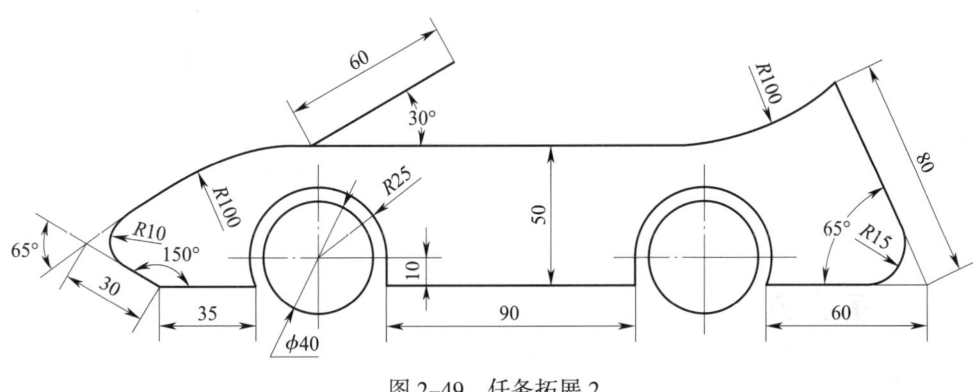


图 2–49　任务拓展 2

# 课题 3　几何变换绘制草图

## 一、学习目标

1．掌握线型阵列图素的方法。

2．掌握旋转图素及旋转复制图素的方法。

3．进一步掌握镜像图素及镜像复制图素的方法。

4．掌握等距绘制图素的方法。

5．掌握移动图素及移动复制图素的方法。

## 二、任务描述

绘制如图 2–50 所示中心线和粗实线轮廓。

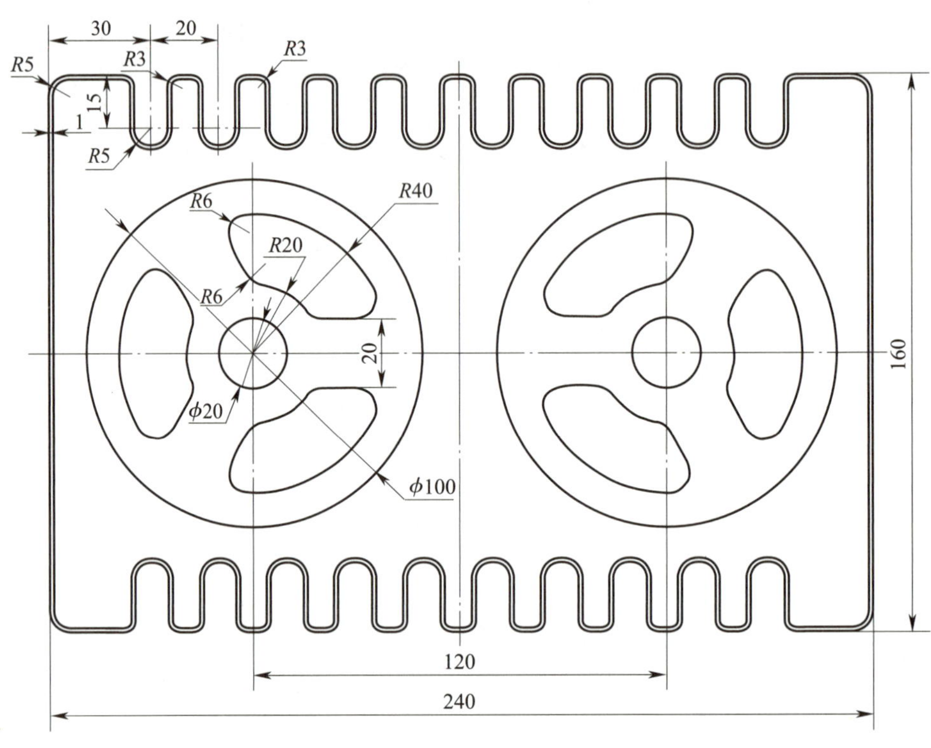

图 2–50 几何变换绘制草图

## 三、任务实施

### 1. 绘制外形轮廓

（1）绘制单个外形轮廓

1）选择“在 X–Y 基准面”作为草图平面。选择“俯视图”作为视角平面（选择外轮廓的中心作为绘图原点）。

2）单击“绘制”工具组中的“圆心 + 半径”按钮 圆心+半径，单击坐标原点，在“属性”对话框中输入“半径（mm）”为“5”，按回车键绘制如图 2–51a 所示的圆。

3）单击“绘制”工具组中的“连续直线”按钮 连续直线，弹出画连续直线“属性”对话框，选中对话框中的“锁定水平 / 竖直拖到”复选框。

4）单击圆左侧象限点，向上拖动鼠标后单击鼠标右键，弹出“直线长度 / 斜度编辑”对话框，修改“长度”为“15”，单击“确定”按钮 确定 绘制长度为“15”的垂直线。向左拖动鼠标后单击鼠标右键，在弹出的对话框中修改“长度”为“5”，单击“确定”按钮 确定 绘制长度为“5”的水平线，按“Esc”键退出，其结果如图 2–51b 所示。

5）采用同样的方法绘制右侧垂直线和水平线，按“Esc”键退出。

6）单击“修改”工具组中的“裁剪”按钮 裁剪，单击圆的上方，完成圆的裁剪，其结果如图 2–51c 所示。

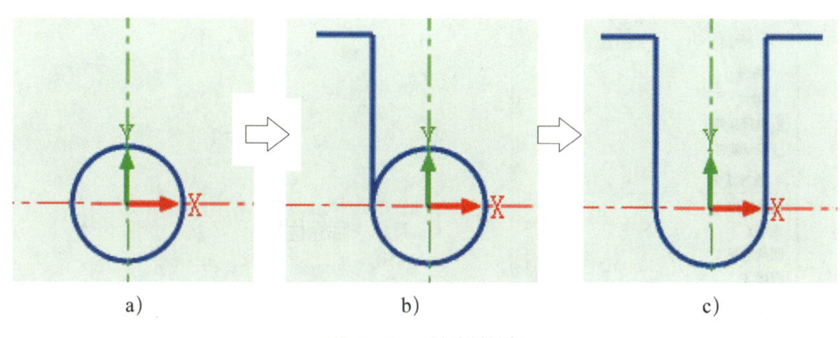


图 2-51 绘制轮廓

a）绘制圆 b）绘制左侧直线 c）绘制右侧直线及裁剪圆

7）单击“修改”工具组中的“过渡”按钮 过渡，弹出如图 2-52 所示圆角过渡“属性”对话框。单击倒角部位的两条直线，修改“半径（mm）”为“3”，按回车键完成圆角过渡。

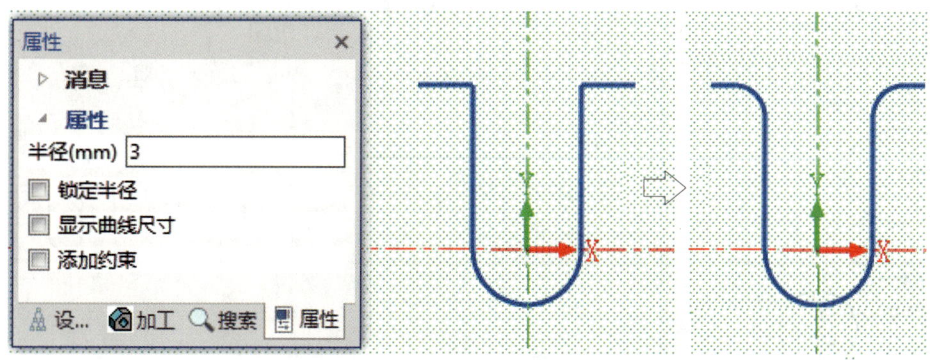


图 2-52 绘制圆角过渡

（2）平移轮廓

1）单击“修改”工具组中的“移动”按钮 移动，弹出如图 2-53 所示移动“属性”对话框。拖动对话框右侧滚动条，取消选中“拷贝”复选框。

2）在图素的左上方空白区域单击鼠标左键，不松开并向右下方拖动，直至将所有图素完全包含在拉出的方框内部，松开鼠标左键，此时方框内的所有图素被选中。选中后的图素颜色变成黄色。

3）修改对话框中“X（mm）”为“-90”、“Y（mm）”为“65”，单击对话框中的“确定”按钮 ✔ 完成图素平移，原始位置不再保留图素。

4）采用以上框选方式选中平移后的图素，单击“修改”工具组中的“线型阵列”按钮 线型阵列，弹出如图 2-54 所示线型阵列“属性”对话框。拖动对话框右侧滚动条，显示“方向 1”/“X 轴”选项。

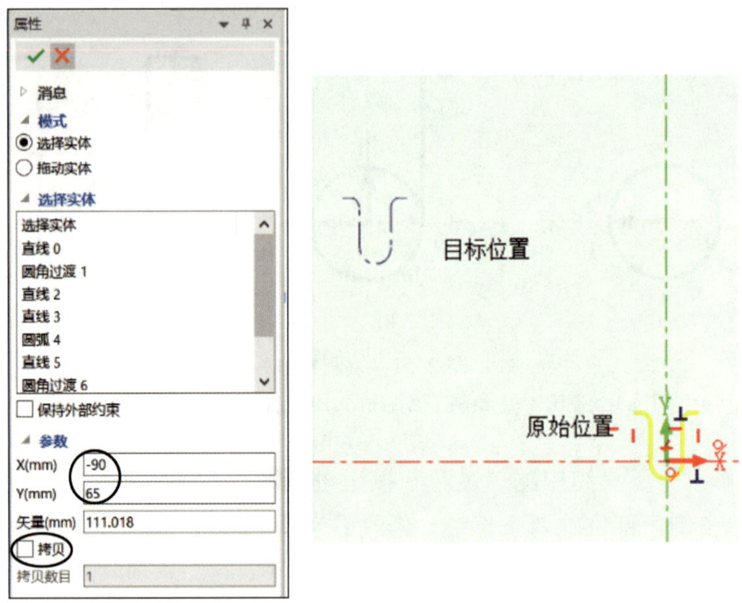


图 2–53 平移图素

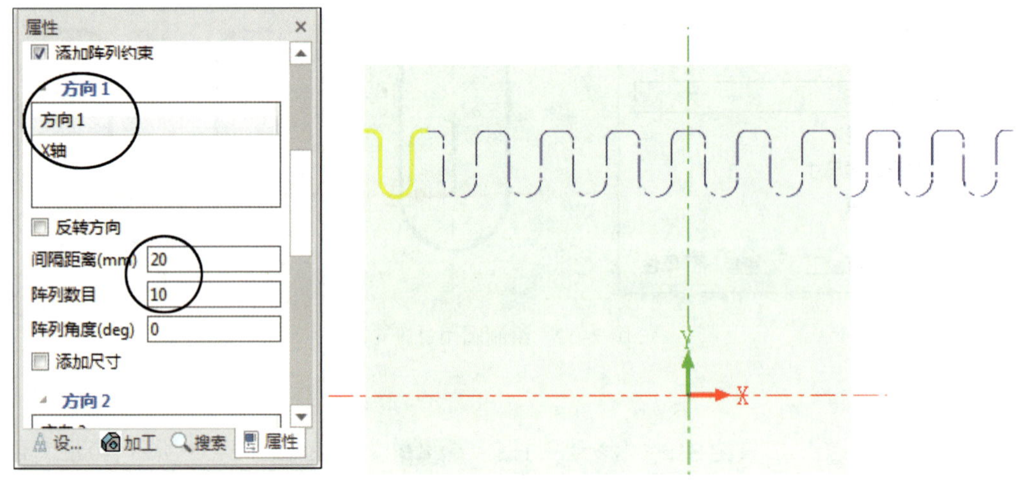


图 2–54 线型阵列图素

5）修改对话框中“间隔距离（mm）”为“20”、“阵列数目”为“10”，单击对话框中的“确定”按钮 ✔ 完成图素线型阵列。

**提示**

阵列数目指阵列完成后所有的个数，即包含源图素。

（3）绘制上侧边框及轮廓中心线

1）单击“绘制”工具组中的“连续直线”按钮 连续直线，弹出画连续直线“属性”对话框，选中对话框中的“锁定水平 / 竖直拖到”复选框。

2）单击左侧直线端点，向左拖动鼠标后单击鼠标右键，弹出“直线长度 / 斜度编辑”对话框，修改“长度”为“20”，单击“确定”按钮 确定 绘制长度为“20”的水平线。向下拖动鼠标至水平基准轴上单击鼠标左键，绘制长度为“80”的垂直线，按“Esc”键退出。

3）采用同样的方法绘制右侧的水平线和垂直线，其结果如图 2–55 所示。

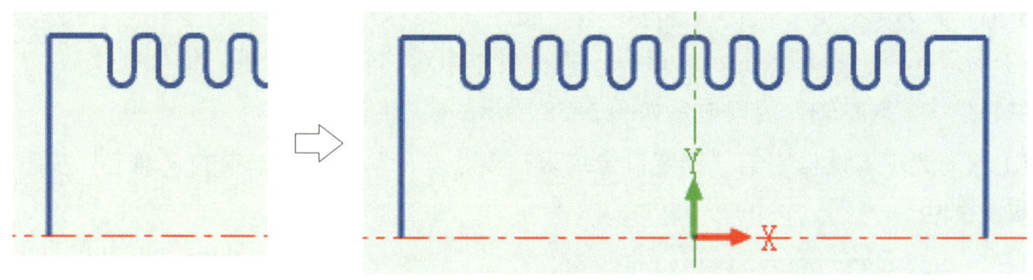


图 2–55　绘制两侧边框

4）单击“修改”工具组中的“过渡”按钮 过渡，弹出圆角过渡“属性”对话框。单击左上角两条直线，修改“半径（mm）”为“5”，按回车键完成左上角圆角过渡。

5）单击右上角两条直线，拖动鼠标后单击鼠标右键，弹出“编辑半径”对话框，修改其值为“5”，如图 2–56 所示，单击“确定”按钮 确定 完成右上角圆角过渡。

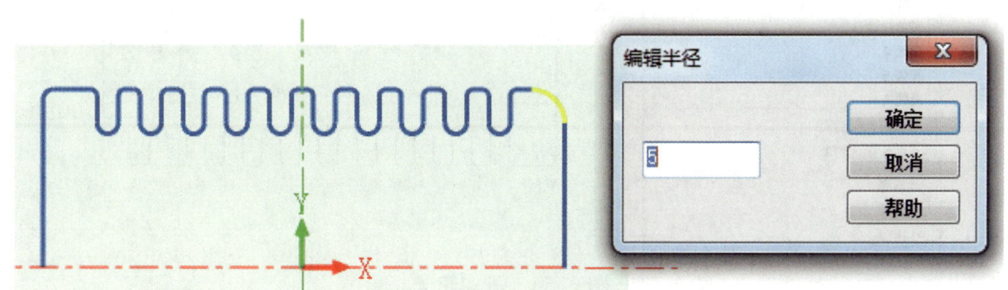


图 2–56　绘制圆角过渡

6）单击“绘制”工具组中“旋转轴”按钮 旋转轴 右侧的下三角 ▼，弹出如图 2–57 所示的下拉菜单，单击“水平（H）”按钮 水平(H)，单击水平基准轴上任意位置，绘制水平中心线。

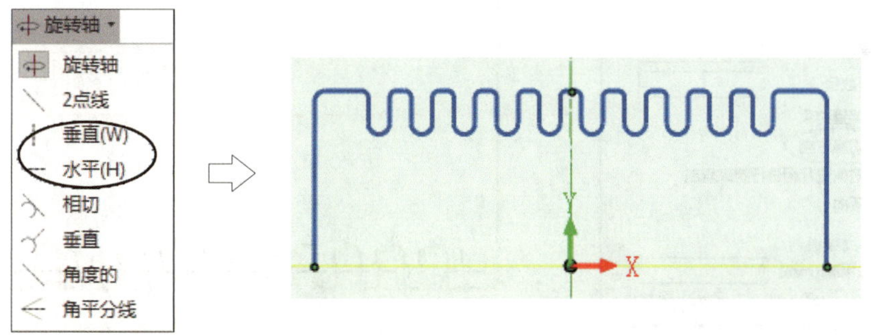


图 2–57　绘制水平中心线

7）单击“垂直（W）”按钮 垂直(W)，单击垂直基准轴上任意位置，绘制垂直中心线。

（4）完成外轮廓绘制

1）单击“修改”工具组中的“镜像”按钮 镜像，弹出镜像“属性”对话框。拖动对话框右侧滚动条，选中对话框中的“拷贝”单选按钮。

2）选中对话框中的“选择实体”单选按钮，框选基准线上方所有图素（不含中心线），单击鼠标右键确定。

3）窗口左下方提示区提示“选择一条直线作为对称轴，用鼠标右键切换模式”，单击水平中心线作为对称轴，窗口显示如图 2–58 所示的模拟结果。

4）取消选中对话框中的“锁定镜像约束”复选框，单击对话框中的“确定”按钮 ✓，完成图素镜像。

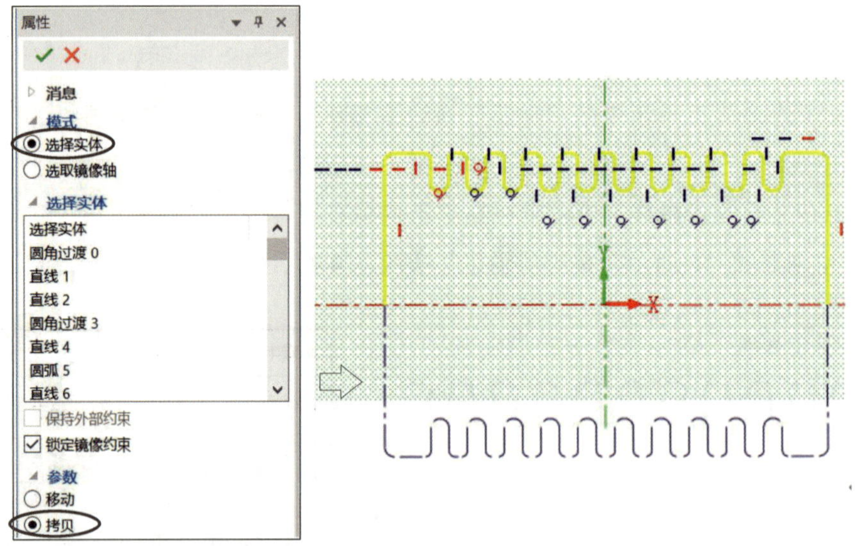


图 2–58 镜像轮廓

5）单击“修改”工具组中的“等距”按钮 等距，弹出如图 2–59 所示等距“属性”对话框。

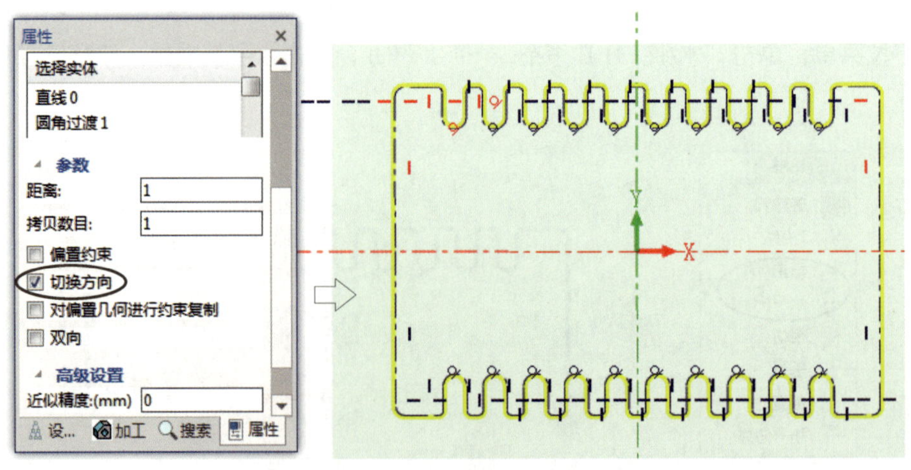


图 2–59 绘制等距轮廓

6）框选窗口中除中心线外的所有图素，拖动对话框右侧滚动条，根据需要选中对话框中的“切换方向”复选框。

7）修改“距离：”为“1”、“拷贝数目：”为“1”，窗口显示等距轮廓的模拟结果，单击对话框中的“确定”按钮 ✓，绘制等距轮廓。

### 2. 绘制内部轮廓

（1）绘制单个轮廓

1）单击“绘制”工具组中的“圆心＋半径”按钮 圆心+半径，弹出画圆“属性”对话框，在“输入坐标（mm）”后输入坐标“-60，0，0”并按回车键，按“Tab”键切换至“半径（U）：”参数中输入“10”后按回车键，绘制如图 2-60a 所示的圆。

2）采用同样的方法绘制圆心坐标为“-60，0”、半径分别为“20”和“40”的同心圆，其结果如图 2-60b 所示。

3）单击“绘制”工具组中的“2 点线”按钮 2点线，弹出绘制 2 点线“属性”对话框，选中对话框中的“锁定水平 / 竖直拖到”复选框。绘制如图 2-60c 所示位于基准轴下方的水平线，与“*R*20”和“*R*40”的同心圆均相交。

4）单击“智能标注”按钮，标注水平线与基准轴间的距离为“10”。

5）单击“修改”工具组中的“等距”按钮 等距，弹出等距“属性”对话框。单击选中水平线，修改“距离：”为“20”、“拷贝数目：”为“1”，单击对话框中的“确定”按钮 ✓，绘制如图 2-60d 所示的等距水平线。

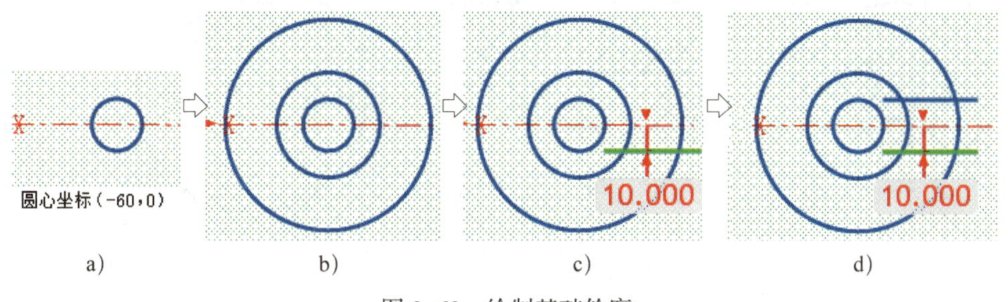

图 2-60　绘制基础轮廓

a）绘制圆　b）绘制同心圆　c）绘制水平线　d）等距水平线

6）单击“修改”工具组中的“旋转”按钮 旋转，弹出如图 2-61 所示旋转“属性”对话框。拖动对话框右侧滚动条，取消选中“拷贝”复选框。

7）选中下方水平线，单击鼠标右键确认。此时旋转指针位于坐标原点位置，将光标移至旋转指针位置，此时光标变为手形，按住鼠标左健将旋转指针移至同心圆的圆心位置。

8）选中对话框中的“解除水平 / 竖直约束”复选框，修改“旋转角度（deg）”为“120”，单击对话框中的“确定”按钮 ✓，完成图素的旋转，其结果如图 2-62a 所示。

9）单击“修改”工具组中的“裁剪”按钮 裁剪，裁剪图素，完成后如图 2-62b

所示。

10）单击“修改”工具组中的“过渡”按钮 过渡，弹出圆角过渡“属性”对话框。单击相邻的直线和圆弧，修改“半径（mm）”为“6”，按回车键完成图 2-62c 所示的圆角过渡。

11）采用同样的方法完成其他圆角过渡。单击“圆心 + 半径”按钮 圆心+半径，绘制“半径（U）：”为“50”的同心圆，其结果如图 2-62d 所示。

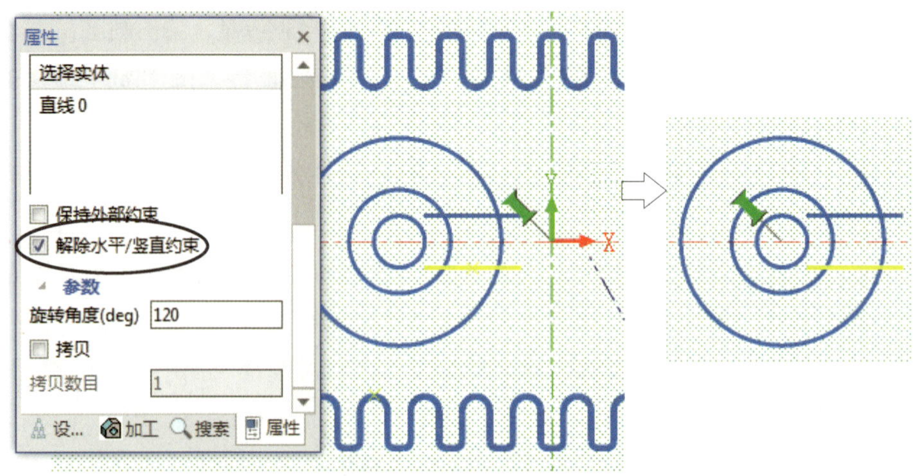


图 2-61 移动旋转指针

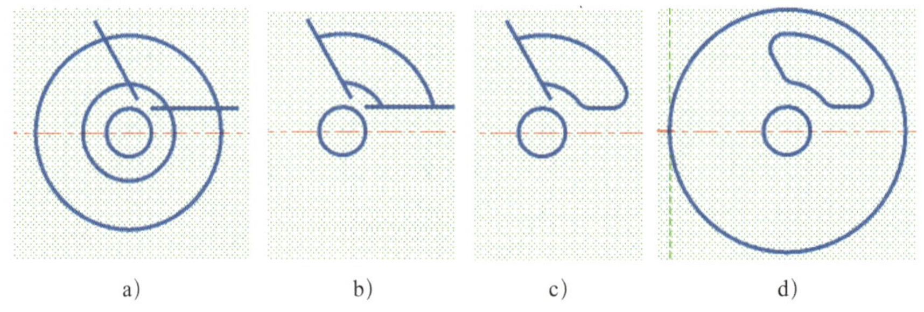


图 2-62 完成单轮廓绘制

a）旋转直线 b）裁剪图素 c）圆角过渡 d）绘制同心圆

（2）旋转复制轮廓

1）单击“修改”工具组中的“旋转”按钮 旋转，弹出旋转“属性”对话框，选中“拷贝”复选框。

2）用框选方式选中图 2-62 中腰形轮廓，单击鼠标右键确认。此时旋转指针位于坐标原点位置，光标变为手形，将旋转指针移至同心圆圆心位置。

**提示**

如果在框选过程中选择了多余的图素，只需再次单击该图素，即可取消选中该图素。

3）选中对话框中的“解除水平/竖直约束”复选框，修改“旋转角度（deg）”为“120”、“拷贝数目”为“2”，单击“确定”按钮 ✓，完成图素的旋转复制，其结果如图 2-63 所示。

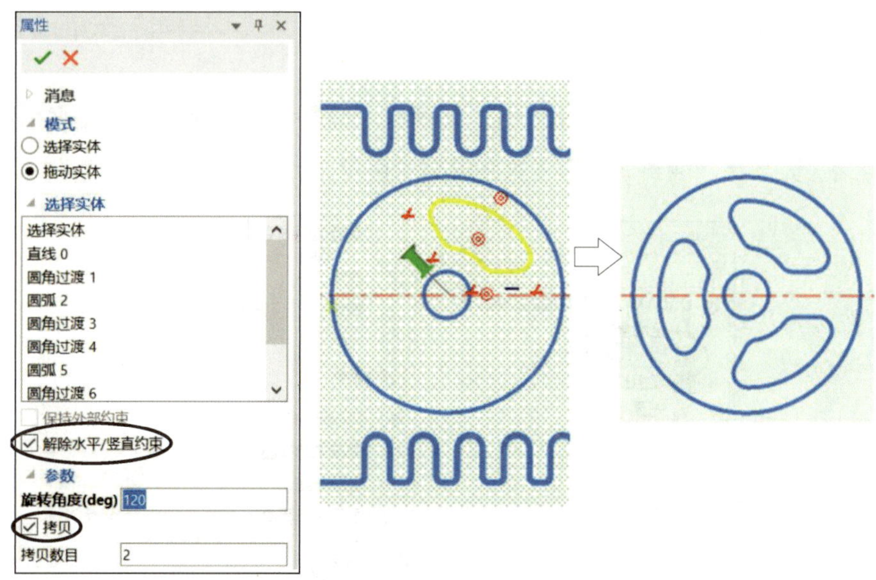


图 2-63　旋转复制

（3）镜像轮廓

1）单击“修改”工具组中的“镜像”按钮 镜像，弹出镜像“属性”对话框，选中对话框中的“拷贝”单选按钮。

2）选中对话框中的“选择实体”单选按钮，框选左侧内部图素，单击鼠标右键确定。然后单击位于原点位置的垂直中心线。

3）取消选中“锁定镜像约束”复选框，单击对话框中的“确定”按钮 ✓，完成图素镜像，其结果如图 2-64 所示。

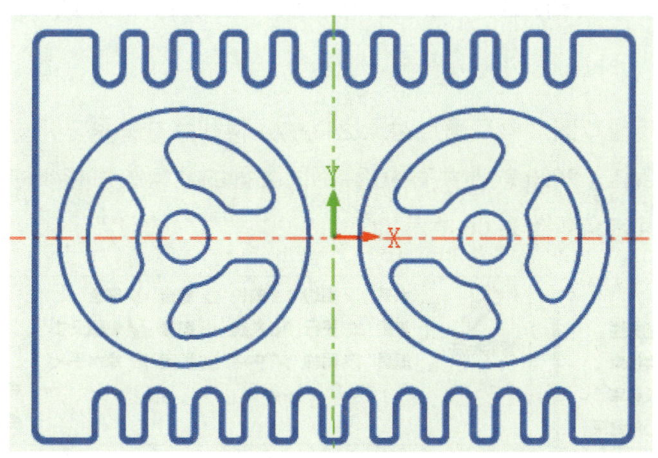


图 2-64　完成后的轮廓

## 四、知识拓展

### 1. 绘图过程中文件的保存

在草图绘制过程中无法直接保存文件，可先单击“结束草图编辑”按钮 ✓，再单击“保存”按钮实时保存文件。

在操作管理器“设计环境”对话框中，用鼠标右键单击“2D 草图 3-”，弹出如图 2–65 所示的右键菜单，单击“编辑 ...”即可重新返回当前草图进行编辑。

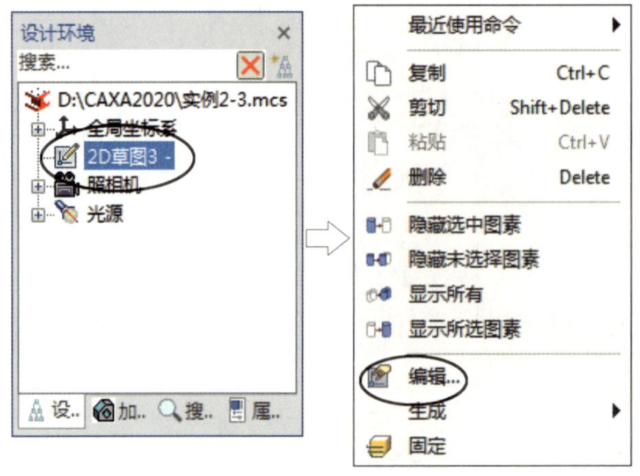


图 2–65 重新编辑草图

### 2. 框选操作与删除操作

采用框选方式选择图素时，方框的起点不同，选择效果也不相同。自左上方向右下方拉动方框时，只有完全包含在方框内部的图素才被选中，相交的图素不被选中。自右下方向左上方拉动方框时，包含在方框内部的图素和与方框相交的图素均被选中。

选中需要删除的图素，按“Delete”键即可删除相应的图素。此外，单击“修改”工具组中的“删除重复”按钮 删除重复，框选窗口中的某个区域，则该区域中的重复图素被删除。

### 3. 约束操作

约束工具用于定位草图对象及确定对象之间的几何和尺寸关系，用好约束功能就能达到事半功倍的效果。CAXA 2020 软件共有 16 种不同类型的几何约束和 4 种不同类型的尺寸约束，各功能按钮及其含义如图 2–66 所示。

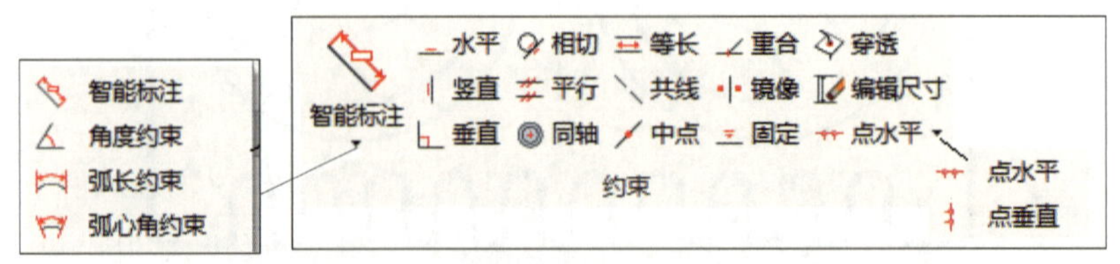


图 2–66 约束的功能按钮及其含义

## 五、任务拓展

任务拓展 1　绘制图 2–67 中的粗实线轮廓。

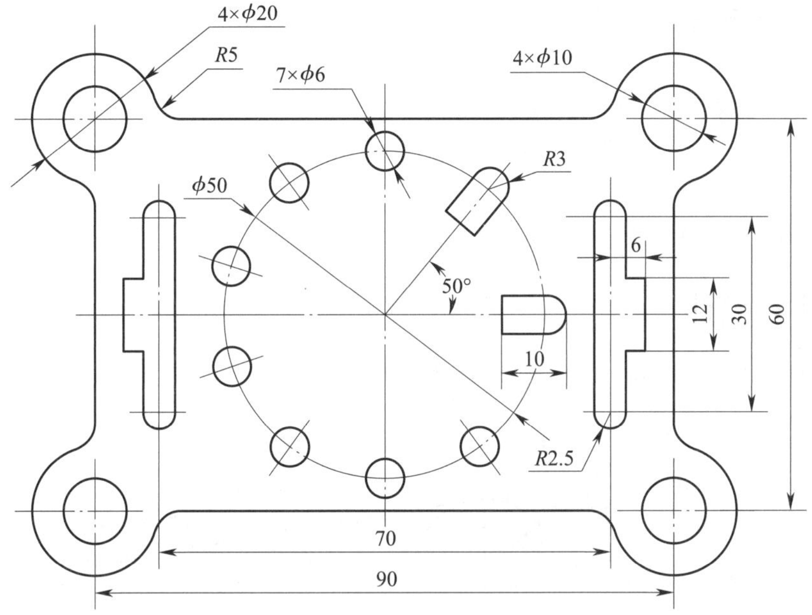


图 2–67　任务拓展 1

任务拓展 2　绘制图 2–68 中的粗实线轮廓。

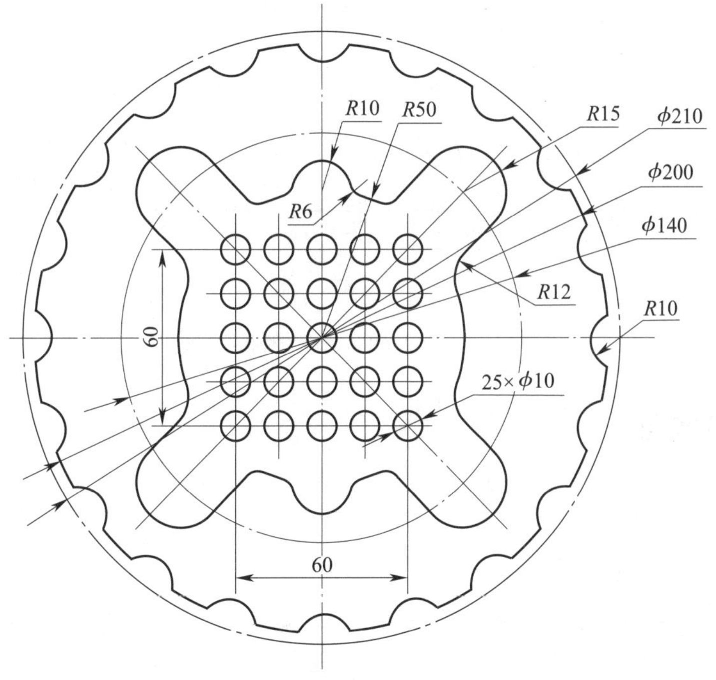


图 2–68　任务拓展 2

# 课题 4　草图绘制综合实例

## 一、学习目标

1．进一步掌握圆和圆弧的多种画法。

2．进一步掌握几何约束的方法。

3．进一步掌握尺寸约束的方法。

4．进一步掌握草图绘制技巧。

## 二、任务描述

绘制如图 2-69 所示中心线和粗实线轮廓。

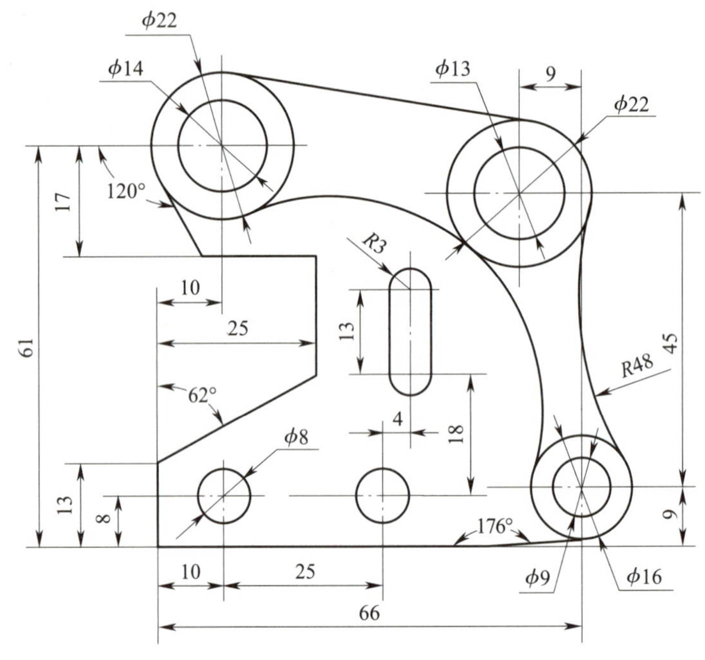

图 2-69　草图绘制综合实例

## 三、任务实施

### 1. 绘制周边轮廓

（1）绘制三组同心圆

1）单击“二维草图”按钮 下方的下三角 ，在弹出的下拉菜单中选择“在 X-Y 基准面”作为草图平面。选择“俯视图”作为视角平面（选择左下角作为绘图原点）。

2）单击“绘制”工具组中的“圆心 + 半径”按钮 圆心+半径，弹出画圆“属性”对话框，输入圆心坐标“66，9”后按回车键，单击“半径（U）：”参数，输入“8”后按回车键。单击该圆圆心，在“半径（U）：”中输入“4.5”后按回车键，绘制第一组同心圆，其结果如图 2-70a 所示。

3）输入圆心坐标“57，54”，按回车键，在“半径（U）：”中输入“11”后按回车键。单击该圆圆心，在“半径（U）：”中输入“6.5”后按回车键，绘制第二组同心圆，其结果如图 2-70b 所示。

4）输入圆心坐标“10，61”，按回车键，在“半径（U）：”中输入“11”后按回车键。单击该圆圆心，在“半径（U）：”中输入“7”后按回车键，绘制第三组同心圆，其结果如图 2-70c 所示。

5）单击“约束”工具组中的“固定”按钮 固定，分别单击三组同心圆中外侧较大圆，固定其位置和半径。

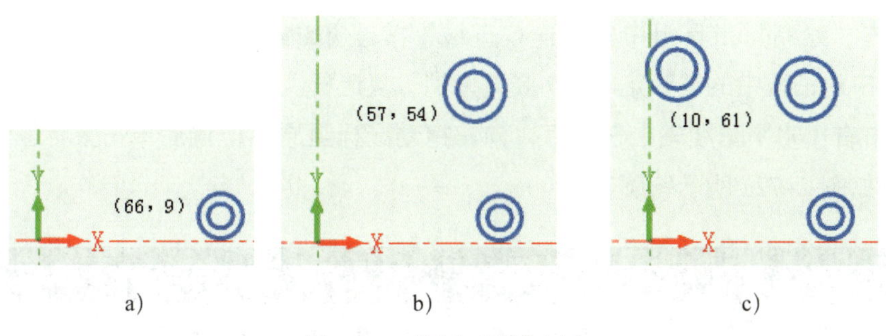


a)　　b)　　c)

图 2-70　绘制三组同心圆

a）第一组同心圆　b）第二组同心圆　c）第三组同心圆

**想一想**

在固定约束过程中，如果同时对同心圆进行固定，则会形成过度约束，想一想是什么原因。

（2）绘制切弧和切线

1）单击“绘制”工具组中的“切线”按钮 切线，分别单击上方两个圆的上部圆弧，绘制两圆的公切线，其结果如图 2-71a 所示。

2）单击左上侧圆弧，向右下方拖动鼠标后单击鼠标右键，在弹出的“切线倾斜角”对话框中修改“倾斜：”值为“120”，按回车键绘制切线。用同样的方法绘制右下方切线，其“倾斜：”值为“4”，其结果如图 2-71b 所示。

3）单击“绘制”工具组中的“二切点 + 点”按钮 二切点+点，单击右侧两圆弧，移动鼠标至合适的相切位置时，单击鼠标右键，在弹出的“编辑半径”对话框中修改值为“48”，按回车键绘制切弧，其结果如图 2-71c 所示。

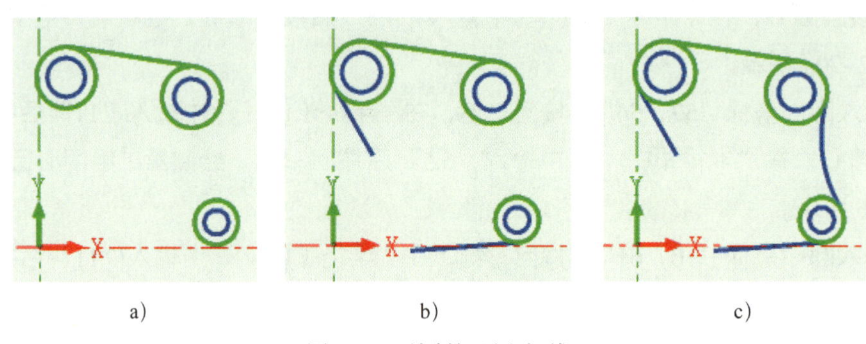


a）　b）　c）

图 2-71　绘制切弧和切线

a）公切线　b）角度切线　c）切弧

（3）绘制其他外轮廓

1）单击“绘制”工具组中的“连续直线”按钮 连续直线，弹出画连续直线“属性”对话框，选中对话框中的“锁定水平 / 竖直拖到”复选框。

2）单击右侧水平基准轴上任意点，向左拖动鼠标至原点位置后单击鼠标左键，向上拖动鼠标绘制如图 2-72a 所示轮廓。

**提示**

注意，绘图过程中应合理选择“锁定水平 / 竖直拖到”复选框。

3）单击“修改”工具组中的“裁剪”按钮 裁剪，裁剪图素，完成后如图 2-72b 所示。

4）单击“智能标注”按钮，按图 2-72c 所示标注尺寸。

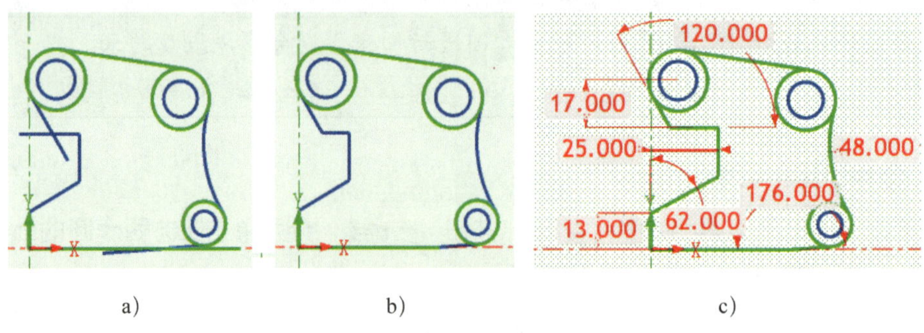


a）　b）　c）

图 2-72　绘制切弧和切线

a）绘制基本轮廓　b）裁剪轮廓　c）尺寸约束

5）单击“显示”工具组中的“显示约束尺寸”选项使其关闭。

## 2. 绘制内部轮廓

（1）绘制内部四个圆

绘制内部四个圆的流程如图 2-73 所示，具体操作步骤如下：

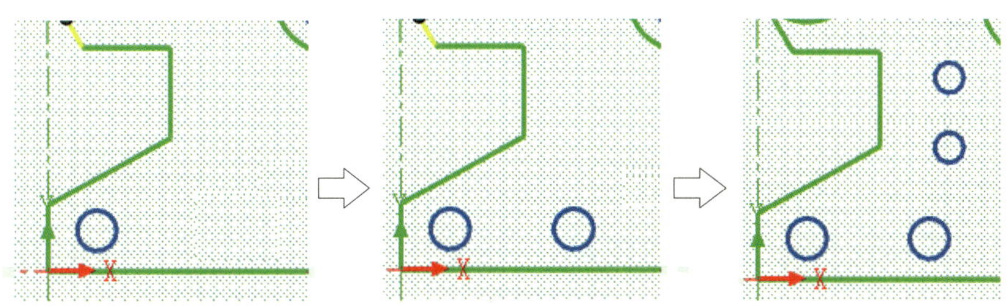

图 2–73　绘制内部四个圆的流程

1）单击“绘制”工具组中的“圆心＋半径”按钮 圆心+半径，弹出画圆“属性”对话框，输入圆心坐标“10，8，0”后按回车键，单击“半径（U）：”参数，输入“4”后按回车键，绘制第一个圆。

2）输入圆心坐标“35，8，0”后按回车键，设置“半径（U）：”为“4”后按回车键，绘制第二圆。

3）用同样的方法绘制其他两个圆，其圆心坐标分别为“39，26，0”和“39，39，0”，其“半径（U）：”均为“3”。

（2）绘制内部其他轮廓

1）单击“绘制”工具组中的“切线”按钮 切线，分别单击上方两个“*R*3”圆的上部圆弧，绘制两圆的公切线，其结果如图 2–74a 所示。

2）单击“绘制”工具组中的“三切点”按钮 三切点，绘制三个圆的切圆弧，其结果如图 2–74b 所示。

3）单击“修改”工具组中的“裁剪”按钮 裁剪，裁剪图素，完成后如图 2–74c 所示。

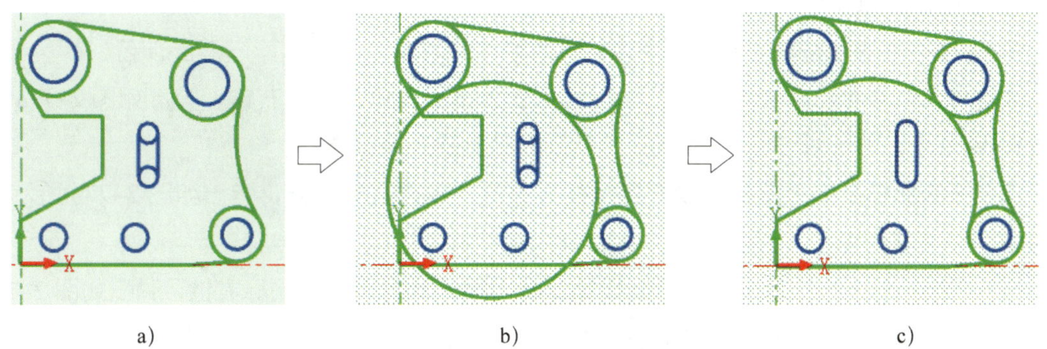

a)　　b)　　c)

图 2–74　绘制其他内部轮廓

a）绘制公切线　b）绘制切圆弧　c）裁剪图素

## 3. 保存文件

（1）单击“结束草图编辑”按钮 ，退出草图编辑，其结果如图 2–75 所示。

（2）单击“菜单”/“文件”/“另存为”，弹出“另存为”对话框，选择相应的文件目录、文件类型和文件名后，单击“保存”按钮完成文件的保存。

## 四、知识拓展

### 1. 约束功能

（1）完全约束

如果图素未被完全约束，则在绘制其他图素过程中，会因相互之间的约束关系，改变未被完全约束图素的尺寸和几何位置。如图 2–76 所示，轮廓中的图素 1 ~ 图素 7（颜色呈蓝色）均未被完全约束，通过以下操作即可实现图素的完全约束，即将图素的颜色变成绿色。

单击“固定”按钮 固定，分别单击图素 1 ~ 图素 4。

单击“智能标注”按钮，采用默认值智能标注图素 4 ~ 图素 7 的半径值。

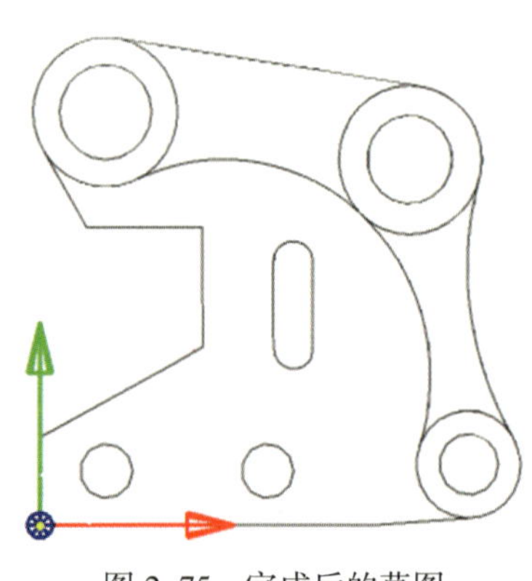

图 2–75　完成后的草图

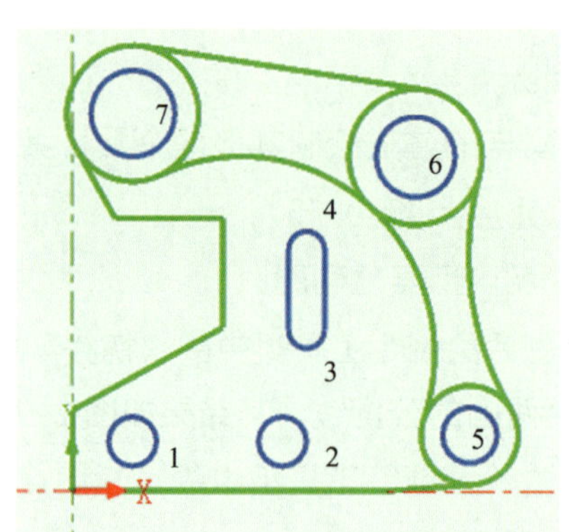


图 2–76　未被完全约束的图素

（2）约束的设置

对于已约束的选项，可通过以下方式进行修改或设置：

1）将光标移至已标注的尺寸位置，光标变为手形，单击鼠标右键，弹出如图 2–77a 所示的右键菜单，即可对该智能标注进行“编辑”“删除”等操作。

2）将光标移至约束图标位置，光标变为手形，单击鼠标右键，弹出如图 2–77b 所示的右键菜单，单击“锁定”使其关闭，即可删除该约束。

3）将光标移至约束图标位置，光标呈“⌂”显示状态，单击鼠标右键，弹出如图 2–77c 所示的右键菜单，单击“约束 ...”，弹出如图 2–78 所示的“二维草图选择”对话框，分别单击“约束”“显示”“捕捉”“栅格”标签即可打开相应的选项卡，进行相应的设置。

### 2. “修改”工具组中其他功能介绍

（1）倒角

单击“修改”工具组中的“倒角”按钮 倒角，弹出如图 2–79 所示倒角“属性”对话框，设置相应的倒角参数后按回车键，单击需要倒角的点，即可完成相应的倒角操作。

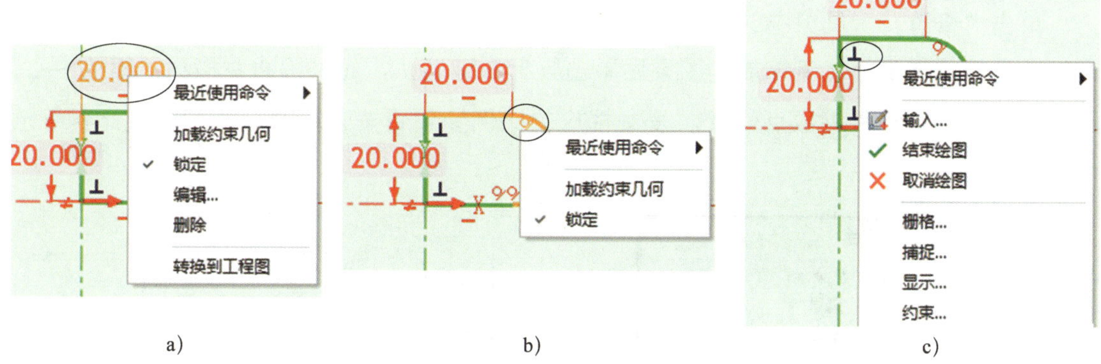


a) b) c)

图 2-77 设置约束的右键菜单

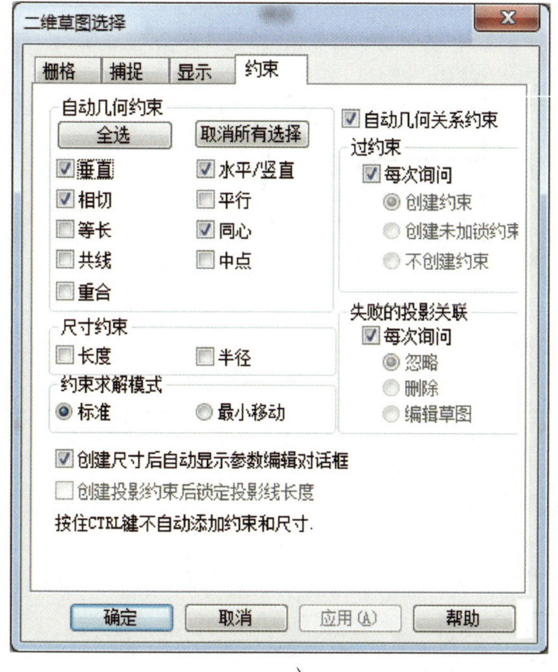


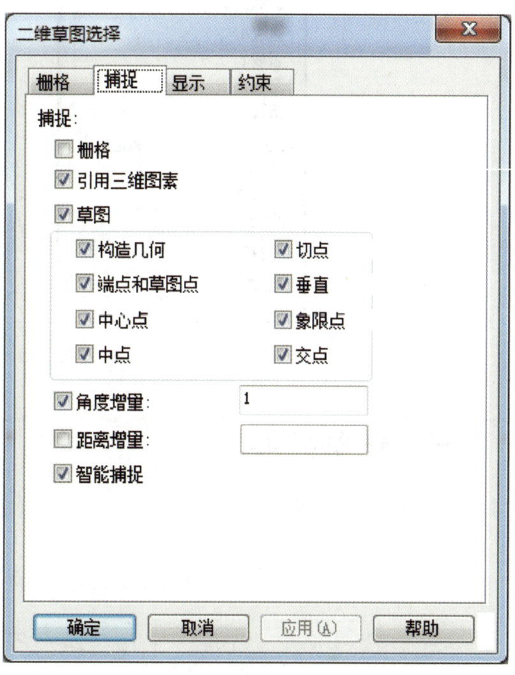


a) b)

图 2-78 “二维草图选择”对话框

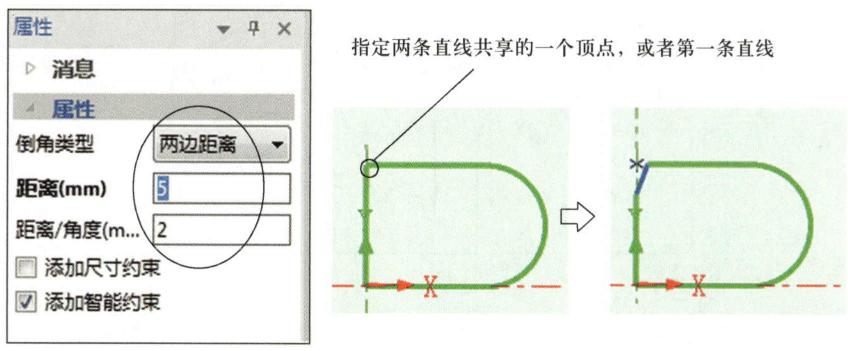


图 2-79 倒角操作

（2）比例

单击“修改”工具组中的“比例”按钮 比例，弹出如图 2-80 所示比例“属性”对话框，选中需要进行比例缩放的图素后单击鼠标右键确认，此时可通过移动“缩放中心”标记 来调整比例缩放点位置。设置相应的比例参数后按回车键，即可完成比例缩放操作。

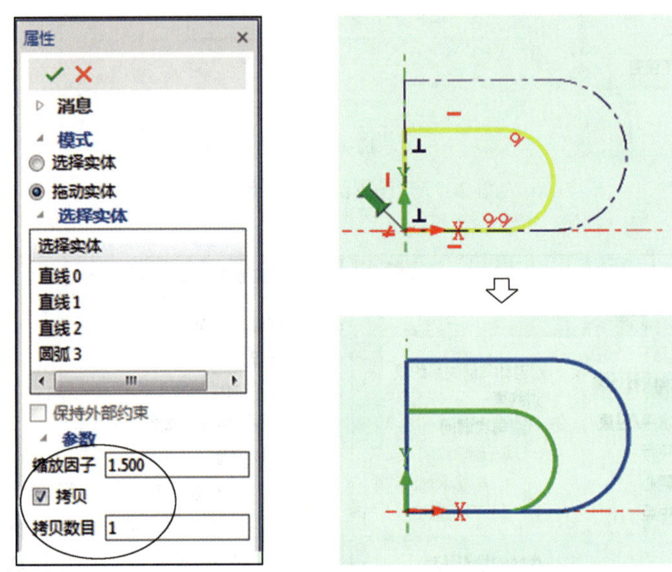


图 2-80　比例缩放操作

## 五、任务拓展

任务拓展 1　绘制如图 2-81 所示的粗实线轮廓。

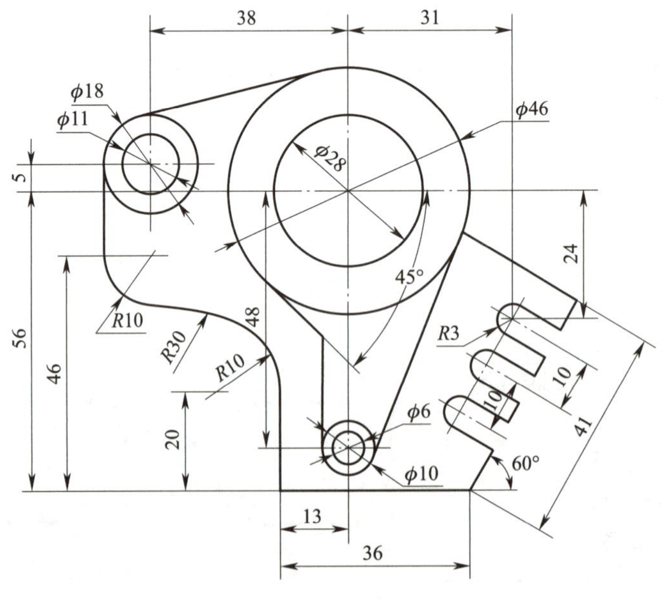


图 2-81　任务拓展 1

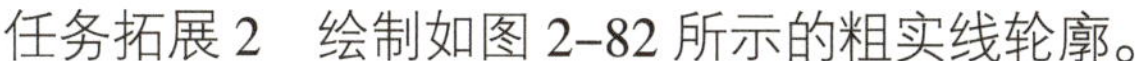


任务拓展 2　绘制如图 2–82 所示的粗实线轮廓。

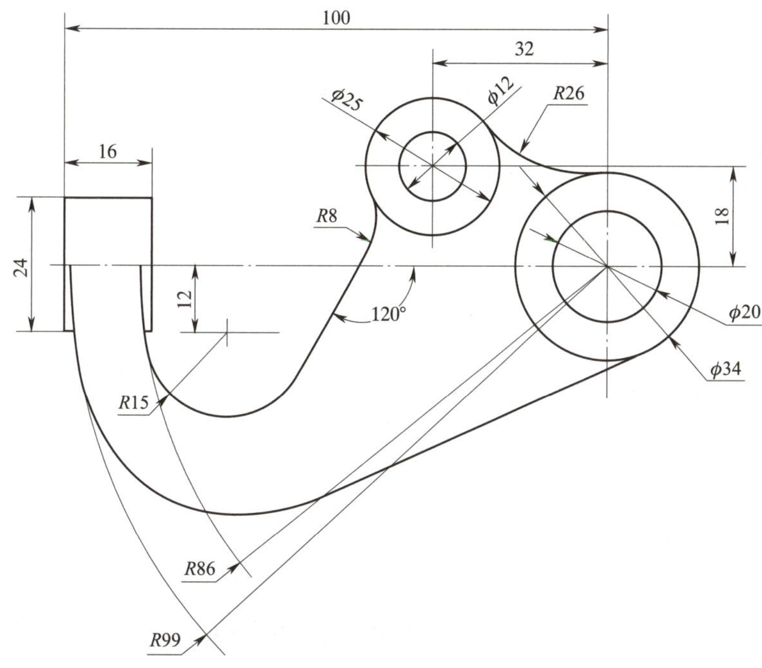


图 2–82　任务拓展 2

# 课题 5　绘制三维线架

## 一、学习目标

1．掌握曲线绘制过程中绘图平面的选择方法。

2．掌握三维曲线的绘制方法。

3．掌握图素的空间几何变换方法。

4．掌握三维曲线的绘制技巧。

## 二、任务描述

绘制如图 2–83 所示的三维线架。

## 三、任务实施

### 1. 绘制左侧线架图

（1）选择绘图平面

1）单击功能选项卡中的“曲线”，单击“三维曲线”按钮，弹出如图 2–84 所示的绘制三维曲线工具组。

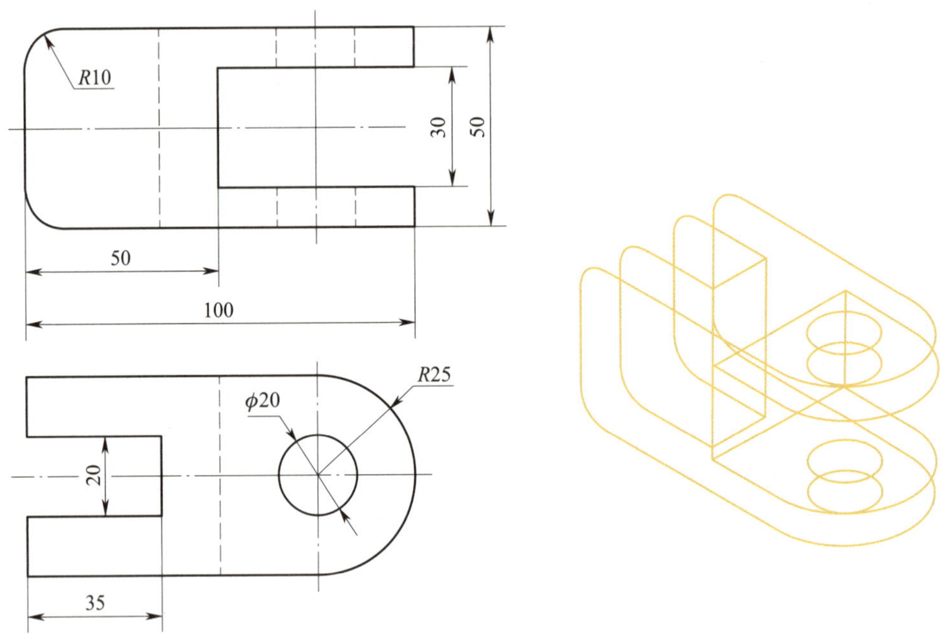

图 2–83　绘制三维线架

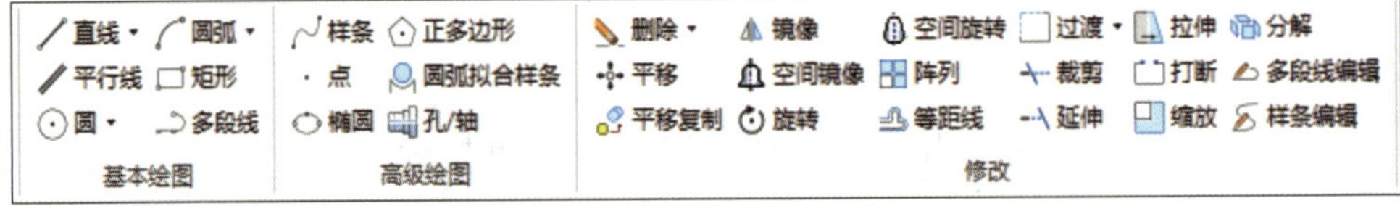


图 2–84　绘制三维曲线工具组

2）如图 2–85 所示，同时按下“Fn”+“F5 ～ F9”组合键选择绘图平面，当前按下“Fn+F7”键选择“*ZX*”平面作为绘图平面。

## 提示

包含小斜杠的平面为当前绘图平面。当选择“*ZX*”平面作为绘图平面时，“+*Z*”方向为零度角方向，而坐标值仍沿用标准坐标系中的坐标值。

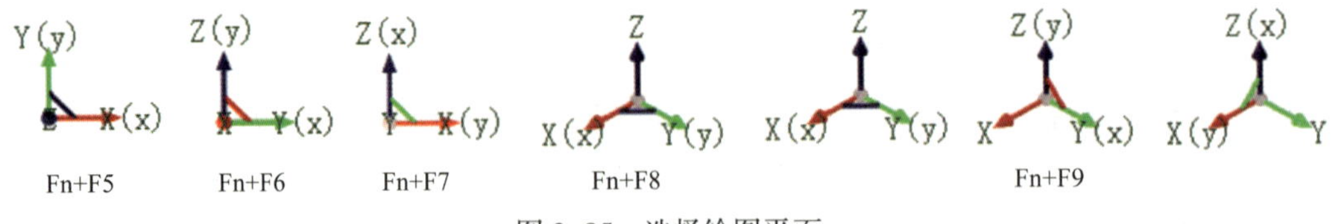


图 2–85　选择绘图平面

（2）绘制单个轮廓

1）单击“基本绘图”工具组中“圆弧”按钮 圆弧 右侧的下三角 ▼，在弹出的下拉菜单中单击“圆弧：圆心半径起终角”，弹出如图 2–86 所示的“立即菜单”对话框，设置“半径”为“10”、“起始角”为“270”、“终止角”为“360”。

2）窗口左下角提示“圆心点：”，直接输入圆心坐标“-40，0，15”后按回车键，绘制图 2-86 中上方圆弧。

3）用同样的方法绘制图 2-86 中下方圆弧。其圆弧“起始角”为“180”、“终止角”为“270”，圆心坐标为“-40，0，-15”。

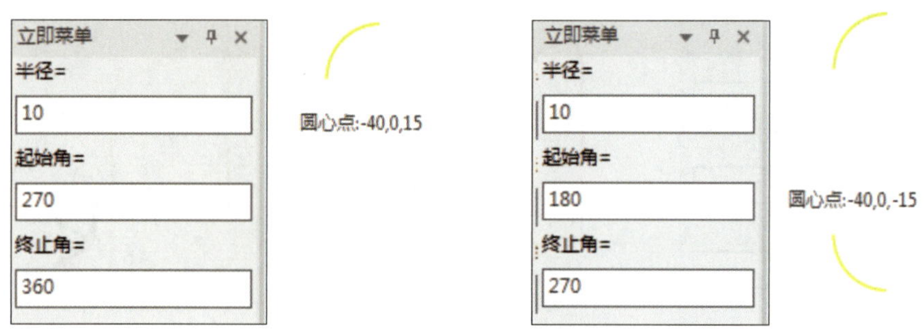


图 2-86　绘制圆弧

4）单击“两点线”按钮 两点线，绘制两圆弧端点连线，其结果如图 2-87a 所示。

5）单击“水平 / 铅垂线”按钮 水平/铅垂线，在弹出的“立即菜单”对话框中选中“铅垂”，修改“长度”为“50”，分别单击上、下两圆弧右侧端点，绘制铅垂线，其结果如图 2-87b 所示。

6）单击“修改”工具组中的“裁剪”按钮 裁剪，分别单击两条铅垂线左侧端点，完成图素裁剪。

7）单击“两点线”按钮 两点线，绘制两直线端点连线，其结果如图 2-87c 所示。

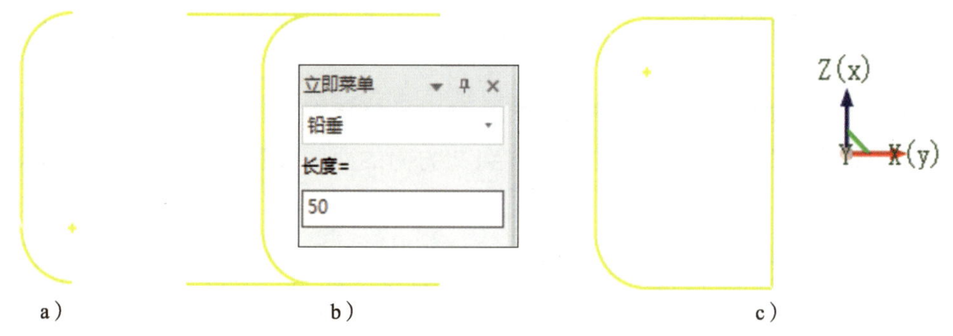


图 2-87　完成单个轮廓绘制

a）绘制端点线　b）绘制两条铅垂线　c）裁剪图素

（3）复制轮廓

1）单击选中状态栏中的“正等测”视角平面，正等测显示图素。

2）单击“修改”工具组中的“平移复制”按钮 平移复制，弹出平移复制“立即菜单”对话框，修改对话框中的“DY”为“10”。

3）依次单击图 2-87 中的轮廓，单击鼠标右键完成图素的平移复制，其结果如图 2-88 所示。

4）单击“修改”工具组中的“平移”按钮 平移，弹出平移“立即菜单”对话框，修改对话框中的“DY”为“-10”。

5）依次单击图 2-87 中的初始轮廓，单击鼠标右键完成图素的平移，其结果如图 2-89 所示。

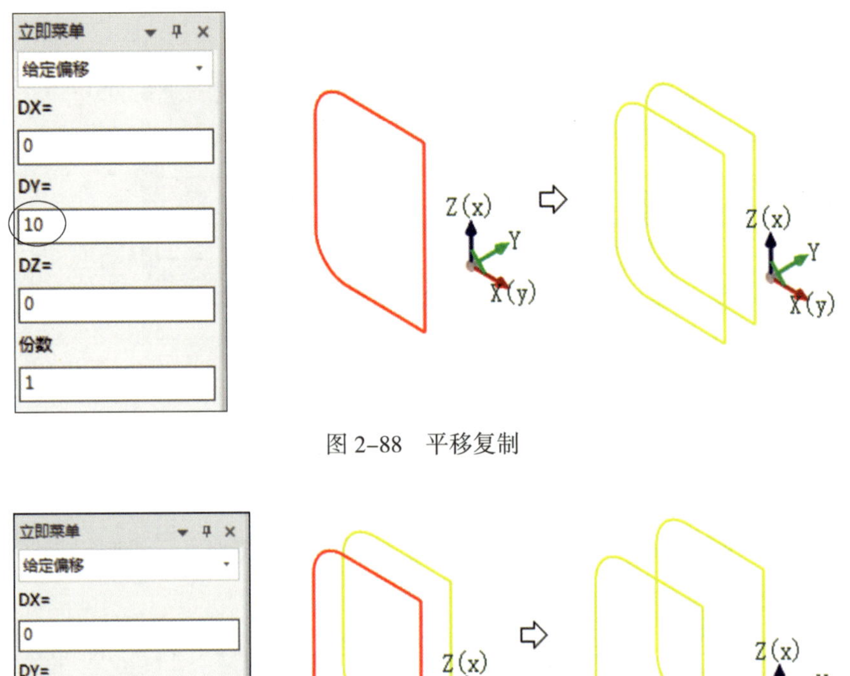


图 2-88　平移复制

图 2-89　平移

6）单击“平移复制”按钮 平移复制，弹出平移复制“立即菜单”对话框，修改对话框中的“DY”为“15”。依次单击位于“+*Y*”方向的两圆弧及其连线，单击鼠标右键沿“+*Y*”方向平移复制图素。

7）单击“平移复制”按钮 平移复制，修改“DY”为“-15”，依次单击位于“-*Y*”方向的两圆弧及其连线，单击鼠标右键沿“-*Y*”方向平移复制，其结果如图 2-90 所示。

## 2. 绘制右侧线架图

（1）绘制单个轮廓

1）按“Fn+F5”键选择“*XY*”平面作为绘图平面。

2）单击“基本绘图”工具组中的“圆弧：圆心半径起终角”按钮 圆弧:圆心半径起终角，在弹出的“立即菜单”对话框中设置“半径”为“25”、“起始角”为“270”、“终止角”为“90”。窗口左下角提示“圆心点：”，直接输入圆心坐标“25，0，0”，按回车键绘制如图 2-91 所示的圆弧。

3）单击“基本绘图”工具组中的“圆”按钮 圆，弹出画圆“立即菜单”对话框，窗口左下角提示“圆心点：”，单击圆弧的圆心，直接输入直径值“20”，按回车键绘制如图 2–91 所示的圆。

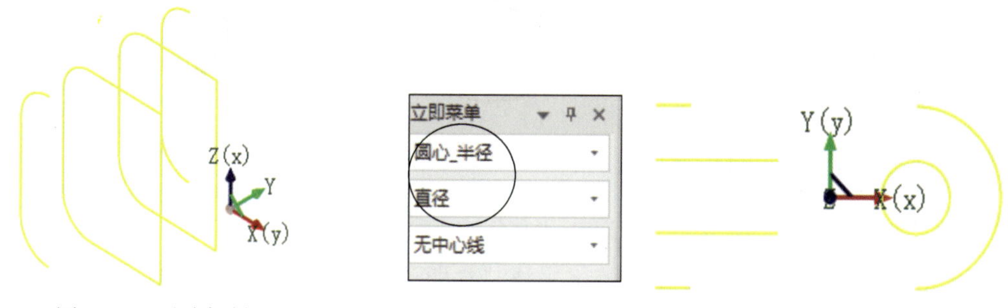


图 2–90　平移复制　　　　图 2–91　绘制圆和圆弧

4）单击“基本绘图”工具组中的“矩形”按钮 矩形，弹出画矩形“立即菜单”对话框，修改“长度”为“25”、“宽度”为“50”。

5）窗口左下角提示“定位点”，直接输入坐标“0，25”，按回车键绘制如图 2–92 所示的矩形。

6）单击“修改”工具组中的“分解”按钮 分解，单击矩形完成矩形的分解（分解成四条边）。

7）单击“修改”工具组中的“删除”按钮 删除，单击矩形右侧边，单击鼠标右键将其删除。

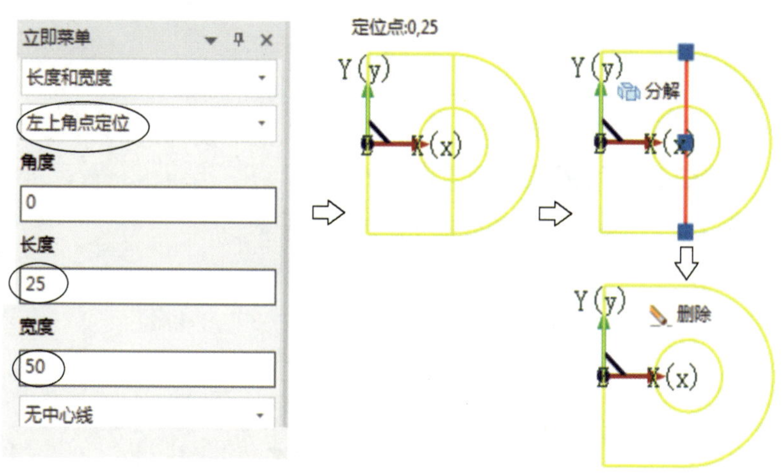


图 2–92　绘制矩形的三条边

（2）复制轮廓

1）单击选中状态栏中的“正等测”视角平面，正等测显示窗口。

2）单击“平移复制”按钮 平移复制，弹出平移复制“立即菜单”对话框，修改对话框中的“DZ”为“15”。

3）依次单击图 2–92 中右侧轮廓，单击鼠标右键完成图素的平移复制，其结果如图 2–93 所示。

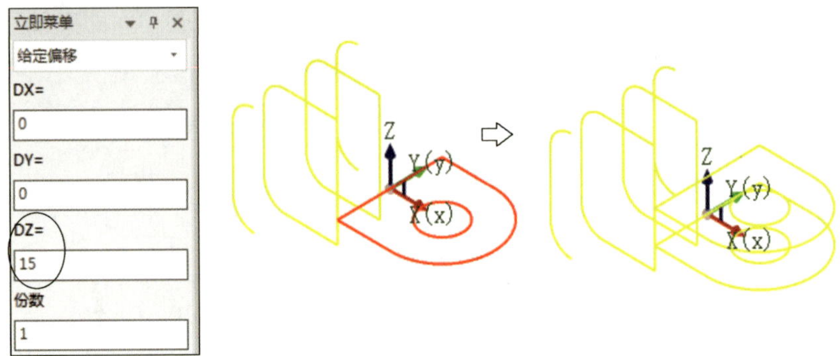


图 2-93　平移复制右侧轮廓

4）单击“平移”按钮 平移，弹出平移“立即菜单”对话框，修改对话框中的“DZ”为“-15”，平移右侧轮廓，其结果如图 2-94 所示。

5）采用同样的方法平移复制右侧圆和圆弧，其结果如图 2-95 所示。

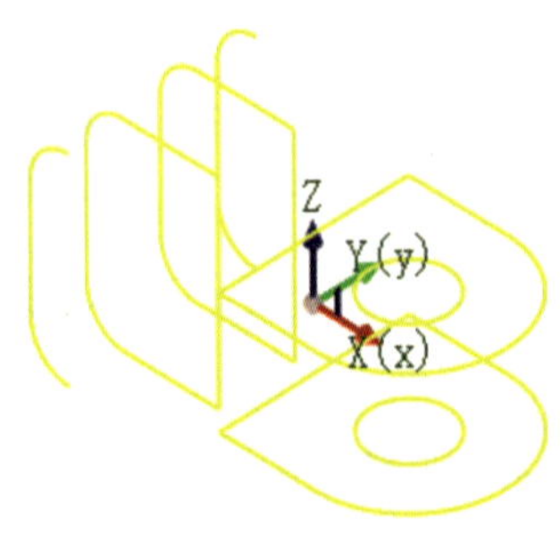


图 2-94　平移右侧轮廓

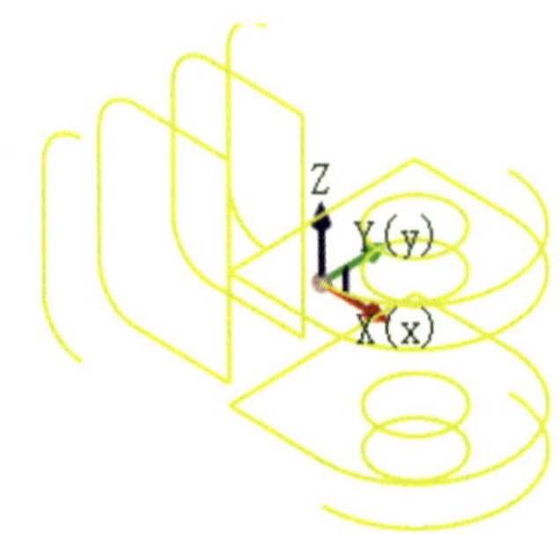


图 2-95　平移复制圆和圆弧

### 3. 绘制空间直线

（1）单击“两点线”按钮 两点线，依次绘制空间直线，其结果如图 2-96 所示。

（2）单击“确定”按钮 ✔ 结束三维曲线的绘制。

（3）单击“菜单”/“文件”/“另存为”，保存文件。

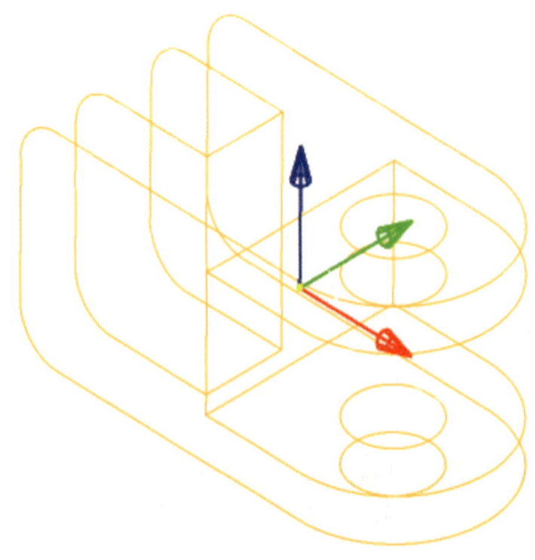

图 2-96　完成后的三维线架

## 四、知识拓展

### 1. 直线的其他画法

（1）平行线

单击功能选项卡中的“曲线”，单击“基本绘图”工具组中的“平行线”按钮 平行线 即可绘制平行线。平行线的画法如图 2–97 所示，有过点平行线、相切平行线、指定距离平行线等多种形式，绘制后的平行线与源线段等长。

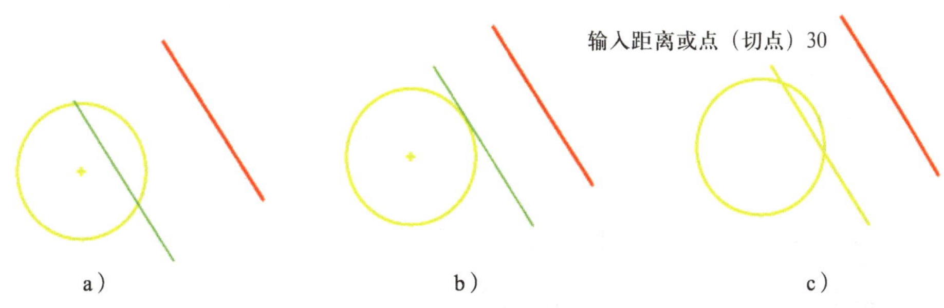


图 2–97　绘制平行线

a）过点平行线　b）相切平行线　c）指定距离平行线

（2）角等分线

单击功能选项卡中的“曲线”，单击“基本绘图”工具组中的“角等分线”按钮 角等分线 即可绘制角等分线。单击功能选项卡中的“草图”，单击“绘制”工具组中的“角平分线”按钮 角平分线 也可绘制角平分线。

角等分线画法如图 2–98 所示，在草图中绘制的角平分线是辅助线。

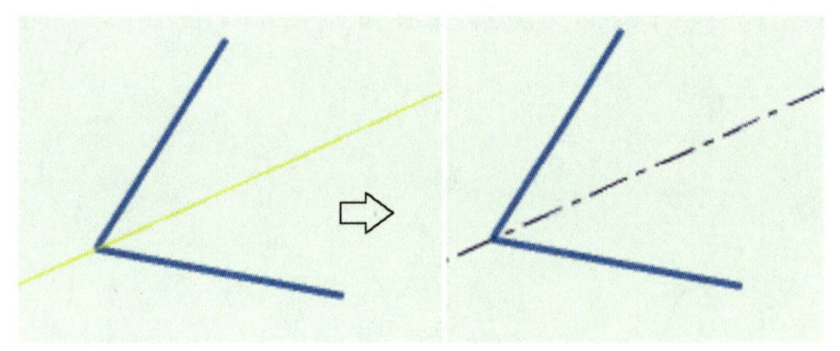

图 2–98　绘制角等分线

### 2. 公式曲线的画法

单击功能选项卡中的“草图”，单击“绘制”工具组中的“公式”按钮 公式，弹出如图 2–99 所示的“公式曲线”对话框。在“公式曲线列表”中选择相应的公式曲线，修改参数变量的“初始值”和“结束值”，单击对话框中的“确定”按钮 确定(O)，即可在原点位置绘制相应的公式曲线。

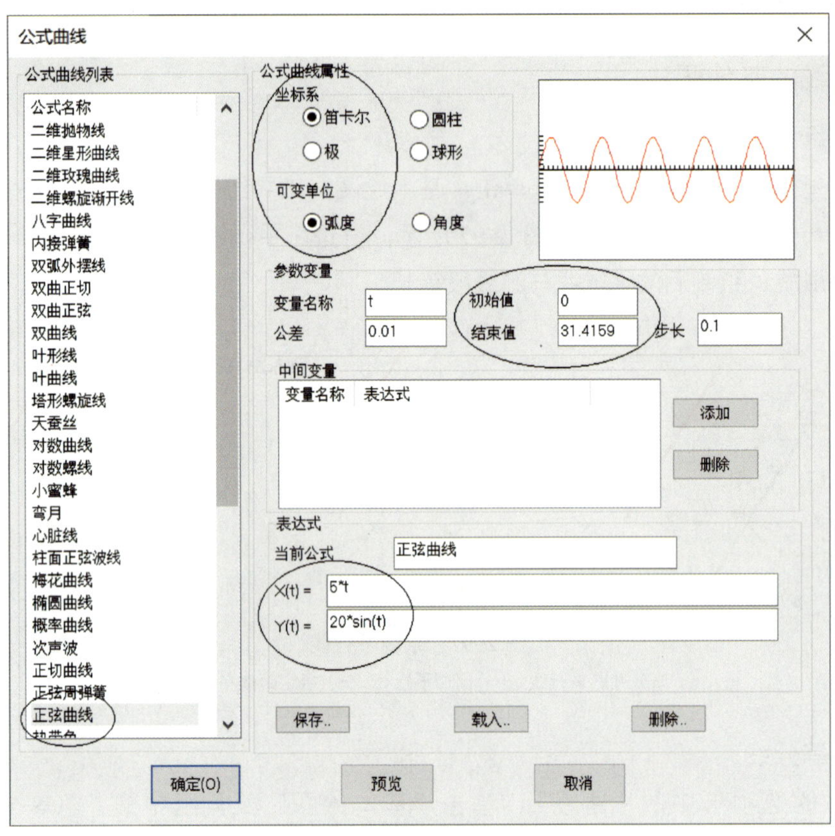


图 2–99 “公式曲线”对话框

当前绘制的公式曲线如图 2–100 所示。在“公式曲线”对话框中，修改表达式“X（t）= 5*t”和“Y（t）=20*sin（t）”，再修改参数变量的“初始值”和“结束值”，也可绘制用户自定义的公式曲线。

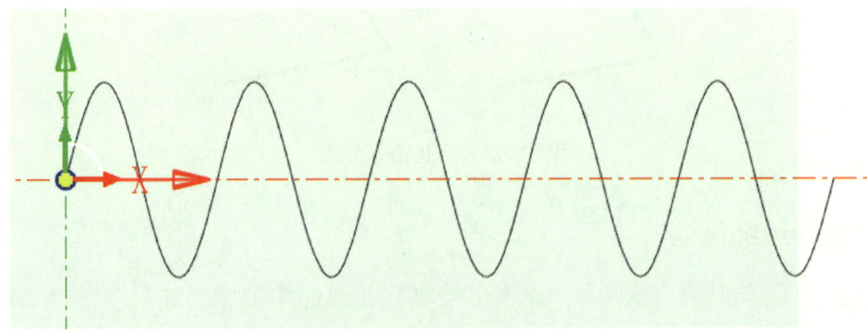

图 2–100 正弦曲线

## 五、任务拓展

任务拓展 1　绘制如图 2-101 所示的空间直线和圆弧。

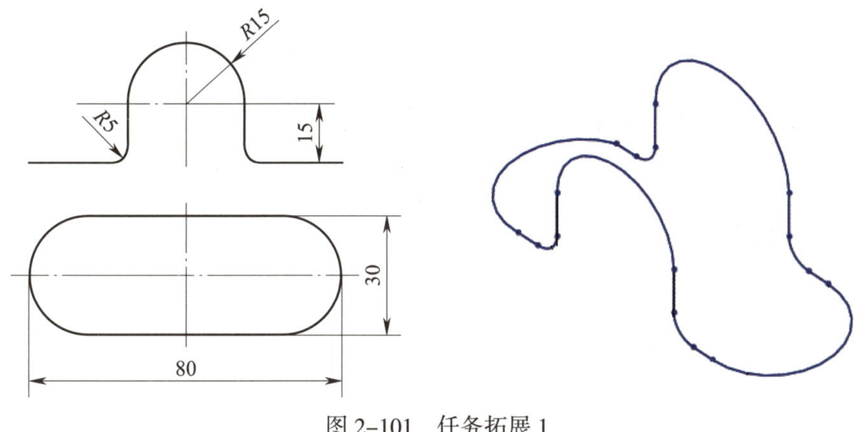


图 2-101　任务拓展 1

任务拓展 2　绘制如图 2-102 所示的空间直线和圆弧（正方形边长为 50 mm）。

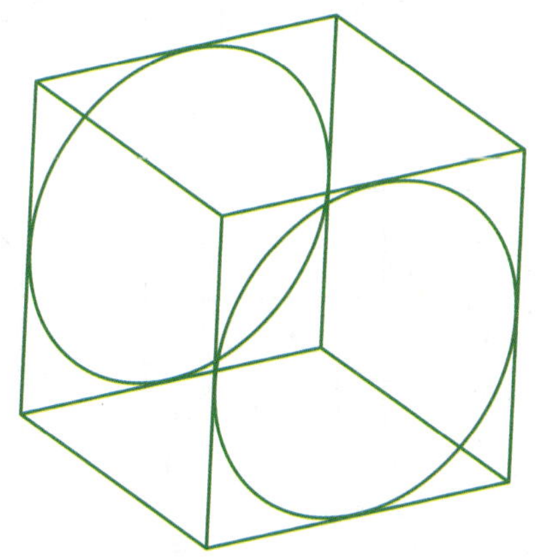

图 2-102　任务拓展 2

# 模块三　曲 面 建 模

## 课题 1　拉伸面与填充面

### 一、学习目标

1．掌握填充曲面的建模方法。

2．掌握拉伸曲面的建模方法。

3．掌握曲面裁剪的建模方法。

### 二、任务描述

如图 3–1 所示为塑料外壳实体，试绘制实体表面的曲面轮廓。

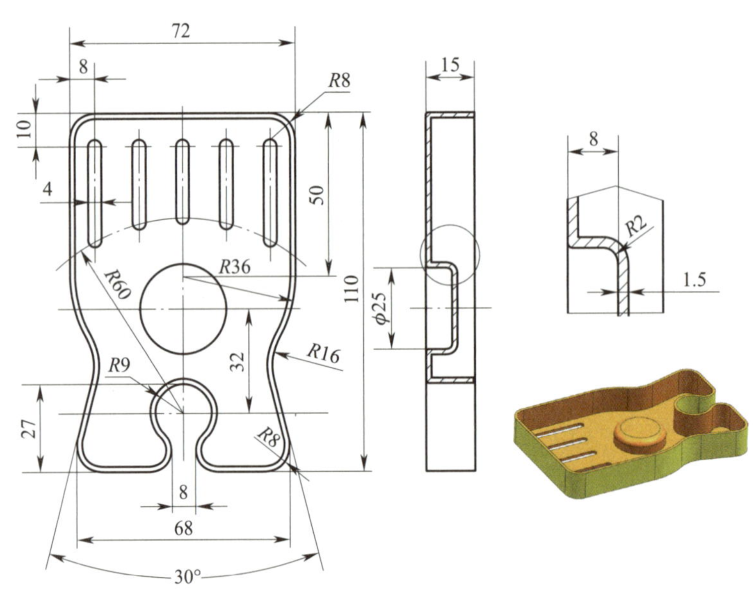

图 3–1　塑料外壳

### 三、任务实施

#### 1．绘制拉伸曲面

（1）绘制圆形轮廓

1）单击功能选项卡中的“草图”，再单击“二维草图”按钮 下方的下三角 ，在弹出的下拉菜单中选择“在 X–Y 基准面”作为草图平面。在状态栏中选择“俯视图”作为视角平面（选择中间圆的圆心作为建模原点）。

2）单击“绘制”工具组中的“圆心 + 半径”按钮 圆心+半径，按图 3–2a 所示大致位置绘制六个圆，其中下方三个圆两两相切。

3）单击“约束”工具组中的“等长”按钮 等长，依次单击两个圆使其等长，完成四个圆的等长约束。

4）单击“约束”工具组中的“点水平”按钮 点水平，依次单击两个圆的圆心，完成四个圆圆心的点水平约束，其结果如图 3–2b 所示。

5）单击“约束”工具组中的“智能标注”按钮，完成尺寸约束，其结果如图 3–2c 所示。

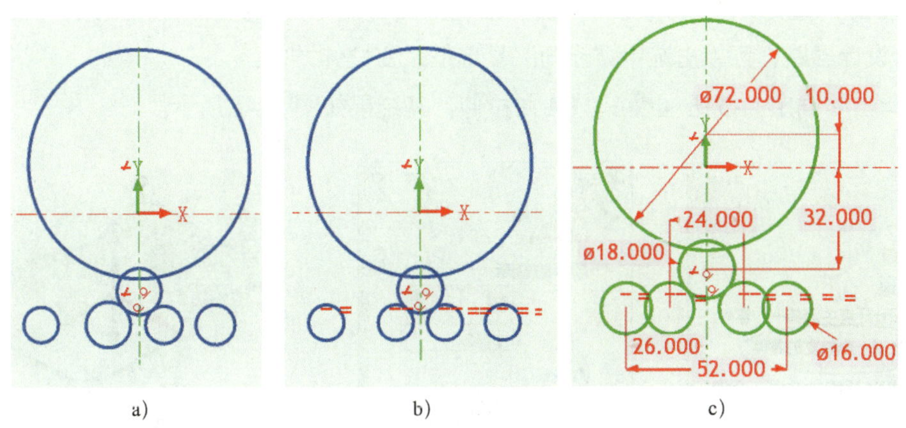


图 3–2 绘制圆形轮廓

a）绘制圆 b）约束圆 c）智能标注

（2）绘制外形轮廓

1）单击“绘制”工具组中的“连续直线”按钮 连续直线，在弹出的“属性”对话框中选中“锁定水平 / 竖直拖到”复选框，过上方圆的象限点绘制连续线。

2）单击“绘制”工具组中的“切线”按钮 切线，绘制下方两条切线，其角度分别为“75”和“105”，再绘制下方的水平线，其结果如图 3–3a 所示。

3）单击“修改”工具组中的“裁剪”按钮 裁剪，裁剪图素，其结果如图 3–3b 所示。

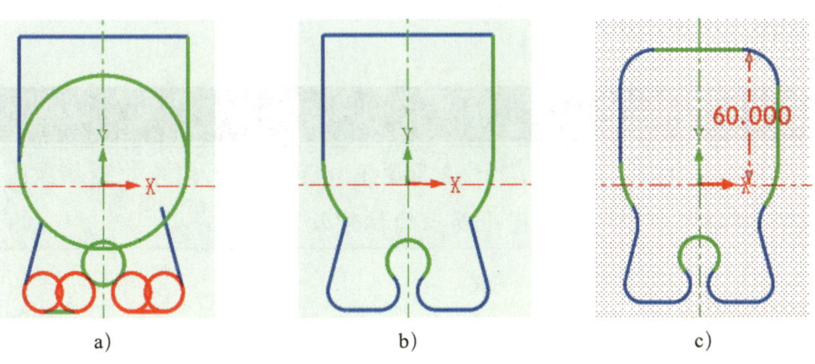


图 3–3 绘制外形轮廓

a）绘制切线 b）裁剪 c）圆角过渡

4）单击“修改”工具组中的“圆角过渡”按钮 圆角过渡，完成圆角过渡。

5）单击“约束”工具组中的“智能标注”按钮，完成尺寸约束，其结果如图 3-3c 所示。

6）单击“确定”按钮 完成草图绘制。

（3）拉伸曲面

1）单击功能选项卡中的“特征”，然后单击“特征”工具组中的“拉伸”按钮，弹出如图 3-4a 所示拉伸“属性”对话框。

2）选中“新生成一个独立的零件”单选按钮，弹出如图 3-4b 所示设置拉伸参数“属性”对话框，选中“生成为曲面”复选框和“增料”单选按钮。

3）设置“高度值：”为“15”，窗口呈现如图 3-4c 所示的拉伸模拟效果，如果拉伸方向不符合设计思路，可单击选中“反向”复选框改变拉伸方向。

4）单击“确定”按钮 完成曲面拉伸，其结果如图 3-4c 所示。

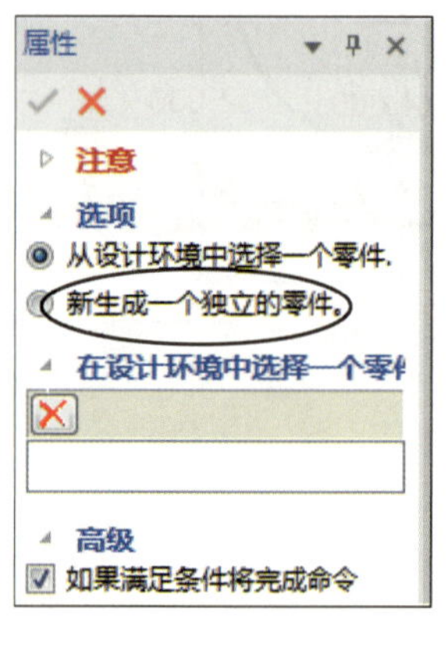


a）

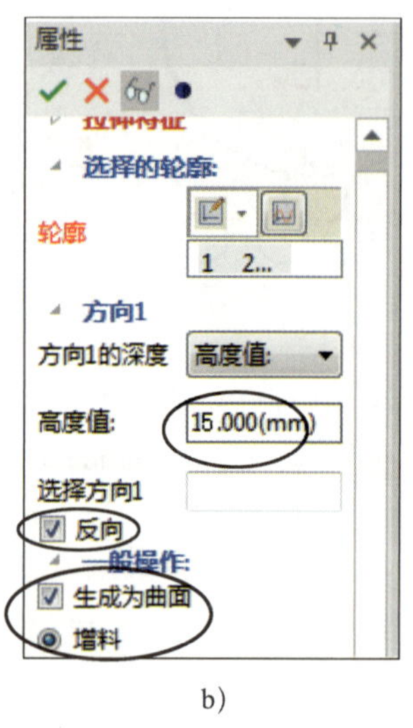


b）

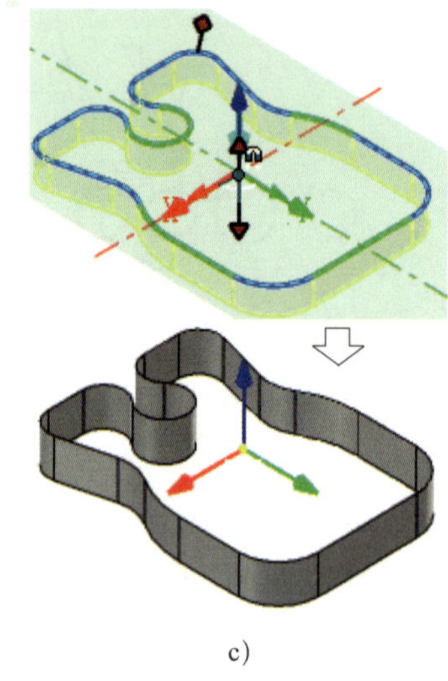

c）

图 3-4　拉伸侧边轮廓

a）拉伸“属性”对话框　b）设置拉伸参数“属性”对话框　c）拉伸模拟效果

5）再采用同样的方式绘制中间圆的草图，拉伸中间圆柱曲面，设置“高度值：”为“8”，其结果如图 3-5 所示。

**提示**

由于中间圆柱曲面的拉伸高度与侧边高度不相等，因此需另外绘制草图后再进行曲面拉伸。读者不妨试一试在同一草图平面上的拉伸效果。

## 2. 绘制上平面

（1）绘制填充面

1）单击功能选项卡中的“曲面”，弹出如图 3-6 所示的“曲面”工具栏，包含“曲面”

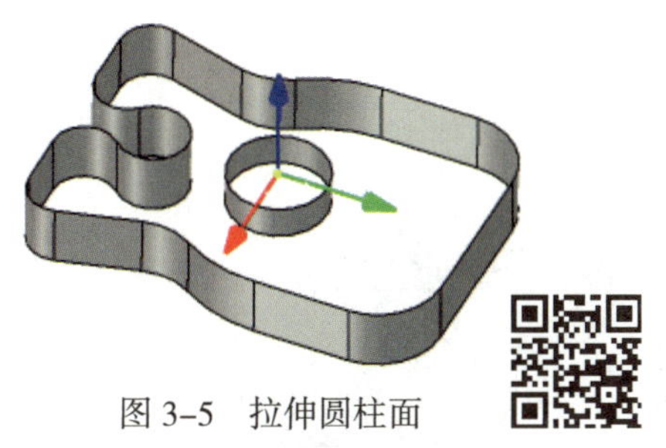

图 3-5　拉伸圆柱面

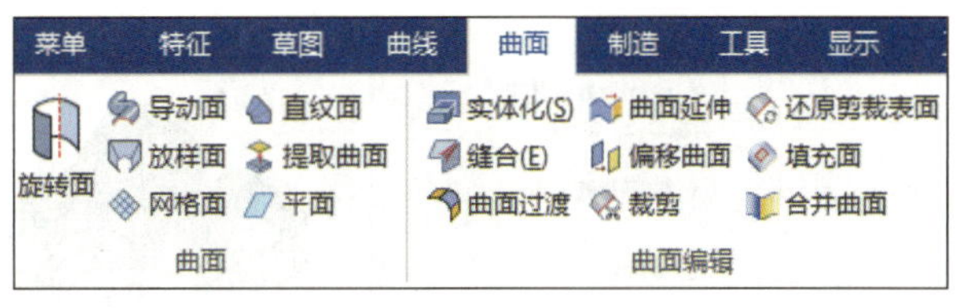


图 3-6　“曲面”工具栏

和“曲面编辑”工具组。

2）单击“曲面编辑”工具组中的“填充面”按钮 **填充面**，弹出如图 3-7a 所示填充面“属性”对话框。

3）依次单击曲面上表面的边界（或草图中的曲线），形成封闭轮廓，其结果如图 3-7b 所示。

4）单击“确定”按钮 ✔ 绘制填充面，其结果如图 3-7c 所示。

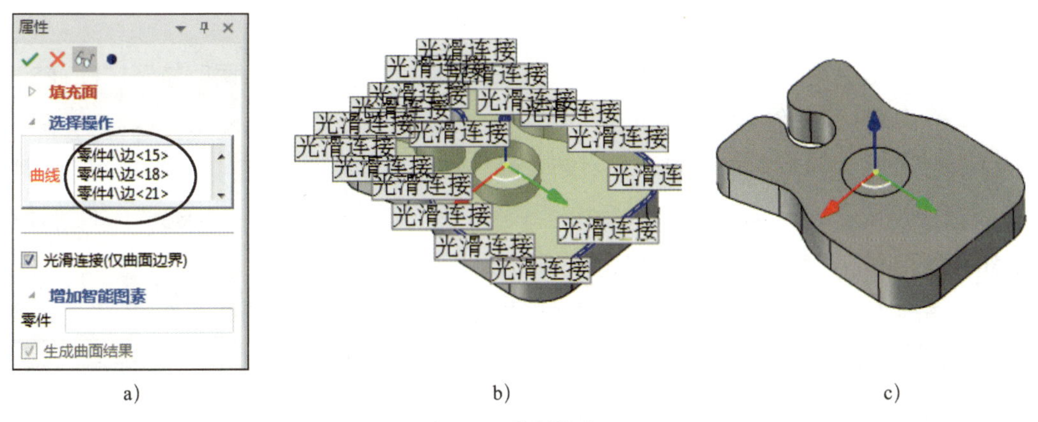


a)　　b)　　c)

图 3-7　绘制填充面

a）填充面“属性”对话框　b）选择边界轮廓　c）填充面效果

（2）裁剪曲面

1）单击“曲面编辑”工具组中的“裁剪”按钮 **裁剪**，弹出如图 3-8a 所示裁剪“属性”对话框。

2）在对话框中“目标零件”后的空白方框中单击，随后单击上表面。

3）在对话框中“工具零件”后的空白方框中单击，随后单击上表面中心圆。

4）向下拖动对话框右侧滚动条，在对话框中“要保留的”后的空白方框中单击，随后单击要保留的部位，此时窗口显示如图 3-8b 所示裁剪模拟效果。

5）单击“确定”按钮 ✔ 完成曲面裁剪，其结果如图 3-8c 所示。

**提示**

用于曲面裁剪的截面轮廓线须为空间曲线或曲面的边界线，草图平面上的曲线不能直接用于裁剪曲面。

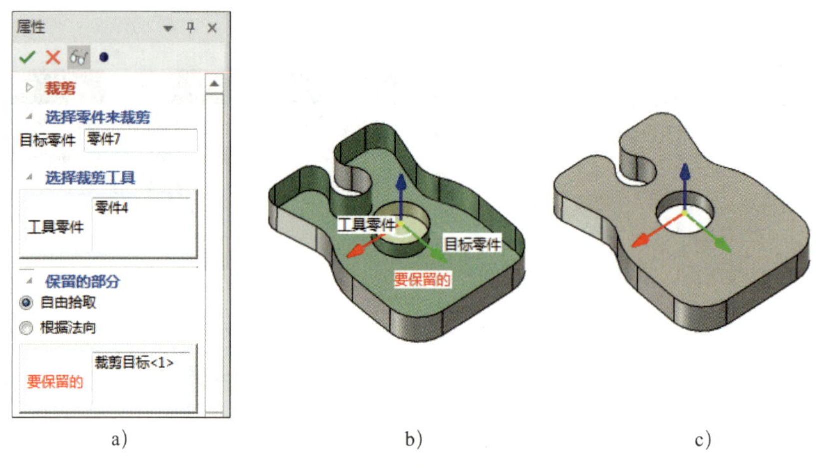


a） b） c）

图 3-8 裁剪曲面

a）裁剪“属性”对话框 b）选择对象 c）裁剪模拟效果

（3）绘制裁剪截面轮廓

1）单击功能选项卡中的“曲线”，单击“三维曲线”按钮，同时按下“Fn+F5”组合键，选择“*XY*”平面作为绘图平面。

2）单击“基本绘图”工具组中的“两点线”按钮 两点线，窗口左下角提示“第一点：”，直接用键盘输入“0，0，0”后按回车键，在右下角单击选中“正交”和“智能”，向上拖动鼠标至轮廓外单击，绘制如图 3-9a 所示的垂直线。

3）单击“修改”工具组中的“等距线”按钮 等距线，弹出如图 3-9b 所示的“立即菜单”对话框，设置“距离”为“14”，单击垂直线，在需要的方向单击，绘制等距线。

4）单击“两点线”按钮 两点线，绘制连接两端点的水平线。再采用等距线方式绘制距离为“50”的等距线。

5）单击“圆”按钮 圆，捕捉到下方圆弧中心单击，直接输入半径值“60”，按回车键绘制圆，其结果如图 3-9c 所示。

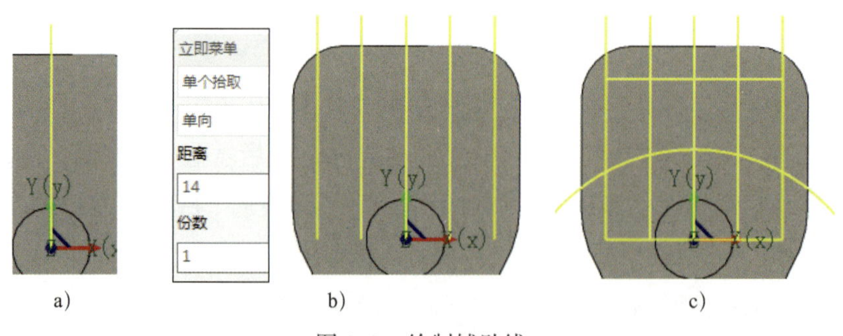


a） b） c）

图 3-9 绘制辅助线

a）绘制垂直线 b）绘制等距线 c）绘制圆

6）单击“圆”按钮 圆，捕捉到左上方直线交点单击，直接输入半径值“2”，按回车键绘制如图 3-10a 所示圆。

7）单击“修改”工具组中的“平移复制”按钮 平移复制，选中图 3-10a 中半径值为“2”的圆，单击鼠标右键确认，再单击圆心（单击右下角“正交”，关闭正交状态），然后移动鼠标至下一个交点处单击，完成圆的平移复制。随后移动鼠标至下一个交点处单击，单击鼠标右键确认，依次完成如图 3-10b 所示圆的平移复制。

8）单击“修改”工具组中的“删除”按钮 删除，依次单击选中直线，单击鼠标右键完成删除（只保留十个圆），其结果如图 3-10c 所示。

9）单击“两点线”按钮 两点线（单击右下角“正交”，打开正交状态），捕捉圆的象限点，绘制圆的切线。

10）单击“修改”工具组中的“裁剪”按钮 裁剪 裁剪图素，其结果如图 3-10d 所示。

11）单击“确定”按钮 结束空间曲线绘制。

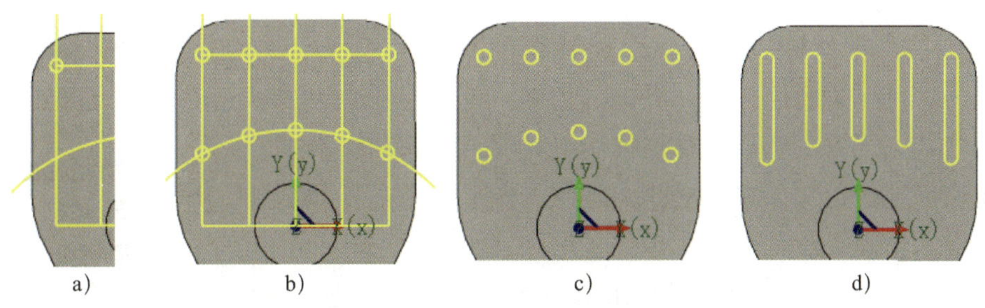

图 3-10　绘制裁剪截面轮廓

a）绘制圆　b）平移复制　c）删除辅助线　d）绘制切线

（4）裁剪曲面

1）单击“曲面编辑”工具组中的“裁剪”按钮 裁剪，弹出裁剪“属性”对话框。

2）在对话框中“目标零件”后的空白方框中单击，随后单击上表面。

3）在对话框中“元素”后的空白方框中单击，随后单击空间曲线的任一轮廓。

4）向下拖动对话框右侧滚动条，在对话框中“要保留的”后的空白方框中单击，随后单击要保留的部位。

5）单击“确定”按钮 完成曲面裁剪，其结果如图 3-11 所示。

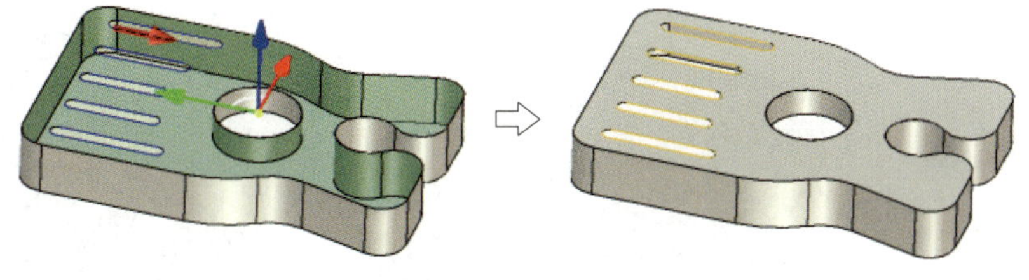

图 3-11　完成曲面裁剪

## 3. 绘制孔底填充面

单击“填充面”按钮 填充面，弹出填充面“属性”对话框。单击圆柱曲面底部边界线，单击“确定”按钮 绘制填充面，其结果如图 3-12 所示。

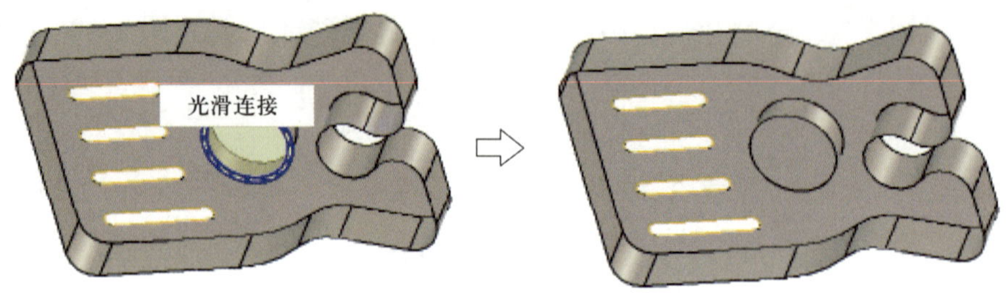


图 3-12　绘制孔底填充面

## 四、知识拓展

### 1. 捕捉过滤与正交功能

在绘制空间曲线的过程中，可通过单击空格键来设置捕捉点，从而实现精准捕捉的目的。单击空格键，弹出如图 3-13 所示菜单，选中其中的选项即可过滤捕捉功能，使其仅能捕捉指定点，其他点无法捕捉。再次单击空格键，选中“屏幕点（S）”，即可恢复智能捕捉状态。

图 3-13　设置捕捉点

此外，在绘制空间曲线的过程中，须充分利用右下角的“正交”和“智能”功能，才能达到事半功倍的效果。

### 2. 还原裁剪曲面

通过还原裁剪曲面功能，可将填充曲面和裁剪曲面还原，还原后的曲面是填充曲面和裁剪曲面的最小包容长方形曲面，现以本例裁剪曲面为例加以说明。

单击“曲面编辑”工具组中的“还原裁剪曲面”按钮 还原剪裁表面，弹出还原裁剪曲面“属性”对话框。单击选中裁剪曲面，单击“确定”按钮 ✔ 还原裁剪曲面，其结果如图 3-14 所示。

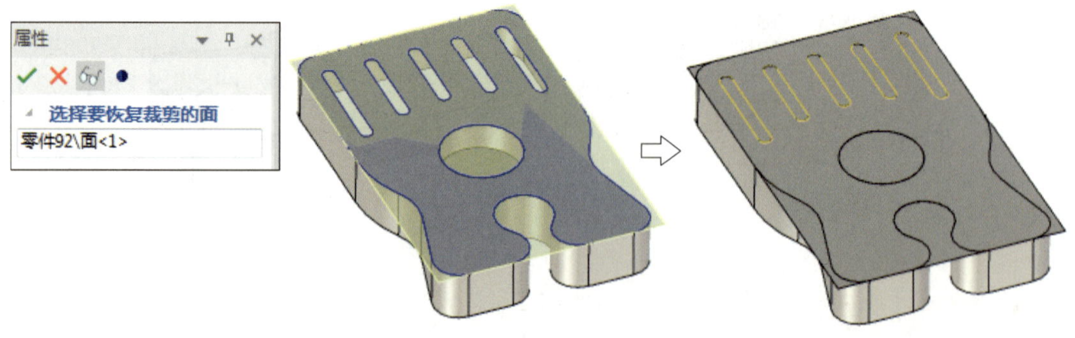


图 3-14　还原裁剪曲面

## 五、任务拓展

任务拓展 1　完成如图 3-15 所示模型的曲面建模。

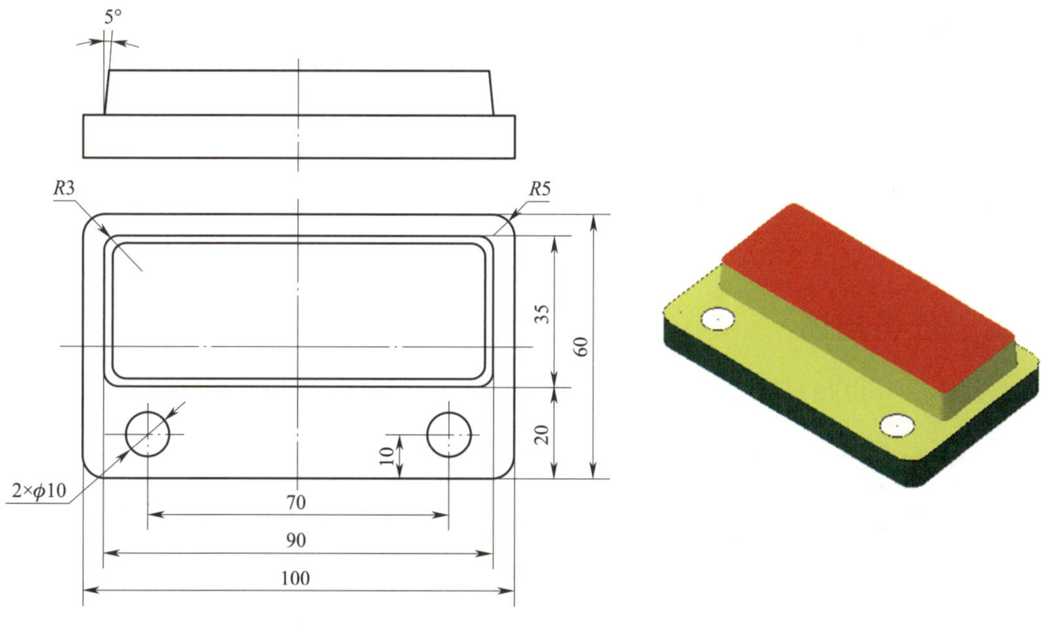


图 3-15　任务拓展 1

任务拓展 2　完成如图 3-16 所示花伞伞面模型的曲面建模。

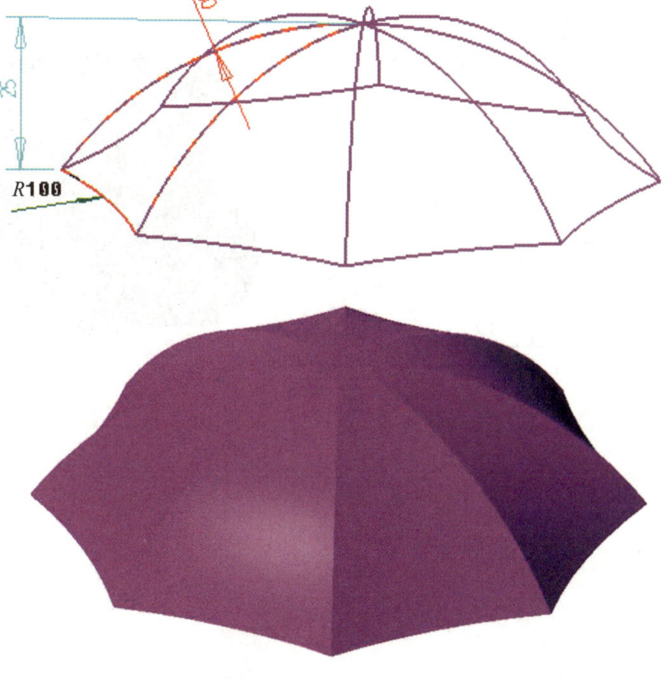


图 3-16　任务拓展 2

# 课题2　直 纹 曲 面

## 一、学习目标

1．掌握直纹曲面的建模方法。

2．进一步掌握填充面的建模方法。

3．熟练掌握空间曲线的绘制方法。

4．进一步掌握曲面裁剪的方法。

## 二、任务描述

完成如图 3–17 所示漏斗模型的曲面建模。

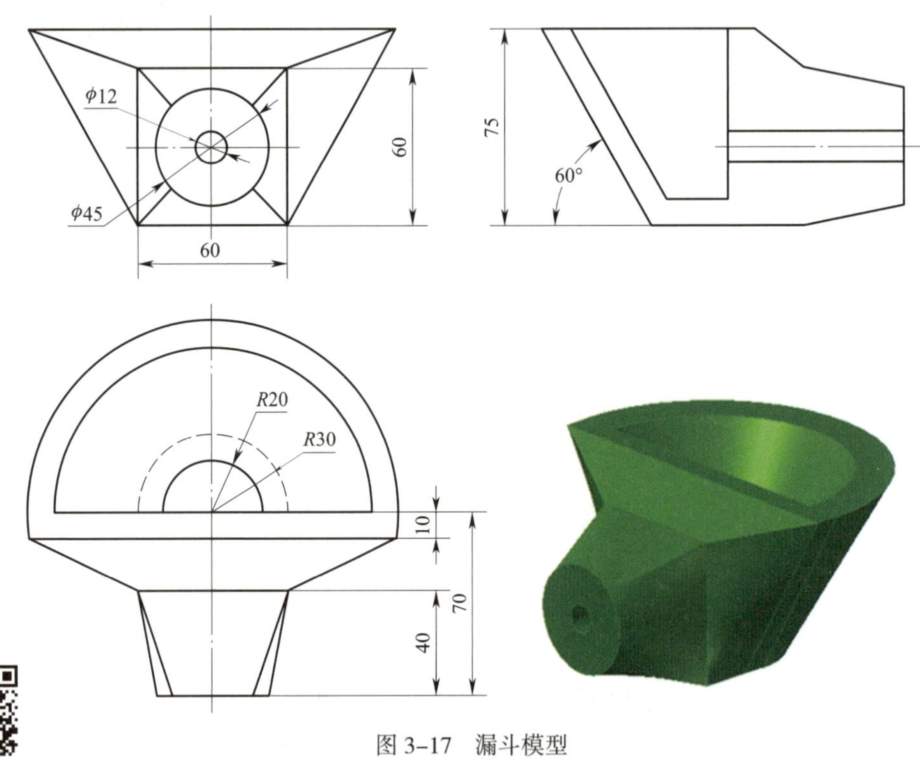


图 3–17　漏斗模型

## 三、任务实施

### 1．绘制半圆形直纹面

（1）绘制直纹面轮廓

1）单击功能选项卡中的“曲线”，单击“三维曲线”按钮 ，同时按下“Fn+F5”组合键，选择“*XY*”平面作为绘图平面（以底平面圆心位置作为建模中心）。

2）单击“圆”按钮 圆，捕捉到原点位置单击，输入半径值“20”，按回车键绘制圆。用同样的方法绘制另外三个圆，其半径分别为“30”“57.53”“73.3”。

3）单击“两点线”按钮 两点线，绘制过象限点的水平线，其结果如图 3-18a 所示。

4）单击“裁剪”按钮 裁剪，裁剪圆的下半部分。单击选中水平线，按“Delete”键将其删除。

5）单击选中状态栏中的“正等测”视角平面，其结果如图 3-18b 所示。

6）单击“平移”按钮 平移，弹出平移“立即菜单”对话框，修改“DZ”为“75”，单击外侧两个圆弧，单击鼠标右键完成图素平移，其结果如图 3-18c 所示。

7）采用同样的方法完成中间“*R*20”圆弧的平移，其“DZ”为“10”。单击“确定”按钮 结束曲线绘制。

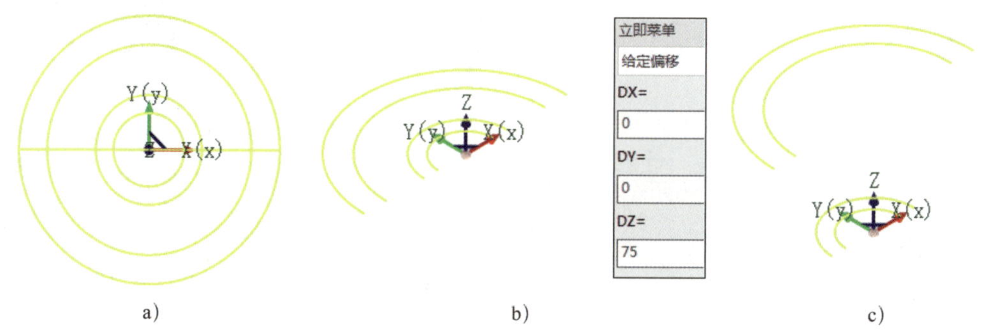


图 3-18　绘制直纹面轮廓

a）绘制圆　b）裁剪圆　c）平移图素

（2）绘制圆弧直纹面

1）单击功能选项卡中的“曲面”，单击“曲面”工具组中的“直纹面”按钮 直纹面，弹出直纹面“属性”对话框。

2）单击外侧两个圆弧，窗口显示直纹面模拟状态。单击“确定”按钮 完成直纹面绘制，其结果如图 3-19 所示。

3）采用同样的方法绘制另一直纹面，其结果如图 3-20 所示。

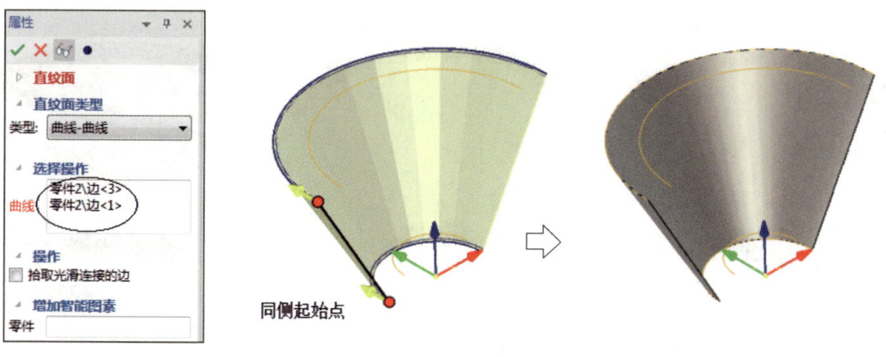


图 3-19　绘制直纹面（1）

### 2. 绘制填充面

（1）绘制上方填充面

1）单击“两点线”按钮 两点线，绘制直线 *AB*、*CD*、*EF* 和 *GH*。

2）单击“填充面”按钮 填充面，弹出填充面“属性”对话框。依次单击上平面的圆弧线和直线，单击“确定”按钮 ✓ 绘制填充面，其结果如图 3-21 所示。

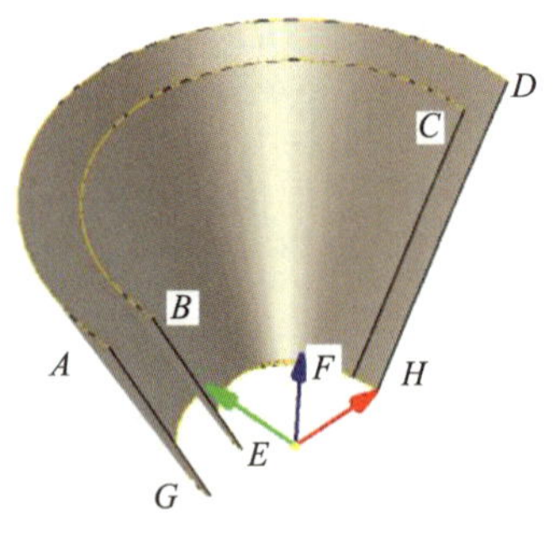


图 3-20 绘制直纹面（2）

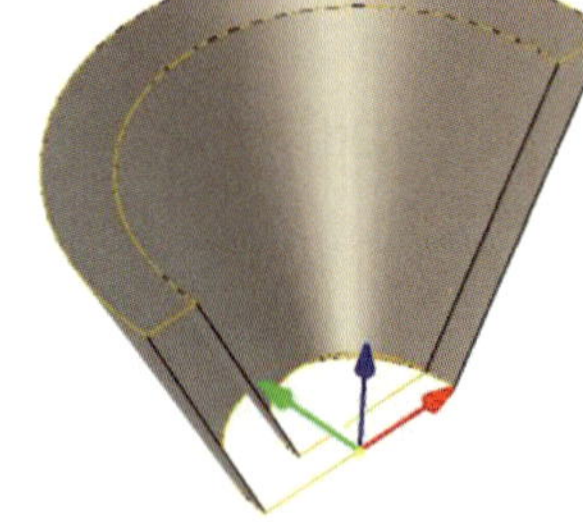
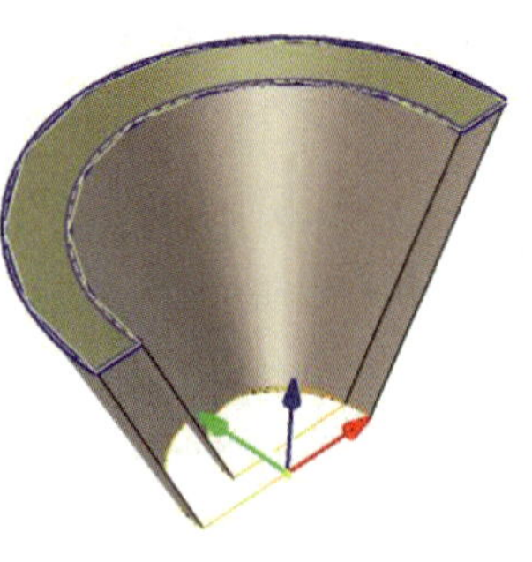

图 3-21 绘制填充面（1）

3）用同样的方法绘制下部两个半圆填充面。

（2）绘制中间直纹面

1）单击“两点线”按钮 两点线，绘制直线 *AD*、*AG* 和 *DH*，其结果如图 3-22a 所示。

**提示**

为了方便绘图，可单击选中圆锥面，再单击鼠标右键，在弹出的右键菜单中选中“隐藏选择对象”，将圆锥面隐藏起来。

2）单击“平移复制”按钮 平移复制，弹出平移复制“立即菜单”对话框，修改“DY”为“-10”，单击 *AD*、*DH*、*AG* 和 *GH* 四条直线，单击鼠标右键完成图素的平移复制，其结果如图 3-22b 所示。

3）单击“直纹面”按钮 直纹面，单击上方两条水平线，单击“确定”按钮 ✓ 完成直纹面绘制，其结果如图 3-22c 所示。

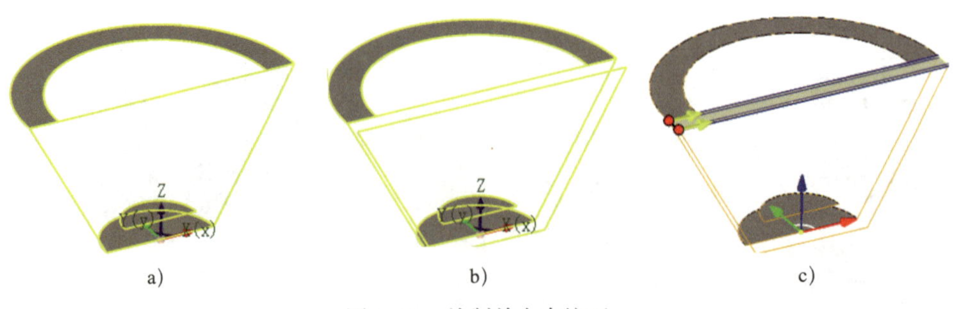

a） b） c）

图 3-22 绘制单个直纹面

a）绘制直线 b）平移复制 c）直纹面

4）采用同样的方法绘制其他三个直纹面，其结果如图 3–23 所示。

5）单击“两点线”按钮 两点线，绘制直线 *BC*。在“设计环境”对话框单击选中隐藏的曲面，单击鼠标右键，选中“显示选中”使其显示。

6）单击“填充面”按钮 填充面，单击内部圆锥面的边界线和两条水平线，绘制如图 3–24 所示填充面。

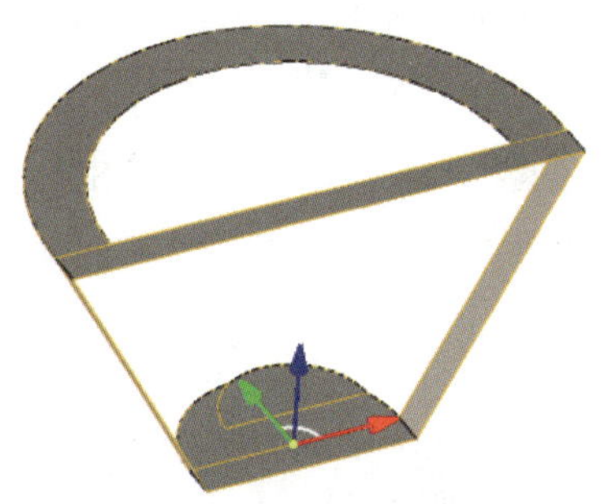

图 3–23　绘制直纹面（3）

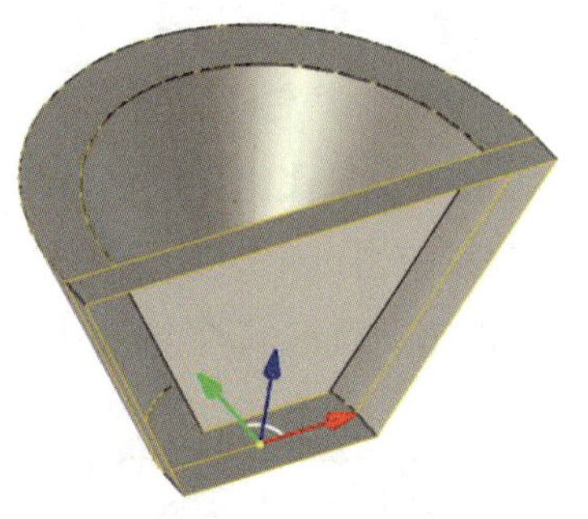

图 3–24　绘制填充面（2）

## 3. 绘制前端直纹面

（1）绘制直纹面截面轮廓

1）单击“三维曲线”按钮，同时按下“Fn+F7”组合键，选择“*ZX*”平面作为绘图平面。

2）单击“基本绘图”工具组中的“矩形”按钮 矩形，弹出绘制矩形“立即菜单”对话框，设置“长度”和“宽度”均为“60”，选中“中心定位”。窗口左下角提示“定位点：”，直接用键盘输入“0，–30，30”后按回车键，绘制如图 3–25 所示的矩形。

3）单击“两点线”按钮 两点线，绘制矩形对角线。

4）单击“圆”按钮 圆，单击对角线的交点，直接输入半径值“22.5”，按回车键绘制圆，其结果如图 3–26 所示。

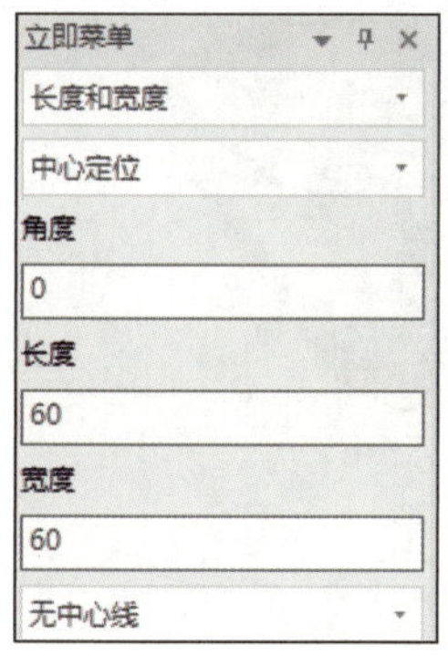


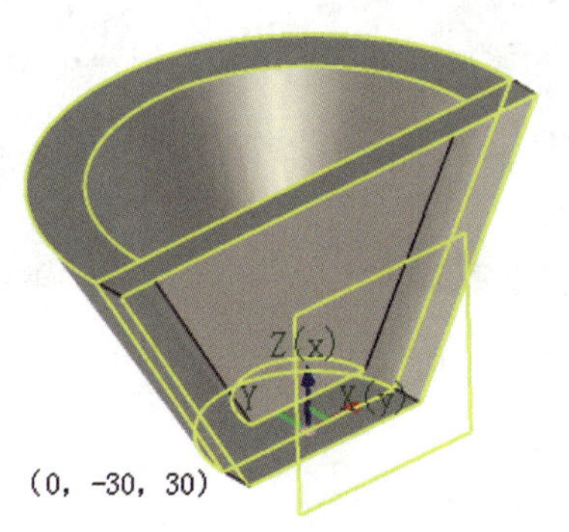

图 3–25　绘制矩形

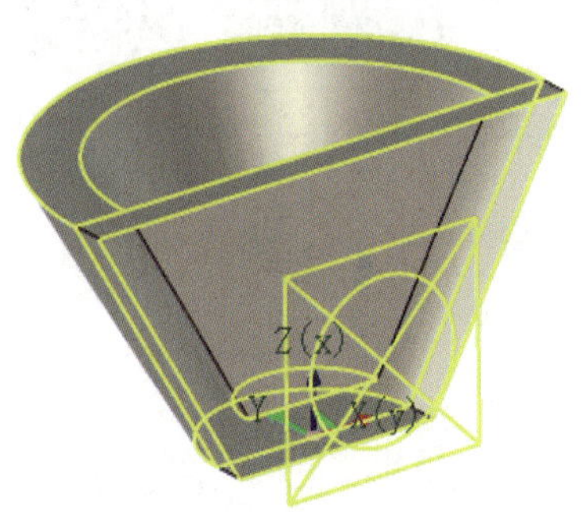


图 3–26　绘制圆

5）单击“修改”工具组中的“打断”按钮 打断，单击圆，再单击对角线与圆的四处交点使圆被打断。单击选中上、下圆弧，显示如图 3–27 所示打断状态。

**提示**

为了方便选取交点，可按空格键，在弹出的“设置捕捉点”菜单中选择“交点（I）”，将光标移至交点处，即显示交点。

6）单击“删除”按钮 删除，删除对角线。

7）单击“平移”按钮 平移，在“立即菜单”对话框中修改“DY”为“-40”，单击四段圆弧，单击鼠标右键完成图素平移。

8）单击“修改”工具组中的“分解”按钮 分解，选择矩形后单击鼠标右键，完成矩形的分解，分别单击选中矩形和圆弧的边查看分解效果，其结果如图 3-28 所示。

9）单击“确定”按钮 结束曲线绘制。

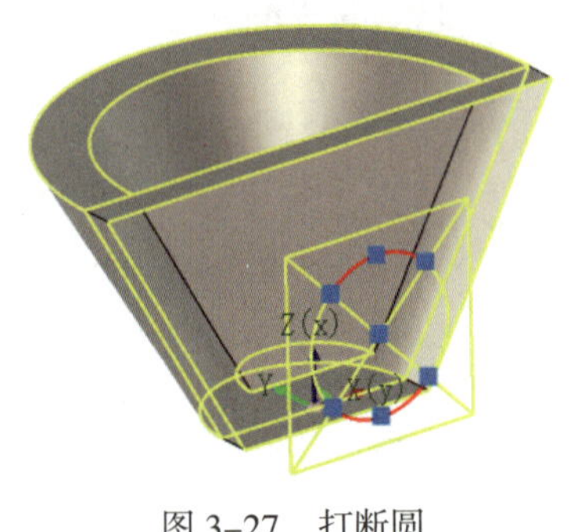

图 3-27　打断圆

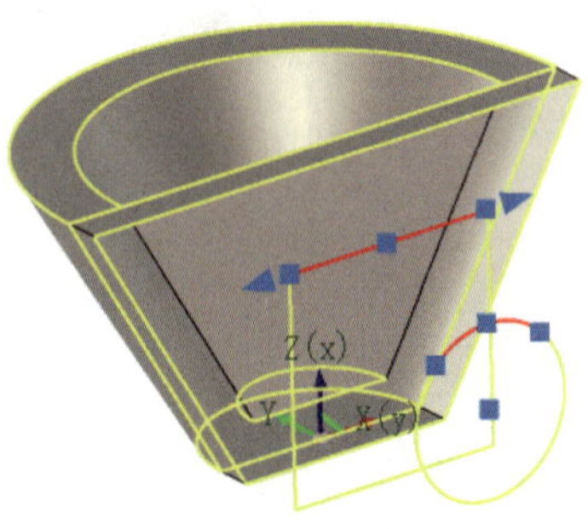

图 3-28　平移圆弧

（2）绘制直纹面

1）单击“直纹面”按钮 直纹面，弹出直纹面“属性”对话框。

2）单击左侧轮廓对应的两条直线，绘制如图 3-29a 所示直纹面。

3）单击对应的圆弧和直线，绘制如图 3-29b 所示直纹面。

4）采用同样的方法完成直纹面的绘制，其结果如图 3-29c 所示。

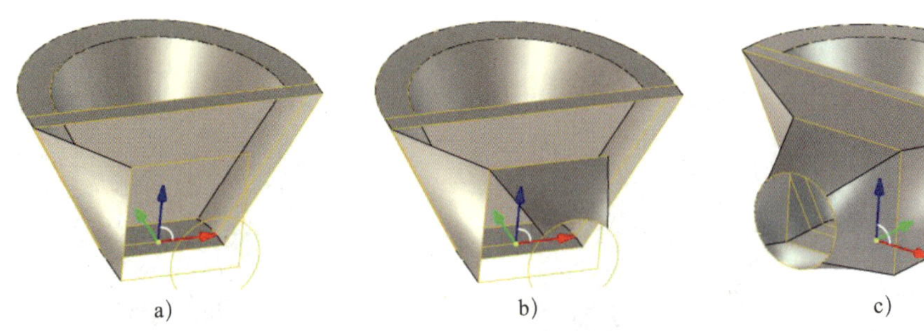

a）　b）　c）

图 3-29　绘制直纹面（4）

a）直线 + 直线直纹面　b）圆弧 + 直线直纹面　c）其他直纹面

（3）补全其他曲面

1）单击“二维草图”按钮 下方的下三角 ，在弹出的展开选项中选择“在 Z-X 基准面”作为草图平面。

2）单击“圆心 + 半径”按钮 圆心+半径，绘制如图 3–30a 所示圆。

3）单击“拉伸”按钮，弹出拉伸“属性”对话框。选中“新生成一个独立的零件”单选按钮，弹出设置拉伸参数“属性”对话框，选中“生成为曲面”复选框和“增料”单选按钮。

4）设置“高度值:”为“70”，单击“确定”按钮 完成曲面拉伸，其结果如图 3–30b 所示。

5）单击“填充面”按钮 填充面，绘制如图 3–30c 所示端面填充面。

6）单击“裁剪”按钮 裁剪，裁剪如图 3–30d 所示端面孔。

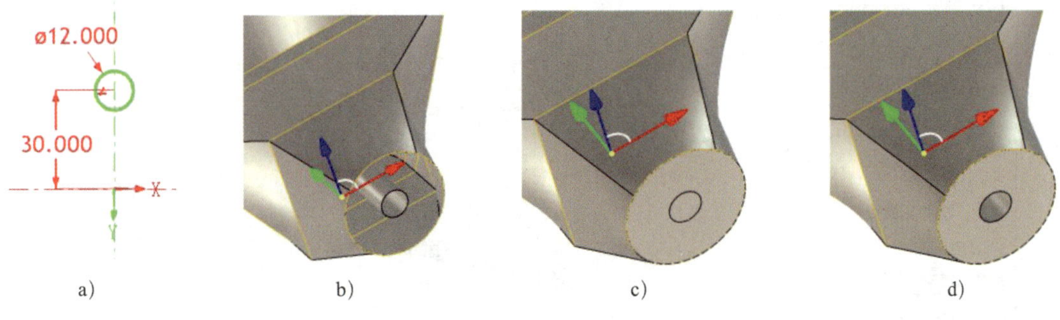


图 3–30　绘制其他曲面

a）绘制草图　b）拉伸曲面　c）填充曲面　d）裁剪曲面

7）采用同样的方法完成另一端孔的裁剪。

8）单击“设计环境”对话框中的“零件 3”，选中所有空间曲线，单击鼠标右键，选中“隐藏选择对象”，将所有空间曲线隐藏，其结果如图 3–31 所示。

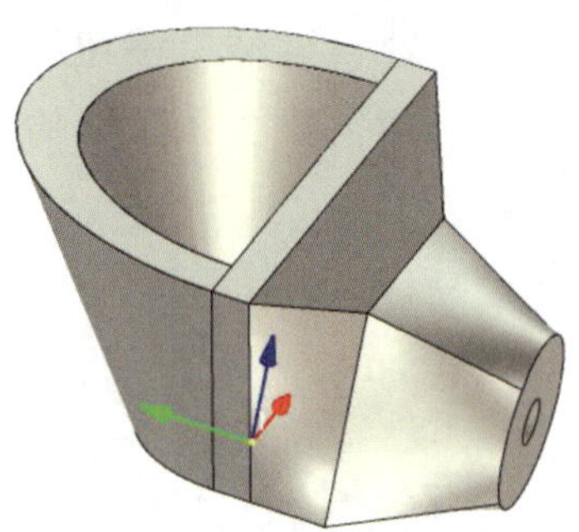

图 3–31　完成后的曲面体

## 四、知识拓展

### 1. 直纹面

直纹面除了本例已介绍的“曲线 – 曲线”类型外，还有如图 3–32 所示的类型选项。其中较为常用的类型是“曲线 – 点”，如图 3–33 所示五角星曲面就是通过“曲线 – 点”类型绘制的直纹面。“垂直于面”类型的直纹面效果则如图 3–34 所示。

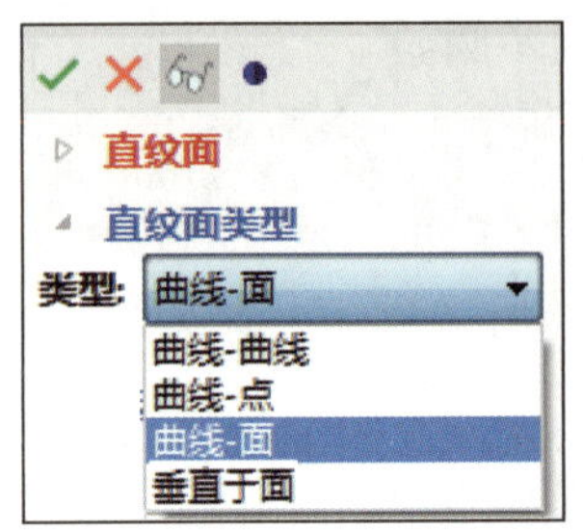


图 3-32 直纹面的类型

图 3-33 “曲线 – 点”类型的直纹面

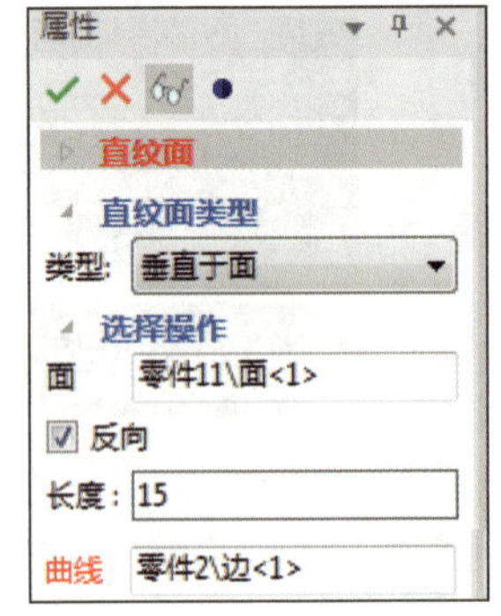


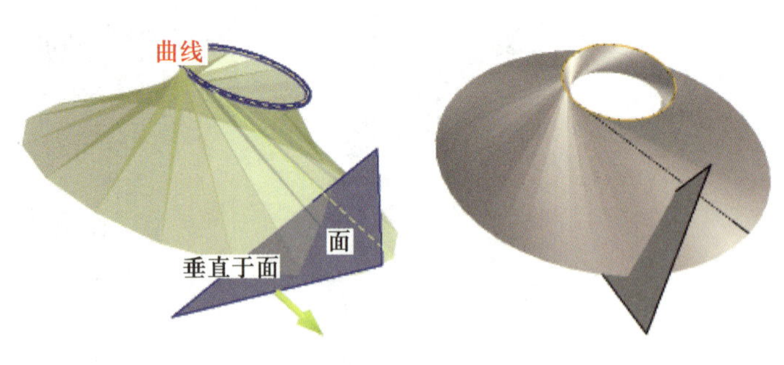


图 3-34 “垂直于面”类型的直纹面

## 2. 曲面延伸

类似于拉伸曲面操作，要对曲面的边界部位进行延伸曲面操作时，可使用软件中的“曲面延伸”功能。

单击“曲面编辑”工具组中的“曲面延伸”按钮 曲面延伸，弹出如图 3-35 所示的曲面延伸“属性”对话框。单击选中需要曲面延伸的边，即以指定的距离实施曲面延伸。

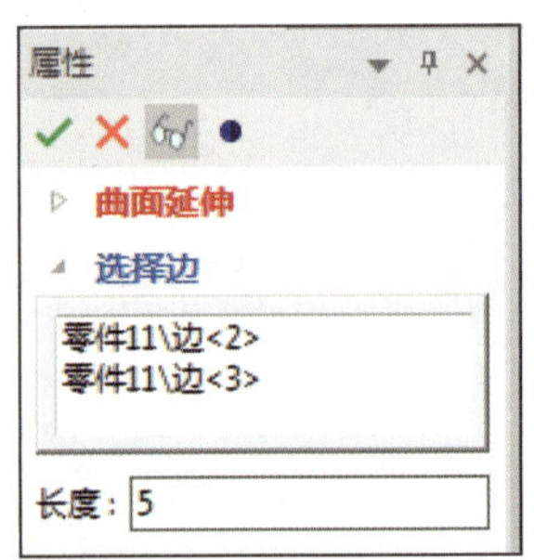


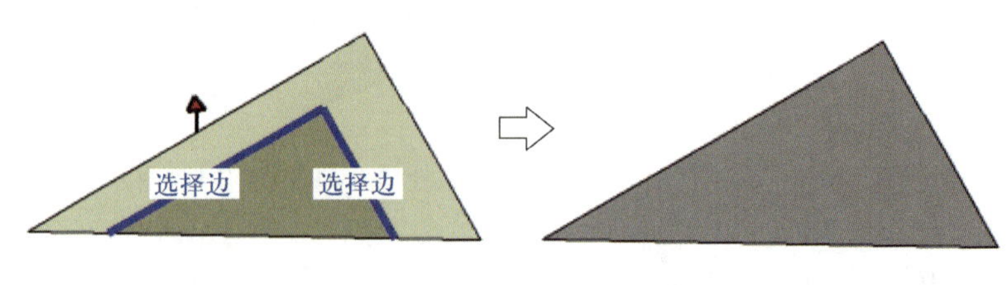


图 3-35 曲面延伸

# 五、任务拓展

任务拓展 1 绘制如图 3-36 所示零件的曲面轮廓（高度为 20 mm）。

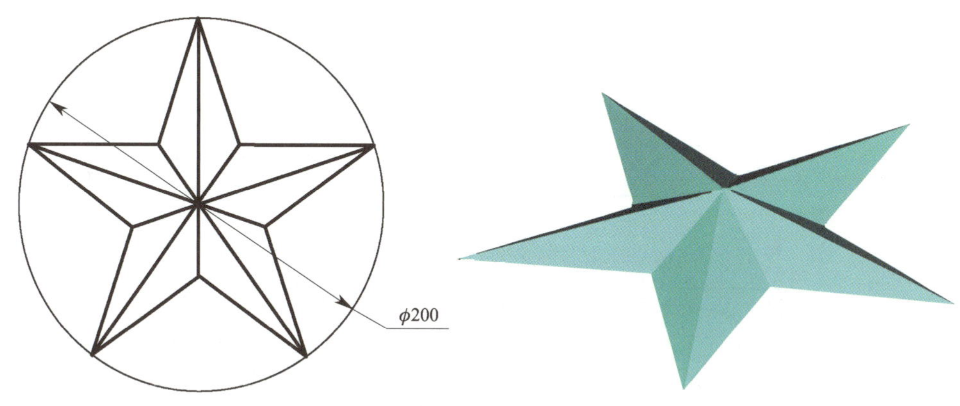


图 3–36　任务拓展 1

任务拓展 2　绘制如图 3–37 所示加料斗曲面轮廓。

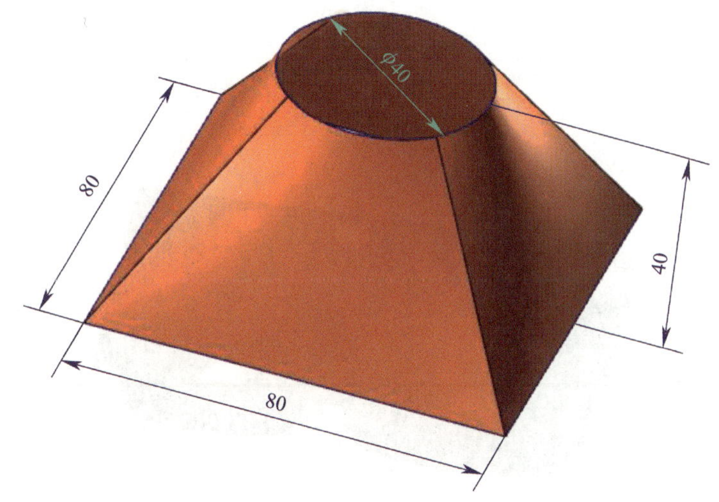


图 3–37　任务拓展 2

# 课题 3　旋转面与曲面过渡

## 一、学习目标

1．掌握旋转面的建模方法。

2．掌握曲面过渡的建模方法。

3．掌握曲面分割的建模方法。

4．进一步掌握拉伸面的建模方法。

## 二、任务描述

完成如图 3–38 所示水槽模型的曲面建模。

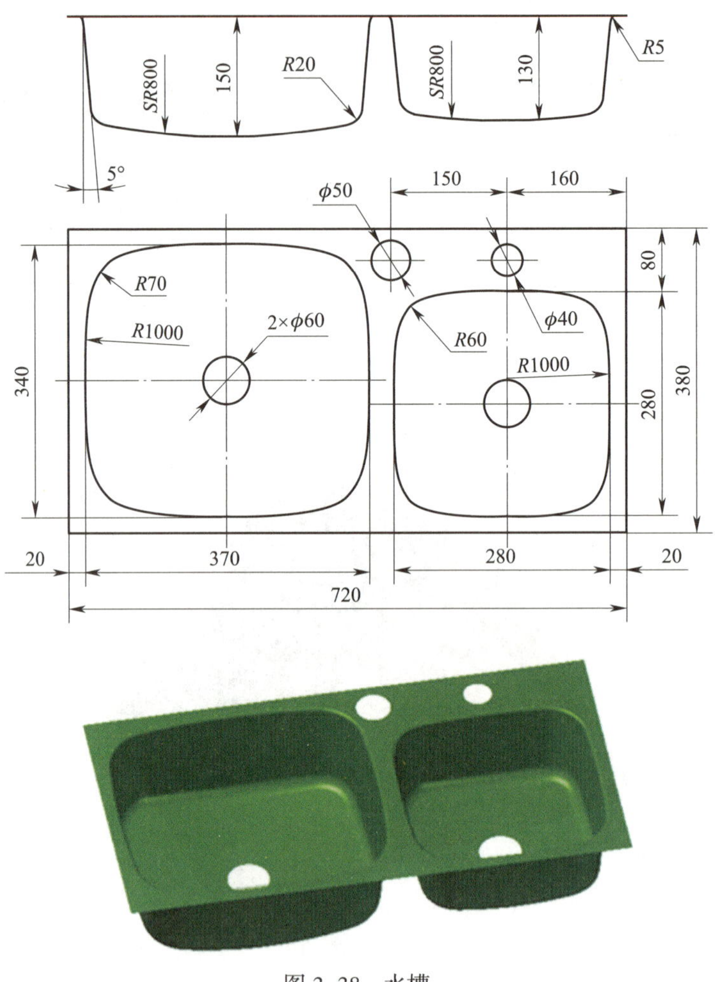

图 3-38　水槽

## 三、任务实施

### 1. 绘制底面

（1）绘制直纹面轮廓

1）单击功能选项卡中的“曲线”，单击“三维曲线”按钮，同时按下“Fn+F7”组合键，选择“*ZX*”平面作为绘图平面（以上平面左侧边界中心作为建模中心）。

2）单击“基本绘图”工具组中的“两点线”按钮 两点线，在右下角单击选中“正交”和“智能”。输入第一点坐标“205，0”后按回车键，向下拖动鼠标后输入长度值“150”按回车键，绘制垂直线。采用同样的方法绘制起点为“560，0”、长度为“130”的垂直线，其结果如图 3-39 所示。

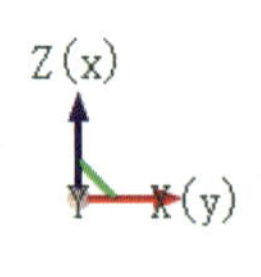


图 3-39　绘制旋转中心线

3）单击“基本绘图”工具组中的“圆弧：圆心起点圆心角”按钮 圆弧:圆心起点圆心角，窗口左下角提示“圆心点：”，输入坐标“205，0，650”后按回车键，单击左侧垂直线下方端点后向右拖动鼠标，左下角提示“圆心角或端点：”，输入“-18”后按回车键，绘制圆弧。采用同样的方法绘制圆弧，其圆心点为“560，0，670”，圆心角为“18”。

4）单击选中状态栏中的“正等测”视角平面，其结果如图 3-40 所示。

5）单击“平移”按钮 平移，在“立即菜单”对话框中修改“DY”为“-30”，单击右侧垂直线和圆弧，单击鼠标右键完成图素平移，其结果如图 3-41 所示。

图 3-40　绘制旋转截面　　　　图 3-41　平移图素

（2）绘制旋转面

1）单击功能选项卡中的“曲面”，再单击“曲面”工具组中的“旋转面”按钮，弹出旋转面“属性”对话框。

2）在对话框中“轴：”后的空白方框中单击，随后单击左侧垂直线。

3）在对话框中“曲线：”后的空白方框中单击，随后单击右下侧圆弧。

4）单击“确定”按钮完成旋转面绘制，其结果如图 3-42 所示。

5）采用同样的方法绘制另一旋转面，其结果如图 3-43 所示。

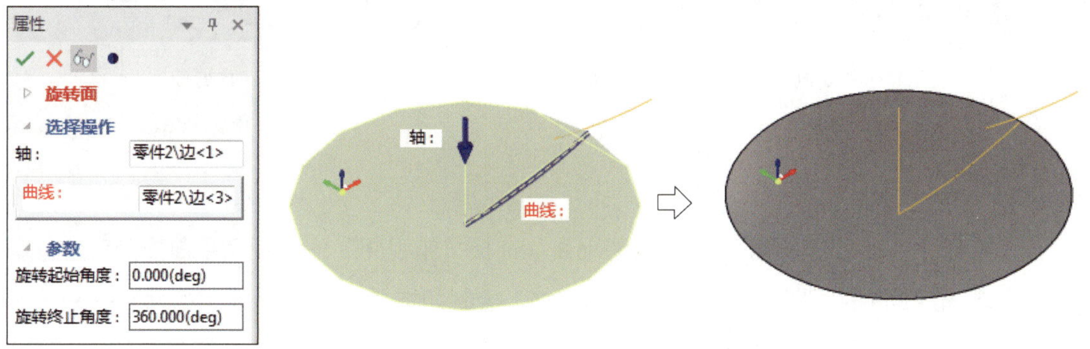


图 3-42　绘制旋转面

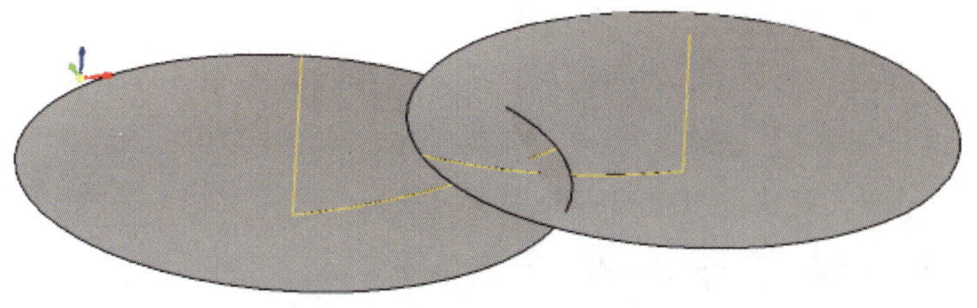

图 3-43　完成旋转面绘制

（3）裁剪曲面

1）单击“三维曲线”按钮 ，同时按下“Fn+F5”组合键，选择“*XY*”平面作为绘图平面。

2）单击“圆”按钮 圆，再单击垂直线上方的端点，输入半径值“30”后按回车键绘制圆，用同样的方法绘制另一个半径为“30”的圆。

3）单击选中两条底平面截面圆弧线，按“Delete”键将其删除，其结果如图 3–44 所示。

**提示**

此处必须将两条圆弧线删除，否则会影响曲面裁剪效果。读者不妨试一试不删除圆弧线的裁剪效果。

4）单击“裁剪”按钮 裁剪，弹出裁剪“属性”对话框。单击旋转面，自动设置为“目标零件”；单击上方对应的圆，自动设置为“元素”；单击保留部位，单击“确定”按钮 完成曲面裁剪。

5）采用同样的方法完成另一侧曲面的裁剪，其结果如图 3–45 所示。

6）双击圆返回三维曲线编辑界面，单击选中两个圆，按“Delete”键将其删除。

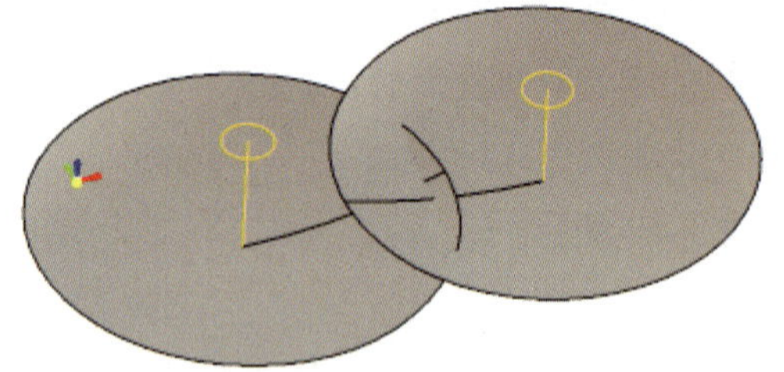

图 3–44 绘制圆

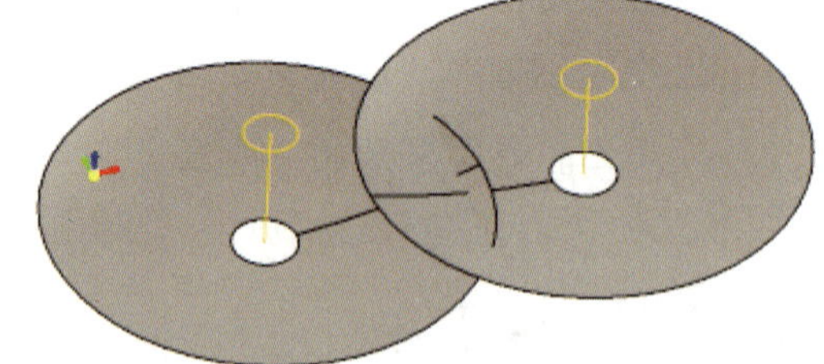

图 3–45 裁剪曲面

## 2. 绘制侧面

（1）绘制截面草图

1）选择“在 X–Y 基准面”作为草图平面。选择“俯视图”作为视角平面。

2）单击“圆心 + 端点”按钮 圆心+端点，绘制如图 3–46a 所示四条圆弧，其中左侧和右侧圆弧的圆心位于水平基准轴上。

3）单击“约束”工具组中的“点垂直”按钮 点垂直，约束上、下圆弧中心位于同一竖直线方向。

4）单击“智能标注”按钮 ，完成尺寸约束，其结果如图 3–46b 所示。

5）单击“过渡”按钮 过渡，修改“半径（mm）”为“70”，选中“锁定半径”复选框，完成周边圆角过渡，完成后如图 3–46c 所示。

6）单击“结束草图编辑”按钮 ，退出草图编辑。

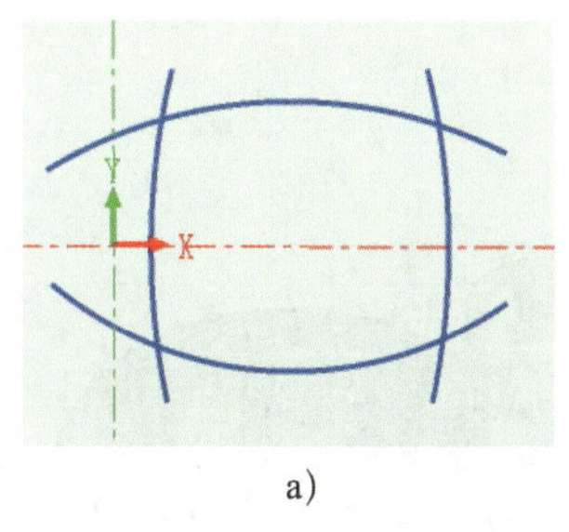
a）

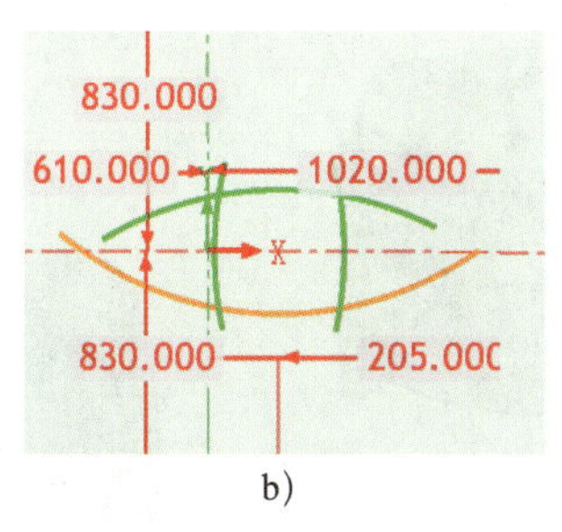

b）

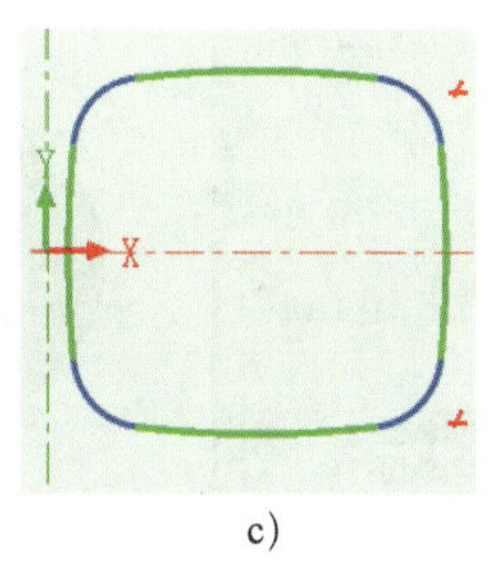
c）

图 3-46　绘制截面轮廓

a）绘制圆弧　b）约束草图　c）圆角过渡

（2）拉伸曲面

1）单击“特征”工具组中的“拉伸”按钮，弹出拉伸“属性”对话框。

2）选中“新生成一个独立的零件”单选按钮，弹出设置拉伸参数“属性”对话框，选中“生成为曲面”复选框和“增料”单选按钮。

3）设置“高度值：”为“150”，窗口呈拉伸模拟效果，如果拉伸方向不符合要求，可单击选中“反向”复选框改变拉伸方向。

4）单击“确定”按钮 完成曲面拉伸，其结果如图 3-47 所示。

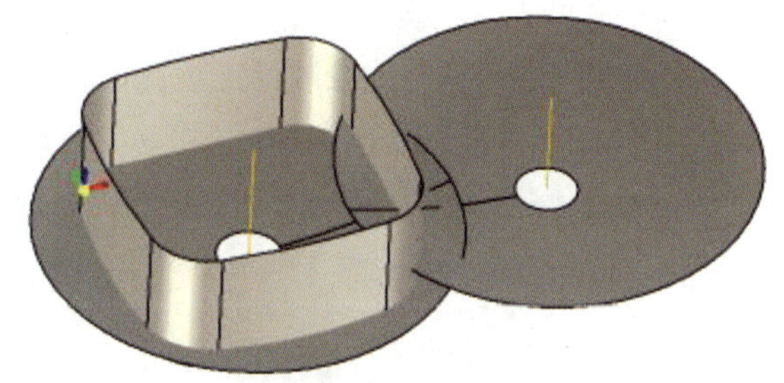

图 3-47　完成曲面拉伸

（3）曲面过渡

1）单击“曲面编辑”工具组中的“曲面过渡”按钮 曲面过渡，弹出曲面过渡“属性”对话框。

2）在对话框中“第一组面：”后的空白方框中单击，随后单击选中拉伸曲面中的一个面，此时曲面表面出现方向箭头，如箭头向外，则选中“反转此组的方向”复选框后再次单击该曲面，使曲面箭头方向向内，依次单击其他拉伸曲面。

3）在对话框中“第二组面：”后的空白方框中单击，随后单击底部旋转曲面，曲面箭头方向向上，窗口呈曲面过渡效果。

**提示**

用于圆角过渡的曲面方向箭头应指向过渡圆的圆心，如果箭头方向不符合要求，可选择“反转此组的方向”复选框来改变方向。

4）修改“半径：”为“20”，分别选中“裁剪第一组面”和“裁剪第二组面”复选框，窗口呈曲面裁剪效果。

5）单击“确定”按钮 完成圆角过渡，其结果如图 3-48 所示。

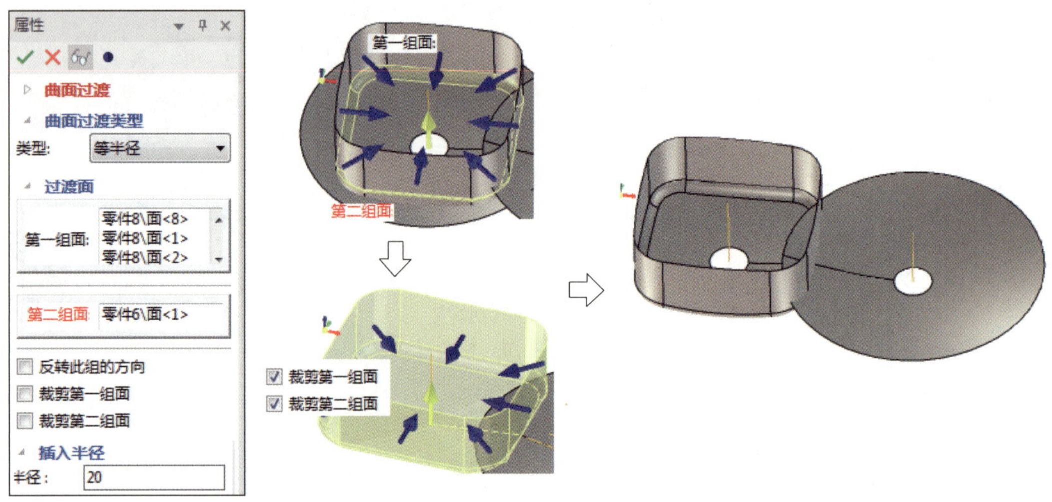


图 3-48 完成曲面圆角过渡

（4）绘制第二组侧面

采用相同的建模方式绘制第二组侧面，其操作过程如图 3-49 所示，操作步骤如下：

1）绘制拉伸截面草图。

2）绘制拉伸曲面，其“高度值：”为“130”。

3）绘制圆角过渡曲面，“半径：”为“20”。

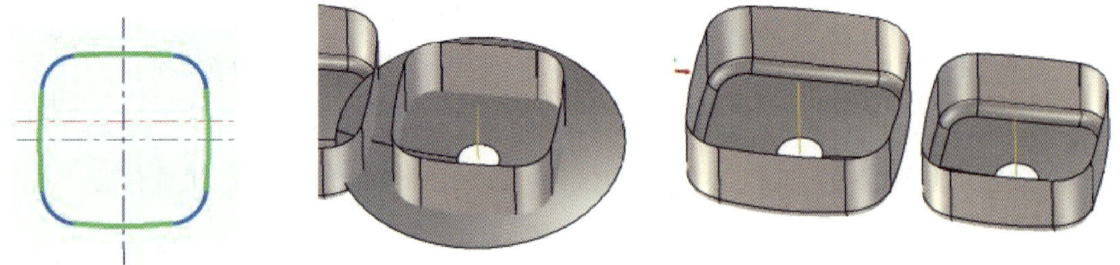

图 3-49 绘制第二组侧面

## 3. 绘制上平面

（1）绘制填充面

1）单击“三维曲线”按钮，同时按下“Fn+F5”组合键，选择“*XY*”平面作为绘图平面。

2）单击“矩形”按钮 矩形，弹出绘制矩形“立即菜单”对话框，选中“中心定位”，设置“长度”为“720”、“宽度”为“380”。窗口左下角提示“定位点：”，直接输入“360，0”后按回车键，绘制如图 3-50 所示的矩形。

3）单击“圆”按钮 圆 绘制圆，其圆心坐标分别为“410，150”和“560，150”，其直径分别为“50”和“40”。

4）单击“确定”按钮 结束曲线绘制。

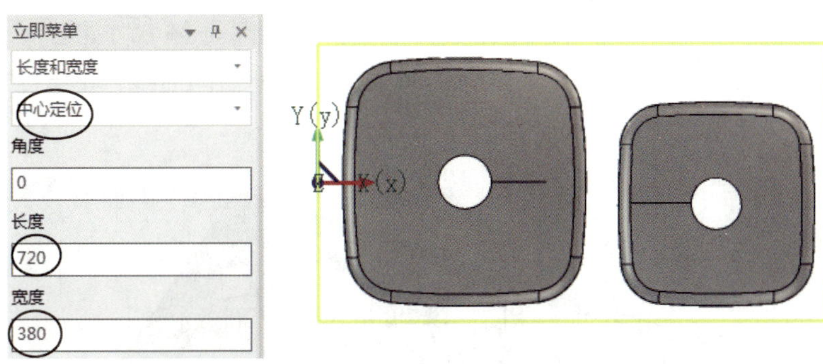


图 3-50　绘制矩形

5）单击“填充面”按钮 填充面，依次单击矩形的各边，单击“确定”按钮 绘制如图 3-51 所示的填充面。

6）单击“裁剪”按钮 裁剪，裁剪上平面圆孔，其结果如图 3-52 所示。

图 3-51　绘制填充面　　图 3-52　裁剪曲面

（2）曲面过渡

1）单击“曲面编辑”工具组中的“曲面过渡”按钮 曲面过渡，弹出曲面过渡“属性”对话框。

2）在对话框中“第一组面：”后的空白方框中单击，随后单击选中拉伸曲面（注意曲面方向朝外）。

3）在对话框中“第二组面：”后的空白方框中单击，随后单击上平面（注意曲面方向朝下），窗口出现曲面过渡效果图。

4）修改“半径：”为“5”，分别选中“裁剪第一组面”和“裁剪第二组面”复选框，窗口呈曲面裁剪效果。

5）单击“确定”按钮 完成圆角过渡，其结果如图 3-53 所示。

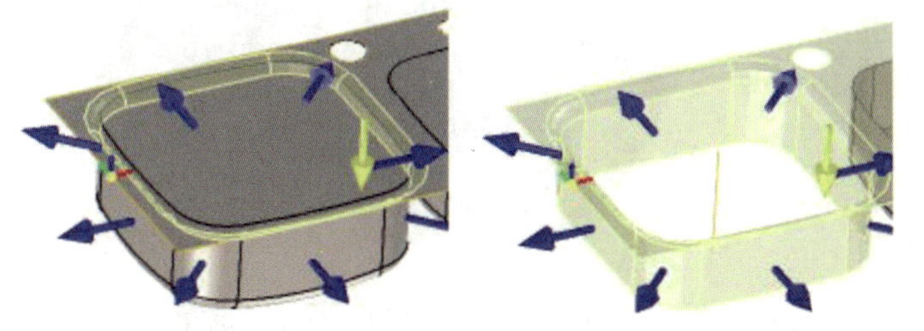

图 3-53　完成左侧曲面圆角过渡

6）采用同样的方法完成右侧曲面圆角过渡，其结果如图 3–54 所示。

7）单击“设计环境”对话框中的“零件 3”，选中所有空间曲线，单击鼠标右键，选中“隐藏选择对象”，将所有空间曲线隐藏。

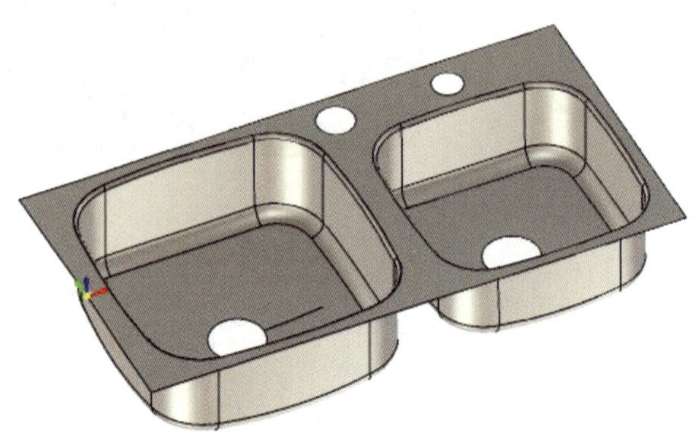

图 3–54　完成后的曲面

## 四、知识拓展

### 1. 草图平面图素与空间曲线的关系

通常情况下，空间曲面是由空间截面轮廓沿指定的运动轨迹轮廓扫掠而成的。因此，空间曲面的截面轮廓和运动轨迹轮廓通常在空间曲线中绘制（拉伸曲面除外），这些架构轮廓既可以是封闭轮廓，也可以是开放轮廓。空间曲线轮廓不能作为实体的架构轮廓。

草图平面的图素既可以作为实体的架构轮廓，也可以作为曲面的架构轮廓（如拉伸曲面、旋转曲面、填充曲面、放样曲面等）。作为截面的架构轮廓须为封闭的轮廓，运动轨迹轮廓则可以是开放轮廓。

### 2. 曲面和实体的显示方式

曲面或实体有多种显示方式，单击状态栏中的“实体显示方式”图标“ ▾”右侧的下三角 ，弹出如图 3–55 所示的显示方式选择菜单，再单击对应的按钮，即可使曲面或实体以选定的方式在窗口中显示。本例曲面为“真实感图”显示效果，如图 3–56 所示。

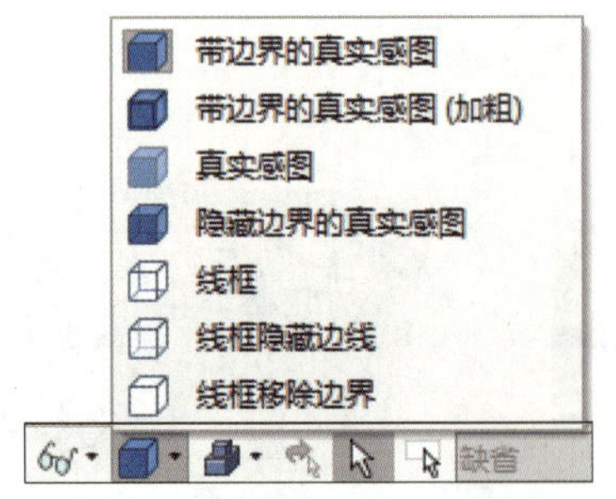


图 3–55　显示方式选择菜单

图 3–56　“真实感图”显示效果

## 五、任务拓展

任务拓展 1　完成如图 3–57 所示握力圈模型的曲面建模。

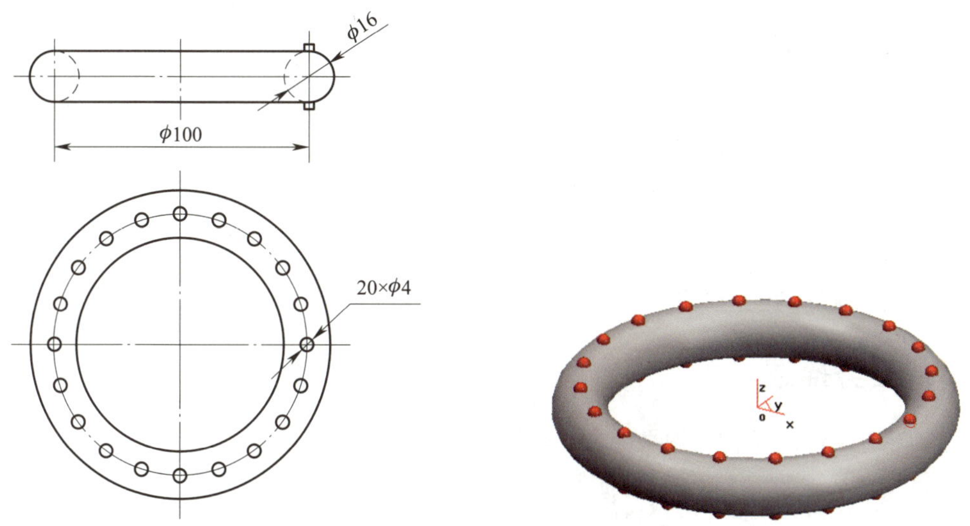


图 3–57　任务拓展 1

任务拓展 2　完成如图 3–58 所示国际象棋棋子模型的曲面建模。

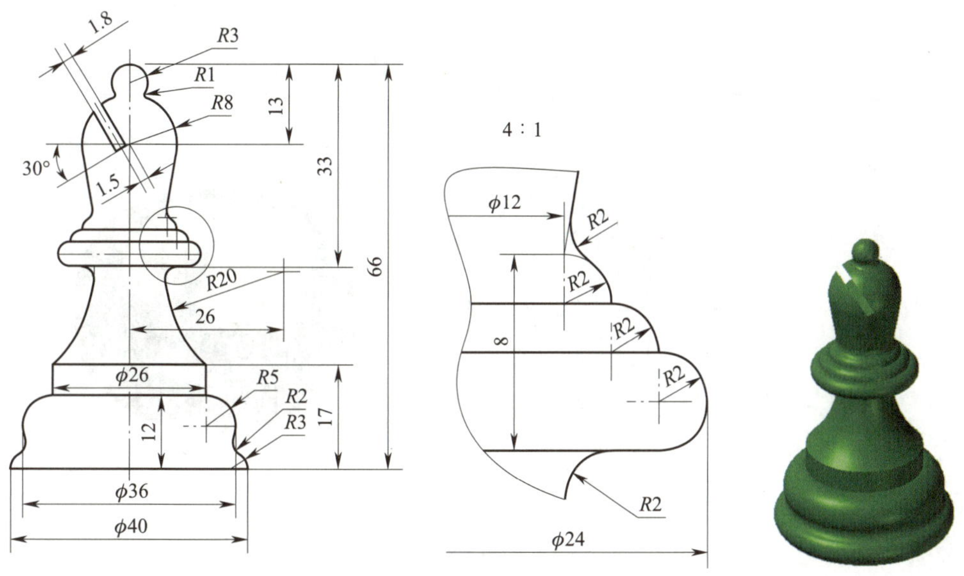


图 3–58　任务拓展 2

# 课题 4　导 动 曲 面

## 一、学习目标

1．掌握导动面的建模方法。

2．进一步掌握旋转面的建模方法。

3．进一步掌握曲面过渡的建模方法。

4．掌握曲面合并的建模方法。

5．掌握三维球的使用方法。

## 二、任务描述

完成如图 3–59 所示旋钮模型的曲面建模。

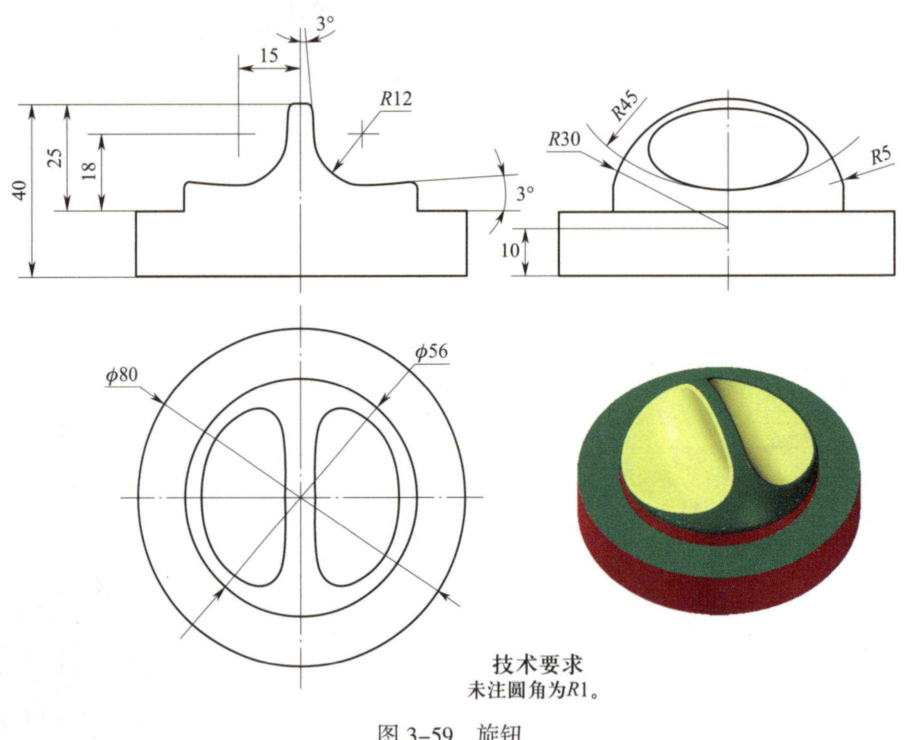

图 3–59　旋钮

## 三、任务实施

### 1．绘制旋转曲面

（1）绘制截面轮廓

1）单击“三维曲线”按钮，同时按下“Fn+F7”组合键，选择“ZX”平面作为绘图平面（以底平面中心作为建模中心）。

2）单击“两点线”按钮 两点线，在右下角单击选中“正交”和“智能”。单击原点，向右拖动鼠标，输入长度值“40”后按回车键，绘制水平线。采用同样的方法分别绘制长度为“15”的垂直线、“12”的水平线、“10”的垂直线，其结果如图 3-60a 所示。

3）单击“基本绘图”工具组中的“圆弧：圆心半径起终角”按钮 圆弧:圆心半径起终角，按图 3-60b 所示的“立即菜单”对话框设置参数。窗口左下角提示“圆心点：”，输入坐标“0，0，10”后按回车键绘制圆弧。

4）单击“裁剪”按钮 裁剪，完成图素裁剪。单击“过渡：圆角”按钮 过渡:圆角，完成圆角过渡，其“半径”为“5”。

5）单击“两点线”按钮 两点线 绘制垂直线，其结果如图 3-60c 所示。

6）单击“确定”按钮 结束曲线绘制。

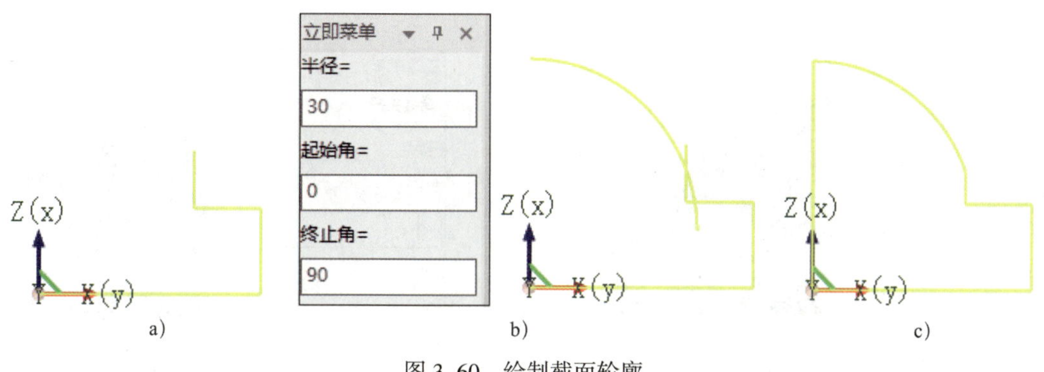


图 3-60　绘制截面轮廓

a）绘制直线　b）绘制圆弧　c）修剪图素

（2）绘制旋转面

1）单击“曲面”工具组中的“旋转面”按钮，弹出旋转面“属性”对话框。

2）在对话框中“轴：”后的空白方框中单击，随后单击左侧垂直线。

3）在对话框中“曲线：”后的空白方框中单击，随后依次单击右侧圆弧和直线。

4）单击“确定”按钮 完成旋转面绘制，其结果如图 3-61 所示。

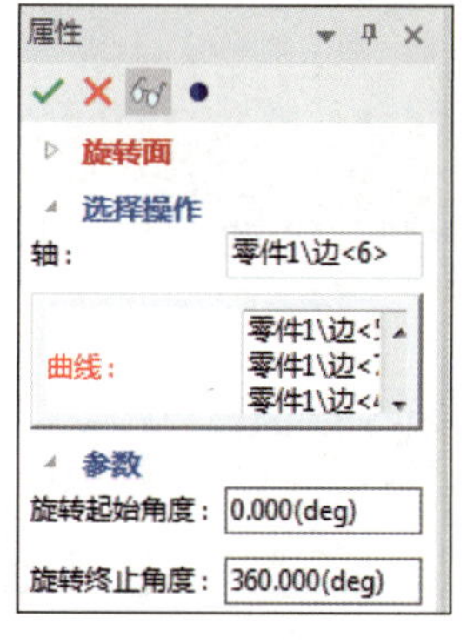


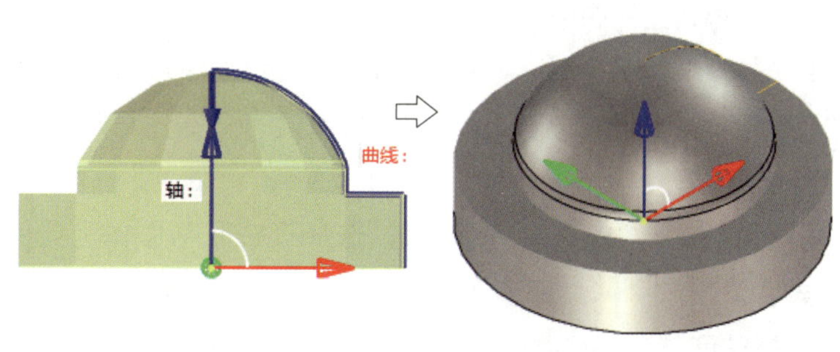


图 3-61　绘制旋转面

## 2. 绘制导动曲面

（1）绘制导动线

1）单击“三维曲线”按钮，同时按下“Fn+F7”组合键，选择“*ZX*”平面作为绘图平面。

2）单击“基本绘图”工具组中的“圆弧：圆心半径起终角”按钮 圆弧:圆心半径起终角，按图 3–62 所示的“立即菜单”对话框设置参数。窗口左下角提示“圆心点：”，输入坐标“15，0，33”后按回车键绘制圆弧。

3）单击“两点线”按钮 两点线，单击空格键，在弹出的菜单中选中“切点（T）”。

4）单击“角度线”按钮 角度线，按图 3–63 所示的“立即菜单”对话框设置参数。单击水平线，单击圆弧的下方捕捉到切点，向右拖动鼠标后输入长度值“20”，按回车键绘制切线。用同样的方法绘制上方的切线。

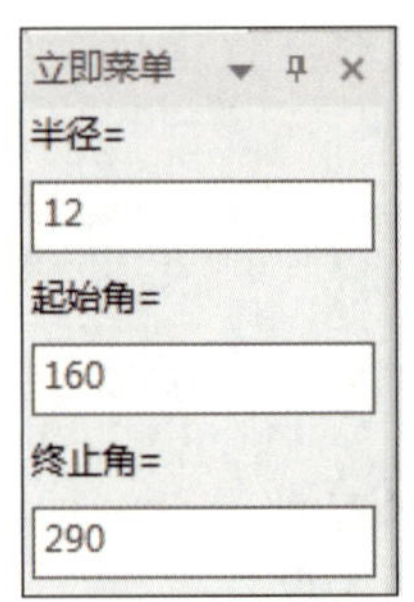


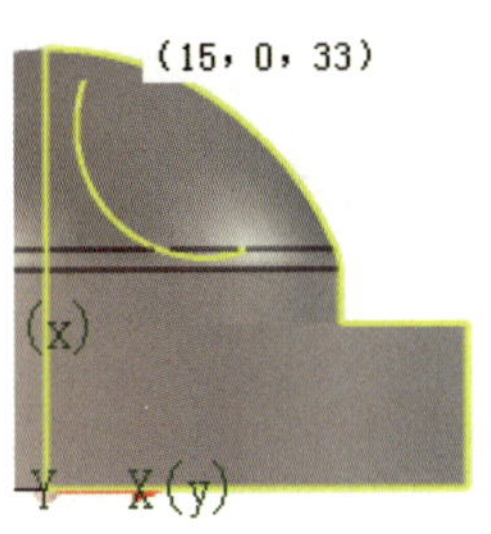

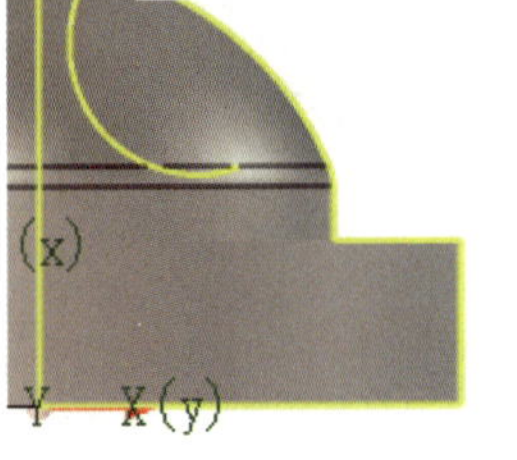


图 3–62　绘制圆弧

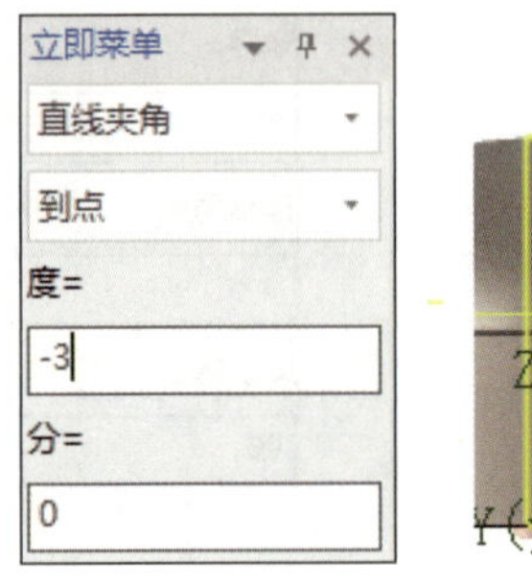


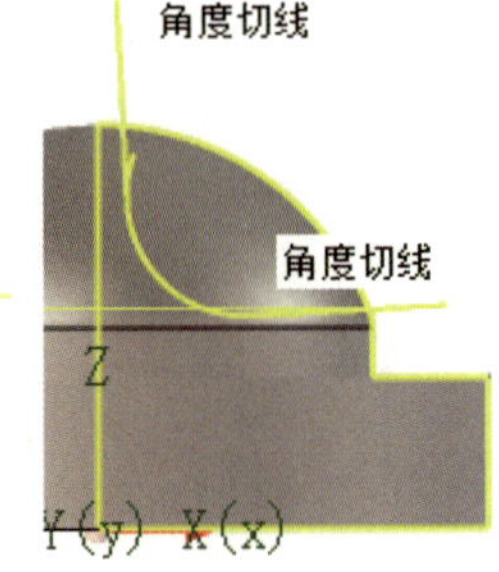


图 3–63　绘制角度切线

5）重新设置捕捉方式为“屏幕点（S）”，单击“裁剪”按钮 裁剪，裁剪圆弧。

（2）绘制截面线

1）单击“三维曲线”按钮，同时按下“Fn+F6”组合键，选择“*YZ*”平面作为绘图平面。单击选中旋转曲面，再单击鼠标右键，在弹出的右键菜单中选中“隐藏选择对象”，将旋转曲面隐藏。

2）单击“基本绘图”工具组中的“圆弧：圆心半径起终角”按钮 圆弧:圆心半径起终角，按图 3–64 所示的“立即菜单”对话框设置参数。窗口左下角提示“圆心点：”，在任意位置单击鼠标左键，绘制图中平行于“*YZ*”平面的圆弧。

3）单击“平移”按钮 平移，弹出平移“立即菜单”对话框，选中“给定两点”。单击圆弧后再单击鼠标右键确认，单击圆弧的中点，单击导动线右侧端点，平移圆弧，其结果如图 3–65 所示。

4）同时按下“Fn+F5”组合键，选择“*XY*”平面作为绘图平面，单击“阵列”按钮 阵列，弹出阵列“立即菜单”对话框，选中导动线和截面线后单击鼠标右键确认，窗口左下角提示“中心点”，单击原点作为中心点，完成图素旋转复制，其结果如图 3–66 所示。

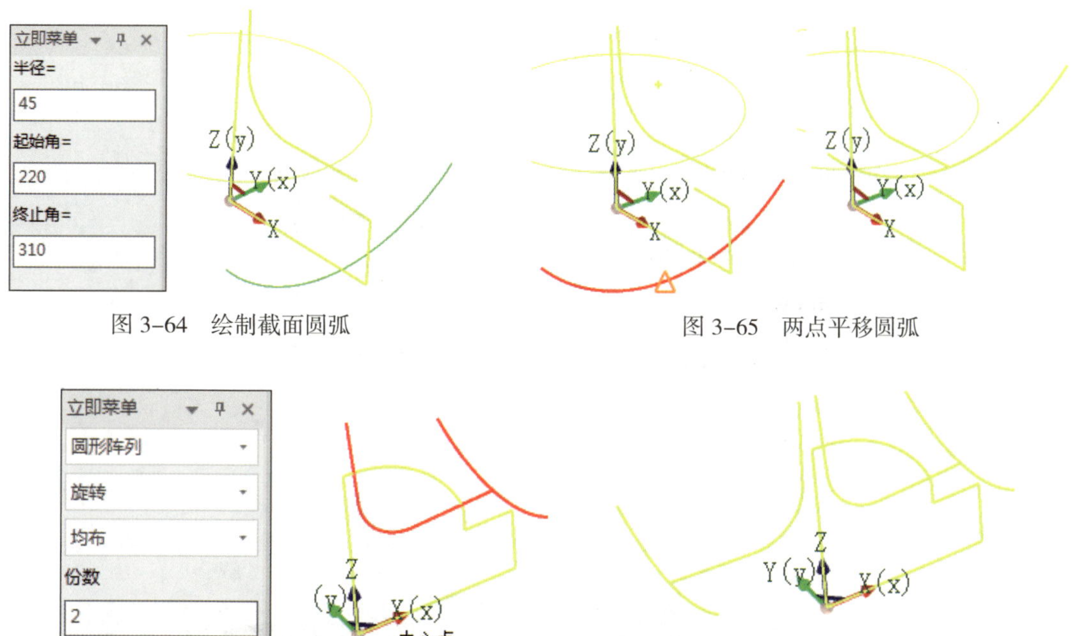


图 3-64 绘制截面圆弧

图 3-65 两点平移圆弧

图 3-66 旋转复制图素

（3）绘制导动面

1）单击“曲面”工具组中的“导动面”按钮 导动面，弹出导动面“属性”对话框，在“导动面类型”下拉列表中选中“固接”，如图 3–67a 所示。

2）在对话框中“截面”后的空白方框中单击，随后单击选中圆弧。

3）在对话框中“导动曲线”后的空白方框中单击，随后单击直线。

**提示**

在选择导动曲线时，可选中“拾取光滑连接的边”复选框，选中其中一条边即可同时选中其他边。但本例采用此方式导动时会出现报警错误。因此，本例采用单轮廓导动方式完成曲面建模。

4）单击“确定”按钮 ✔ 完成曲面绘制，其结果如图 3–67b 所示。

5）采用同样的方式，分别以曲面形成的端面边界为截面线，对应的圆弧和直线为导动曲线，完成其他两处曲面的建模，其结果如图 3–68 所示。

### 3. 曲面圆角过渡

（1）右侧曲面圆角过渡

1）单击“曲面编辑”工具组中的“合并曲面”按钮 合并曲面，弹出合并曲面“属性”对话框，依顺序单击三个曲面，单击“确定”按钮 ✔ 完成三个曲面的合并，其结果如图 3–69 所示。

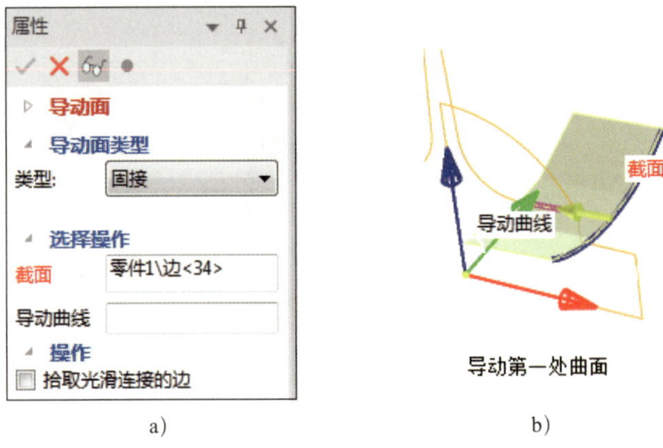


图 3-67 导动第一处曲面

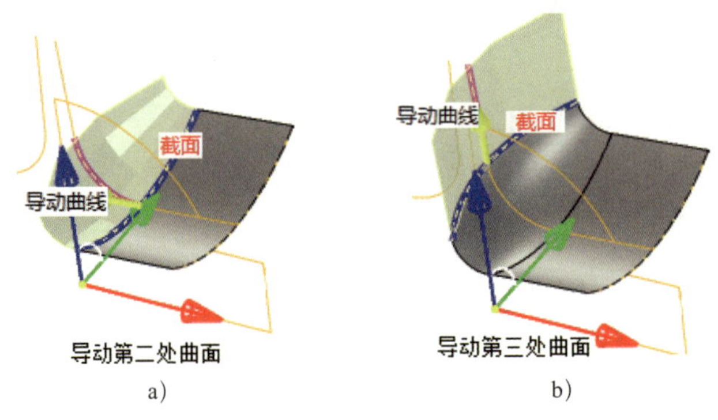

图 3-68 导动其他两处曲面

2）单击打开操作管理器中的“设计环境”对话框，此时特征树如图 3-70 所示，“零件 5”“零件 6”“零件 7”为源曲面，“零件 8”为合并后新生成的曲面。

3）单击选中“零件 5”，再单击鼠标右键，在其展开菜单中选中“编辑”/“删除”，将该曲面删除，采用同样的方式删除“零件 6”和“零件 7”。取消隐藏旋转曲面。

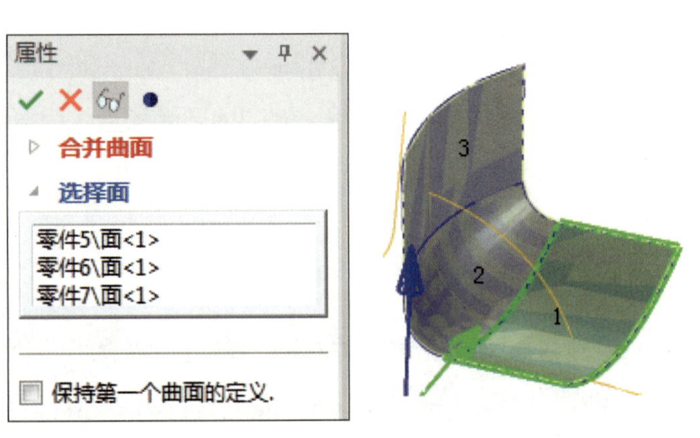


图 3-69 合并曲面

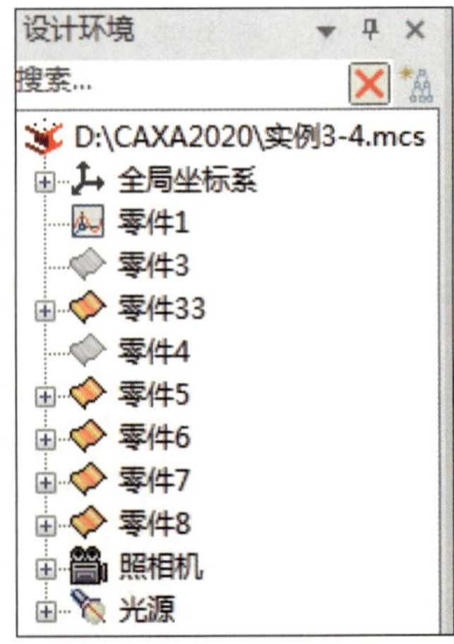


图 3-70 曲面特征树

4）单击“曲面过渡”按钮 曲面过渡，弹出曲面过渡“属性”对话框，设置“半径：”为“1”。

5）在对话框中“第一组面：”后的空白方框中单击，随后单击上方两组旋转曲面（注意曲面方向朝里）。

6）在对话框中“第二组面：”后的空白方框中单击，随后单击组合曲面（注意曲面方向朝下）。

7）分别选中“裁剪第一组面”和“裁剪第二组面”复选框，窗口出现曲面裁剪效果图。单击“确定”按钮 完成曲面过渡，其结果如图 3–71 所示。

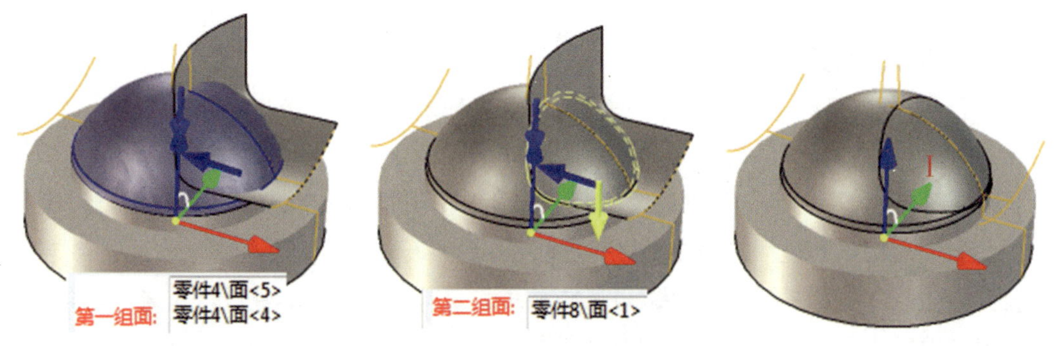


图 3–71　曲面圆角过渡

8）在曲面“I”处单击，选中该曲面，按“Delete”键将该曲面删除，其结果如图 3–72 所示。

（2）左侧曲面圆角过渡

1）单击“曲面”工具组中“导动面”按钮 导动面，绘制三个导动曲面。

2）单击“合并曲面”按钮 合并曲面，合并三个导动曲面。

3）选中三个源曲面，按“Delete”键将其删除。

4）单击“曲面过渡”按钮 曲面过渡，完成“半径：”为“1”的曲面过渡，其结果如图 3–73 所示。

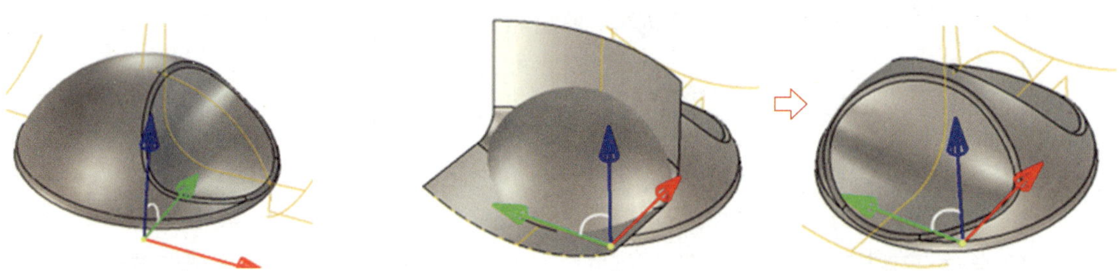

图 3–72　删除曲面

图 3–73　左侧曲面圆角过渡

（3）补全旋转曲面

1）单击“旋转面”按钮 ，补全下方的旋转曲面，其结果如图 3–74 所示。

2）单击“设计环境”对话框中的“零件 1”，选中所有空间曲线。单击鼠标右键，选中右键菜单中的“隐藏选择对象”，将所有空间曲线隐藏，其结果如图 3–75 所示。

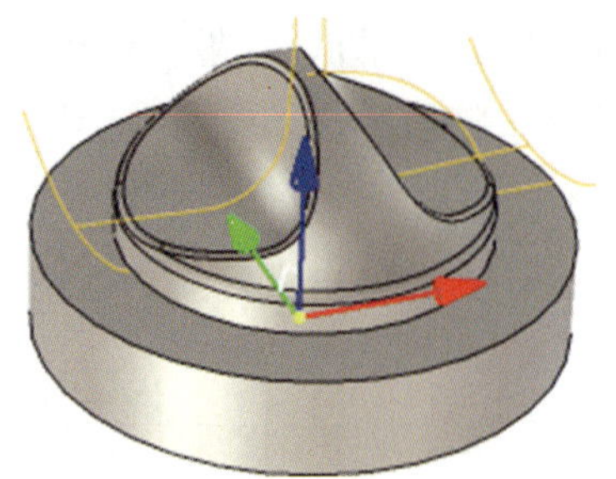

图 3–74　补全旋转曲面

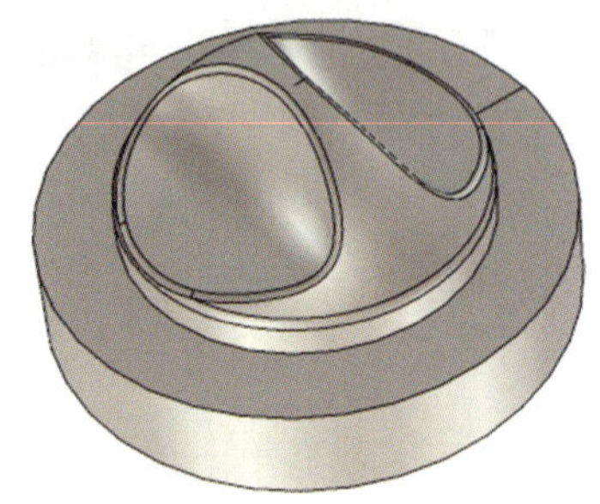

图 3–75　隐藏空间曲线

## 四、知识拓展

### 1. 固接导动与平行导动

固接导动是指导动过程中截面轮廓所处平面始终与导动线保持固定角度的一种导动类型。

平行导动是指导动过程中截面轮廓所处平面始终平行于初始截面轮廓平面的一种导动类型，即导动过程中截面轮廓所处平面与基准平面之间的夹角始终不变。以本例导动面为例，平行导动的效果如图 3–76 所示，具体操作步骤如下：

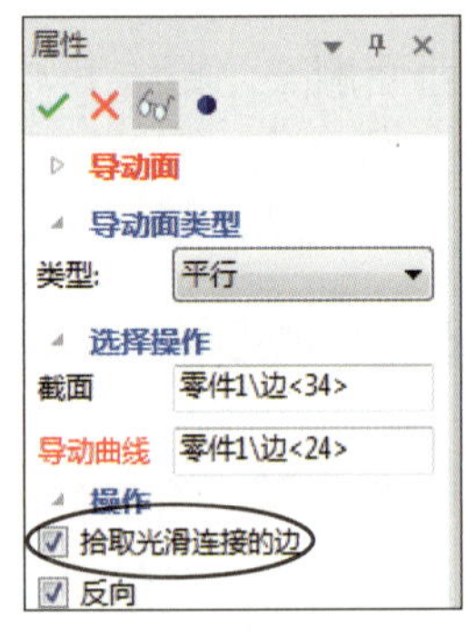


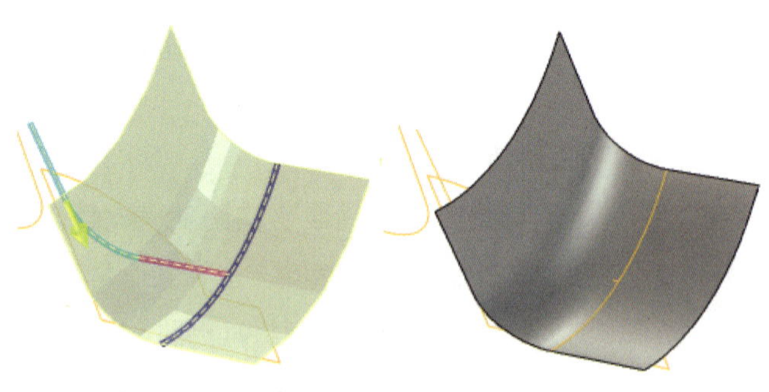

图 3–76　平行导动

（1）单击“导动面”按钮 导动面，弹出导动面“属性”对话框，在“导动面类型”下拉列表中选择“平行”。

（2）在对话框中“截面”后的空白方框中单击，随后单击选中圆弧。

（3）选中对话框中的“拾取光滑连接的边”复选框，在对话框中“导动曲线”后的空白方框中单击，随后单击直线，所有与直线光滑连接的边均被选中。

（4）单击“确定”按钮 完成导动曲面的绘制，由于一次性选中了所有导动线轮廓，导动后形成的曲面也是单个曲面。

**想一想**

若将采用平行导动方式形成的曲面与旋转曲面进行曲面圆角过渡，则其效果与实例效果有什么不同？

## 2. “三维球”的操作

“三维球”是CAXA制造工程师中特有的功能选项，可根据用户的需求对所选择的图素（如曲线、曲面、实体等）进行动态移动、动态旋转。关于“三维球”的操作说明如下：

单击选中某个图素，在图素的中心位置会出现三维球图标，在空白区单击鼠标左键，三维球图标消失。将光标移至三维球图标上方，待其呈手形时，单击三维球图标，出现如图3-77所示的三维球，按“Esc”键即可退出三维球。

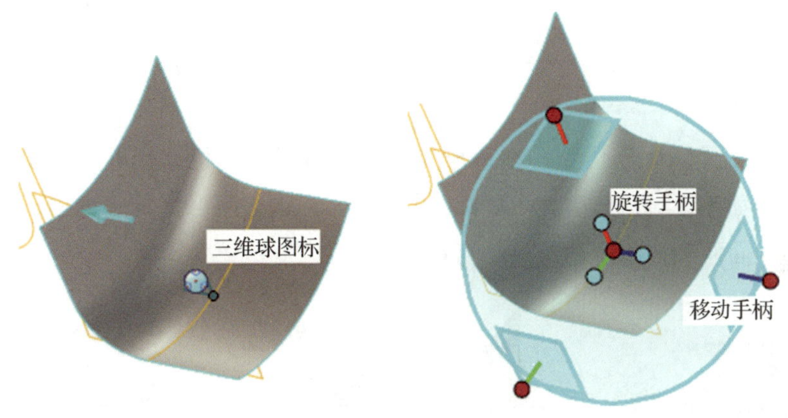


图3-77　三维球

三维球内部和外部各有三个手柄，用于指定移动方向和旋转轴，初始状态为 *X* 轴、*Y* 轴和 *Z* 轴的轴线。

（1）指定距离动态移动

单击三维球手柄，该手柄及对应的轴线呈黄色，将光标移至图素上方，当光标呈手形且手形光标下方出现“↻”形移动图标时，按住鼠标左键不松开，移动鼠标即可使图素沿该轴线移动，同时显示移动距离，可输入确定值指定移动距离，其结果如图3-78所示。

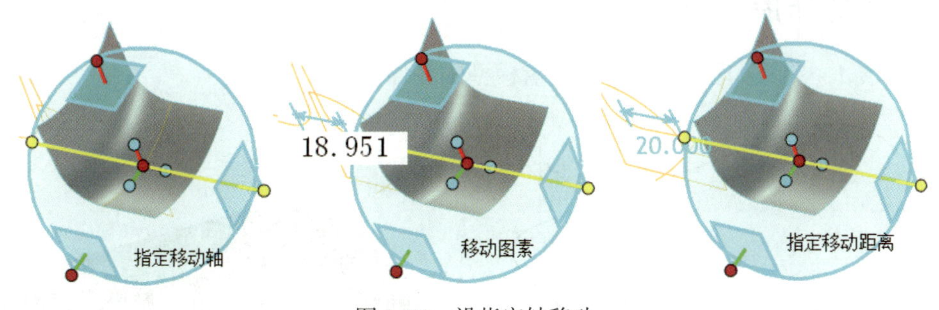


图3-78　沿指定轴移动

（2）指定角度动态旋转

单击三维球手柄，该手柄及对应的移动轴呈黄色，将光标移至手柄上方，当光标呈手形且手形光标下方出现“↻”图标时，按住鼠标左键不松开，移动鼠标即可使图素绕该轴线旋转，同时显示旋转角度，可输入确定值指定旋转角度，其结果如图 3-79 所示。如果出现的旋转图标位于小手腕下方，则旋转方式为动态旋转。

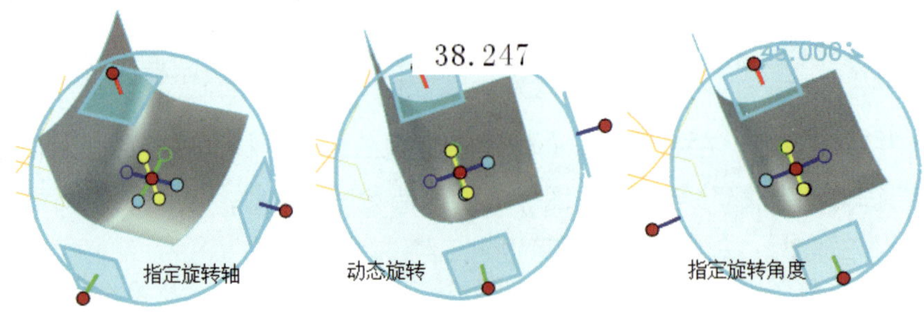


图 3-79　绕指定轴旋转

（3）空间动态移动

将光标移至三维球中心位置，在手形光标下方出现十字移动光标时，即可实施空间动态移动，其结果如图 3-80 所示。如果单击选中平面，则当手形光标下方出现十字移动光标时，即可在该平面任意方向上动态移动图素。

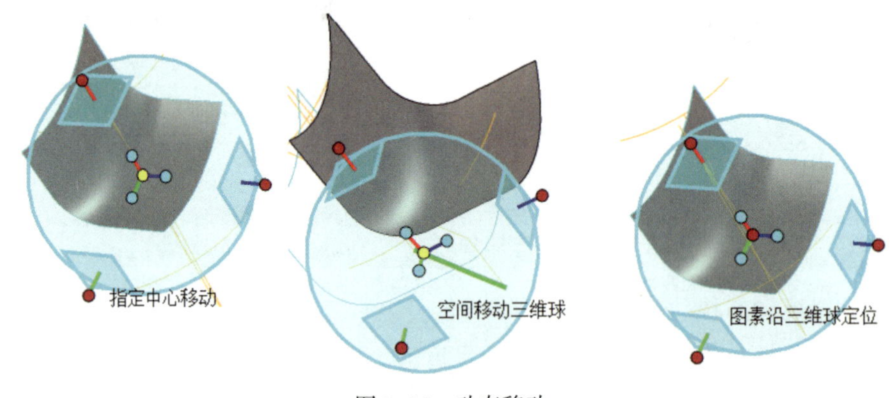


图 3-80　动态移动

## 五、任务拓展

任务拓展 1　完成如图 3-81 所示托盘模型的曲面建模。

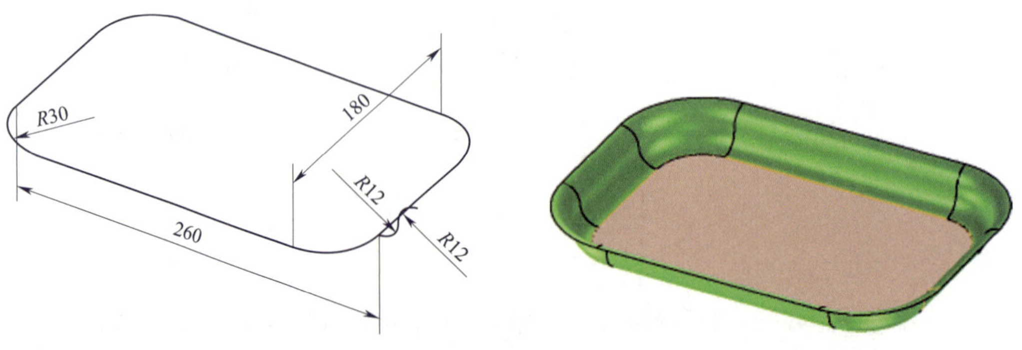


图 3-81　任务拓展 1

任务拓展 2　完成如图 3-82 所示桶盖模型的曲面建模。

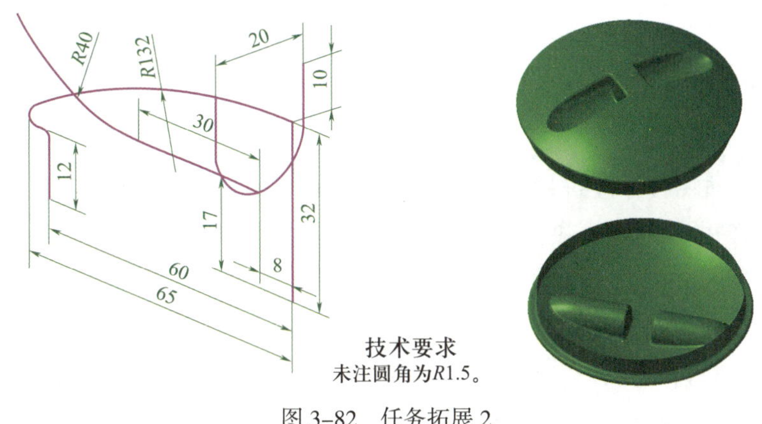


图 3-82　任务拓展 2

# 课题 5　网格面与提取曲面

## 一、学习目标

1．掌握网格面的建模方法。

2．掌握提取曲面的建模方法。

3．掌握曲面加厚的建模方法。

4．掌握曲面缝合的建模方法。

5．掌握实体圆周阵列的建模方法。

## 二、任务描述

完成如图 3-83 所示西瓜纹灯罩模型的曲面建模。

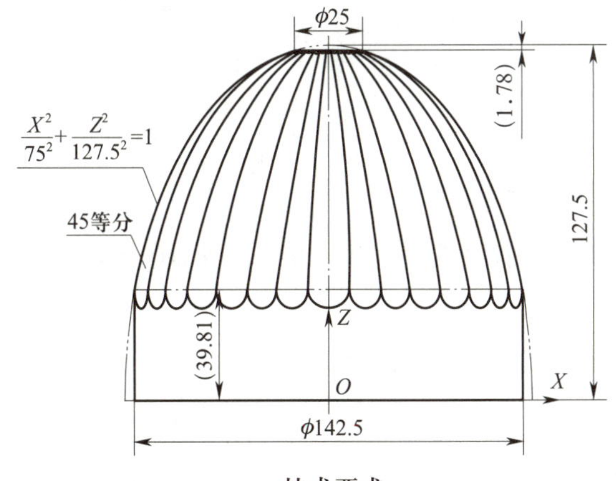

图 3-83　西瓜纹灯罩

## 三、任务实施

### 1. 网格曲面建模

（1）绘制截面轮廓

1）单击“三维曲线”按钮，同时按下“Fn+F7”组合键，选择“*ZX*”平面作为绘图平面（以底平面中心作为建模中心）。

2）单击“椭圆”按钮 椭圆，弹出如图 3–84a 所示的画椭圆“立即菜单”对话框，设置相应参数后单击原点，绘制如图 3–84b 所示的椭圆弧。

3）单击“两点线”按钮 两点线，启动“正交”和“智能”功能。单击椭圆上方端点，向右拖动鼠标，输入长度值“12.5”后按回车键，绘制水平线。向下拖动鼠标，在任意位置单击，绘制垂直线，其结果如图 3–84c 所示。

4）单击“裁剪”按钮 裁剪，完成上方椭圆弧裁剪。单击选中两条直线，按“Delete”键删除，其结果如图 3–84d 所示。

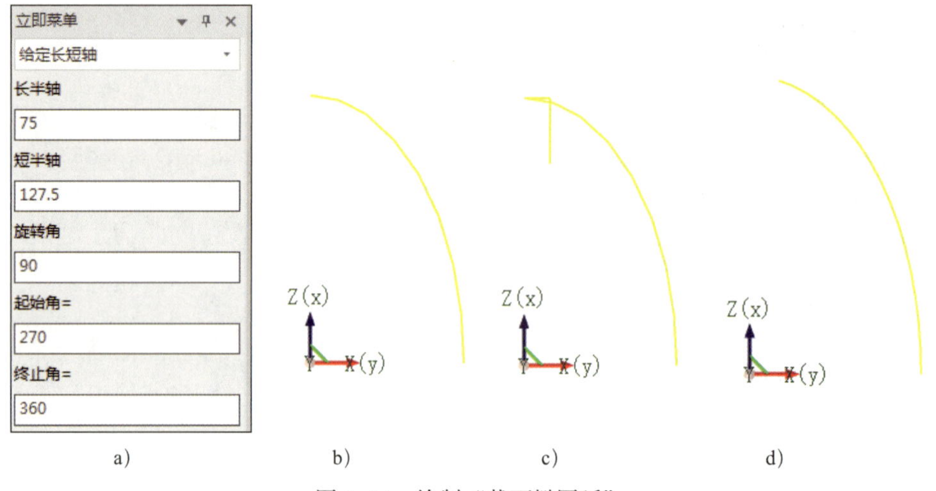


a)　　b)　　c)　　d)

图 3–84　绘制“截面椭圆弧”

a）“立即菜单”对话框　b）绘制椭圆弧　c）绘制辅助线　d）裁剪椭圆弧

5）按“Fn+F5”组合键，选择“*XY*”平面作为绘图平面。单击“旋转”按钮 旋转，参照图 3–85a 所示“立即菜单”对话框设置相应参数。

6）单击选中椭圆弧后单击鼠标右键确认，输入旋转角度“8”后按回车键，旋转复制椭圆弧，其结果如图 3–85b 所示。

7）关闭“正交”功能，单击“圆弧”按钮 圆弧，绘制两条半径为“25”的两点圆弧，其结果如图 3–85c 所示。

8）单击“确定”按钮结束曲线绘制。

（2）绘制网格曲面

1）单击“曲面”工具组中的“网格面”按钮 网格面，弹出网格面“属性”对话框。

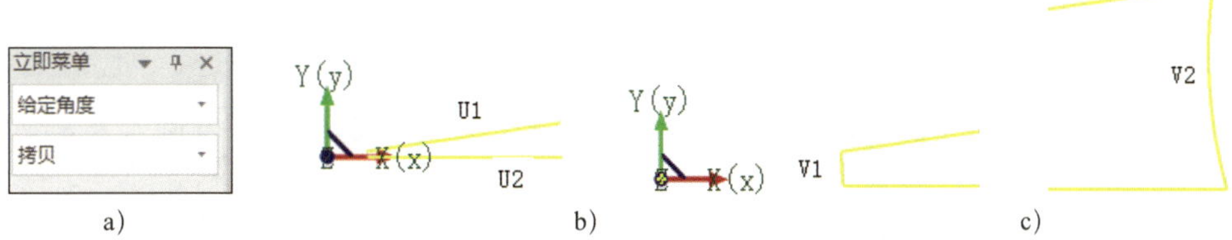


a)　b)　c)

图 3-85　绘制“截面圆弧”

a)“立即菜单”对话框　b)旋转复制　c)绘制两点圆弧

2)在对话框中“U 曲线:”后的空白方框中单击，随后单击选中两条椭圆弧。

3)在对话框中“V 曲线:”后的空白方框中单击，随后单击选中两端的圆弧。

4)单击“确定”按钮 绘制网格面，其结果如图 3-86 所示。

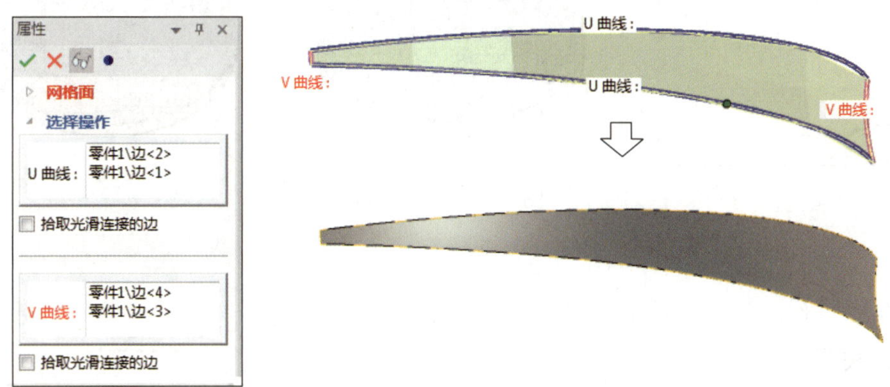


图 3-86　绘制网格面

## 2. 提取曲面建模

(1)绘制辅助实体

1)选择“在 X-Y 基准面”作为草图平面，以原点为中心绘制直径为“160”的圆。

2)单击“特征”工具组中的“拉伸”按钮 ，在弹出的“属性”对话框中选中“新生成一个独立的零件”单选按钮。单击草图中的圆，修改“属性”对话框中的“高度值:”为“10”，向下拉伸实体。

3)单击“确定”按钮 完成圆柱的拉伸，其结果如图 3-87 所示。

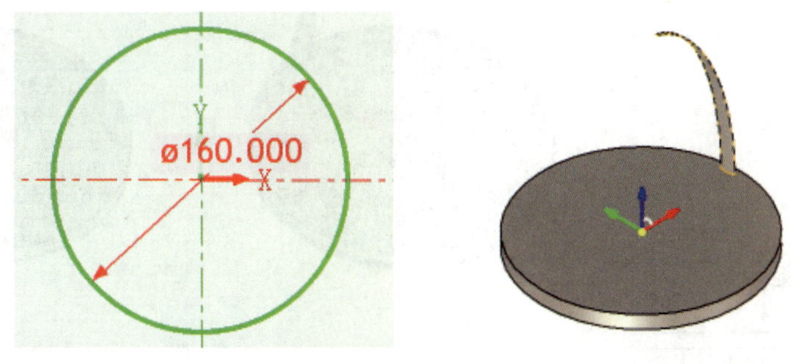


图 3-87　拉伸实体

4）单击“特征”工具组中的“加厚”按钮 加厚，弹出加厚“属性”对话框，修改“厚度”为“1.5”。

5）单击网格面，此时曲面上出现加厚方向箭头，选中对话框中的“向下”单选按钮，向中心方向加厚。

6）单击“确定”按钮 完成曲面加厚，其结果如图 3-88 所示。

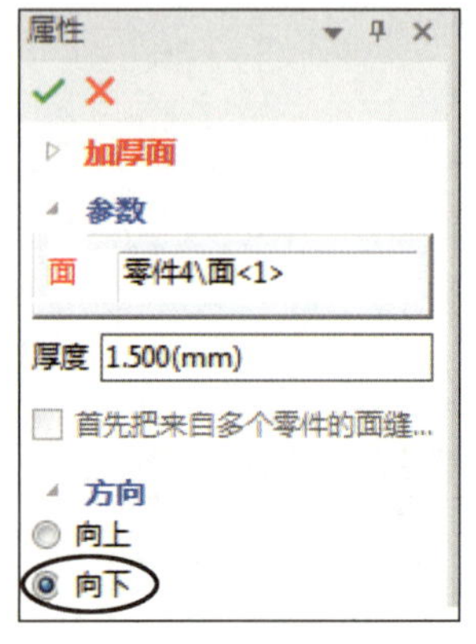


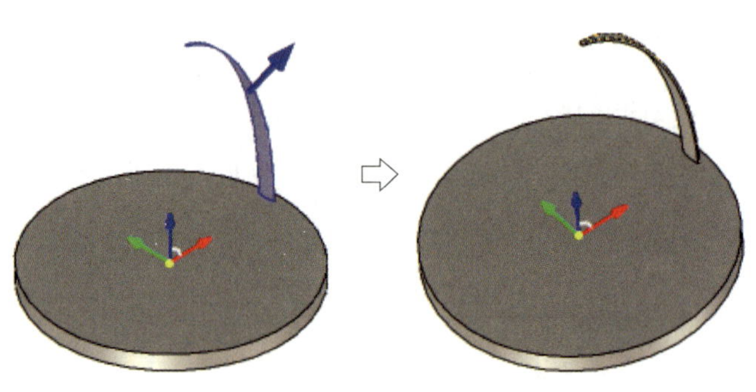

图 3-88　曲面加厚

（2）实体圆周阵列

1）单击“修改”工具组中的“布尔”按钮 布尔，弹出布尔“属性”对话框，选中“加”单选按钮。

2）分别单击圆柱和加厚体，单击“确定”按钮 完成布尔“加”运算，其结果如图 3-89 所示。

**提示**

实体圆周阵列只能阵列实体本身自带的特征，独立特征无法实施圆周阵列，故此处的布尔运算不能省略。

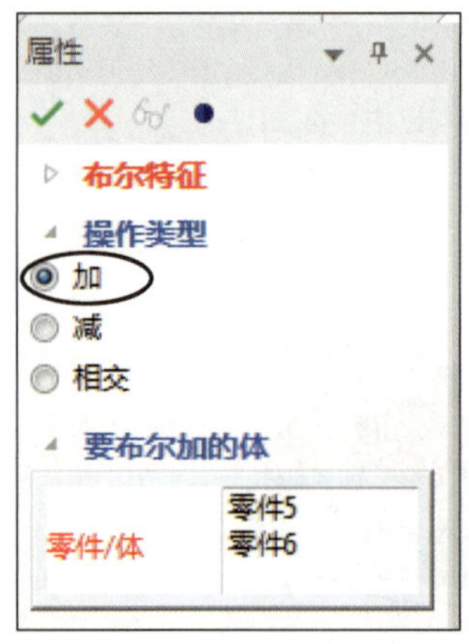


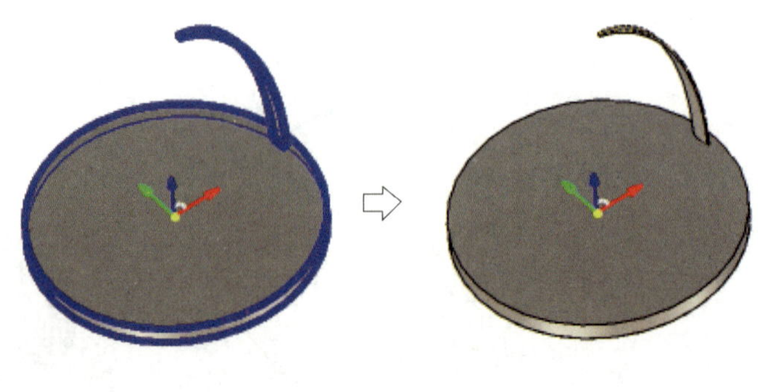

图 3-89　布尔运算

3）单击“变换”工具组中的“阵列特征”按钮，弹出阵列特征“属性”对话框。窗口左下角提示“从设计环境中选择一个零件”，单击窗口中的圆柱。

4）选中对话框中“圆型阵列”单选按钮，设置“总角度”为“360”，“数量”为“45”。

5）在对话框中“特征”后的空白方框中单击，随后单击加厚实体。

6）在对话框中“轴”后的空白方框中单击，随后单击圆柱上表面，在圆心位置弹出中心轴，单击中心轴。

7）单击“确定”按钮完成实体的圆周阵列，其结果如图 3–90 所示。

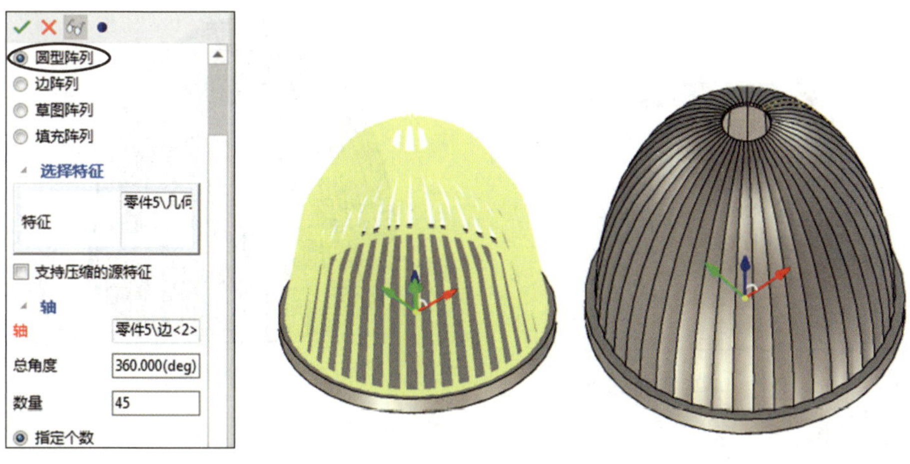


图 3–90　圆周阵列

（3）绘制提取曲面

1）单击“曲面”工具组中的“提取曲面”按钮 提取曲面，弹出提取曲面“属性”对话框。

2）依次单击如图 3–91 所示的实体表面。

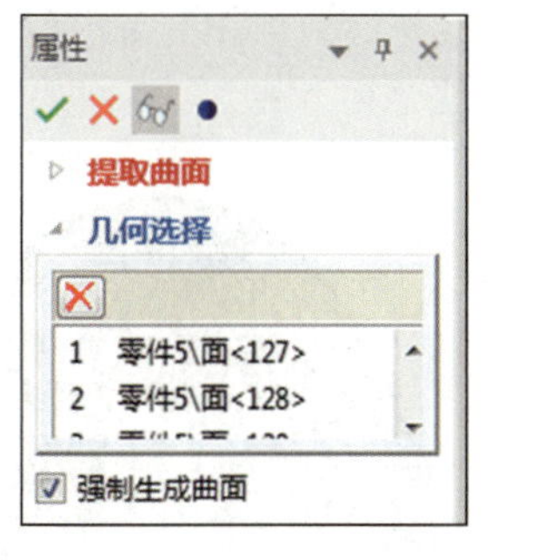


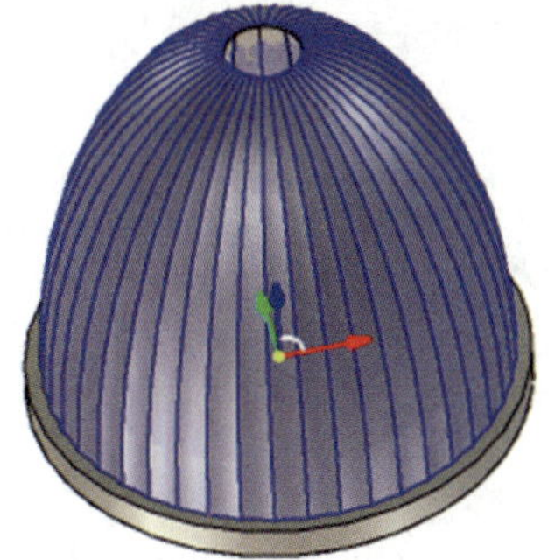

图 3–91　选中提取曲面

3）单击“确定”按钮，弹出如图 3–92 所示提示对话框，单击对话框中的按钮 是(Y)，将选中的曲面缝合为同一曲面。

4）单击操作管理器中的“设计环境”按钮 设计环境，弹出如图 3–93 所示的设计特征树界面，“零件 4”为网格曲面，“零件 5”为实体，“零件 9”为新生成的提取曲面。“零件 9”为独立曲面，与“零件 4”和“零件 5”均无“父子”关系。

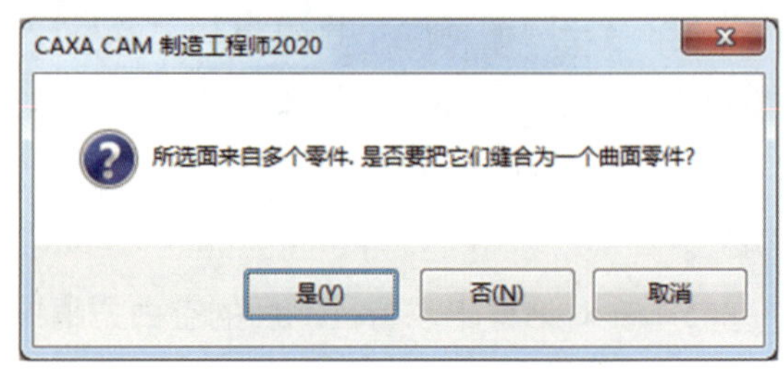


图 3–92　提示对话框

5）在“零件 4”上单击鼠标右键，在弹出的右键菜单中选中“编辑”/“删除”，将该曲面删除。采用同样的方式删除“零件 5”，窗口显示如图 3–94 所示的曲面。

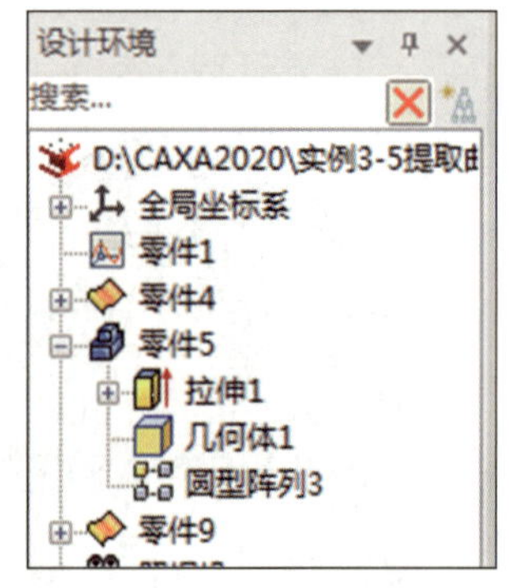


图 3–93　设计特征树界面

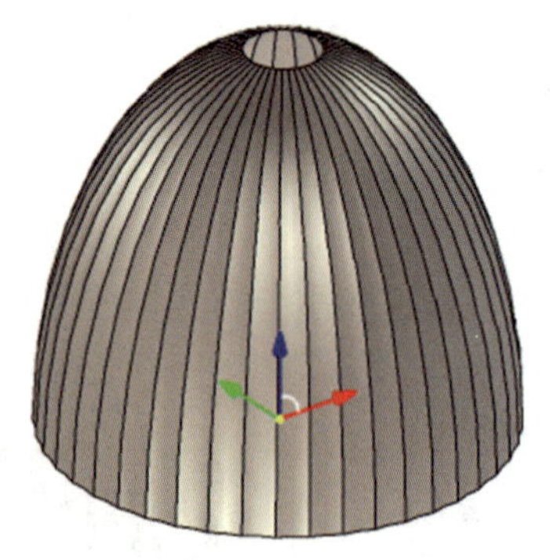

图 3–94　提取曲面

## 3. 修整曲面

（1）绘制拉伸曲面

1）选择“在 X–Y 基准面”作为草图平面，以原点为中心绘制直径为“142.5”的圆。

2）单击“特征”工具组中的“拉伸”按钮，在弹出的“属性”对话框中选中“新生成一个独立的零件”单选按钮。单击草图中的圆，修改“属性”对话框中的“高度值：”为“50”，向上拉伸曲面。

3）选中“生成为曲面”复选框，单击“确定”按钮 完成圆柱曲面的拉伸，其结果如图 3–95 所示。

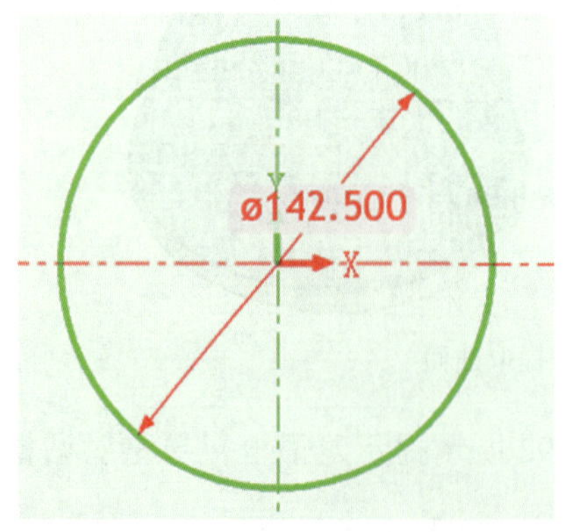


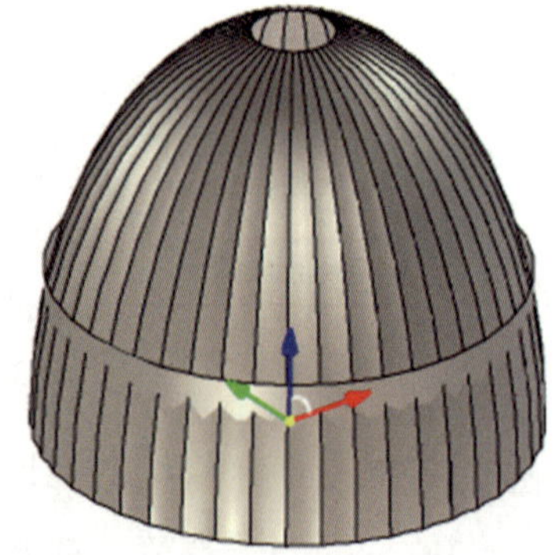

图 3–95　绘制拉伸曲面

（2）曲面裁剪

1）单击“曲面编辑”工具组中的“裁剪”按钮 裁剪，弹出裁剪“属性”对话框。

2）在对话框中“目标零件”后的空白方框中单击，随后单击“设计环境”对话框中的提取曲面“零件 9”。

3）在对话框中“工具零件”后的空白方框中单击，随后单击“设计环境”对话框中的圆柱面“零件 10”。

4）向下拖动对话框右侧滚动条，在对话框中“要保留的”后的空白方框中单击，依次单击 45 个曲面要保留的部位，如图 3–96 所示。

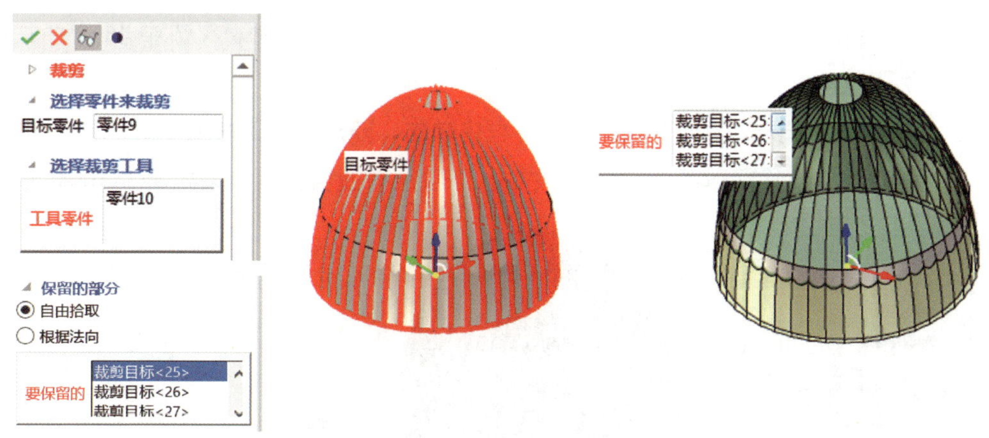

图 3–96　选中保留部位

5）单击“确定”按钮 完成曲面裁剪，其结果如图 3–97 所示。

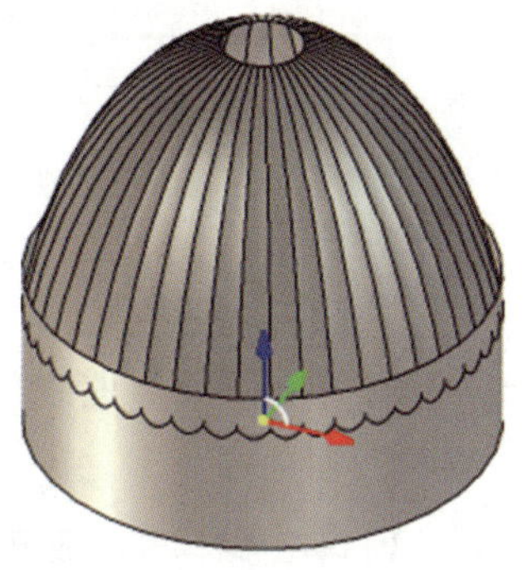
图 3–97　裁剪提取曲面

6）用同样的方法完成圆柱面的曲面裁剪，其结果如图 3–98 所示。

（3）补全上表面和下表面

1）单击“填充面”按钮 填充面，依次单击提取曲面上部的边界线，绘制上表面填充曲面。

2）采用同样的方法补全下表面，完成后的曲面如图 3–99 所示。

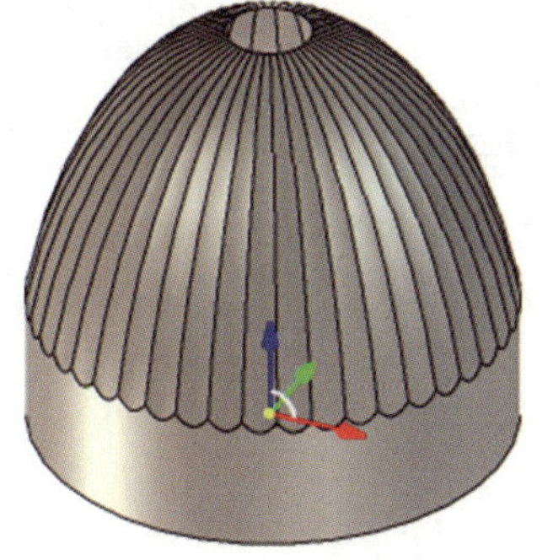
图 3–98　裁剪圆柱面

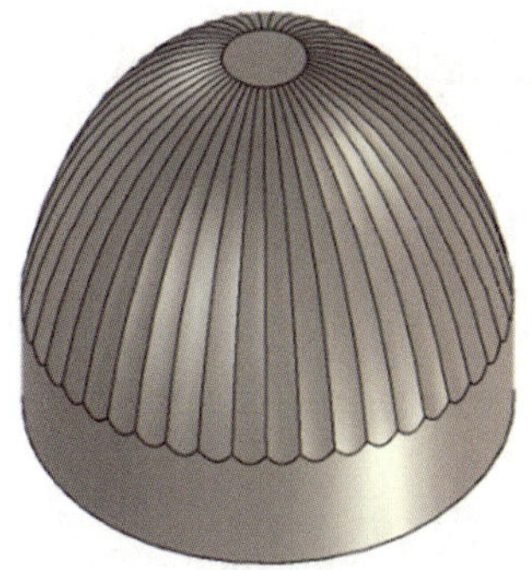
图 3–99　完成后的曲面

## 四、知识拓展

### 1. 曲面交线和提取曲线

CAXA2020 除了能绘制草图曲线、空间基本曲线外，还能绘制与曲面相交的曲线，现以本例曲面为例介绍曲面交线和提取曲线的绘制过程。

（1）曲面交线

1）单击“三维曲线”工具组中的“曲面交线”按钮 曲面交线，弹出曲面交线“属性”对话框，如图 3-100 a 所示。

2）在对话框中“第一组面”后的空白方框中单击，随后依次选中 45 个曲面，如图 3-100 b 所示。

3）在对话框中“第二组面”后的空白方框中单击，随后单击圆柱面。

4）单击“确定”按钮 ✓ 绘制曲面交线，隐藏所有曲面，其结果如图 3-100 c 所示。

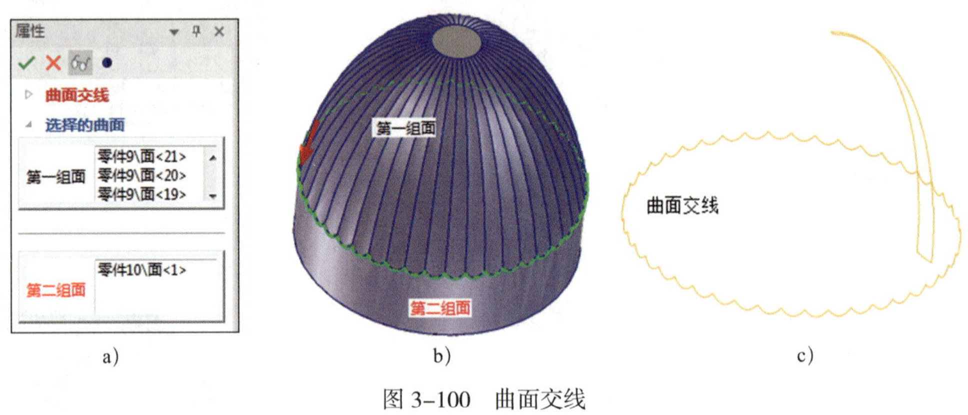


a)　　b)　　c)

图 3-100　曲面交线

（2）提取曲线

1）单击“三维曲线”工具组中的“提取曲线（R）”按钮 提取曲线(R)，弹出提取曲线“属性”对话框。

2）单击窗口中对应的曲面。

3）单击“确定”按钮 ✓，即可得到包含该曲面的提取曲线，其结果如图 3-101 所示。

### 2. 建模过程中的拾取过滤

在曲面和实体建模过程中，当窗口中的图素较复杂，用户无法精准选取需要的图素时，可通过状态栏中“拾取工具”设定菜单进行拾取过滤，如图 3-102 所示。

单击“缺省”后的下三角 ▼，即可进行曲线选取方式过滤。单击“任意”后的下三角 ▼，即可进行图素选取方式过滤。

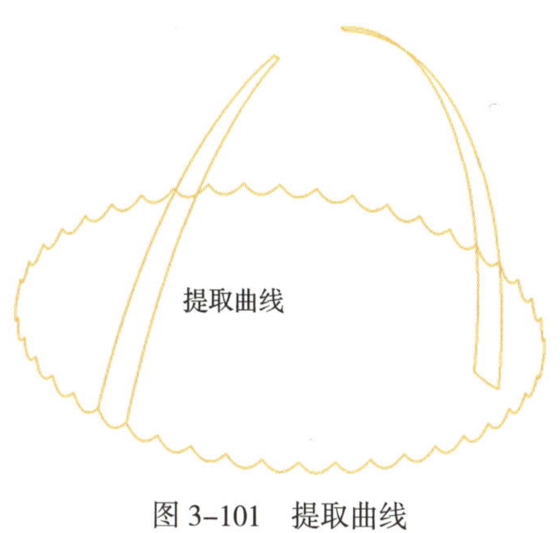


图 3-101 提取曲线

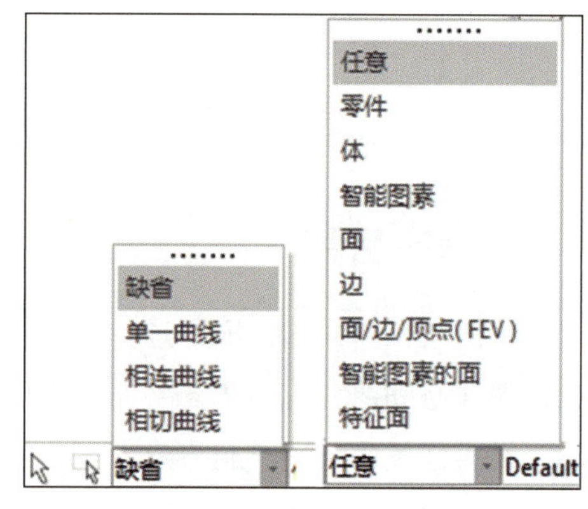


图 3-102 “拾取工具”设定菜单

## 五、任务拓展

任务拓展 1 完成如图 3-103 所示网格面的曲面建模。

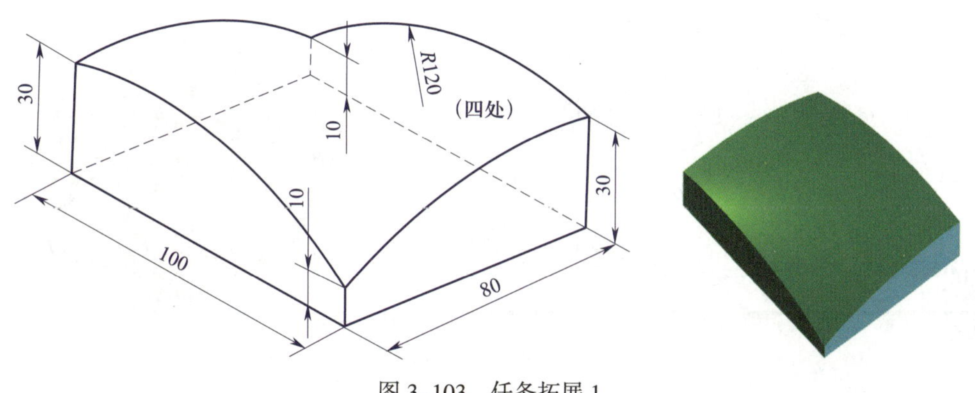


图 3-103 任务拓展 1

任务拓展 2 完成如图 3-104 所示网格面的曲面建模。

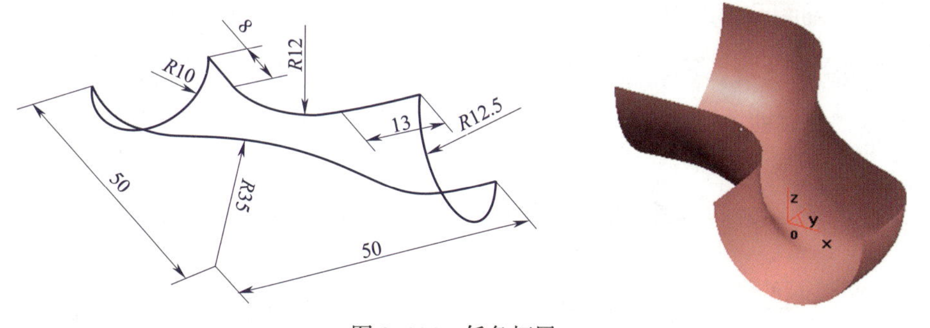


图 3-104 任务拓展 2

# 课题 6 放样曲面

## 一、学习目标

1．掌握放样曲面的建模方法。

2．掌握空间曲线投影草图平面的建模方法。

3．掌握样条曲线的绘制方法。

4．进一步掌握曲面过渡的建模方法。

## 二、任务描述

完成如图 3-105 所示托盘模型的曲面（底部圆角半径为 20 mm，实体厚度为 3 mm）建模。

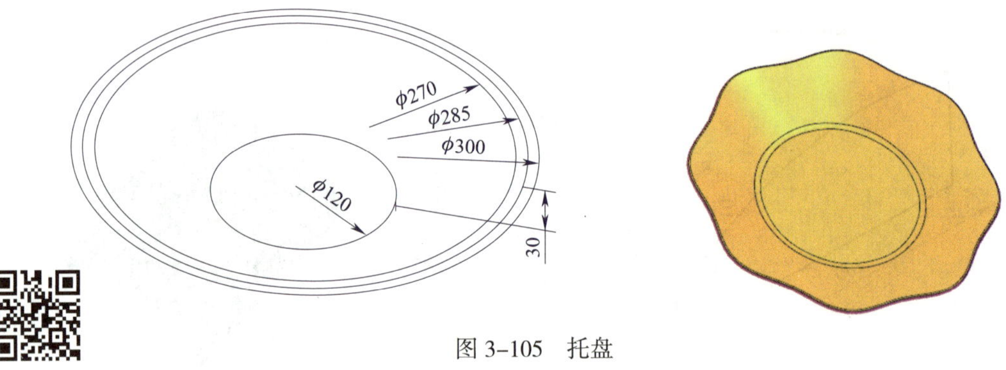


图 3-105 托盘

## 三、任务实施

### 1. 绘制放样曲面

（1）绘制空间曲线

1）单击“三维曲线”按钮，同时按下“Fn+F5”组合键，选择“*XY*”平面作为绘图平面。

2）单击“圆”按钮 圆，捕捉到原点位置，分别绘制直径为“120”“270”“285”“300”的圆。

3）单击“两点线”按钮 两点线，启动“正交”和“智能”功能。捕捉到原点位置，绘制水平线并使其超出圆弧线，其结果如图 3-106a 所示。

4）单击“旋转”按钮 旋转，旋转复制水平线两次，其旋转角度为“11.25”，其结果如图 3-106b 所示。

5）单击“点”按钮 · 点，分别单击圆弧和直线的交点绘制三个点，其结果如图 3-106c 所示。选中外侧三个圆和三段直线，按“Delete”键将其删除。

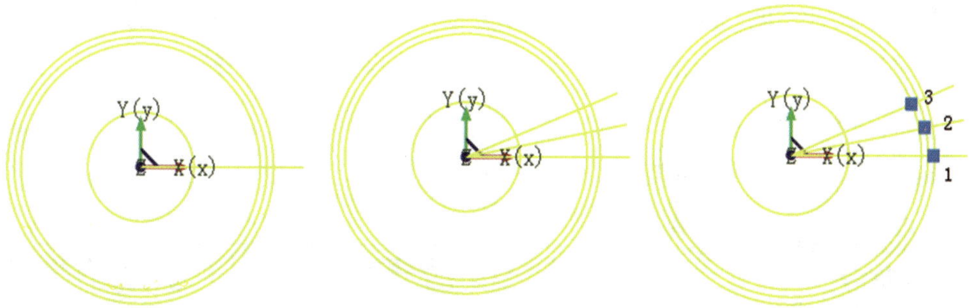

a)

b)

c)

图 3-106　绘制样条上的点

a）绘制直线和圆　b）旋转复制直线　c）绘制交点

6）单击“阵列”按钮 阵列，设置“份数”为“8”，分别框选图 3-106 中点“1”和点“3”，单击鼠标右键，单击原点作为旋转中心，完成点的圆周阵列。设置“份数”为“16”，用同样的方法完成点“2”的圆周阵列，其结果如图 3-107 所示。

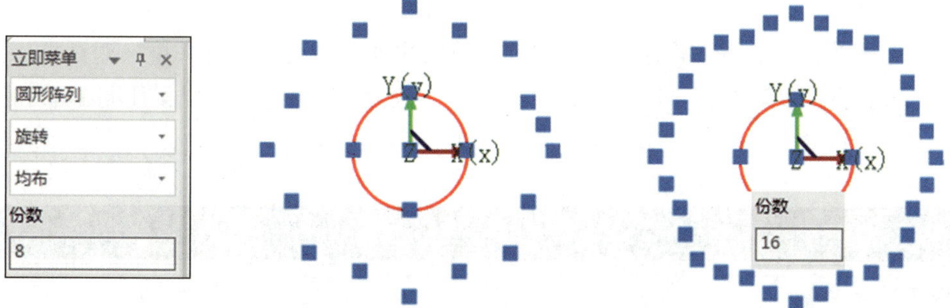


图 3-107　圆周阵列样条上的点

7）单击“样条”按钮 样条，依顺序单击各点（起点和终点为位于 $X$ 基准轴上的点），单击鼠标右键绘制样条曲线，其结果如图 3-108 所示。

（2）投影空间曲线至草图

1）选择“在 X–Y 基准面”作为草图平面。在操作管理器的“属性”界面中选中“显示所有”单选按钮。

2）单击“绘制”工具组中的“投影”按钮 投影，单击图中的样条曲线（样条曲线显示为图 3-109 所示上下两部分），完成曲线投影。

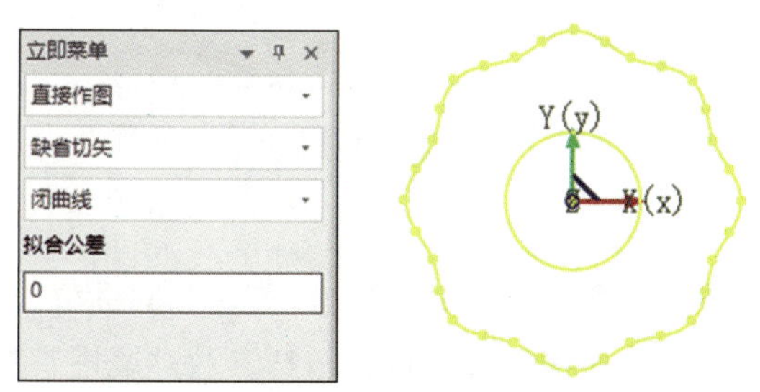


图 3-108　绘制样条曲线

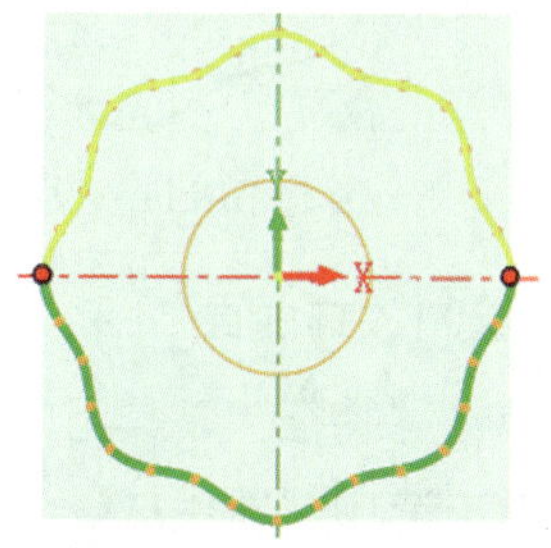


图 3-109　投影样条曲线

3）单击“设计环境”对话框中的“全局坐标系”使其展开，用鼠标右键单击“X–Y 平面”，弹出如图 3–110 a 所示的右键菜单，单击“在等距平面上生成草图轮廓”，弹出“平面等距”对话框，输入“Z：”为“–30”，如图 3–110b 所示。

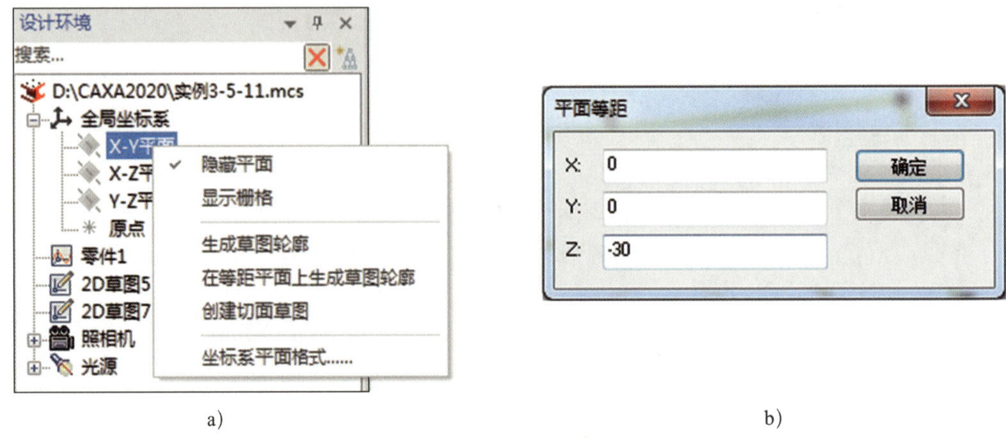


a)　　　　b)

图 3–110　创建草图平面

4）单击“投影”按钮 投影，投影圆至草图平面。单击“设计环境”对话框中的“零件 1”，在弹出的右键菜单中选中“隐藏选择对象”，隐藏空间曲线，其结果如图 3–111 所示。

5）单击“打断”按钮 打断，单击圆弧水平方向的象限点，将圆弧分成上、下两部分。

**提示**

由于样条曲线分成上、下两部分，为避免在放样过程中发生扭曲现象，也应将圆打断成上、下两部分。

6）单击“确定”按钮 完成草图绘制，其结果如图 3–112 所示。

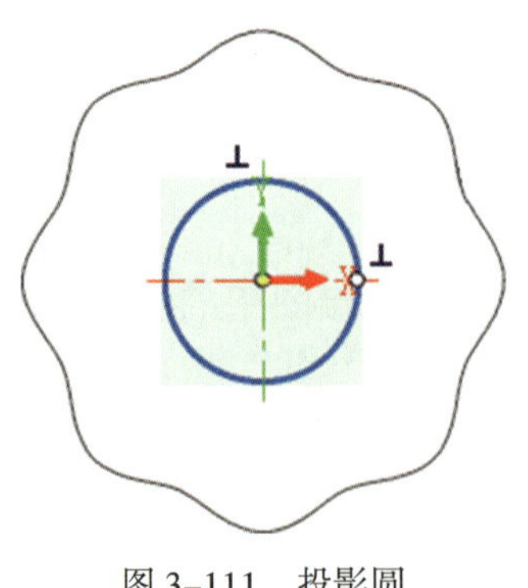

图 3–111　投影圆

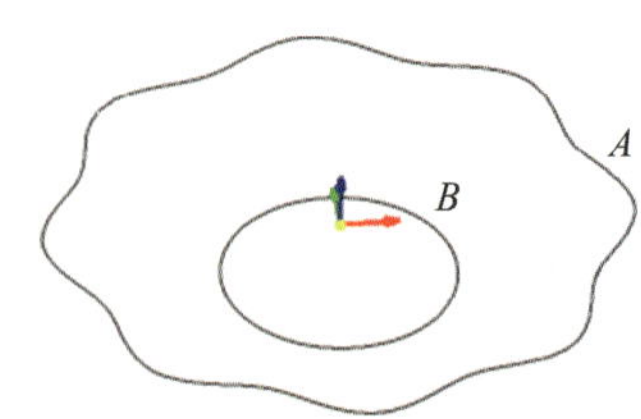


图 3–112　完成后的草图轮廓

（3）绘制放样曲面

1）单击“特征”工具组中的“放样”按钮 放样，弹出放样“属性”对话框。

2）单击选中“新生成一个独立的零件”单选按钮，弹出设置放样参数“属性”对话框。

3）在对话框中“轮廓”后的空白方框中单击，随后单击图 3–112 中样条曲线靠近“*A*”

点部位，再单击圆靠近“*B*”点部位。

4）拖动对话框右侧滚动条，选中“生成为曲面”复选框和“增料”单选按钮，单击“确定”按钮 完成曲面放样建模，其结果如图 3-113 所示。

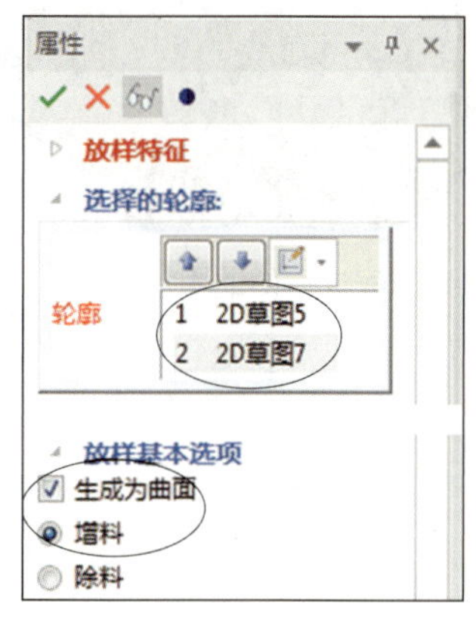


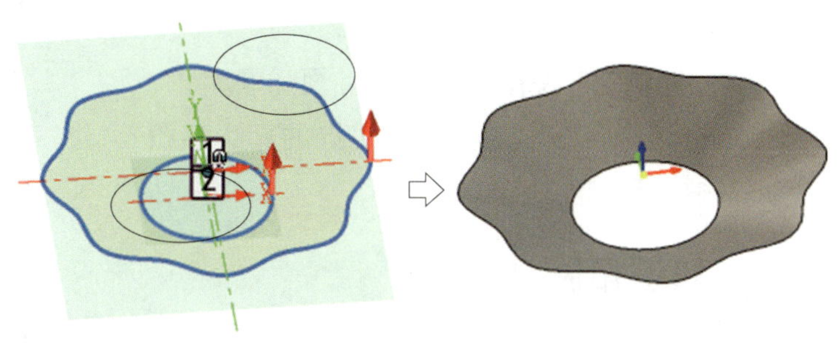

图 3-113　绘制放样曲面

## 2. 绘制底平面

（1）绘制填充曲面

1）单击“填充面”按钮 填充面，弹出填充面“属性”对话框。

2）单击放样曲面的底部边界线，单击“确定”按钮 绘制填充面，其结果如图 3-114 所示。

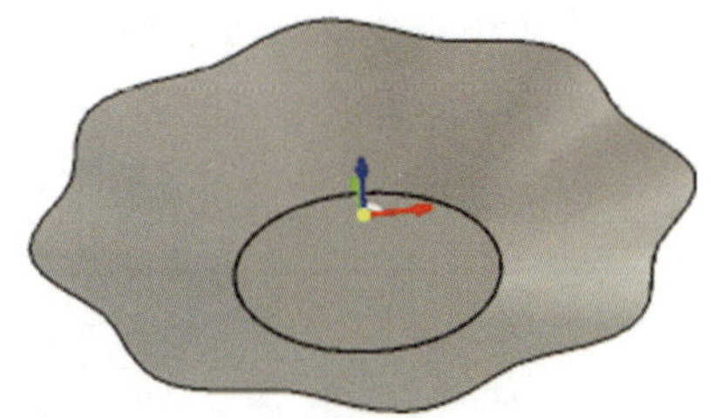

图 3-114　底部填充曲面

（2）曲面过渡

1）单击“曲面过渡”按钮 曲面过渡，弹出曲面过渡“属性”对话框，修改“半径:”为“20”。

2）在对话框中“第一组面:”后的空白方框中单击，随后单击选中放样曲面（曲面方向箭头朝上）。

3）在对话框中“第二组面:”后的空白方框中单击，随后单击底部曲面（曲面方向箭头朝上）。

4）分别选中“裁剪第一组面”和“裁剪第二组面”复选框，单击“确定”按钮 完成圆角过渡，其结果如图 3-115 所示。

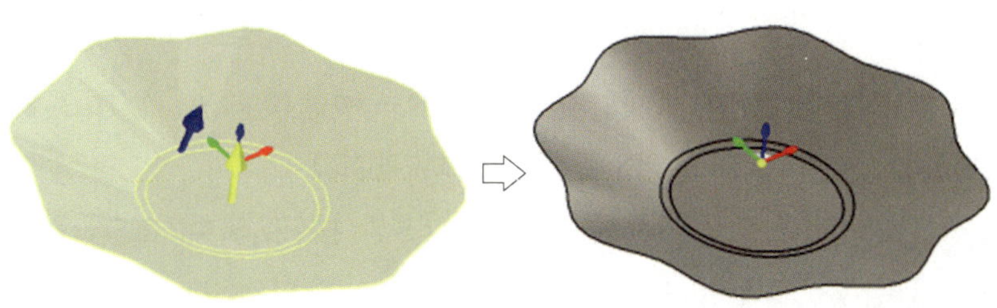

图 3-115　曲面过渡

（3）曲面加厚

1）单击“特征”工具组中的“加厚”按钮 加厚，弹出加厚“属性”对话框，修改“厚度”为“3”。

2）选中所有曲面，此时曲面上出现加厚方向箭头，选中向下加厚。

3）单击“确定”按钮 ✔ 完成曲面加厚。

4）单击选中状态栏中的“带边界的真实感图（加粗）”，其结果如图3–116所示。

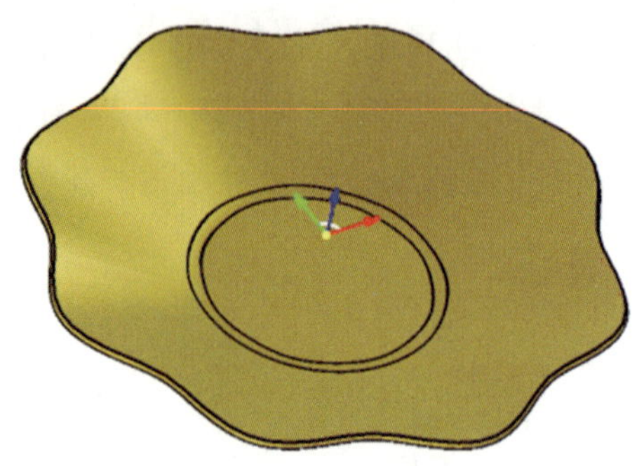

图3–116　完成后的曲面加厚体

## 四、知识拓展

### 1. 放样曲面

放样曲面的轮廓既可以是开放轮廓，也可以是封闭轮廓。封闭轮廓的轮廓线可以由相交的曲线组成，通常在草图中绘制轮廓线。而开放轮廓的轮廓线必须由光滑连接的曲线组成，通常在空间曲线中绘制轮廓线。

开放轮廓放样建模的操作过程如图3–117所示，当轮廓由多曲线组成时，在拾取轮廓时须选中“拾取光滑连接的边”复选框。当选中“封闭放样”复选框时，第一条放样轮廓无须重复选取。

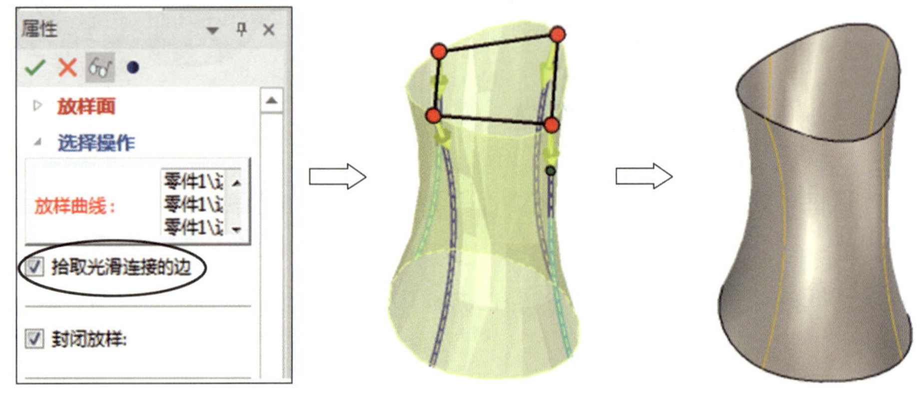


图3–117　开放轮廓放样建模

### 2. 曲面实体化

曲面实体化操作是将封闭的曲面转化为实体的一种建模方法，以图3–83所示曲面为例，其曲面实体化操作过程如图3–118所示，具体说明如下：

（1）单击“曲面编辑”工具组中的“实体化（S）”按钮 实体化(S)，弹出曲面实体化“属性”对话框。

（2）选中所有曲面，这些曲面形成封闭空间。

（3）单击“确定”按钮 ✔ 完成曲面实体化。用于实体化的曲面将被删除，此时“设计环境”特征树中已不包含对应曲面。

图 3-118　曲面实体化

## 五、任务拓展

任务拓展 1　完成如图 3-119 所示花瓶模型的曲面建模。

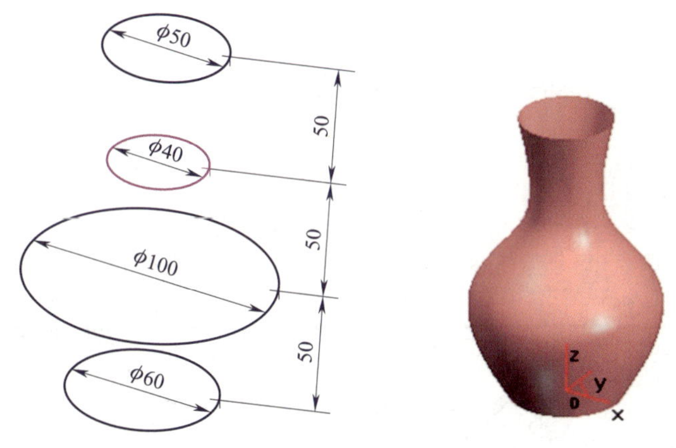


图 3-119　任务拓展 1

任务拓展 2　完成如图 3-120 所示立柱模型的曲面建模。

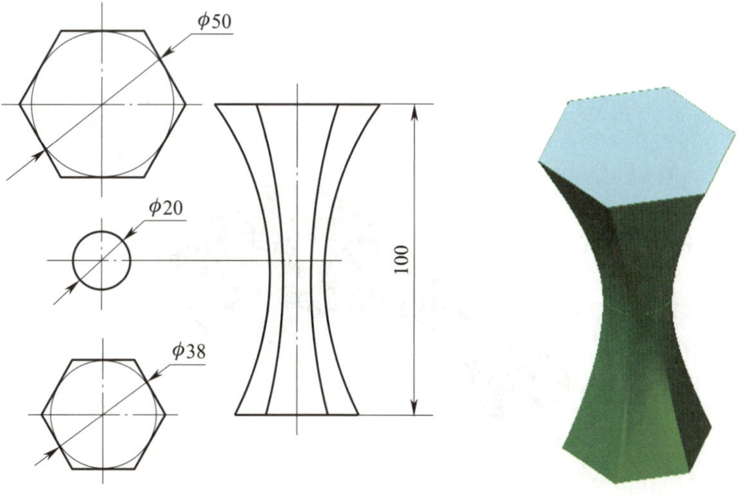


图 3-120　任务拓展 2

# 模块四　实体特征造型

## 课题 1　拉 伸 建 模

### 一、学习目标

1．掌握实体拉伸的建模方法。

2．掌握草图平面的创建方法。

3．掌握实体倒角的建模方法。

### 二、任务描述

完成如图 4–1 所示零件的三维实体建模。

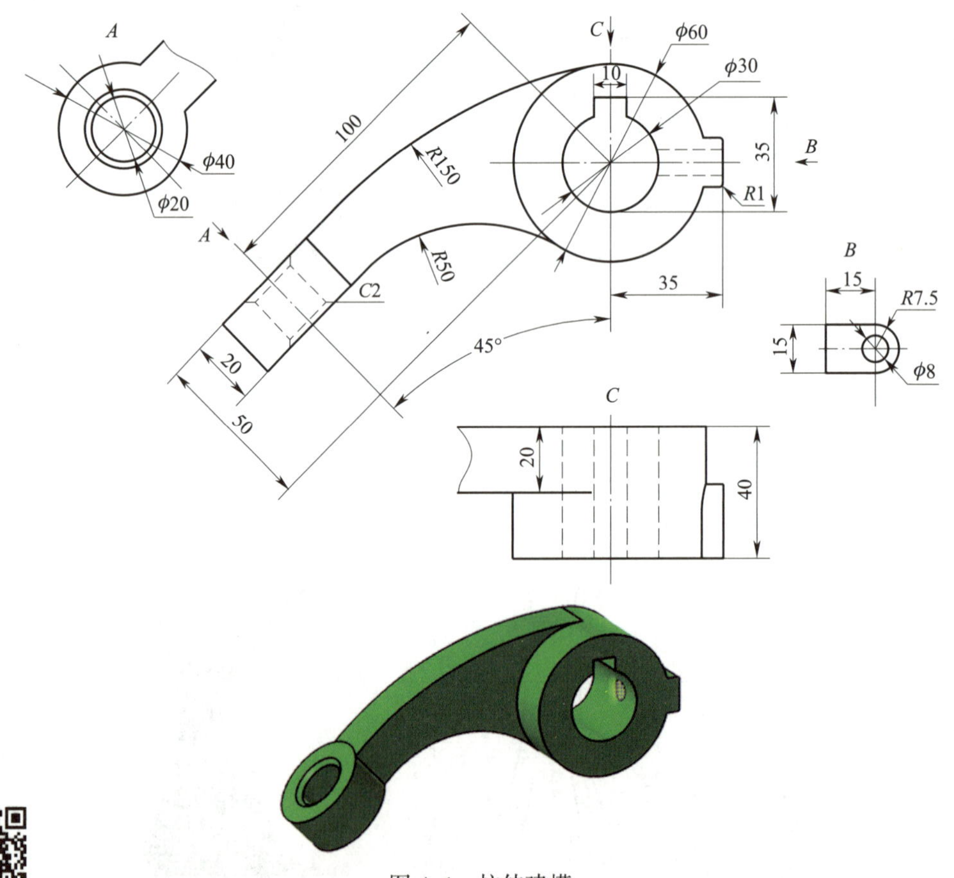

图 4–1　拉伸建模

## 三、任务实施

### 1. 拉伸侧座

（1）绘制侧座圆形轮廓

1）单击功能选项卡中的“草图”，再单击“二维草图”按钮 下方的下三角 ，在弹出的下拉菜单中单击选中“在 Z–X 基准面”作为草图平面。

2）单击“绘制”工具组中的“圆心 + 半径”按钮 圆心+半径，单击坐标原点，在“属性”对话框中设置“半径（mm）”为“15”，按回车键绘制圆。再次单击坐标原点，设置“半径（mm）”为“30”，按回车键绘制如图 4–2a 所示的同心圆。

3）单击“绘制”工具组中的“连续直线”按钮 连续直线，在弹出的“属性”对话框中选中“锁定水平 / 竖直拖到”复选框，绘制如图 4–2b 所示的连续线。

4）单击“约束”工具组中的“固定”按钮 固定，单击外部圆使其固定。

5）单击“约束”工具组中的“等长”按钮 等长，单击图中的两条垂直线，约束其等长。

6）单击“约束”工具组中的“智能标注”按钮 ，标注水平线与基准轴间的距离为“20”，标注两条垂直线的距离为“10”。

7）单击“修改”工具组中的“裁剪”按钮 裁剪 裁剪图素，其结果如图 4–2c 所示。单击“确定”按钮 完成草图绘制。

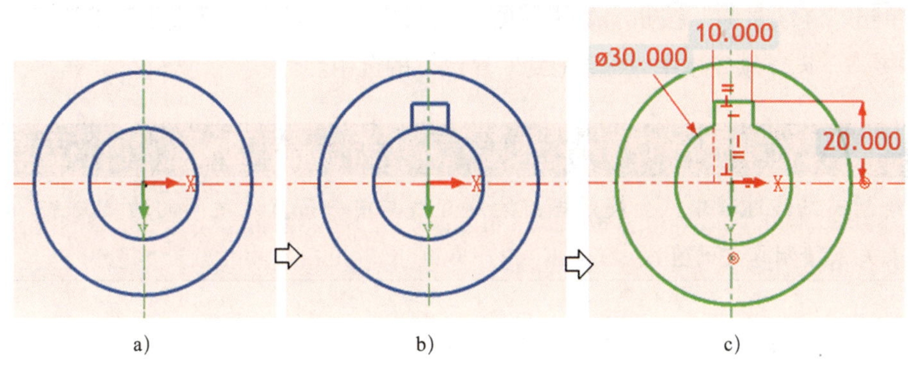


图 4–2　绘制侧座圆形轮廓

a）绘制同心圆　b）绘制连续线　c）约束图素

（2）拉伸圆形实体

1）单击功能选项卡中的“特征”。单击“特征”工具组中的“拉伸”按钮 ，弹出实体拉伸“属性”对话框。

2）选中“新生成一个独立的零件”单选按钮，弹出设置拉伸参数“属性”对话框，设置“高度值：”为“40”，单击选中“反向”复选框和“增料”单选按钮。

3）单击对话框中的“确定”按钮 ，完成实体拉伸，其结果如图 4–3 所示。

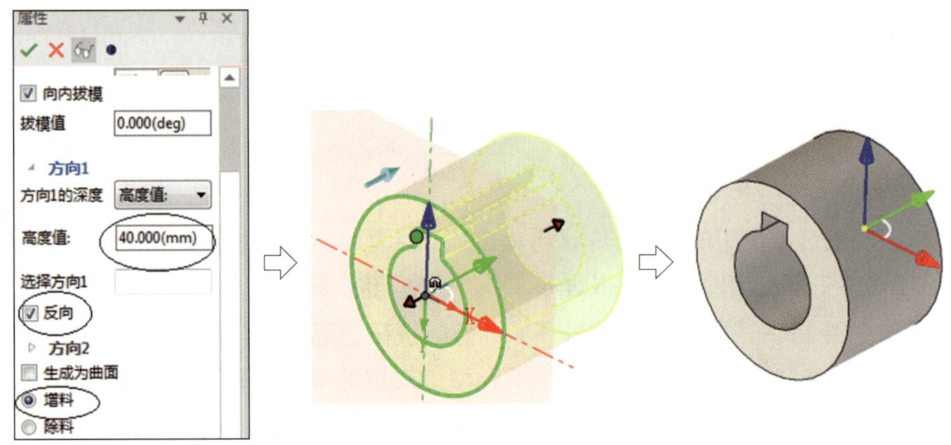


图 4-3　拉伸侧座圆形轮廓

（3）绘制侧座圆弧轮廓

1）单击选中“在 Z–X 基准面”作为草图平面。

2）单击“绘制”工具组中的“圆心 + 半径”按钮 圆心+半径，单击坐标原点，在“属性”对话框中设置“半径（mm）”为“30”，按回车键绘制圆。

3）单击“绘制”工具组中的“水平（H）”按钮 水平(H)，单击坐标原点，绘制水平基准线。单击“垂直（W）”按钮 垂直(W)，单击坐标原点，绘制垂直基准线，其结果如图 4-4a 所示。

4）单击“约束”工具组中的“固定”按钮 固定，单击圆使其固定。

5）单击“连续直线”按钮 连续直线，绘制如图 4-4b 所示互相垂直的连续线，在绘制过程中要取消对“锁定水平 / 竖直拖到”复选框的选中。

**提示**

在绘制连续线过程中，会提示当前绘制直线与前一条直线之间的约束关系，读者可根据约束关系绘制需要的直线。

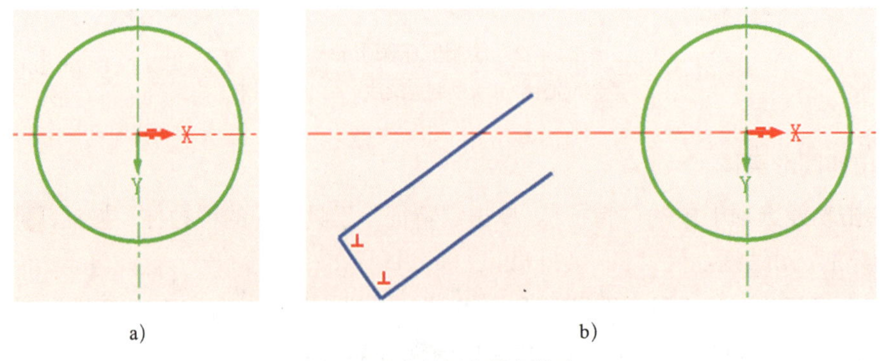


a）　　b）

图 4-4　绘制侧座局部轮廓

a）绘制圆　b）绘制连续线

6）单击“智能标注”按钮，标注左侧直线与原点之间的距离为“100”，标注上方直线与原点之间的距离为“50”，标注两条平行线间的距离为“20”。

7）单击“约束”工具组中的“角度约束”按钮 角度约束，标注上方直线与垂直中心线的夹角为“45”，完成后如图 4–5a 所示。

8）单击“二切点 + 点”按钮 二切点+点，单击上方直线和圆，移动鼠标至合适的相切位置时单击鼠标右键，在弹出的“编辑半径”对话框中修改值为“150”，按回车键绘制切弧。

9）用同样的方法绘制下方切弧，其半径值为“50”。

10）单击“裁剪”按钮 裁剪 裁剪图素，其结果如图 4–5b 所示。单击“确定”按钮完成草图绘制。

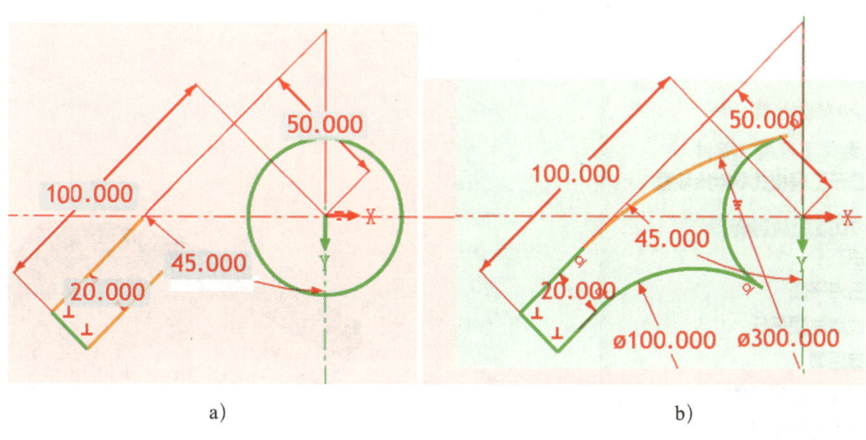


a)　　b)

图 4–5　绘制侧座圆弧轮廓

a）约束图素　b）绘制切弧

（4）拉伸侧座圆弧实体

1）单击“拉伸”按钮，弹出实体拉伸“属性”对话框。

2）单击选中“从设计环境中选择一个零件”单选按钮，单击窗口中已生成的实体，弹出设置拉伸参数“属性”对话框，设置“高度值:”为“20”，其他采用默认设置。

3）单击当前草图中的任一轮廓，单击对话框中的“确定”按钮完成实体拉伸，其结果如图 4–6 所示。

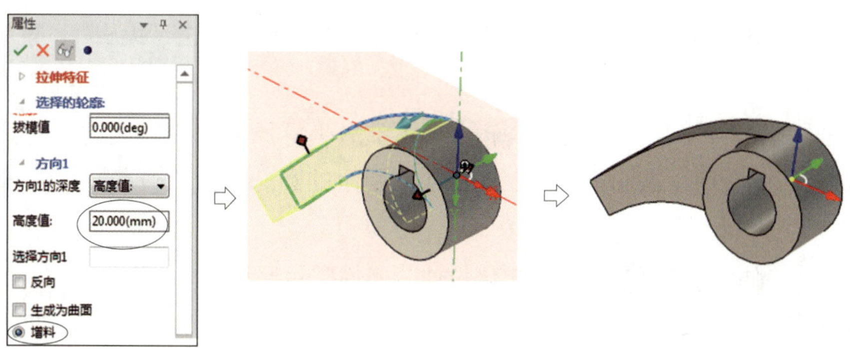


图 4–6　拉伸侧座圆弧轮廓

## 2. 拉伸左侧圆凸台

（1）创建草图平面

1）按住鼠标中键不松开，移动鼠标即可使实体旋转。

2）单击功能选项卡中的“草图”，再单击“二维草图”按钮，弹出如图 4–7 所示创建草图平面“属性”对话框。

3）单击选中对话框中的“点”单选按钮，单击实体左侧轮廓线的中点，显示创建的草图平面坐标系。

4）单击对话框中的“确定”按钮，完成草图平面创建，进入草图编辑界面。

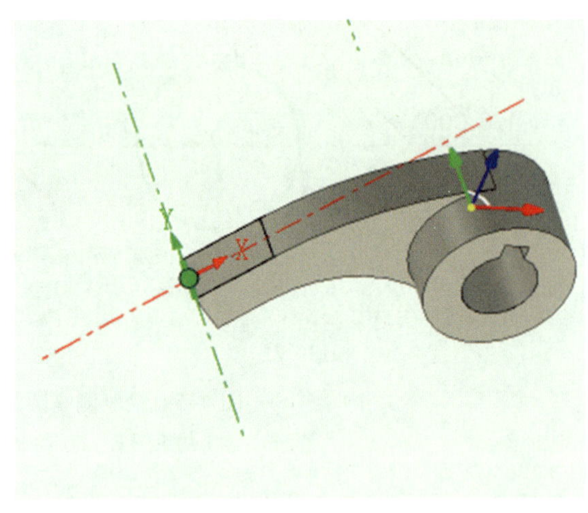

图 4–7　创建草图平面

5）单击“结束草图编辑”按钮，退出草图编辑。采用同样的方法创建同样的草图平面。“设计环境”对话框中显示如图 4–8 所示“2D 草图 11”和“2D 草图 12”两个新创建的草图平面。

（2）拉伸圆凸台

1）用鼠标右键单击“2D 草图 11”，在弹出的右键菜单中单击“编辑”，重新返回草图编辑状态。

2）单击“圆心 + 半径”按钮，单击坐标原点，在“属性”对话框中设置“半径（mm）”为“20”，按回车键绘制如图 4–9 所示的圆。单击“确定”按钮 完成草图绘制。

3）单击“拉伸”按钮，弹出实体拉伸“属性”对话框。

4）单击选中“从设计环境中选择一个零件”单选按钮，单击窗口中已生成的实体，弹出设置拉伸参数“属性”对话框，设置“高度值：”为“20”。

图 4-8　创建两个草图平面

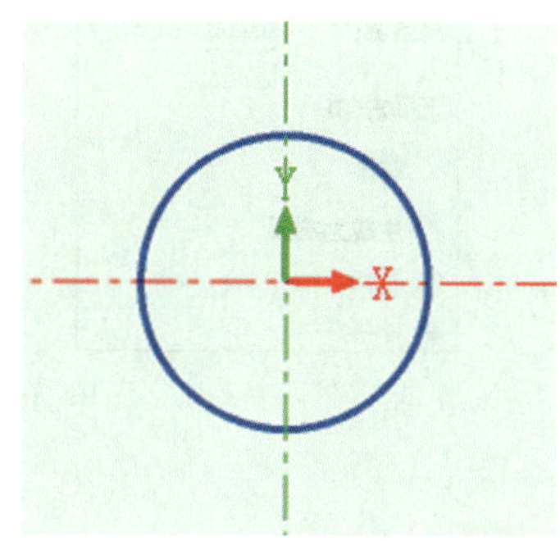
图 4-9　绘制圆凸台草图

5）单击当前草图中的任一轮廓，单击对话框中的“确定”按钮 完成实体拉伸，其结果如图 4-10 所示。

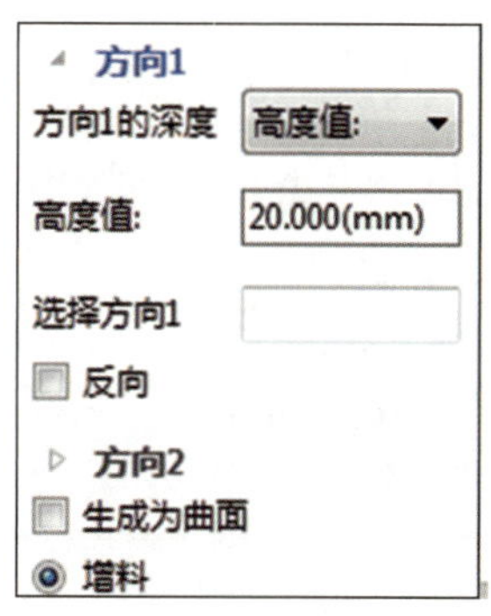


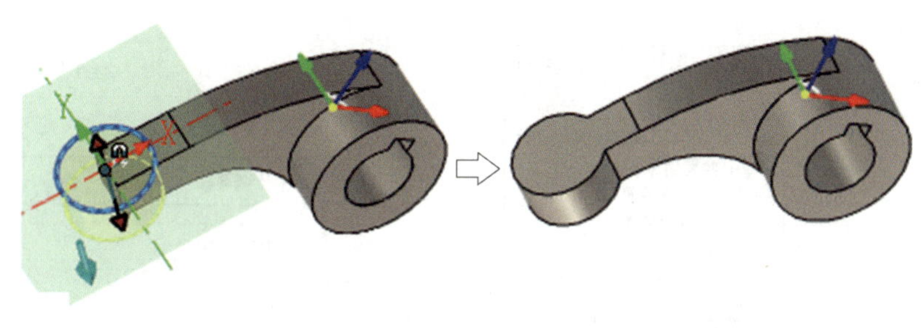
图 4-10　拉伸圆形凸台

（3）拉伸圆凸台孔

1）用鼠标右键单击“2D 草图 12”，在弹出的右键菜单中单击“编辑”，返回草图编辑状态。

2）单击“圆心 + 半径”按钮 圆心+半径，单击坐标原点，在“属性”对话框中设置“半径（mm）”为“10”，按回车键绘制如图 4-11 所示的圆。单击“确定”按钮 完成草图绘制。

3）单击“拉伸”按钮 ，弹出实体拉伸“属性”对话框。

4）单击选中“从设计环境中选择一个零件”单选按钮，单击窗口中已生成的实体，弹出设置拉伸参数“属性”对话框，选中“除料”单选按钮，设置“高度值：”为“20”。

5）单击对话框中的“确定”按钮 完成实体拉伸，其结果如图 4-12 所示。

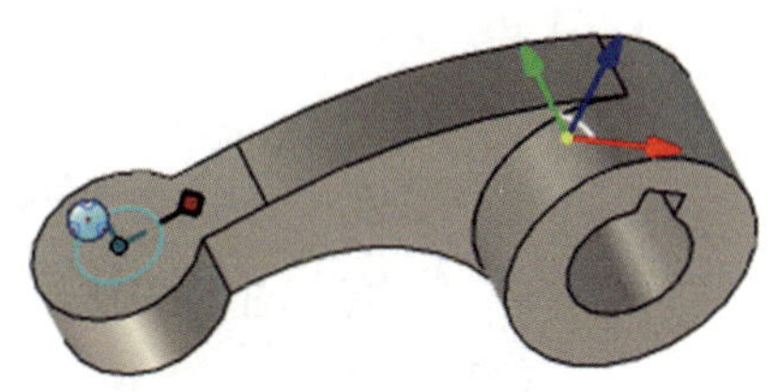
图 4-11　绘制圆

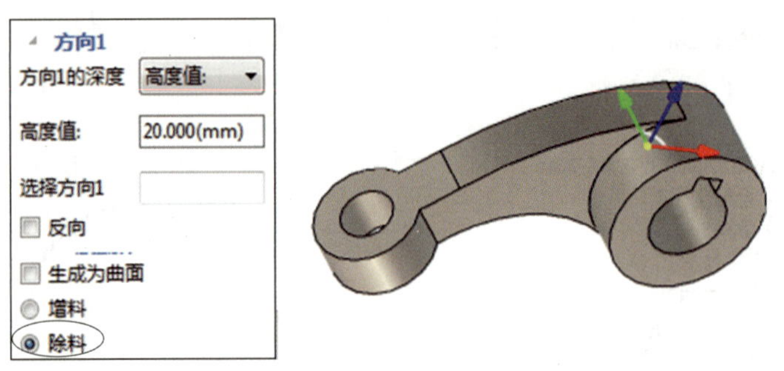


图 4–12　拉伸切除孔

## 3. 拉伸右侧凸台

（1）绘制截面

1）单击“设计环境”对话框中的“全局坐标系”使其展开，用鼠标右键单击“Y–Z 平面”，弹出如图 4–13a 所示的右键菜单，单击“在等距平面上生成草图轮廓”选项，弹出“平面等距”对话框，设置“X：”为“35”。

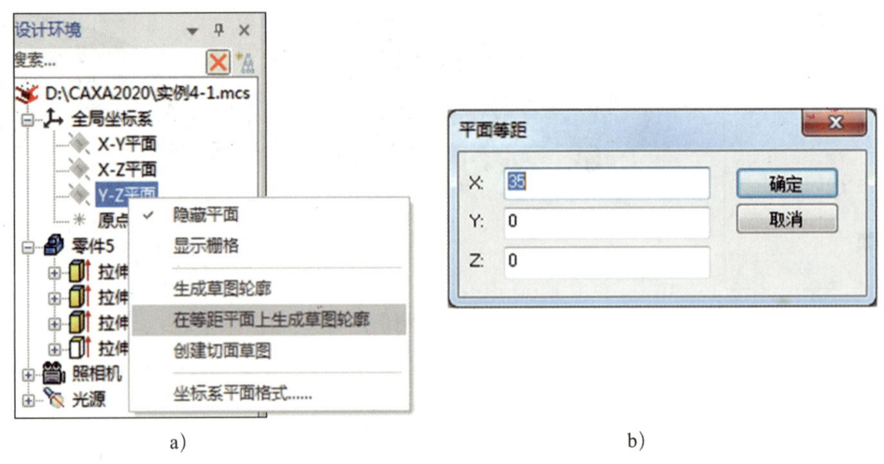


图 4–13　创建草图平面

2）单击“确定”按钮 确定 进入草图编辑状态。单击状态栏中的“右视图”图标，选择“右视图”作为视角平面。

3）单击“圆心 + 半径”按钮 圆心+半径，单击水平基准线左侧任意点，在“属性”对话框中设置“半径（mm）”为“7.5”，按回车键绘制如图 4–14a 所示的圆。

4）单击“连续直线”按钮 连续直线，以圆上方的象限点为起点，绘制如图 4–14b 所示互相垂直的连续线，在绘制过程中选中“锁定水平 / 竖直拖到”复选框。

5）单击“裁剪”按钮 裁剪 裁剪图素，其结果如图 4–14c 所示。

6）单击“智能标注”按钮，完成尺寸约束，其结果如图 4–14d 所示。

（2）拉伸实体

1）单击“拉伸”按钮，弹出实体拉伸“属性”对话框。

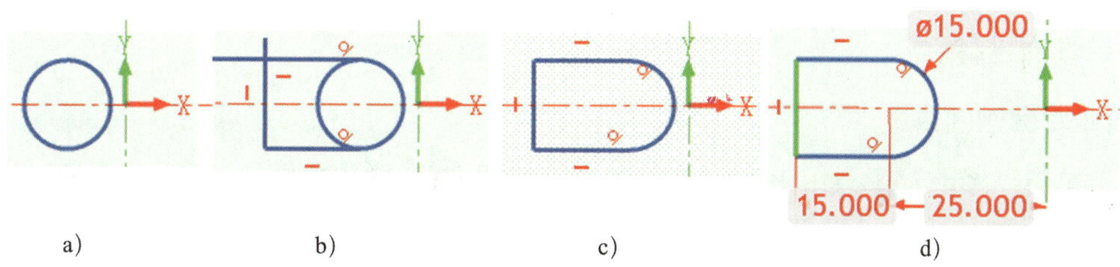


图 4-14　绘制右侧凸台轮廓

a）绘制圆　b）绘制垂直线　c）裁剪图素　d）约束图素

2）单击选中“从设计环境中选择一个零件”单选按钮，单击窗口中已生成的实体，弹出设置拉伸参数“属性”对话框，选中“增料”单选按钮，设置“高度值：”为“15”。

3）单击“确定”按钮 ✔ 完成实体拉伸，其结果如图 4-15 所示。

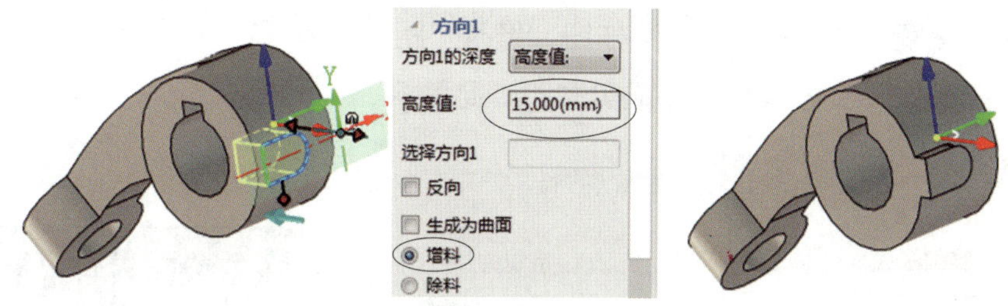


图 4-15　拉伸右侧凸台

（3）拉伸孔

1）单击“二维草图”按钮，弹出创建草图“属性”对话框。

2）单击选中对话框中的“点”单选按钮，单击右侧凸台圆弧中心，其结果如图 4-16a 所示。单击对话框中的“确定”按钮 ✔，进入草图编辑状态。

3）绘制如图 4-16b 所示的圆，设置“半径（mm）”为“4”。

4）单击“拉伸”按钮，弹出实体拉伸“属性”对话框。

5）单击选中“从设计环境中选择一个零件”单选按钮，单击窗口中已生成的实体，弹出设置拉伸参数“属性”对话框，选中“除料”单选按钮，设置“高度值：”为“30”。

6）单击对话框中的“确定”按钮 ✔ 完成实体拉伸，其结果如图 4-16c 所示。

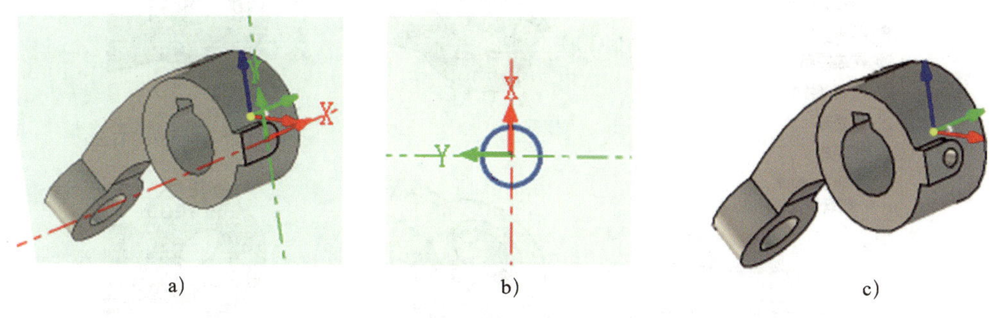


图 4-16　拉伸切除孔

a）创建草图平面　b）绘制圆　c）拉伸切线

### 4．实体倒角

（1）实体倒圆角

1）单击“修改”工具组中的“圆角过渡”按钮，弹出如图 4–17 所示圆角过渡“属性”对话框。

2）选中对话框中的“等半径”单选按钮，修改“半径”为“1”，单击右侧凸台的边线。

3）单击对话框中的“确定”按钮，完成实体圆角过渡。

（2）实体孔口倒角

1）单击“修改”工具组中的“边倒角”按钮，弹出如图 4–18 所示边倒角“属性”对话框。

2）选中对话框中的“距离”单选按钮，修改“距离”为“2”，单击孔口边线。

3）单击“确定”按钮，完成实体孔口倒角。

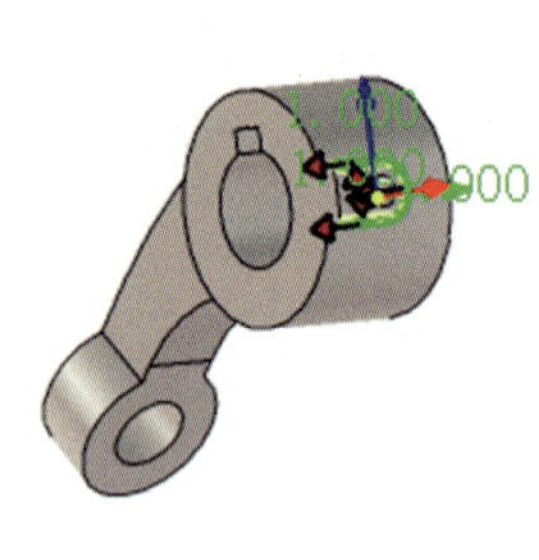
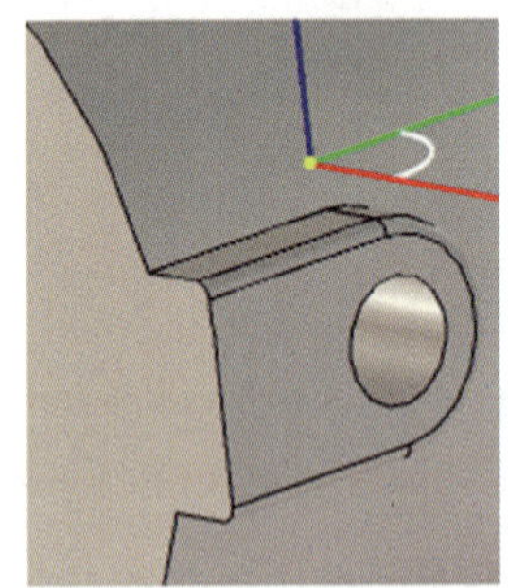

图 4–17　完成圆角过渡

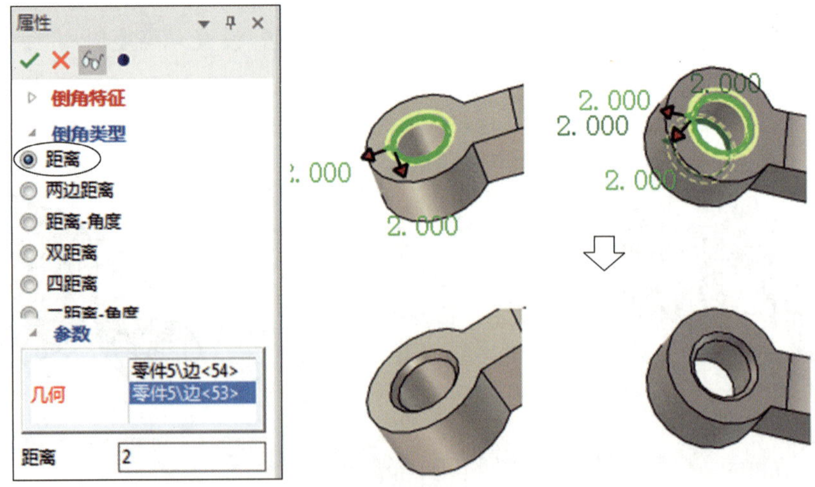


图 4–18　完成孔口倒角

## 四、知识拓展

### 1. 拉伸建模过程中的拔模操作

在拉伸建模过程中，除可进行垂直方向的拉伸外，还可通过修改“拔模值”实现拉伸过程中的拔模。拔模方向如图 4–19 所示，分为向内拔模和向外拔模两种形式，前者通过选中对话框中的“向内拔模”复选框实现。

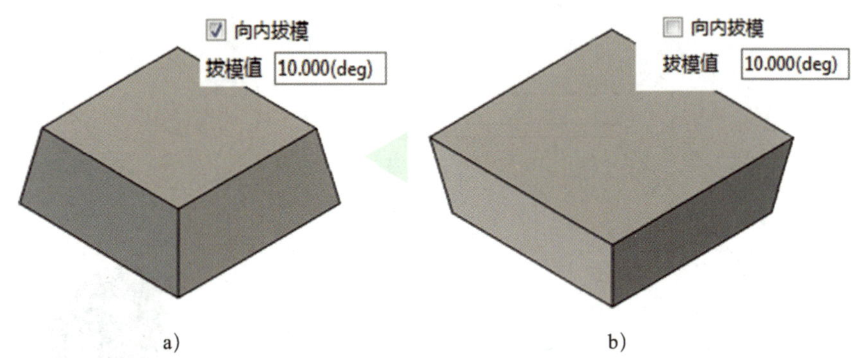


图 4–19　实体拉伸过程中的拔模

a）向内拔模　b）向外拔模

### 2. 特征树及特征树操作

单击操作管理器中下方的“设计环境”按钮 设计环境，显示如图 4–20a 所示的特征树。用鼠标右键单击特征树中的某个特征，可弹出特征右键菜单。

单击右键菜单中的“编辑草图截面”，即可重新对该特征的草图进行编辑，操作完成后单击“结束草图编辑”按钮 ✓，即可根据修改后的草图更新特征。

单击右键菜单中的“编辑特征操作”，即可重新对该特征的参数进行修改，操作完成后单击对话框中的“确定”按钮 ✓，即可更新特征。

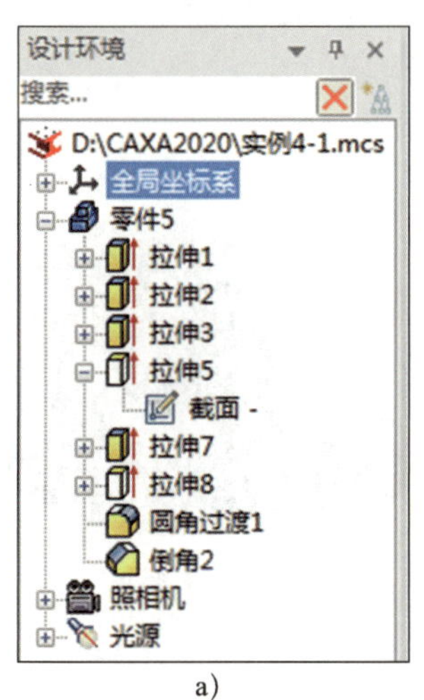

图 4–20　特征树及特征右键菜单

此外，通过右键菜单，还可进行“固定在父节点”“删除”“表面编辑”等修改。

## 五、任务拓展

任务拓展 1　采用拉伸建模方式完成如图 4–21 所示零件的实体建模。

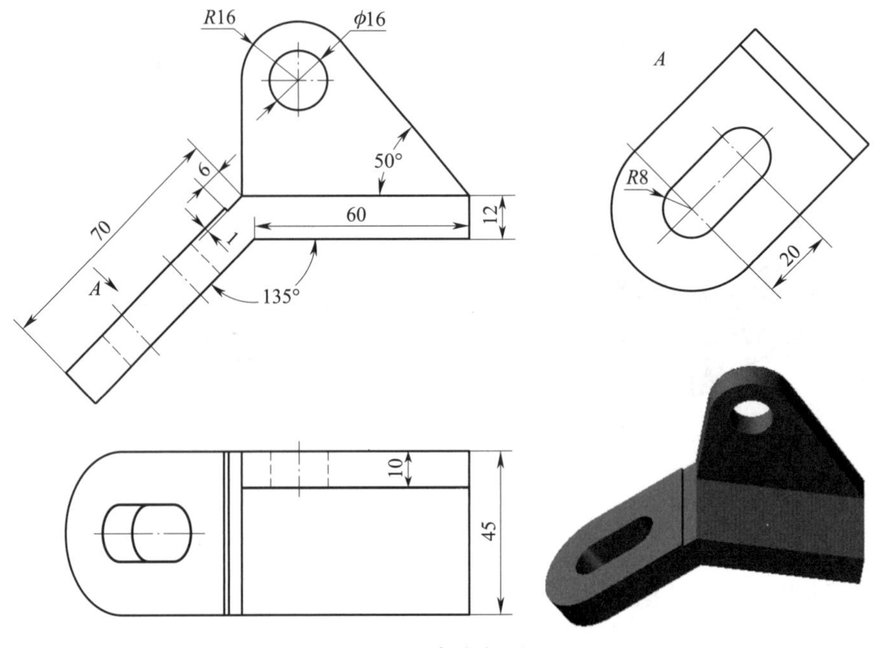


图 4–21　任务拓展 1

任务拓展 2　采用拉伸建模方式完成如图 4–22 所示零件的实体建模。

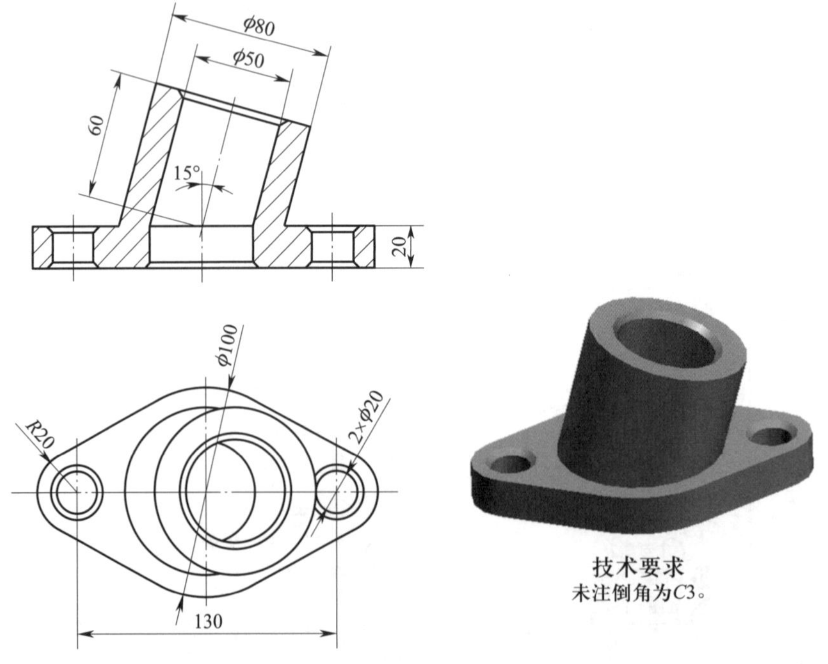


图 4–22　任务拓展 2

任务拓展 3　采用拉伸建模方式完成如图 4-23 所示零件的实体建模。

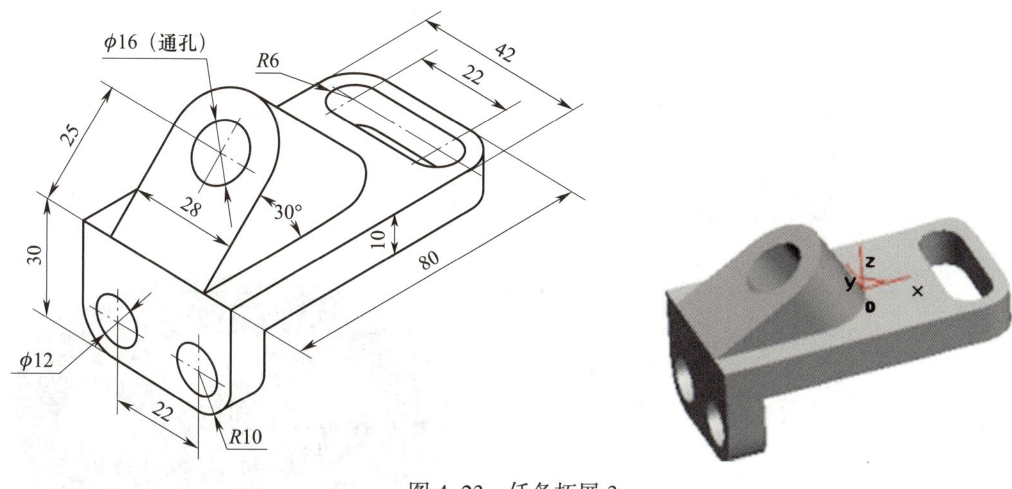


图 4-23　任务拓展 3

# 课题 2　旋 转 建 模

## 一、学习目标

1．掌握旋转建模的方法。

2．掌握实体圆周阵列的方法。

3．进一步掌握拉伸建模的技巧。

## 二、任务描述

试采用旋转建模的方法完成如图 4-24 所示零件的实体建模。

## 三、任务实施

### 1．基体旋转建模

（1）绘制旋转截面轮廓

1）单击功能选项卡中的“草图”，再单击“二维草图”按钮 下方的下三角，在弹出的下拉菜单中单击选中“在 Z-X 基准面”作为草图平面。选择“主视图”作为视角平面。

2）单击“绘制”工具组中的“水平（H）”按钮 水平(H)，单击坐标原点，绘制水平基准线。用同样方法绘制垂直基准线。

3）单击“圆心 + 半径”按钮 圆心+半径，单击水平基准线，在“属性”对话框中设置“半径（mm）”为“6”，按回车键绘制圆。

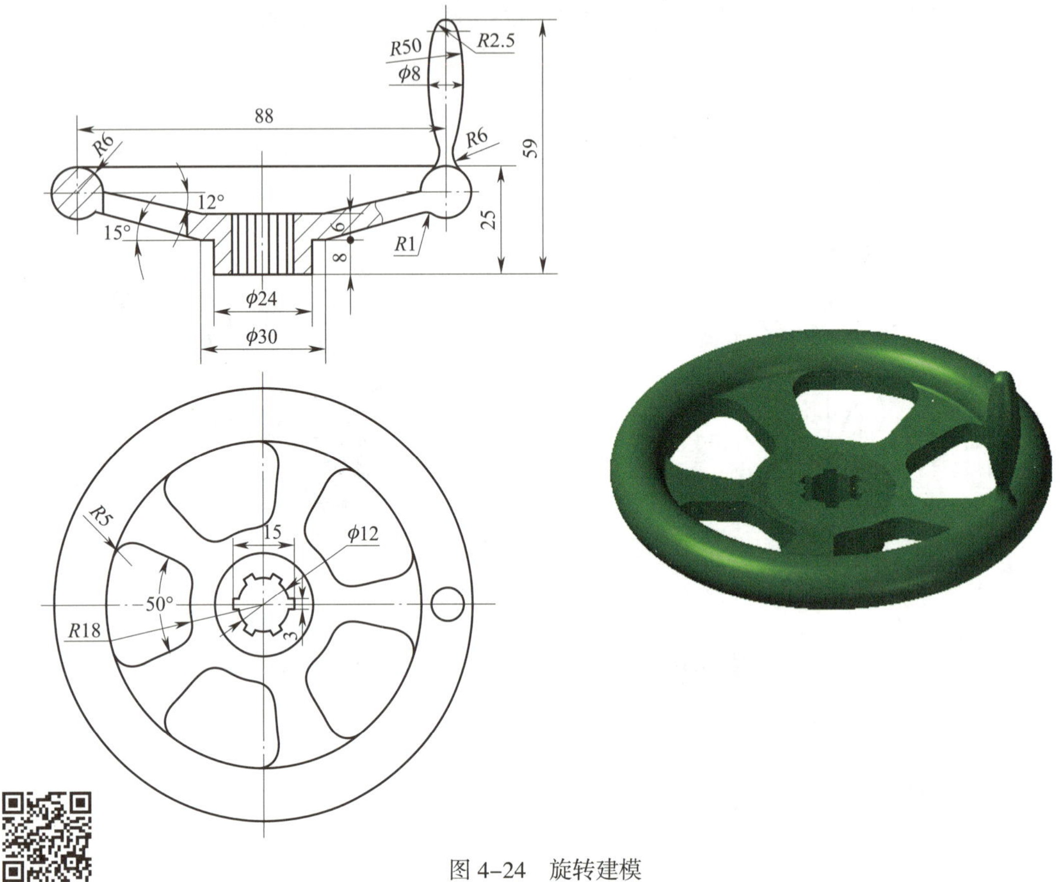


图 4–24　旋转建模

4）单击“约束”工具组中的“智能标注”按钮，标注圆心与垂直基准线距离为“44”，其结果如图 4–25a 所示。

5）单击“连续直线”按钮 连续直线，选中“锁定水平 / 竖直拖到”复选框，绘制如图 4–25b 所示的直线。垂直线与垂直基准线重合。

6）单击“智能标注”按钮，完成尺寸约束，其结果如图 4–25c 所示。

7）单击“绘制”工具组中“2 点线”按钮 2点线，分别以圆弧右侧象限点和中间水平线左侧端点为起点，绘制两条斜直线，其结果如图 4–26a 所示。

8）单击“角度约束”按钮 角度约束，完成两条斜直线的角度约束，其结果如图 4–26b 所示。

9）单击“修改”工具组中的“裁剪”按钮 裁剪 裁剪图素。

10）单击“修改”工具组中的“过渡”按钮 过渡，弹出圆角过渡“属性”对话框，修改“半径（mm）”为“1”，完成两条斜直线与左侧圆弧的圆角过渡，其结果如图 4–26c 所示。单击“结束草图编辑”按钮，退出草图编辑。

（2）生成旋转实体

1）单击功能选项卡中的“特征”，再单击“特征”工具组中的“旋转”按钮 旋转，弹出实体旋转“属性”对话框。

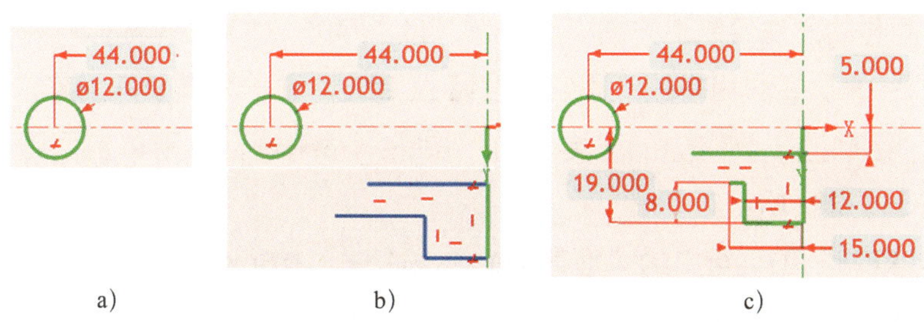


图 4-25　绘制局部轮廓

a）绘制圆　b）绘制直线　c）约束直线

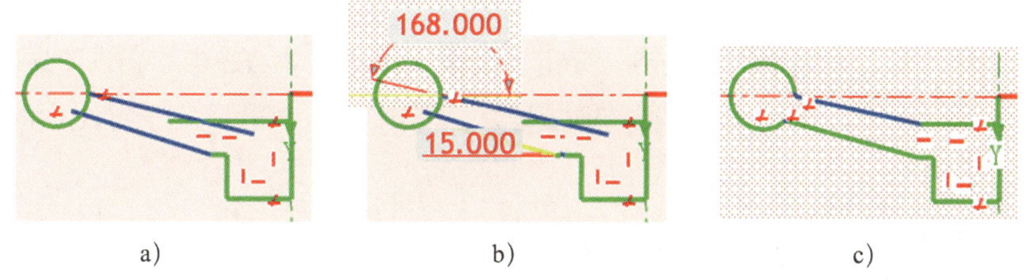


图 4-26　完成旋转截面轮廓

a）绘制斜直线　b）角度约束　c）裁剪图素

2）单击选中“新生成一个独立的零件”单选按钮，弹出设置旋转参数“属性”对话框，设置“旋转角度 1”为“360”，其他采用默认设置。

3）单击对话框中的“确定”按钮 ✓，完成实体旋转建模，其结果如图 4-27 所示。

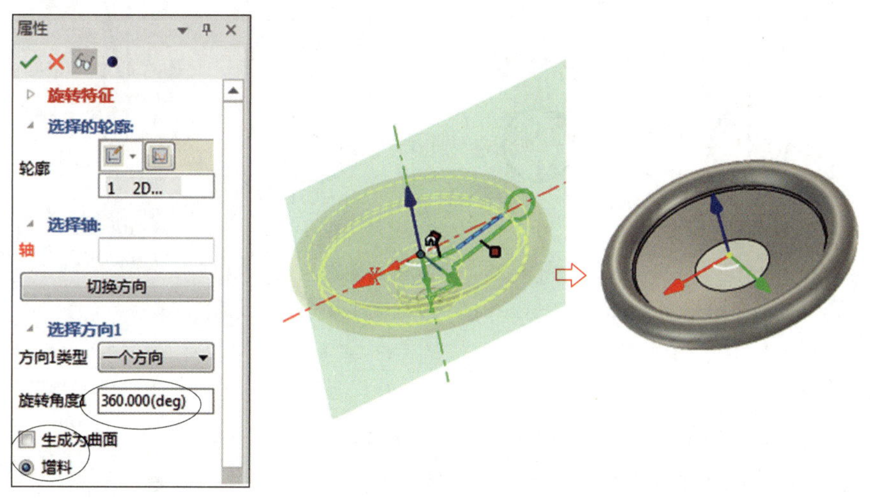


图 4-27　完成基体旋转建模

## 2. 手柄旋转建模

（1）绘制旋转截面轮廓

1）选择“在 Z-X 基准面”作为草图平面，选择“主视图”作为视角平面。

2）单击“圆心 + 半径”按钮 圆心+半径，绘制圆心坐标为“44，0”、“半径（mm）”为

“6”的圆。用同样的方法绘制上方圆心坐标为“44，–40”、“半径（mm）”为“2.5”的圆。

3）单击“约束”工具组中的“固定”按钮 固定，单击两圆使其固定。

4）单击“绘制”工具组中的“旋转轴”按钮 旋转轴，分别单击两圆圆心绘制旋转轴，其结果如图 4–28a 所示。

5）单击“绘制”工具组中的“垂直（W）”按钮 垂直(W) 绘制垂直线。单击“智能标注”按钮，约束垂直线与旋转轴的距离为“4”。

6）单击“二切点 + 点”按钮 二切点+点，单击上方圆和右侧垂直线，移动鼠标至合适的切弧形式，单击鼠标右键，输入“半径”为“50”后按回车键绘制切弧，其结果如图 4–28b 所示。

7）单击“修改”工具组中的“延伸”按钮 延伸，单击图 4–28b 中的切弧下端，使其延伸。

8）单击“二切点 + 点”按钮 二切点+点，绘制下方“半径”为“6”的切弧，其结果如图 4–28c 所示。

9）单击“裁剪”按钮 裁剪 裁剪图素。

10）单击“2 点线”按钮 2点线，绘制修剪后圆弧端点（即圆弧与中心线的交点）的连线，其结果如图 4–28d 所示。单击“结束草图编辑”按钮，退出草图编辑。

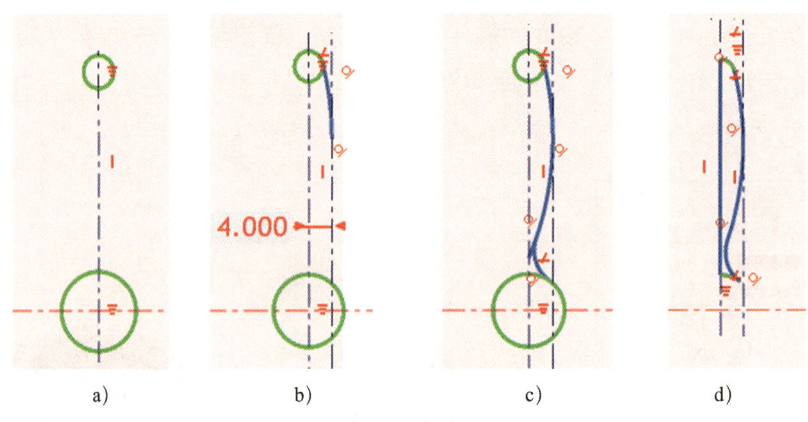


图 4–28　绘制截面轮廓

a）绘制圆　b）绘制切弧（1）　c）绘制切弧（2）　d）裁剪图素

（2）旋转建模

1）单击“特征”工具组中的“旋转”按钮 旋转，弹出实体旋转“属性”对话框。

2）单击选中“从设计环境中选择一个零件”单选按钮，弹出设置旋转参数“属性”对话框，设置“旋转角度 1”为“360”，其他采用默认设置。

3）单击“确定”按钮，完成实体旋转建模，其结果如图 4–29 所示。

**提示**

务必在草图平面中绘制旋转轴，否则无法实施正确的旋转建模，只能以通过原点的基准轴作为旋转轴。

图 4-29 完成手柄旋转建模

### 3. 拉伸切除均布轮廓

（1）绘制单个截面轮廓

1）选择“在 X-Y 基准面”作为草图平面。选择“俯视图”作为视角平面。

2）单击“圆心 + 半径”按钮，以原点为圆心，绘制如图 4-30a 所示同心圆，其“半径（mm）”分别为“18”和“38”。

3）单击“2 点线”按钮，以原点为起始点，绘制两条斜直线。

4）单击“智能标注”按钮，约束斜直线与水平方向的夹角为“25”，其结果如图 4-30b 所示。

5）单击“裁剪”按钮，完成图素裁剪。

6）单击“修改”工具组中的“过渡”按钮，单击圆角过渡的相邻图素，修改“半径（mm）”为“5”，按回车键，完成周边圆角过渡，其结果如图 4-30c 所示。单击“结束草图编辑”按钮，退出草图编辑。

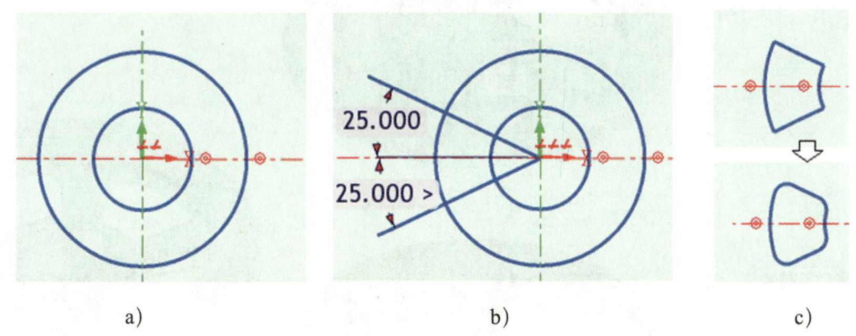


图 4-30 绘制截面轮廓

a）绘制同心圆 b）绘制斜直线 c）圆角过渡

（2）拉伸切除单个轮廓

1）单击“拉伸”按钮，弹出实体拉伸“属性”对话框。

2）单击选中“从设计环境中选择一个零件”单选按钮，单击窗口中已生成的实体，弹出设置拉伸参数“属性”对话框，选中“除料”单选按钮，设置“高度值：”为“20”。

3）单击对话框中的“确定”按钮 ✓，完成实体拉伸，其结果如图 4–31 所示。

4）单击“变换”工具组中的“阵列特征”按钮，弹出如图 4–32 所示“属性”对话框，单击下方的“设计环境”按钮 设计环境，转换成“设计环境”对话框。

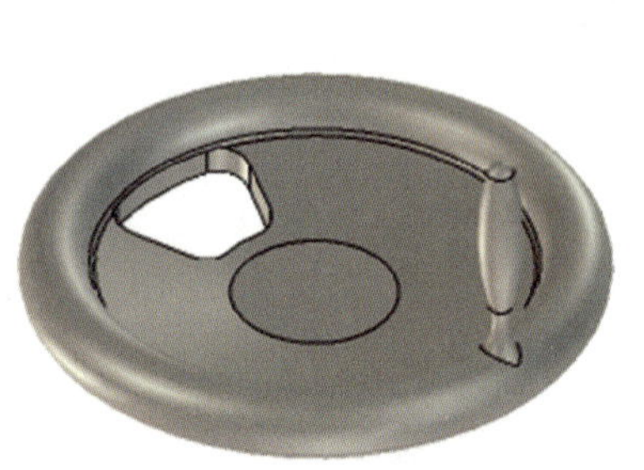

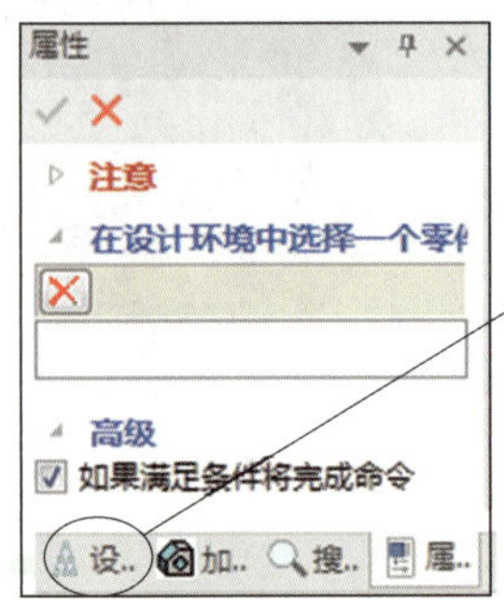


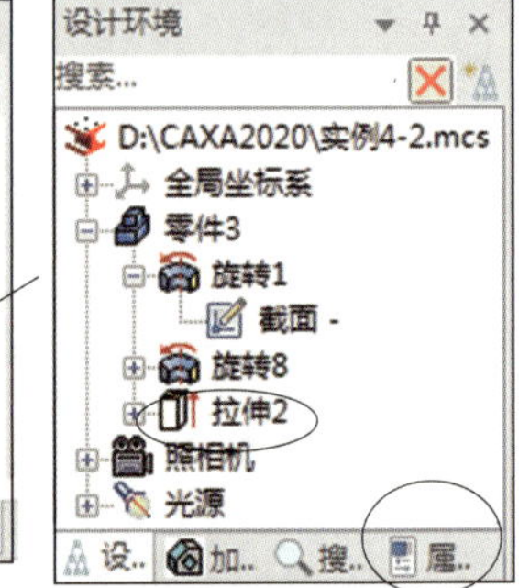

图 4–31　拉伸切除　　　　图 4–32　特征阵列“属性”对话框

5）窗口左下角提示“从设计环境中选择一个零件”，单击窗口中的旋转实体，再单击“设计环境”管理器下方的“属性”按钮 属..，切换回“属性”对话框，如图 4–33 所示。

6）选中对话框中“圆型阵列”单选按钮，设置“总角度”为“360”、“数量”为“5”。

7）在对话框中“轴”后的空白方框中单击，单击窗口实体中圆形上表面的圆心点，弹出圆心表面的中心轴，单击选中该中心轴。

8）在对话框中“特征”后的空白方框中单击，单击“设计环境”对话框中的“拉伸 2”。

9）单击对话框中的“确定”按钮 ✓，完成拉伸切除实体的圆周阵列。

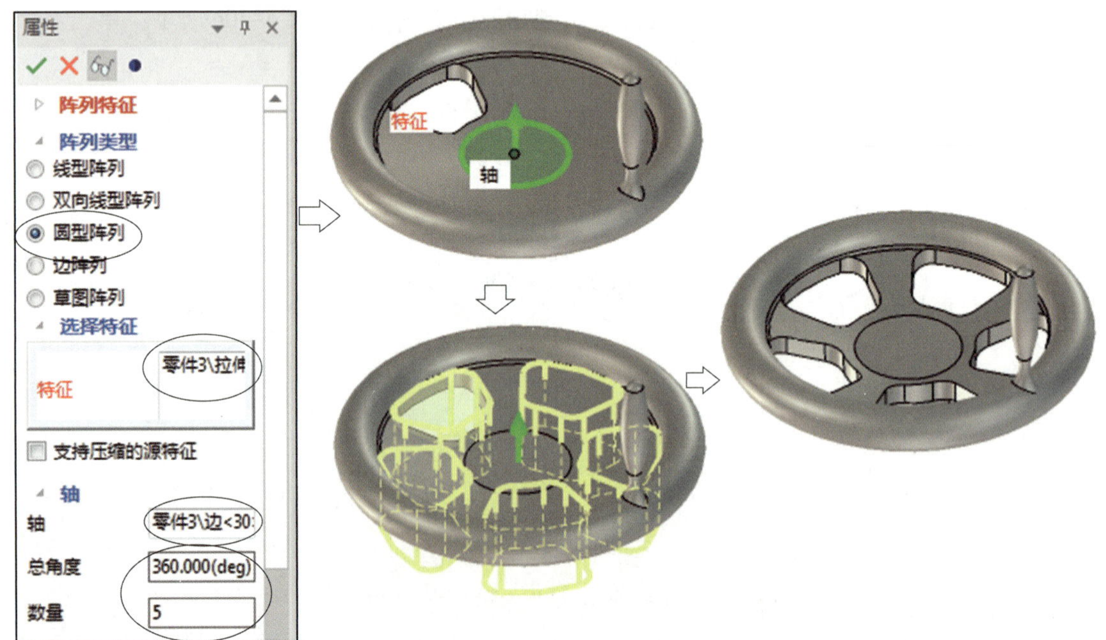


图 4–33　完成特征阵列

（3）实体倒圆角

1）单击“修改”工具组中的“圆角过渡”按钮 ，弹出圆角过渡“属性”对话框。

2）选中对话框中的“等半径”单选按钮，修改“半径”为“1”，依次单击拉伸切除轮廓的一条实体边，自动延伸选择其他边界。

3）单击对话框中的“确定”按钮 ，完成实体圆角过渡，其结果如图 4–34 所示。

4）用同样的方法完成反面拉伸切除轮廓的圆角过渡。

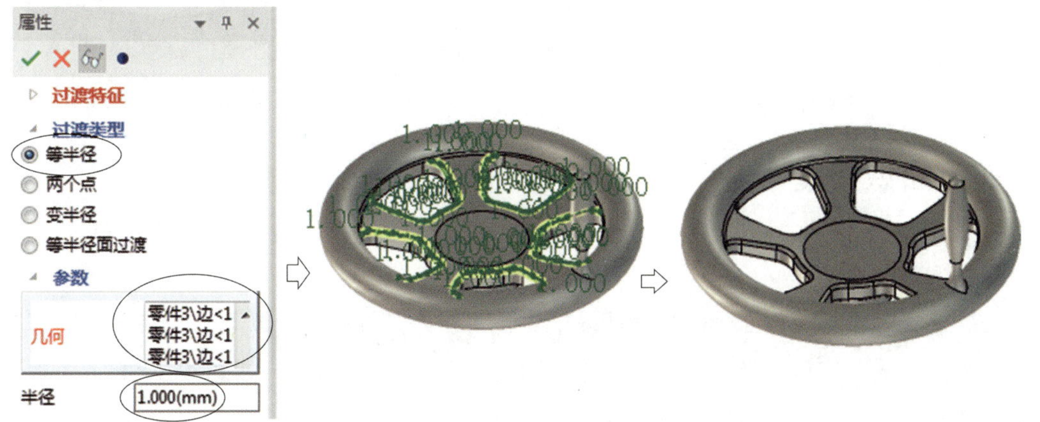


图 4–34　实体圆角过渡

## 4. 拉伸切除中心轮廓

（1）绘制截面轮廓

选择“在 X–Y 基准面”作为草图平面，选择“俯视图”作为视角平面。绘制截面轮廓的过程如图 4–35 所示，具体操作过程如下：

1）单击“圆心 + 半径”按钮 圆心+半径，以原点为圆心，绘制“半径（mm）”为“6”的圆。单击“固定”按钮 固定，单击该圆使其固定。

2）单击“连续直线”按钮 连续直线，绘制连续线。

3）单击“智能标注”按钮 ，完成尺寸约束。单击“裁剪”按钮 裁剪，完成图素裁剪。

4）单击“修改”工具组中的“圆型阵列”按钮 圆型阵列，完成三条直线的圆型阵列。

5）单击“裁剪”按钮 裁剪，完成图素裁剪。

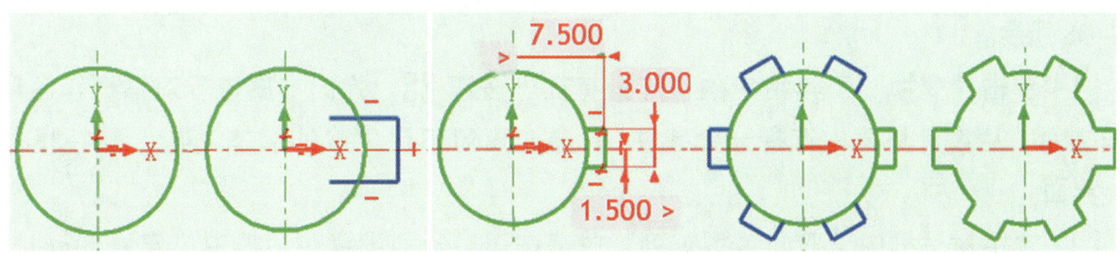


图 4–35　绘制截面轮廓的过程

（2）拉伸切除中心轮廓

1）单击“拉伸”按钮 ，弹出实体拉伸“属性”对话框。

2）单击选中“从设计环境中选择一个零件”单选按钮，单击窗口中已生成的实体，弹出设置拉伸参数“属性”对话框，选中“除料”单选按钮，设置“高度值：”为“14”。

3）单击对话框中的“确定”按钮 ，完成实体拉伸，其结果如图 4-36 所示。

图 4-36 完成后的实体

## 四、知识拓展

### 1. 旋转建模

旋转建模时，旋转截面可以是封闭轮廓，也可以是开放轮廓。既可以旋转形成实体，也可旋转形成曲面。在旋转建模过程中，旋转角度可以是任意角度，如图 4-37 所示为指定角度旋转建模，且由封闭轮廓旋转形成曲面。

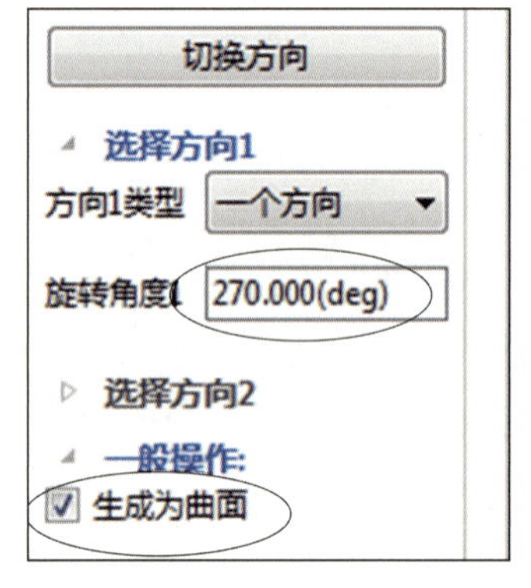


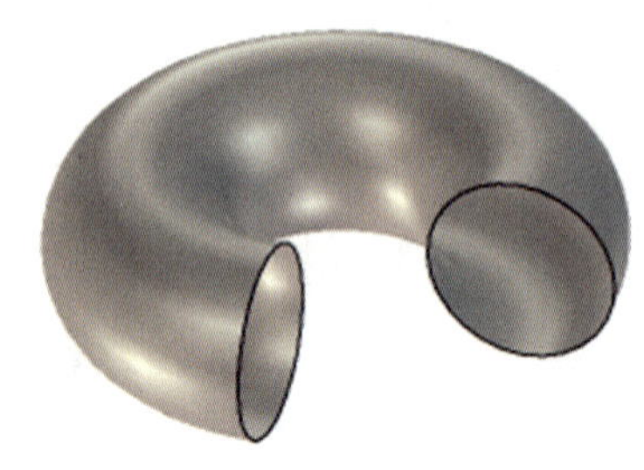

图 4-37 旋转形成曲面

### 2. 阵列

关于实体阵列，除了本例已介绍的圆周阵列外，还可进行线型阵列、双向线型阵列、边阵列、草图阵列和填充阵列。现以“双向线型阵列”为例做进一步说明，操作过程如图 4-38 所示。

（1）单击“变换”工具组中的“阵列特征”按钮 ，弹出“属性”对话框，窗口左下角提示“从设计环境中选择一个零件”，单击窗口中已生成的实体，显示图 4-38 所示左侧界面。

（2）选中对话框中“双向线型阵列”单选按钮，分别设置对话框中“阵列方向 1”与“阵列方向 2”的“等距”和“数量”值。

（3）在对话框中“阵列方向 1”下方“方向”后的空白方框中单击，单击窗口实体中上表面下方的边界，选中阵列方向 1。用同样的方法选中阵列方向 2。

（4）在对话框中“特征”后的空白方框中单击，在“设计环境”对话框中单击需要阵列的特征（如本例中已拉伸的孔）。

（5）单击对话框中的“确定”按钮 ✓，完成拉伸切除实体的双向线型阵列。

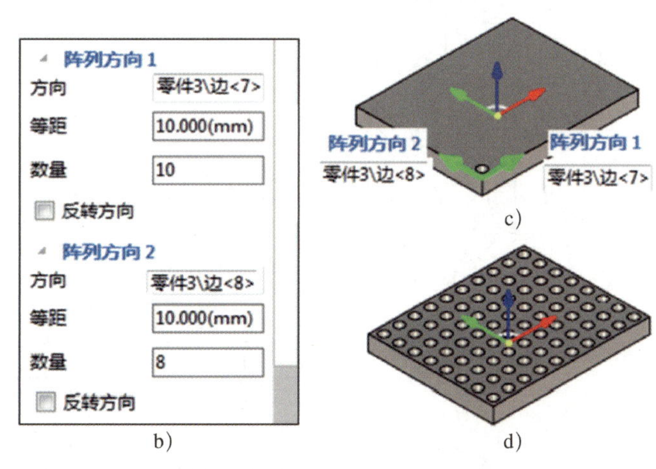


图 4-38　双向线型阵列

## 五、任务拓展

任务拓展 1　试采用旋转建模的方法完成图 4-39 所示工件（壁厚为 1 mm）的实体造型。

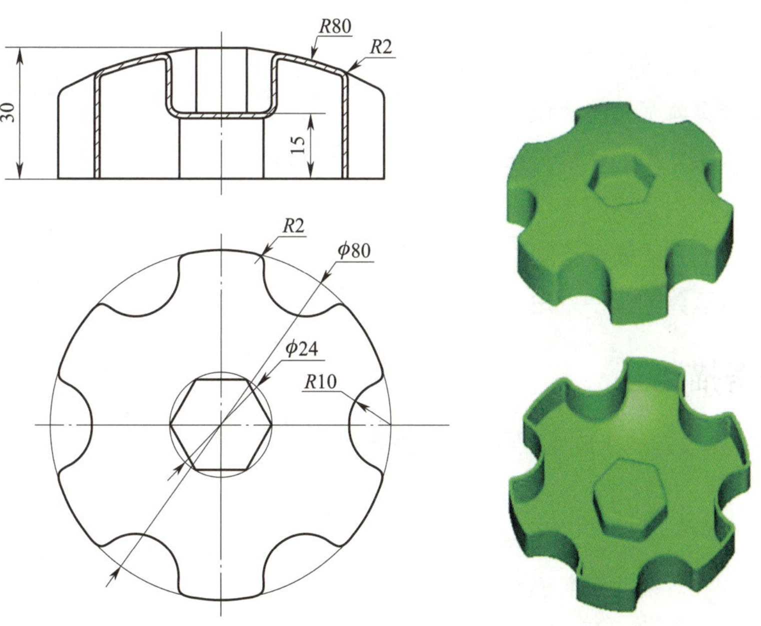


图 4-39　任务拓展 1

任务拓展 2　完成图 4-40 所示酒杯的实体建模。

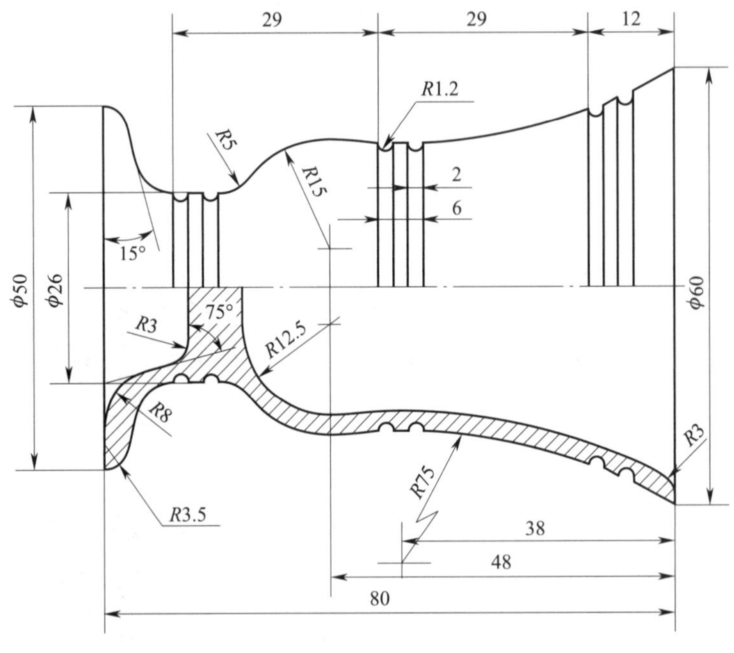


图 4-40　任务拓展 2

# 课题 3　扫 描 建 模

## 一、学习目标

1．掌握实体扫描的建模方法。

2．熟练掌握实体旋转的建模方法。

3．掌握生成实体面的建模方法。

4．掌握曲面分割实体的建模方法。

5．掌握实体抽壳的建模方法。

6．掌握布尔运算的建模方法。

## 二、任务描述

选择合适的建模方法完成图 4-41 所示茶壶模型的实体建模。

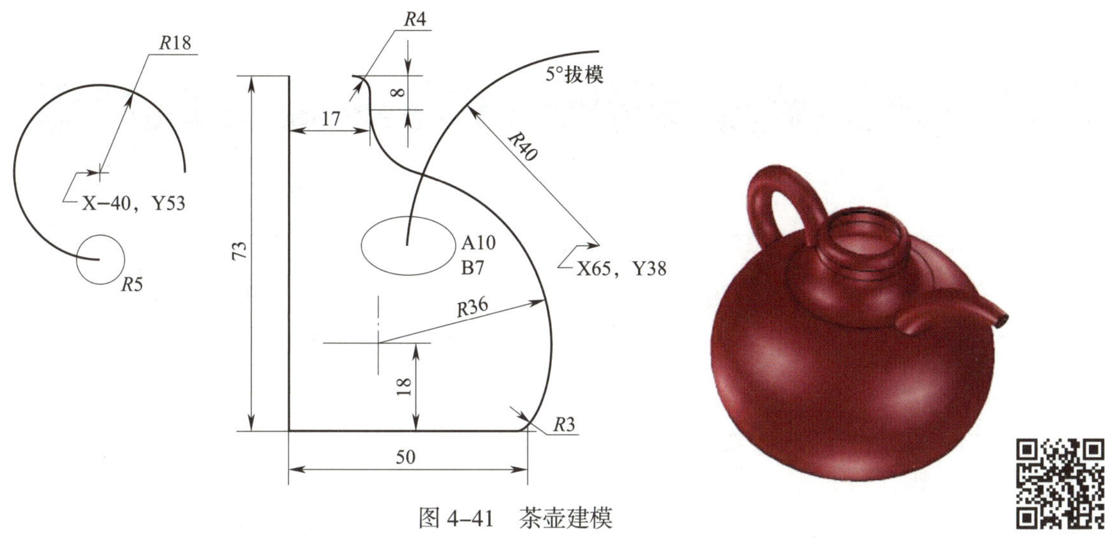


图 4-41　茶壶建模

## 三、任务实施

### 1. 旋转基体

（1）绘制截面轮廓

1）选择“在 Z–X 基准面”作为草图平面，选择“主视图”作为视角平面。

2）单击“连续直线”按钮 连续直线，选中“锁定水平 / 竖直拖到”复选框，绘制如图 4–42a 所示的连续线。

3）单击“智能标注”按钮，完成尺寸约束，其结果如图 4–42b 所示。

4）单击“绘制”工具组中的“用三点”按钮 用三点，然后单击下方水平线右侧端点，向上拖动鼠标后单击鼠标右键，设置半径值为“36”，按回车键完成下方圆弧的绘制。

5）单击“二切点 + 点”按钮 二切点+点，绘制右侧垂直线与圆弧的切弧，完成后如图 4–42c 所示。

6）单击“智能标注”按钮，完成尺寸约束，其结果如图 4–42d 所示。

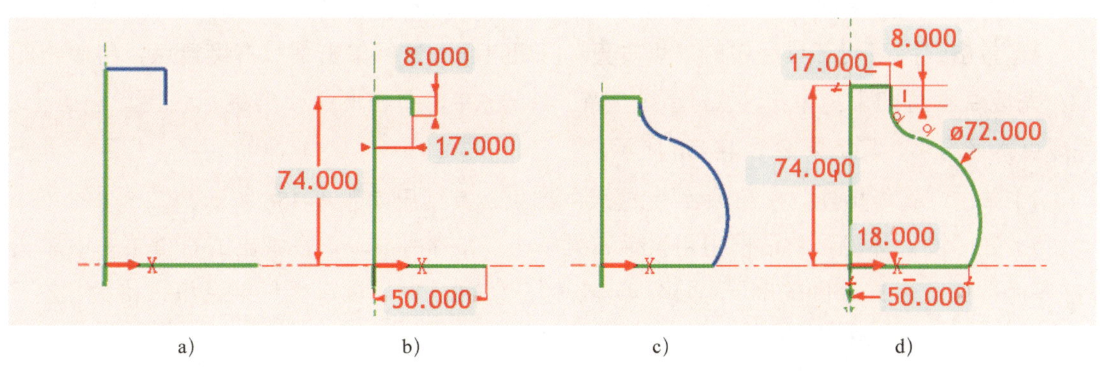


图 4–42　绘制截面轮廓

a）绘制连续线　b）约束直线　c）绘制圆弧　d）约束圆弧

7）单击“延伸”按钮 延伸，分别单击两个圆弧，使其相连。

**提示**

可放大观察相连位置，一定要确定两圆弧相连且无多余延伸的线条，否则不能完成实体旋转。

8）单击“过渡”按钮 过渡，完成圆弧过渡，其“半径（mm）”分别为“4”和“3”，其结果如图 4–43 所示。单击“结束草图编辑”按钮 ✔，退出草图编辑。

（2）旋转实体

1）单击“旋转”按钮 旋转，弹出实体旋转“属性”对话框。

2）单击选中“新生成一个独立的零件”单选按钮，其他采用默认参数。

3）单击“确定”按钮 ✔，完成实体旋转建模，其结果如图 4–44 所示。

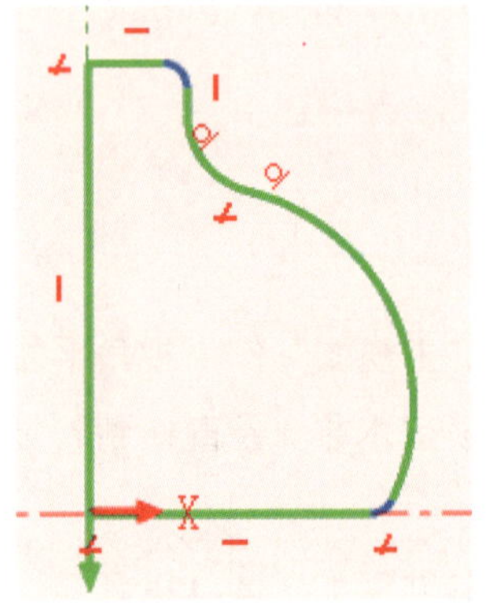


图 4–43 完成旋转截面绘制

图 4–44 旋转生成基体

## 2. 扫描壶嘴

（1）绘制扫描线和截面轮廓

1）选择“在 Z–X 基准面”作为草图平面，选择“主视图”作为视角平面。

2）单击“圆心 + 端点”按钮 圆心+端点，在基准轴右上方绘制如图 4–45a 所示的圆弧。

3）单击“约束”工具组中的“点垂直”按钮 点垂直，单击圆弧右侧端点，再单击圆心，完成点垂直约束。单击“点水平”按钮 点水平，单击圆弧下方端点，再单击圆心，完成点水平约束，其结果如图 4–45b 所示。

4）单击“智能标注”按钮，完成尺寸约束，其结果如图 4–45c 所示。

5）在“设计环境”对话框中用鼠标右键单击“X–Y 平面”，在弹出的右键菜单中单击“在等距平面上生成草图轮廓”，如图 4–46a 所示。弹出“平面等距”对话框，修改“Z：”为“38”，如图 4–46b 所示。

6）单击“绘制”工具组中的“椭圆形”按钮 椭圆形，绘制椭圆，其“半径 1（mm）”为“10”、“半径 2（mm）”为“7”、“角度（deg）”为“0”，其结果如图 4–46c 所示。

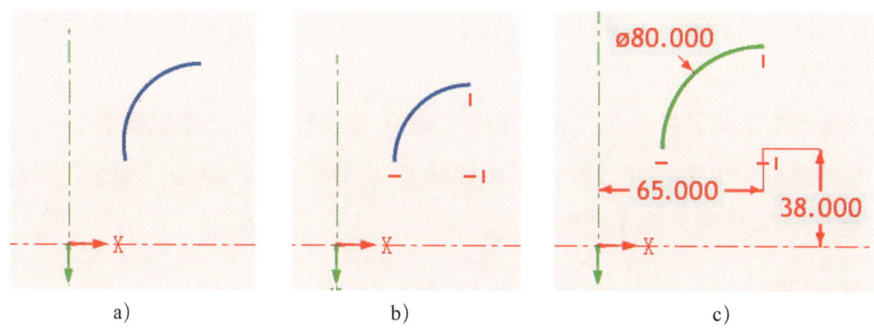


图 4–45　绘制扫描线（1）

a）绘制圆弧　b）约束圆弧角度　c）约束圆弧尺寸

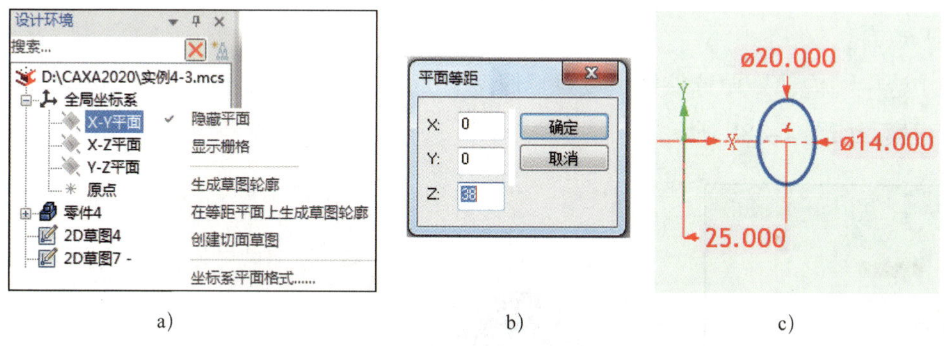


图 4–46　绘制截面轮廓

（2）扫描建模

1）单击“特征”工具组中的“扫描”按钮 扫描。

2）单击选中“从设计环境中选择一个零件”单选按钮，单击已生成的旋转实体，弹出如图 4–47a 所示实体扫描“属性”对话框。

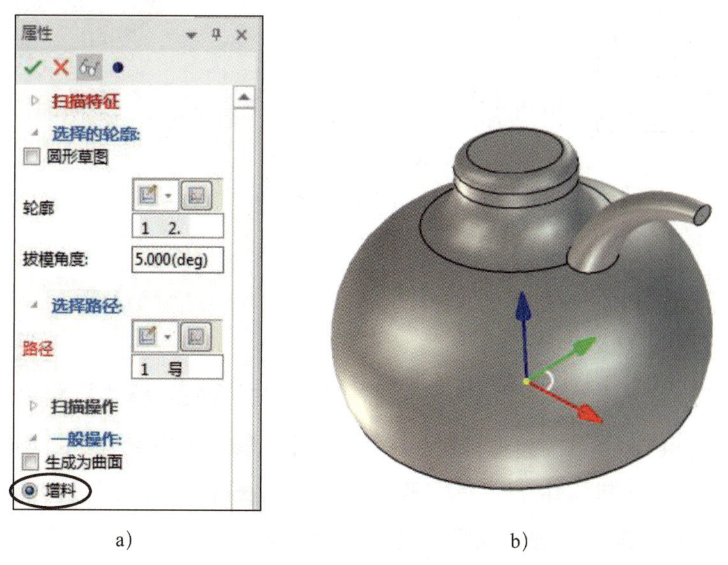


图 4–47　壶嘴扫描建模

3）在对话框中“轮廓”后的空白方框中单击，再单击“设计环境”对话框中绘制椭圆的草图面“2D 草图 8”。

4）在对话框中“路径”后的空白方框中单击，单击绘图窗口中的圆弧。

5）选中“增料”单选按钮，输入“拔模角度：”为“5”，单击“确定”按钮 ✓，完成壶嘴扫描建模，其结果如图 4–47b 所示。

## 3. 实体抽壳

（1）单击“修改”工具组中的“抽壳”按钮 抽壳，弹出如图 4–48a 所示实体抽壳“属性”对话框。

（2）在对话框中“开放面”后的空白方框中单击，分别单击壶身上表面和壶嘴端面，选中两个开放面。

（3）选中“内部”单选按钮，设置“厚度”为“1”，单击“确定”按钮 ✓，完成实体抽壳建模，如图 4–48b 所示。

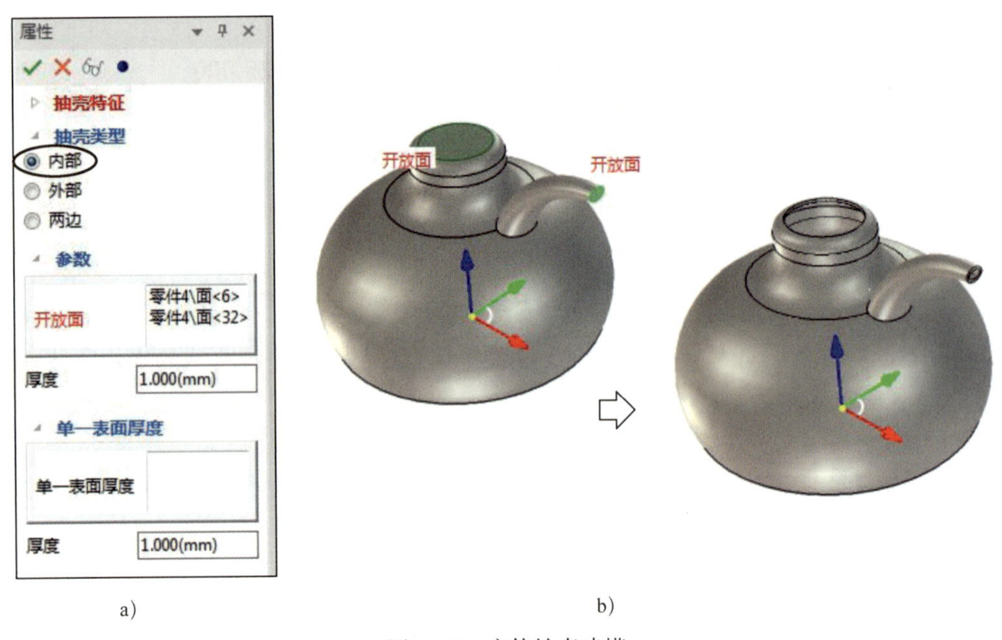


图 4–48　实体抽壳建模

## 4. 扫描壶柄

（1）绘制扫描线和截面轮廓

1）选择“在 Z–X 基准面”作为草图平面，选择“主视图”作为视角平面。

2）单击“圆心 + 端点”按钮 圆心+端点，在基准轴左上方绘制如图 4–49a 所示的圆弧。

3）单击“约束”工具组中的“点垂直”按钮 点垂直，约束圆弧端点与圆心垂直。用同样的方法，约束圆弧端点与圆心水平，其结果如图 4–49b 所示。

4）单击“智能标注”按钮，完成尺寸约束，其结果如图 4–49c 所示。

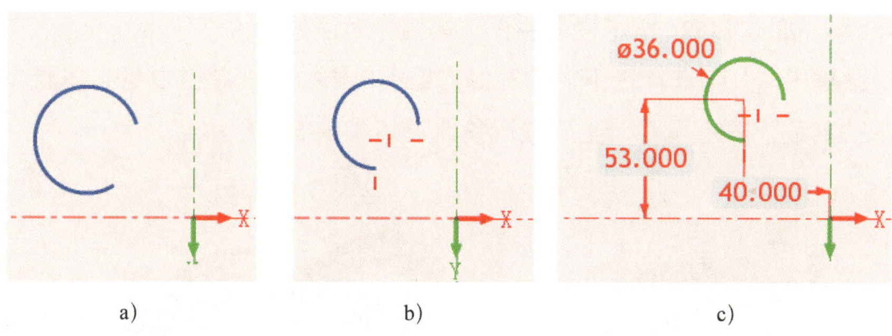


a)　　b)　　c)

图 4–49　绘制扫描线（2）

a）绘制圆弧　b）约束圆弧角度　c）约束圆弧尺寸

5）在“设计环境”对话框中用鼠标右键单击“X–Y 平面”，在弹出的右键菜单中单击“在等距平面上生成草图轮廓”，弹出“平面等距”对话框，修改“Z: ”为“53”，如图 4–50a 所示。

6）单击“圆心 + 半径”按钮 圆心+半径 绘制圆，其结果如图 4–50b 所示。

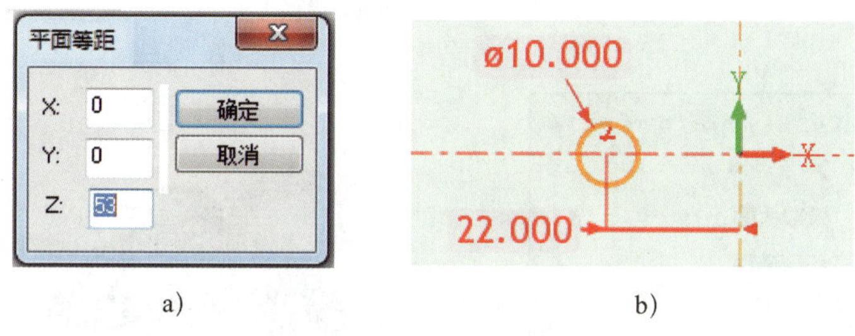


a)　　b)

图 4–50　绘制截面轮廓

（2）扫描建模

1）单击“特征”工具组中的“扫描”按钮 扫描。

2）单击选中“新生成一个独立的零件”单选按钮，弹出实体扫描“属性”对话框。

3）在对话框中“轮廓”后的空白方框中单击，单击“设计环境”对话框中绘制圆的草图面“2D 草图 11”。

4）在对话框中“路径”后的空白方框中单击，单击绘图窗口中的圆弧。

5）选中“增料”单选按钮，设置“拔模角度: ”为“0”，单击“确定”按钮 ✓，完成壶柄扫描建模，其结果如图 4–51 所示。

**提示**

在实体建模过程中，当填写完建模参数后，窗口会出现建模预览图，如果发现错误，则可实时修正建模参数，重新生成建模预览图。

## 5. 修整壶柄

（1）曲面分割实体

1）单击功能选项卡中的“曲面”，单击“曲面”工具组中的“提取曲面”按钮提取曲面，弹出如图 4–52a 所示提取曲面“属性”对话框。

2）在对话框中“几何选择”下方的空白方框中单击，随后单击壶身实体表面。

3）单击“确定”按钮 ✓，生成提取曲面，如图 4–52b 所示。

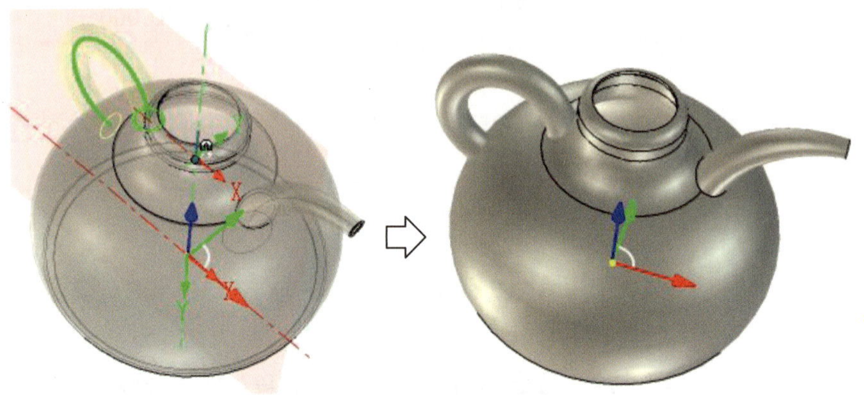

图 4–51 壶柄扫描建模

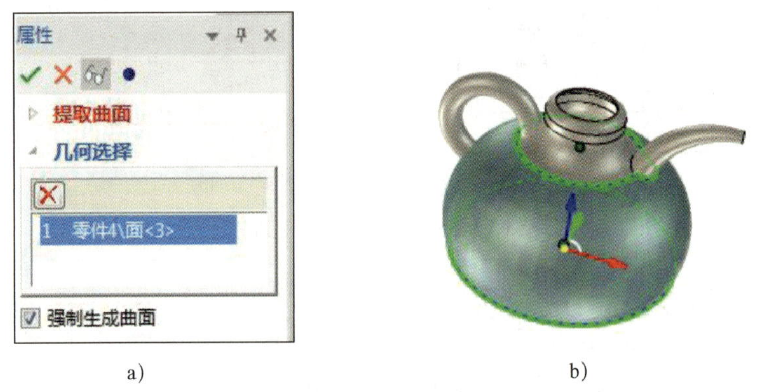


a) b)

图 4–52 绘制提取曲面

4）单击功能选项卡中的“特征”，单击“修改”工具组中的“分割”按钮 分割，弹出如图 4–53a 所示分割实体“属性”对话框。

5）在对话框中“目标零件”后的空白方框中单击，随后单击壶柄实体。

6）在对话框中“工具零件”后的空白方框中单击，随后单击已生成的曲面。

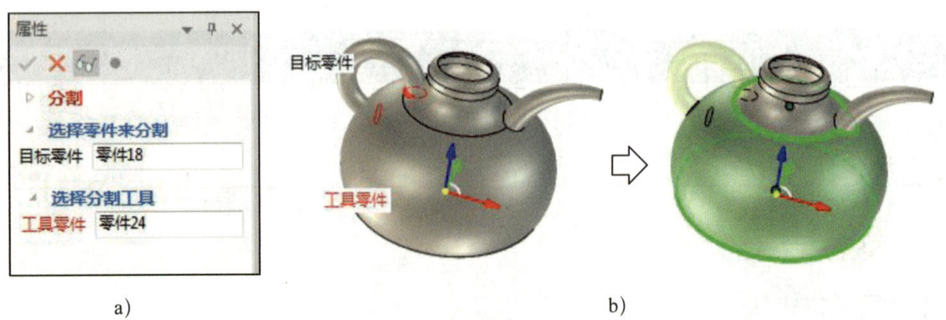


a) b)

图 4–53 曲面分割实体

7）单击“确定”按钮 ✓，完成壶柄实体下部的曲面分割。

8）采用同样的方法，在壶身实体表面生成上方的圆弧提取曲面，完成壶柄实体的曲面分割。

9）在壶身实体内部分别单击壶柄的两个端部，按“Delete”键，将分割后的另半部分实体删除。

（2）布尔运算

1）单击生成的提取曲面，单击鼠标右键，在弹出的右键菜单中单击“隐藏选择对象”，完成曲面的隐藏。

**提示**

在实体建模过程中，有时无法选取曲面或实体内部图素，可先隐藏曲面或实体图素，需要时再单击“显示所有”将其显示出来。

2）单击“修改”工具组中的“布尔”按钮 布尔，弹出如图4-54所示布尔“属性”对话框。

3）选中“加”单选按钮，在对话框中“零件/体”后的空白方框中单击，分别单击壶柄实体和壶身实体。

4）单击“确定”按钮 ✓，完成实体布尔“加”运算。

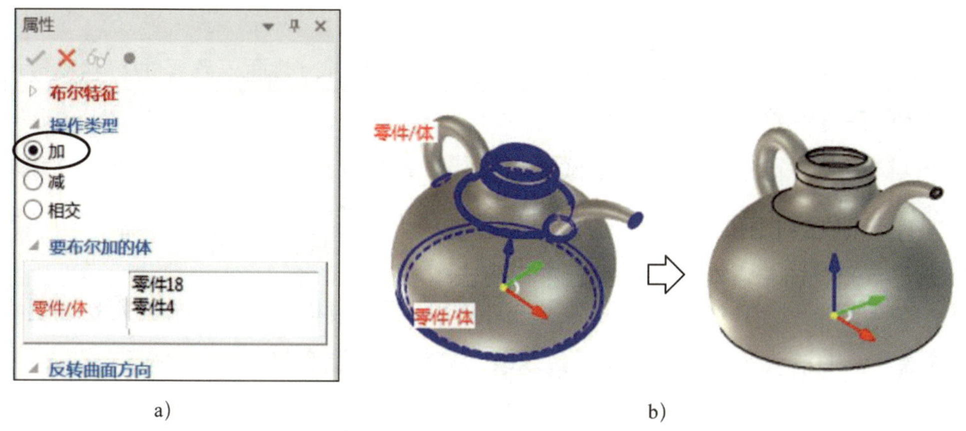


图4-54 实体布尔“加”运算

## 四、知识拓展

### 1. 布尔运算

布尔运算是一种在多实体之间进行叠加的拓扑逻辑运算。有“加”“减”“相交”三种形式，具体操作结果如图4-55所示。

进行布尔“加”运算时，其“主体零件/体”和“零件/体”的选择次序不同，不会影响合并结果，从外观上看，合并前后无区别。进行布尔“减”运算时，其“主体零件/体”

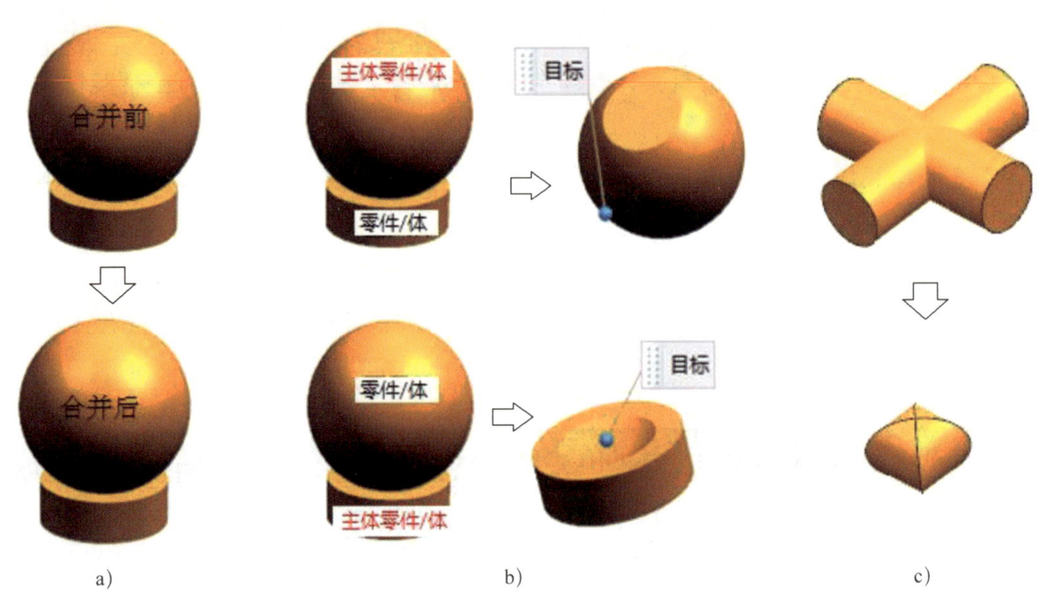


图 4–55　布尔运算操作

a）布尔“加”运算　b）布尔“减”运算　c）布尔“相交”运算

和“零件 / 体”的选择次序不同，会得出不同的减去结果。进行布尔“相交”运算时，其“目标”体和“工具”体的选择次序不同，不会影响相交结果。

## 2. 实体扫描

实体扫描的截面轮廓必须为封闭的轮廓，在扫描过程中，截面沿路径进行平移或旋转并保持与路径的角度不变。

对于实体扫描，除了可采用一个截面轮廓和一条扫描线进行实体扫描外，还可采用两个截面轮廓和一条扫描线进行实体扫描。当选择多个截面时，这些截面必须位于同一草图平面。如图 4–56 所示为两个截面和一条扫描线的建模实体。

在实体扫描过程中，可以通过设置如图 4–57 所示“拔模角度：”参数来实现扫描过程中的拔模操作，通过改变参数值的正、负来改变拔模的角度方向。

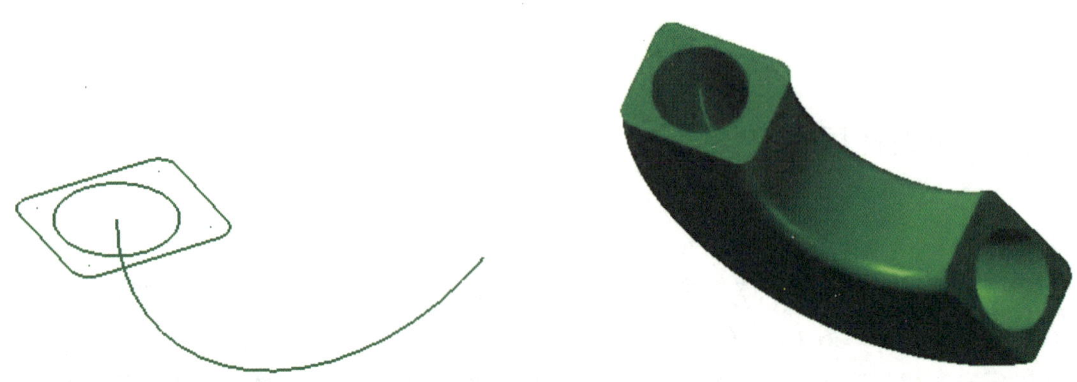

图 4–56　用两个截面轮廓扫描的实体

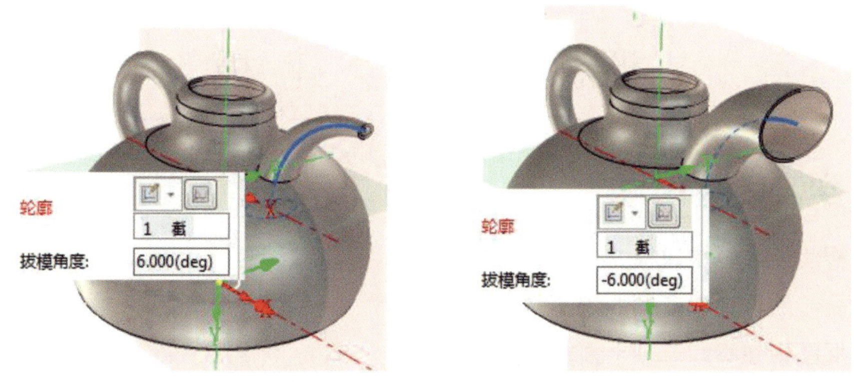


图 4-57 扫描过程中的拔模操作

## 五、任务拓展

任务拓展 1 试完成如图 4-58 所示零件的实体建模。

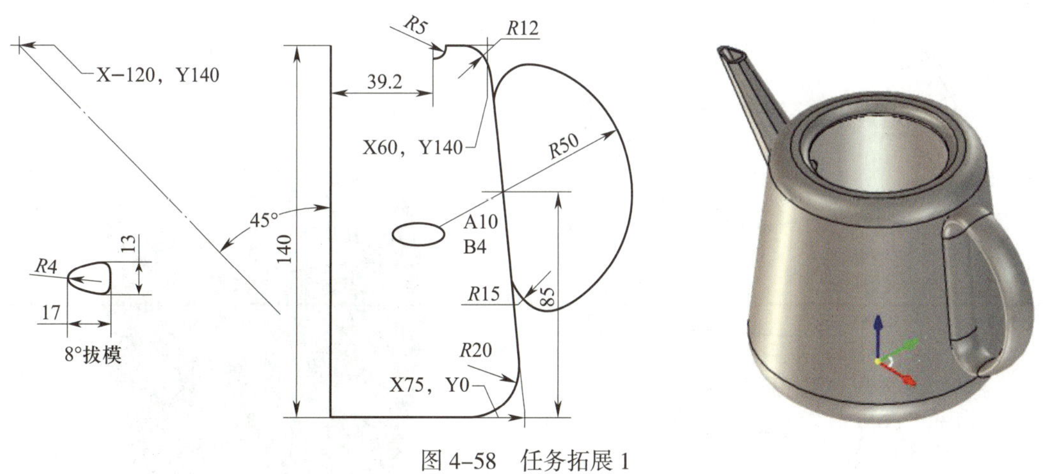


图 4-58 任务拓展 1

任务拓展 2 试完成如图 4-59 所示零件的实体建模。

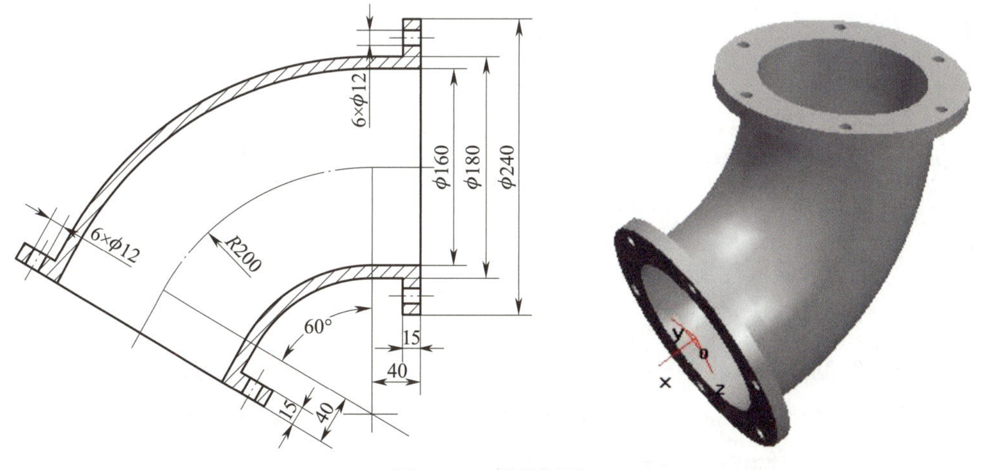


图 4-59 任务拓展 2

# 课题 4 放 样 建 模

## 一、学习目标

1. 掌握实体放样的建模方法。
2. 进一步掌握坐标变换的绘图方法。
3. 掌握图素在不同草图平面转换的方法。

## 二、任务描述

试采用放样建模的方法完成如图 4-60 所示模型的实体造型。实体厚度为“3”，底部斜凸台高度为“5”，拔模值为“18”。底部漏水孔的直径为“15”，位于“$\phi$50”的圆周上。

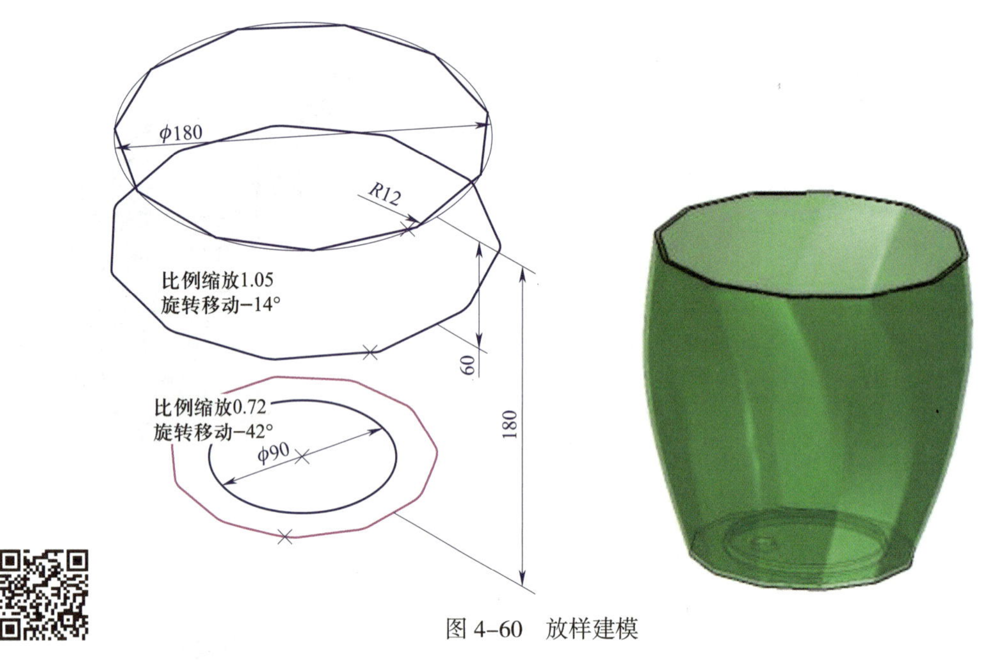


图 4-60 放样建模

## 三、任务实施

### 1. 绘制放样实体

（1）绘制第一个截面轮廓

1）选择“在 X-Y 基准面”作为草图平面，选择“俯视图”作为视角平面。

2）单击“绘制”工具组中的“多边形”按钮 多边形，绘制多边形。在“属性”对话框中设置“边数”为“12”、“半径（mm）”为“90”、“角度（deg）”为“0”。

3）单击“过渡”按钮 过渡，在“属性”对话框中设置“半径（mm）”为“12”，选中“锁定半径”复选框，完成圆角过渡。

4）单击“绘制”工具组中的“点”按钮 · 点，绘制标记点，完成后如图 4–61 所示。

**提示**

此处绘制的点仅作为辅助点使用，以方便创建放样实体时正确找正起始位置。

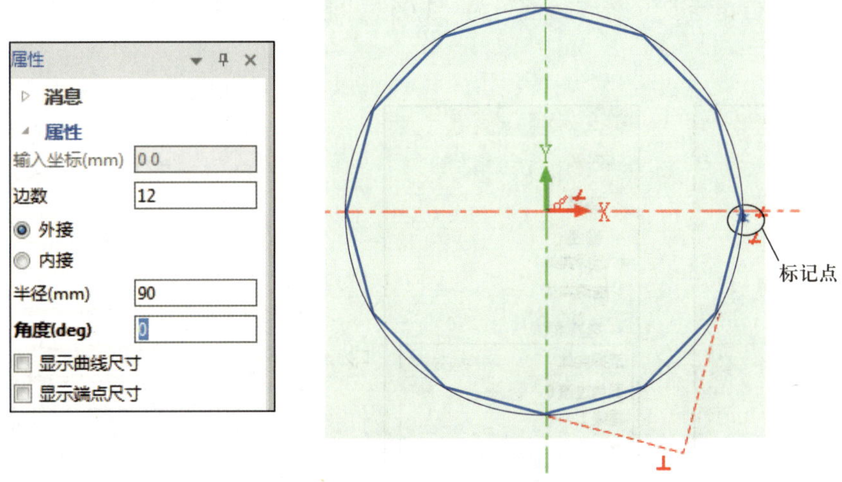


图 4–61　绘制正多边形及辅助点

5）选中所有图素，单击鼠标右键，弹出如图 4–62 所示的右键菜单，选择“复制”命令复制所有图素，然后单击“确定”按钮 ✔，结束此平面上的草图绘制。

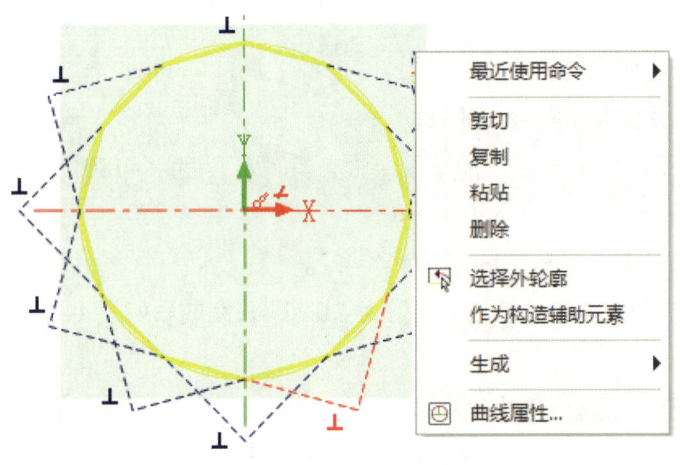


图 4–62　复制草图图素

（2）绘制第二截面轮廓

1）在“设计环境”对话框中用鼠标右键单击“X–Y 平面”，在弹出的右键菜单中单击“在等距平面上生成草图轮廓”，弹出“平面等距”对话框，修改“Z: ”为“–60”，按回车键进入草图编辑界面。

2）在窗口中单击鼠标右键，在弹出的右键菜单中单击“粘贴”，将图 4–61 中的图素复制到当前草图。

3）单击“修改”工具组中的“旋转”按钮 旋转，弹出旋转“属性”对话框。取消选中“拷贝”复选框，选中“解除水平 / 竖直约束”复选框，修改“旋转角度（deg）”为“–14”，选择所有图素进行旋转移动。

4）单击“修改”工具组中的“比例”按钮 比例，弹出比例“属性”对话框。取消选中“拷贝”复选框，修改“缩放因子”为“1.05”，选择所有图素进行比例缩放，完成后如图 4–63 所示。

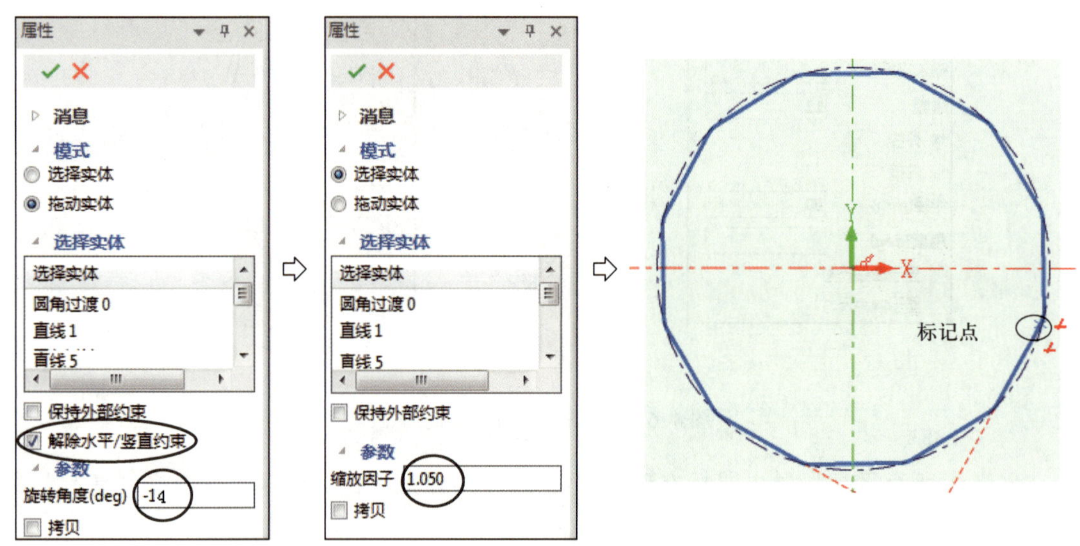


图 4–63　绘制第二截面轮廓

（3）绘制第三截面轮廓

采用同样的方法绘制第三截面轮廓。

1）创建平行于“X–Y 平面”的草图平面，其“Z：”为“–180”，复制第一截面图素，粘贴至该草图面。

2）旋转图素，“旋转角度（deg）”为“–42”。

3）按比例缩放图素，其“缩放因子”为“0.72”，完成后如图 4–64 所示。

（4）放样建模

1）单击“特征”工具组中的“放样”按钮 放样，弹出放样“属性”对话框。

2）单击选中“新生成一个独立的零件”单选按钮，弹出如图 4–65 所示设置放样参数“属性”对话框。

3）在对话框中“轮廓”后的空白方框中单击，分别单击图 4–64 中靠近标记点的曲线端部（即图中的 Ⅰ、Ⅱ、Ⅲ处）。

4）选中“增料”单选按钮，单击“确定”按钮 ，完成实体放样建模，其结果如图 4–66 所示。

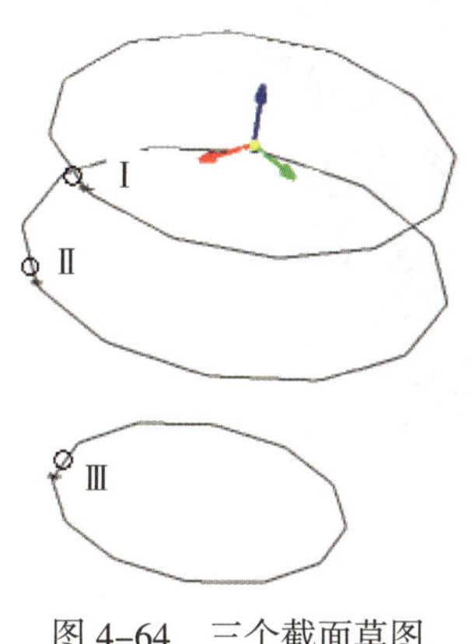


图 4–64 三个截面草图

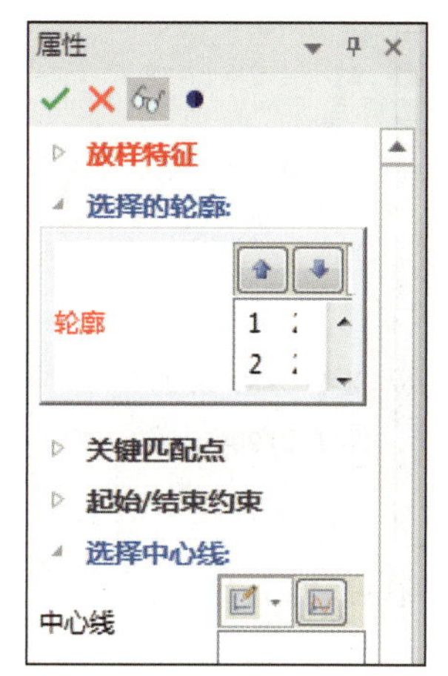


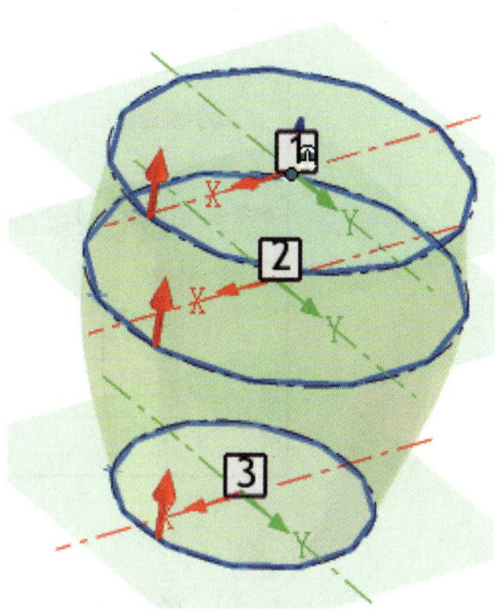

图 4–65 设置放样参数“属性”对话框

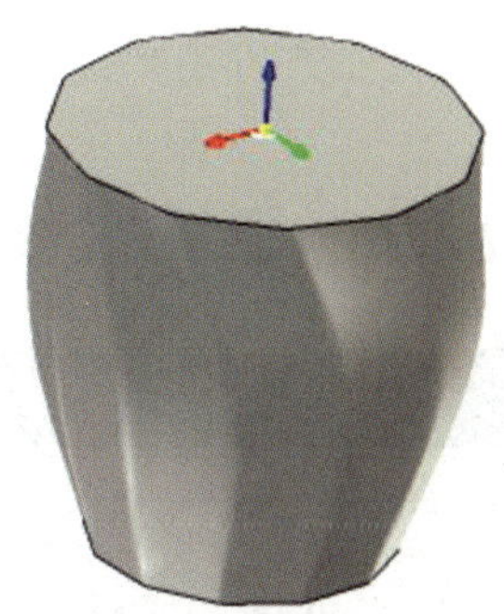

图 4–66 完成放样建模

## 2. 放样除料

由于本例放样后形成的曲面太复杂，系统无法正确地实施抽壳操作和曲面加厚操作，因此采用放样除料进行下一步的实体建模。

（1）缩放体建模

1）用鼠标右键单击“设计环境”对话框中的“零件 8”或单击选中窗口中已生成的放样实体后单击鼠标右键，在弹出的右键菜单中单击“隐藏选择对象”隐藏实体。

2）采用相同的方法，绘制完全相同的实体，同时复制第三截面的草图。

3）单击“变换”工具组中的“缩放体”按钮 缩放体，弹出如图 4–67 所示的缩放体“属性”对话框。

4）选择“参考点”为“原点”，设置比例参数，单击“确定”按钮 ✓ 完成实体的比例缩放。

（2）布尔运算

1）用鼠标右键单击“设计环境”对话框中的“零件 8”，在弹出的右键菜单中单击“显示选中”显示实体。

2）单击“修改”工具组中的“布尔”按钮 布尔，弹出布尔“属性”对话框。

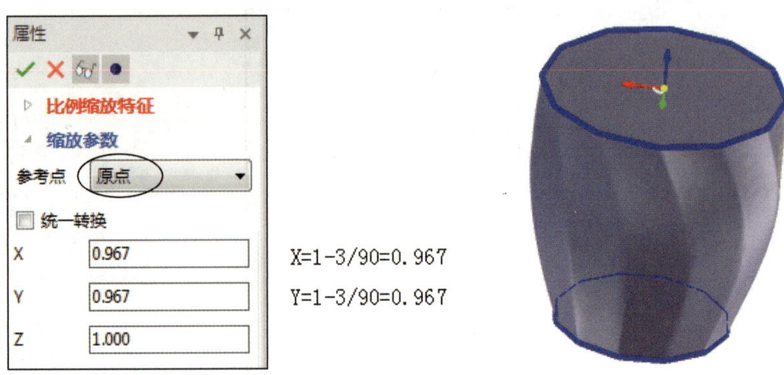


图 4-67　缩放体“属性”对话框

3）选中“减”单选按钮，在对话框中“主体零件 / 体”后的空白方框中单击，随后单击“设计环境”对话框中的“零件 8”。

4）在对话框中“零件 / 体”后的空白方框中单击，随后单击“设计环境”对话框中的“零件 9”。

5）单击“确定”按钮 ✔ 完成布尔“减”操作，其结果如图 4-68 所示。

**提示**

零件的编号在设计过程中各不相同，读者可自行修改编号的数值。由于 Z 向没有缩放，因此布尔运算后底面也被切除。

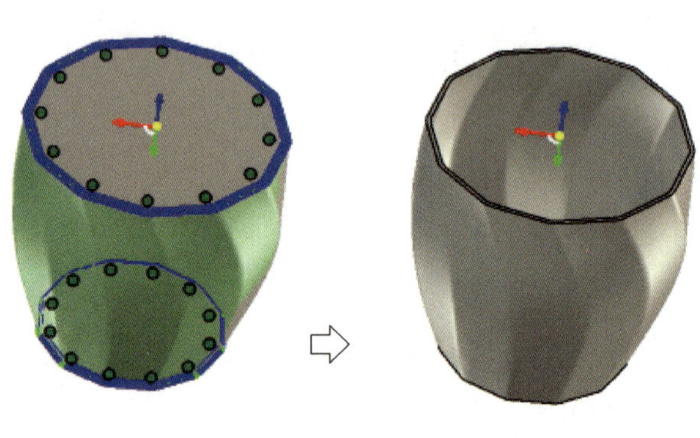

图 4-68　布尔“减”操作

### 3. 修整实体

（1）拉伸底部

1）创建平行于“X-Y 平面”的草图平面，其“Z：”为“-180”，将复制的第三截面图素粘贴至该草图面。

2）单击“拉伸”按钮 完成增料拉伸，其“高度值：”为“3”，完成后如图 4–69 所示。

3）单击“二维草图”按钮 ，弹出创建草图平面“属性”对话框，单击选中对话框中的“平面 / 表面”单选按钮。

4）单击实体底平面，创建草图平面。单击“圆心 + 半径”按钮 ，以原点为圆心绘制“半径（mm）”为“48”的圆，其结果如图 4–70 所示。

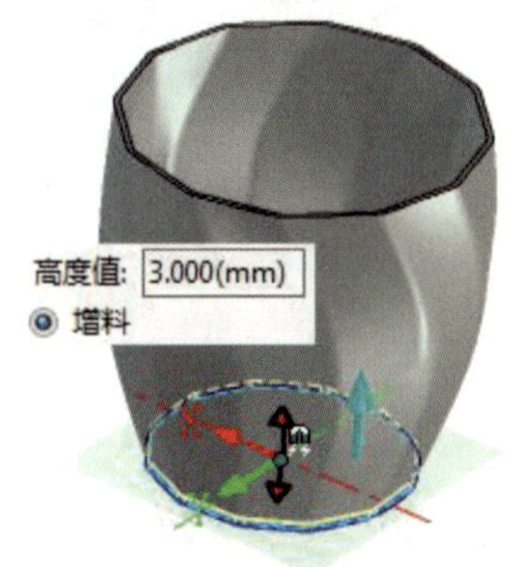


图 4–69　拉伸底面

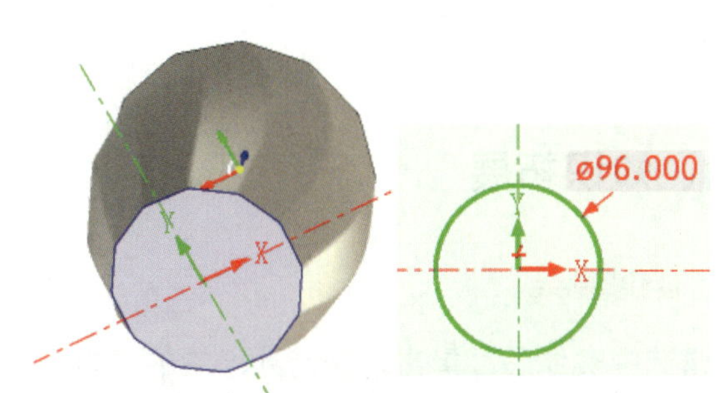


图 4–70　绘制底部凸台拉伸草图

5）单击“拉伸”按钮 ，弹出实体拉伸“属性”对话框。

6）单击选中“从设计环境中选择一个零件”单选按钮，单击窗口中已生成的实体，在拉伸参数“属性”对话框中选中“增料”单选按钮，设置“高度值：”为“8”、“拔模值”为“18”。

7）单击对话框中的“确定”按钮 ，完成实体拉伸，其结果如图 4–71 所示。

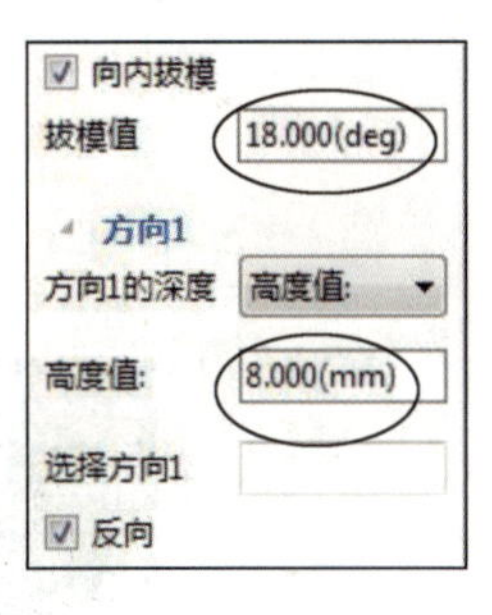


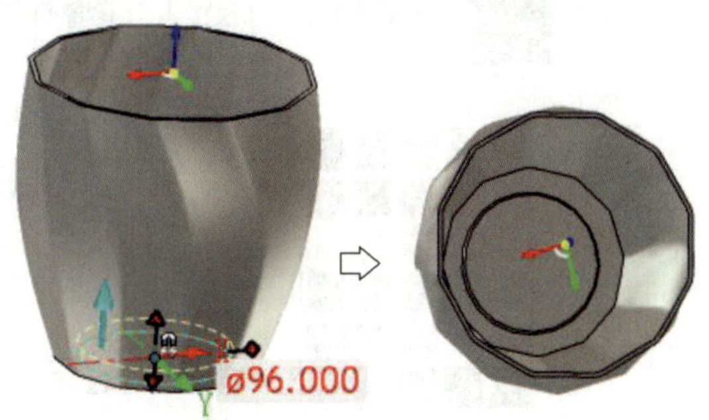


图 4–71　拉伸锥形凸台

（2）拉伸切除

1）采用同样的方法绘制直径为“90”的圆，拉伸切除实体，完成后如图 4–72 所示。

2）采用同样的方法拉伸切除模型漏水孔，其圆心与实体中心的距离为“25”，孔的直径为“15”，其结果如图 4–73 所示。

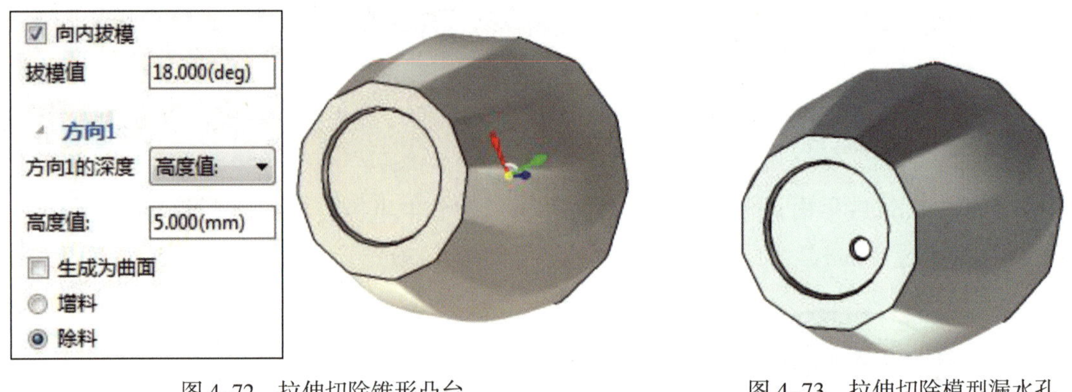


图 4-72　拉伸切除锥形凸台　　　　图 4-73　拉伸切除模型漏水孔

## 四、知识拓展

### 1. 智能渲染

单击选中实体后，单击功能选项卡中的“显示”，再单击“智能渲染”工具组中的“智能渲染”按钮，即可进入“智能渲染属性”对话框。

单击对话框中的“颜色”选项，即可进入如图 4-74 所示的界面，可对实体进行“实体颜色”和“图像材质”渲染。单击对话框中的“透明度”选项，即可进入如图 4-75 所示的界面，可进行实体透明度渲染。本例实体渲染效果如图 4-76 所示。

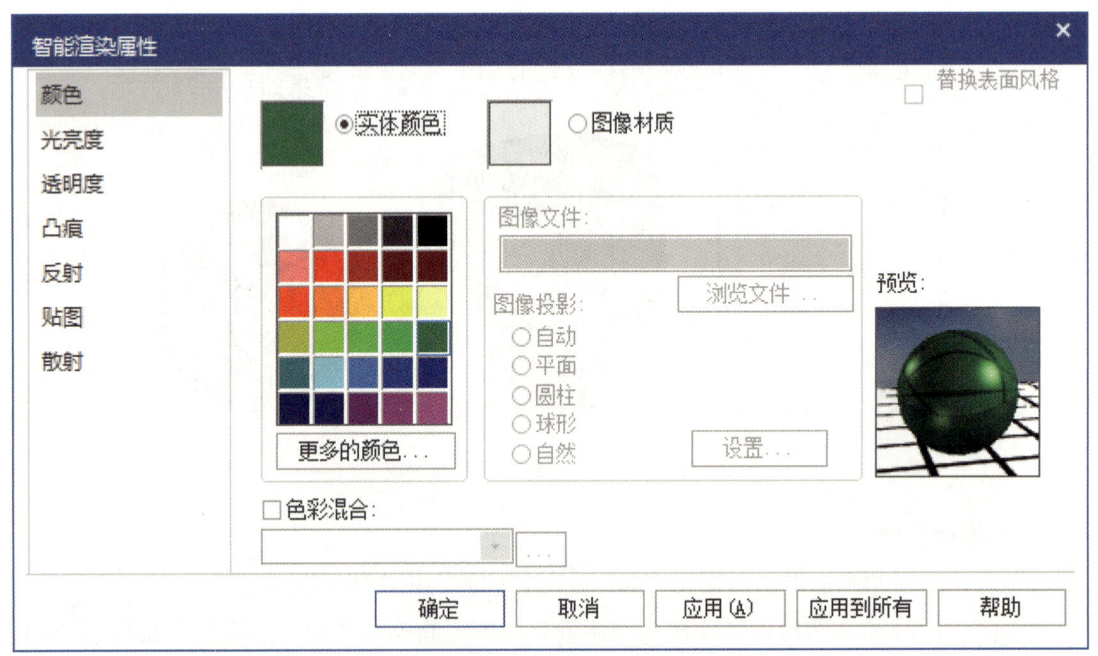


图 4-74　实体颜色智能渲染

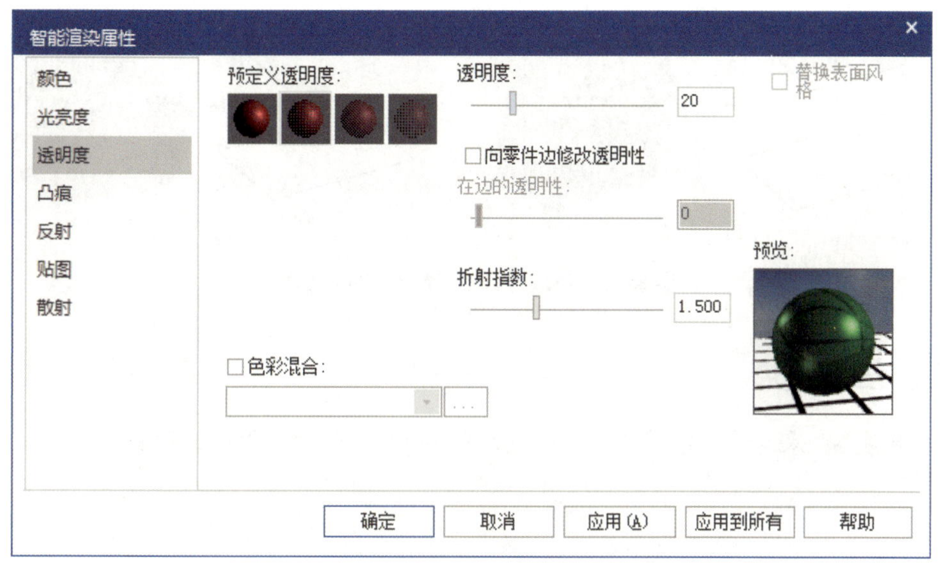


图 4-75　实体透明度智能渲染

图 4-76　实体智能渲染后的效果

## 2. 放样建模

放样截面的轮廓一定是一个封闭曲线。在选取多个放样截面时，一定要注意各截面的拾取顺序，拾取顺序不同，其结果也不相同，如图 4-77 所示。

拾取轮廓时，拾取不同的边和不同的位置，也会产生不同的放样结果，如图 4-78 所示。

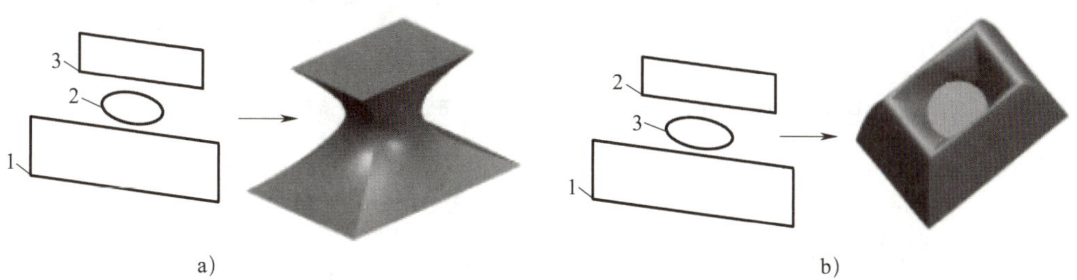


图 4-77　拾取顺序不同产生不同的结果

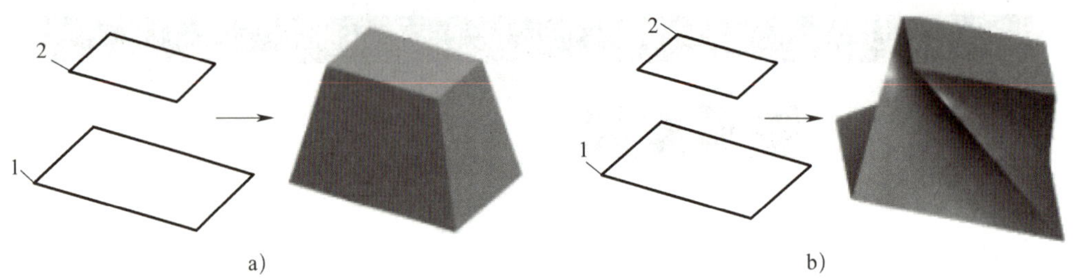


图 4-78　拾取位置不同产生不同的结果

## 五、任务拓展

任务拓展 1　采用放样建模的方法完成如图 4-79 所示模型的实体建模。

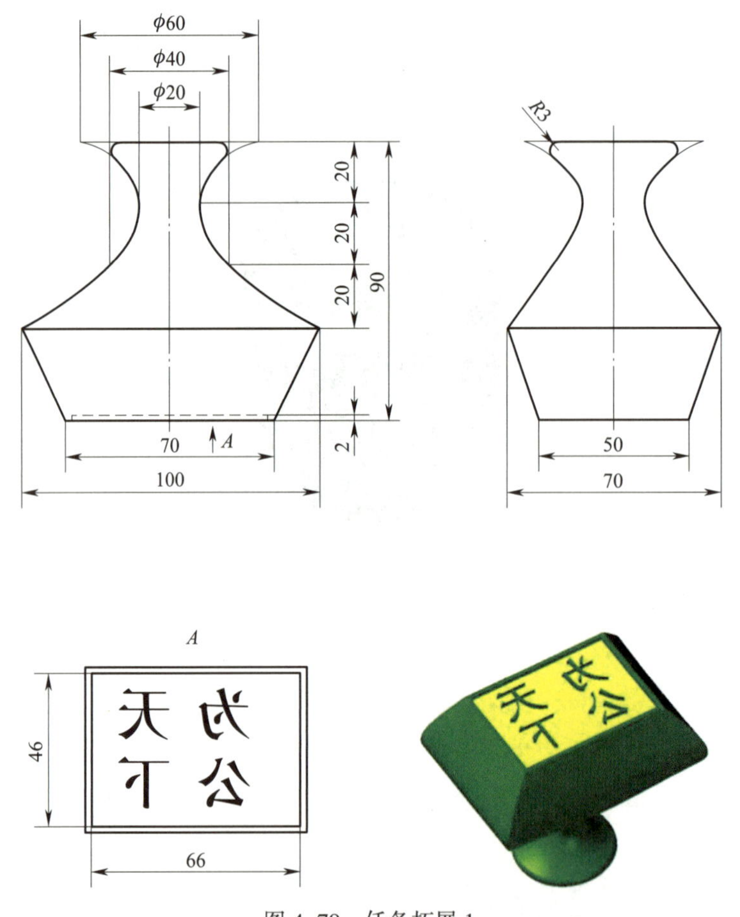


图 4-79　任务拓展 1

建模思路：本例采用放样建模的方法进行实体造型，其建模思路如图 4-80 所示。

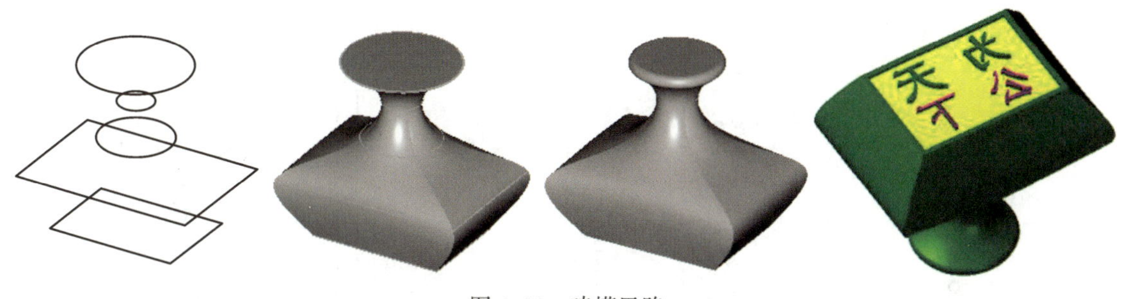

图 4-80 建模思路

任务拓展 2 完成如图 4-81 所示螺杆的实体建模（螺杆总计旋转 540°）。

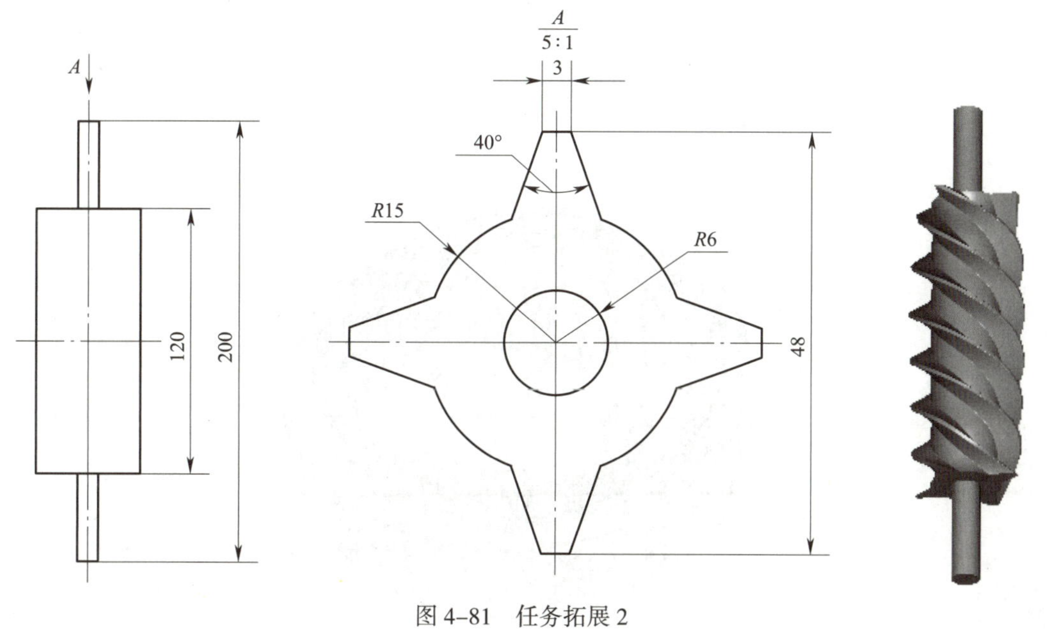


图 4-81 任务拓展 2

# 课题 5 曲面与实体建模综合实例 1

## 一、学习目标

1. 掌握曲面与实体建模的综合技能。
2. 掌握拉伸到曲面的建模方法。
3. 进一步掌握实体阵列的建模方法。

## 二、任务描述

试采用曲面与实体的综合建模方法完成图 4-82 所示“花洒盖”零件的实体建模。

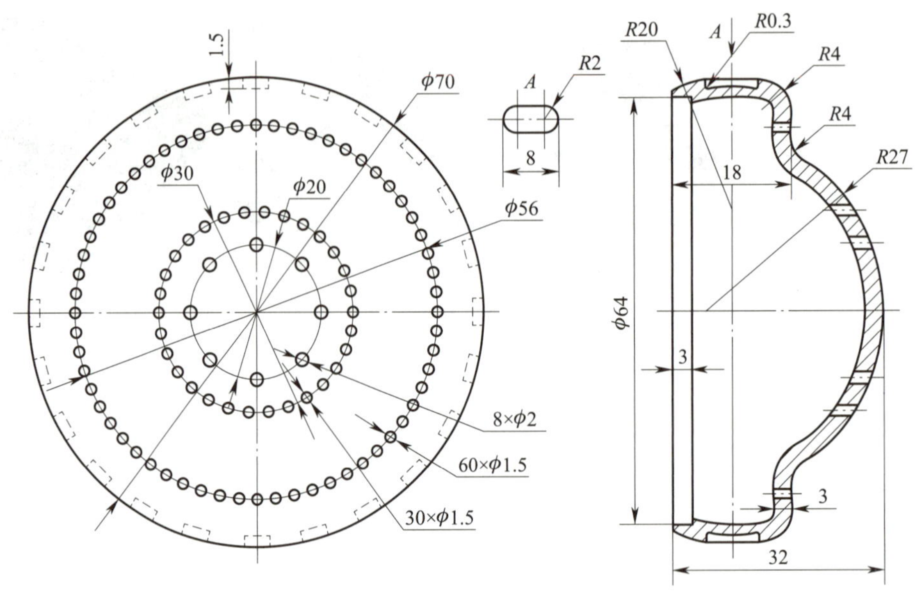


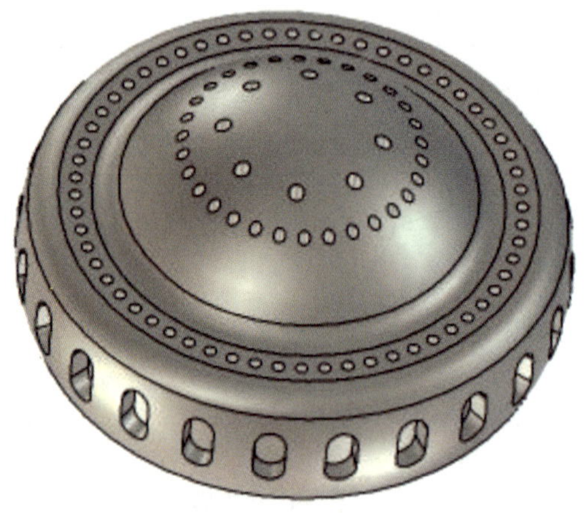

图 4–82 “花洒盖”零件建模

## 三、任务实施

### 1. 基体建模

（1）旋转建模

1）选择“在 Z–X 基准面”作为草图平面，选择“主视图”作为视角平面。

2）单击“圆心 + 半径”按钮 圆心+半径，绘制圆心位于基准轴上的两个圆。单击“2 点线”按钮 2点线，绘制水平线和垂直线，其结果如图 4–83a 所示。

3）单击“智能标注”按钮，完成尺寸约束，其结果如图 4–83b 所示。

4）单击“裁剪”按钮 裁剪 裁剪图素，其结果如图 4–83c 所示。

5）单击“过渡”按钮 过渡 完成圆弧过渡，设置“半径（mm）”为“4”。单击“结束草图编辑”按钮，退出草图编辑。

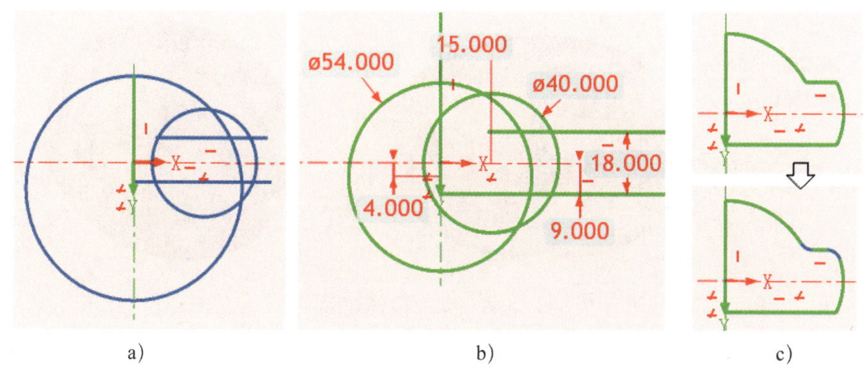


a)　　b)　　c)

图 4-83　绘制旋转截面轮廓

a）绘制草图　b）约束草图　c）裁剪 + 圆角过渡

6）单击“特征”工具组中的“旋转”按钮 旋转，弹出实体旋转“属性”对话框，单击选中“新生成一个独立的零件”单选按钮，其他采用默认参数。

7）单击“确定”按钮 ✓，完成实体旋转建模，其结果如图 4-84 所示。

（2）实体抽壳

1）单击“修改”工具组中的“抽壳”按钮 抽壳，弹出抽壳“属性”对话框。

2）在对话框中“开放面”后的空白方框中单击，随后单击旋转体的底平面。

3）选中“内部”单选按钮，设置“厚度”为“3”，单击“确定”按钮 ✓，完成实体抽壳建模，其结果如图 4-85 所示。

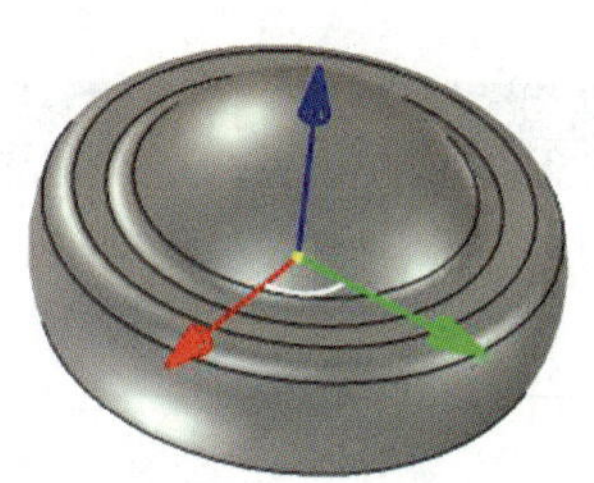

图 4-84　完成实体旋转建模

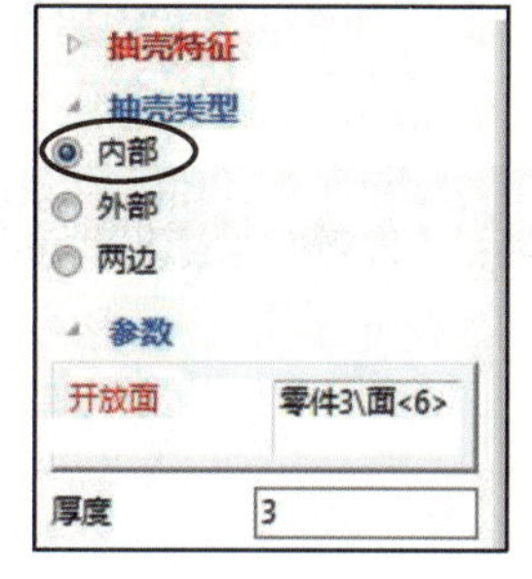


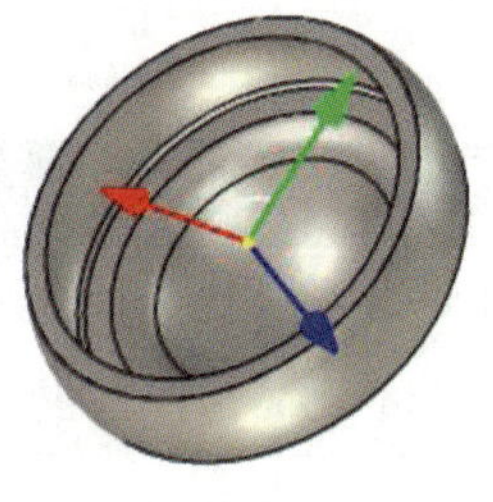

图 4-85　完成实体抽壳

（3）拉伸切除

1）创建平行于“X–Y 平面”的草图平面，其“Z: ”为“–9”。

2）单击“圆心 + 半径”按钮 圆心+半径，以原点为圆心绘制“半径（mm）”为“32”的圆。

3）单击“拉伸”按钮，完成除料拉伸，其“高度值: ”为“3”，完成后如图 4-86 所示。

## 2. 拉伸阵列孔

（1）拉伸单个孔

1）创建平行于“X–Y 平面”的草图平面，其“Z: ”为“23”。

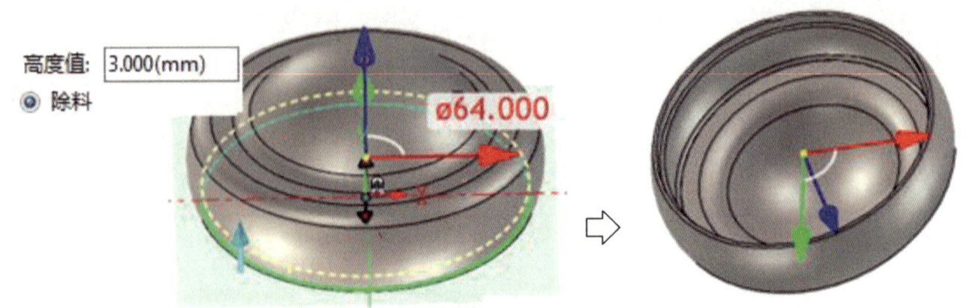


图 4-86　完成拉伸切除

2）单击“圆心 + 半径”按钮 圆心+半径，绘制“半径（mm）”为“1”的圆，并约束其尺寸。

3）单击“拉伸”按钮，完成除料拉伸，其“高度值：”为“20”，结果如图 4-87a 所示。

4）采用同样的方法，完成其他两孔的拉伸切除。完成后如图 4-87 所示。

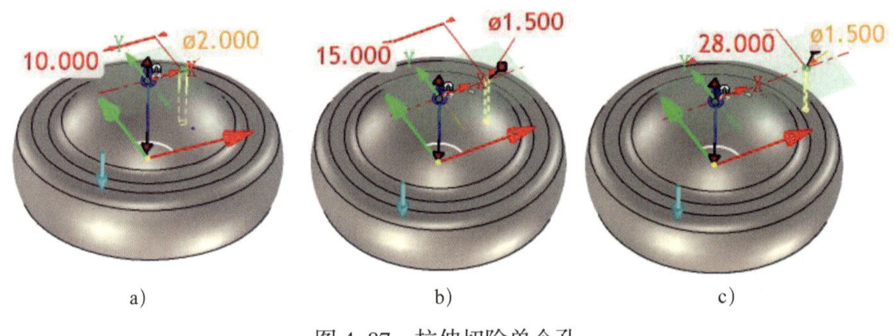


a)　b)　c)

图 4-87　拉伸切除单个孔

**提示**

由于每一排孔的阵列个数不同，阵列角度也不相同。因此，此处三个孔须单独拉伸，以方便每个孔的圆周阵列。

（2）圆周阵列孔

1）单击“变换”工具组中的“阵列特征”按钮，弹出“属性”对话框。窗口左下角提示“从设计环境中选择一个零件”，单击窗口中的旋转实体。

2）选中阵列特征“属性”对话框中“圆型阵列”单选按钮，设置“总角度”为“360”、“数量”为“8”。

3）在对话框中“轴”后的空白方框中单击，随后单击窗口实体中圆形上表面的圆心，弹出圆心表面的中心轴，单击选中该中心轴。

4）在对话框中“特征”后的空白方框中单击，单击“设计环境”对话框中的“拉伸 2”。

5）单击对话框中的“确定”按钮，完成孔的圆周阵列。

6）采用同样的方法完成其他两孔的圆周阵列，其结果如图 4-88 所示。

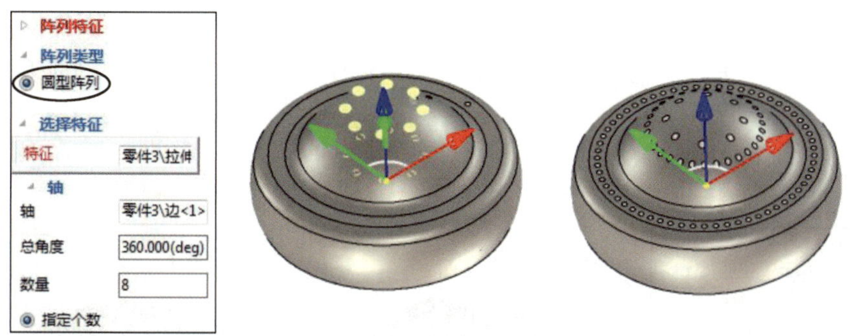


图 4–88 完成孔的圆周阵列

## 3. 均布凹槽建模

（1）绘制曲面

1）用鼠标右键单击旋转体的草图平面“截面”，在弹出的右键菜单中单击“编辑”，进入草图编辑状态，选中草图中右侧圆弧线，单击鼠标右键选中“复制”，完成圆弧线的复制。

2）选择“在 Z–X 基准面”作为草图平面，选择“主视图”作为视角平面。

3）在草图平面内粘贴图素，选中图素并向内偏置“1.5”，删除源图素，其结果如图 4–89 所示。

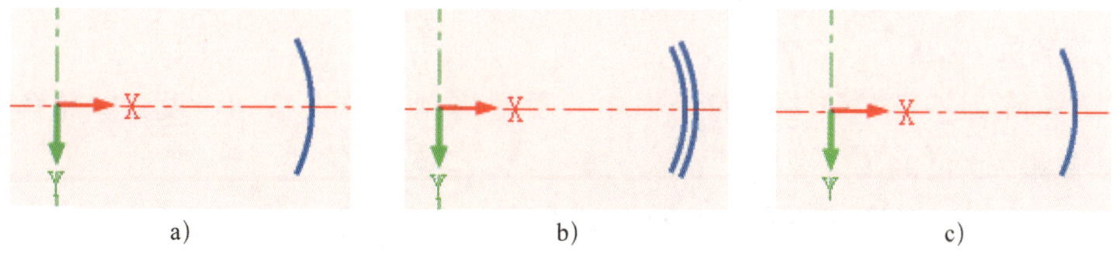

a) b) c)

图 4–89 绘制旋转曲面的截面

a）粘贴图素 b）向内偏置“1.5” c）删除源图素

4）单击“曲面”工具组中的“旋转面”按钮 ，弹出旋转面“属性”对话框。

5）在对话框中“轴：”后的空白方框中单击，随后单击窗口 *Z* 向基准轴。在对话框中“曲线:”后的空白方框中单击，随后单击图 4–89c 中的圆弧。

6）单击“确定”按钮 绘制旋转曲面，隐藏显示旋转实体，其结果如图 4–90 所示。

（2）拉伸切除单个凹槽

1）创建平行于“Y–Z 平面”的草图平面，其“X:”为“36”。

2）绘制如图 4–91 所示拉伸截面轮廓。

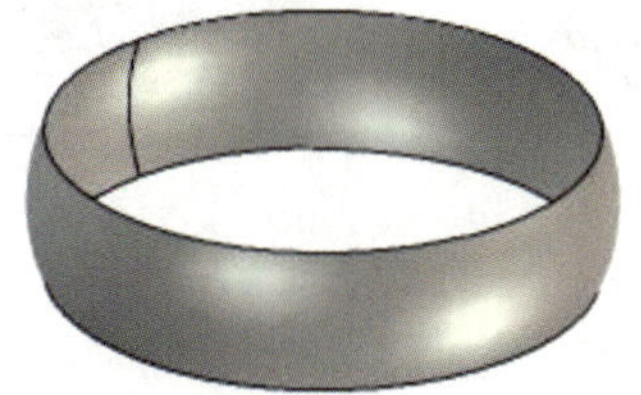

图 4–90 绘制旋转曲面

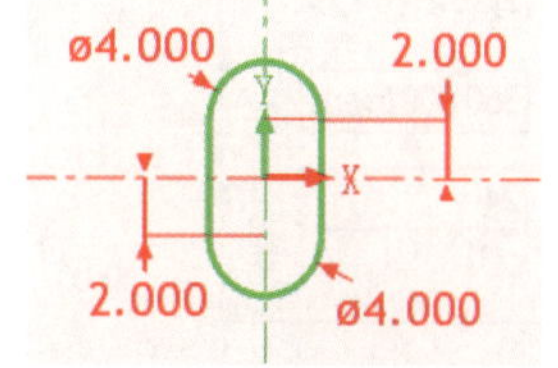


图 4–91 绘制拉伸截面

3）单击“拉伸”按钮，选中“从设计环境中选择一个零件”单选按钮，单击旋转实体，弹出设置拉伸参数“属性”对话框，在“方向 1 的深度”中选中“到曲面”。

4）在对话框中“参考物”后的空白方框中单击，随后单击旋转曲面。单击“确定”按钮完成拉伸切除，其结果如图 4–92 所示。

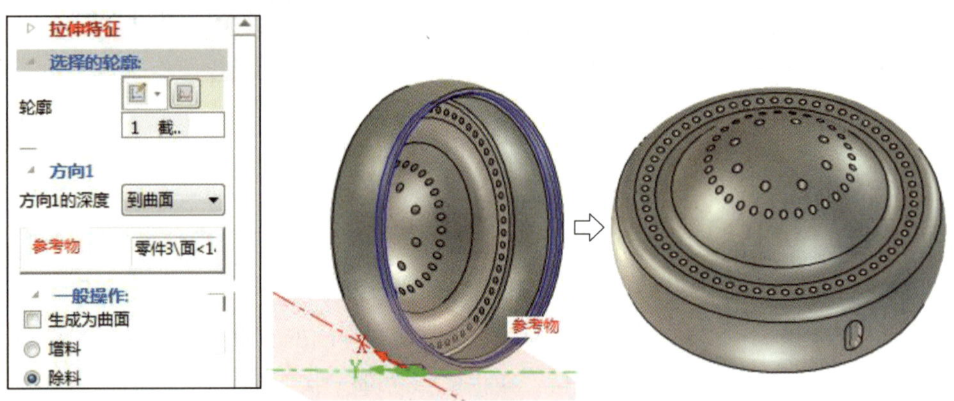


图 4–92 拉伸切除单个凹槽

（3）圆周阵列

1）单击“阵列特征”按钮，窗口左下角提示“从设计环境中选择一个零件”，单击窗口中的旋转实体。

2）选中阵列特征“属性”对话框中“圆型阵列”单选按钮，设置“总角度”为“360”、“数量”为“24”。

3）在对话框中“轴”后的空白方框中单击，随后单击窗口实体中环形上表面，弹出中心轴，单击选中该中心轴。

4）在对话框中“特征”后的空白方框中单击，随后单击“设计环境”对话框中的“拉伸 16”。

5）单击对话框中的“确定”按钮，完成凹槽的圆周阵列，其结果如图 4–93 所示。

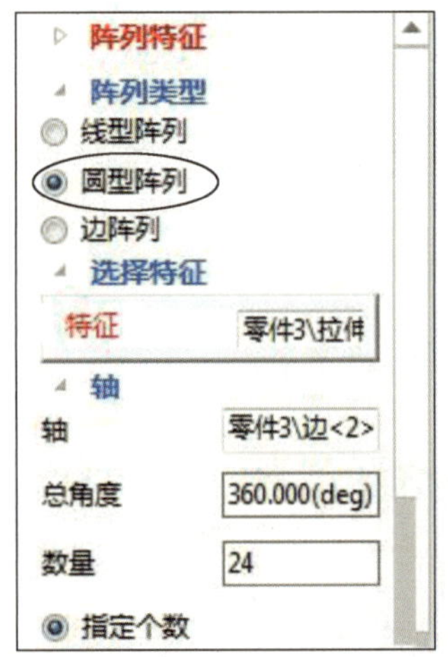


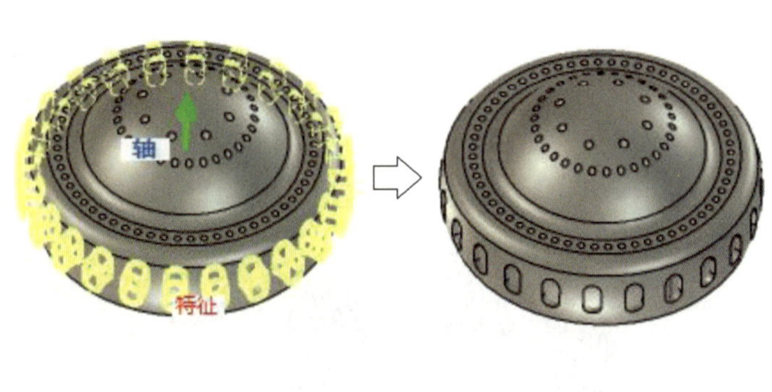


图 4–93 圆周阵列凹槽

**想一想**

本例采用拉伸至旋转曲面的建模方法，读者不妨试一试拉伸至实体的偏移面的建模方法，试述两种建模方法有什么不同。

## 四、知识拓展

### 1. 变半径圆角

在实体倒圆角过程中，通过设置曲线上不同位置点处的半径值，可以实现变半径圆角，下面以香皂的建模实例来说明变半径圆角的建模方法。

（1）绘制草图截面，拉伸建模（“高度值：”为“26”），其结果如图 4–94 所示。

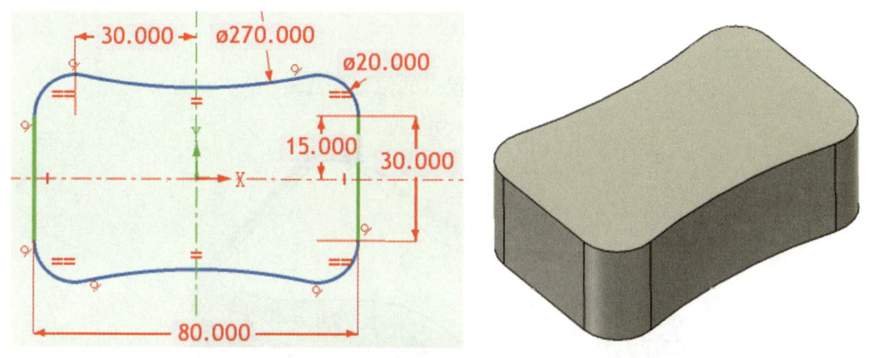


图 4–94 绘制拉伸实体

（2）单击“圆角过渡”按钮，弹出圆角过渡“属性”对话框。

（3）选中对话框中的“变半径”单选按钮以及“球形过渡”和“光滑连接”复选框，修改“半径”为“5”，单击轮廓的一条实体边，自动延伸选择其他边界。

（4）单击对话框中的“设置点的数量”，窗口显示如图 4–95 所示圆角过渡的点。分别在圆弧的中点处单击，插入两个点（图中的 Ⅰ 点和 Ⅱ 点）。分别单击 Ⅰ 点和 Ⅱ 点，修改对话框中的“半径”为“13”。

（5）单击图中的 1 点后单击鼠标右键，在弹出的右键菜单中单击“删除”，用同样的方法删除 2 ~ 4 点。

（6）单击“确定”按钮，完成实体变半径圆角过渡，其结果如图 4–96 所示。

### 2. 曲面加厚

曲面加厚是一种将曲面转为实体的建模方法，现以图 3–1 所示塑料外壳为例来说明曲面加厚的操作过程。

（1）单击“特征”工具组中的“加厚”按钮 加厚，弹出如图 4–97 所示加厚“属性”对话框。

（2）在对话框中“面”后的空白方框中单击，随后单击上表面。

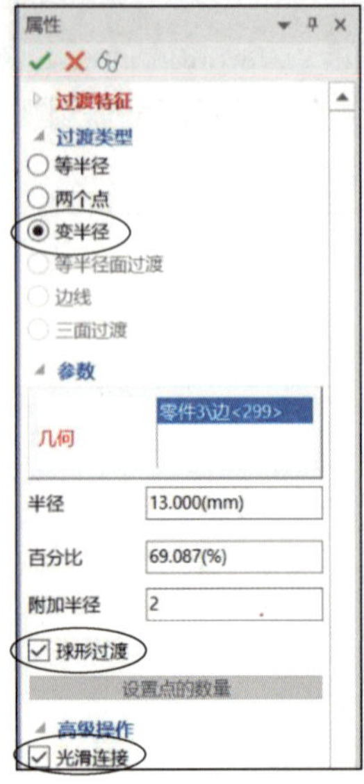


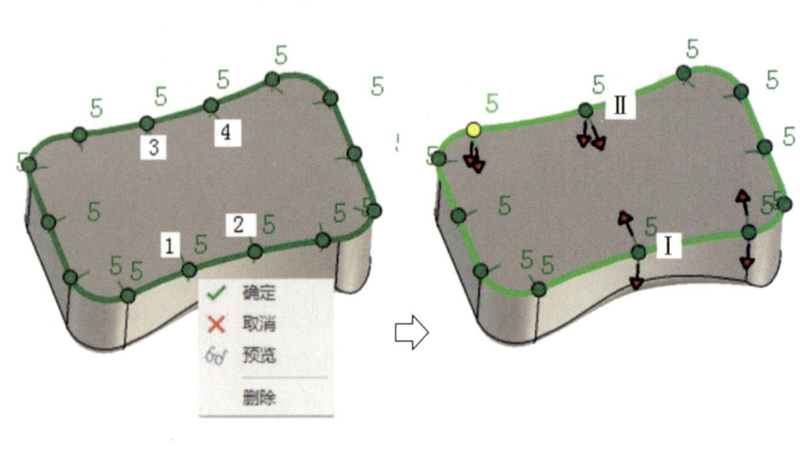


图 4-95 设置点的位置和数量

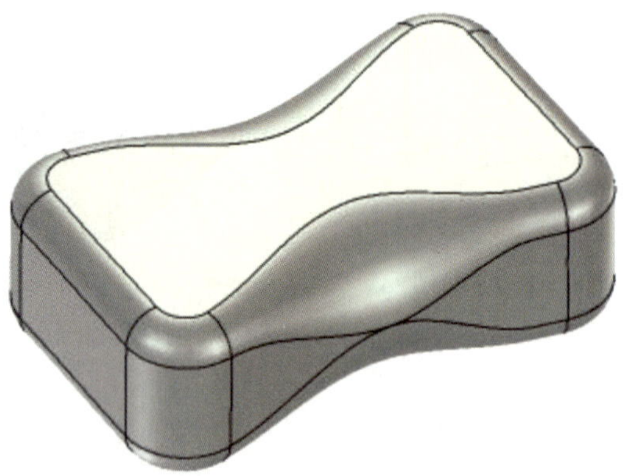

图 4-96 完成实体变半径圆角过渡

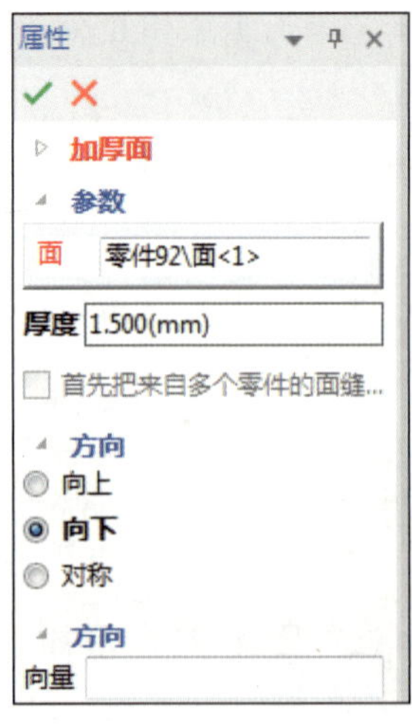


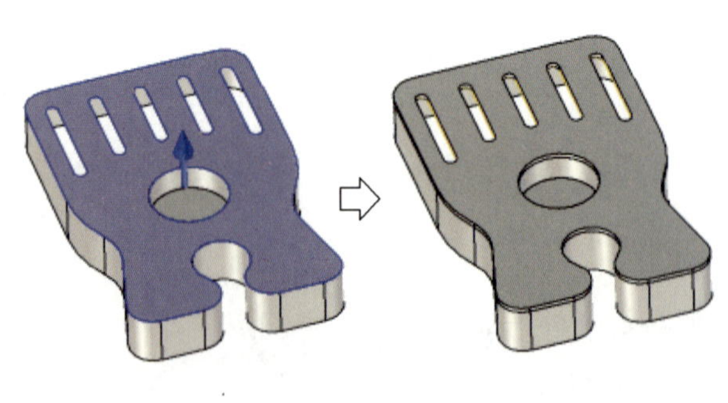

图 4-97 曲面加厚

（3）在选中面的表面出现加厚方向箭头，加厚方向有“向上”“向下”“对称”三种。加厚方向与箭头方向相同则选择“向上”，相反则选择“向下”。

（4）设置“厚度”值后，单击“确定”按钮 ✔ 完成曲面加厚。

## 五、任务拓展

任务拓展 1　完成如图 4–98 所示手机外壳模型的实体建模。

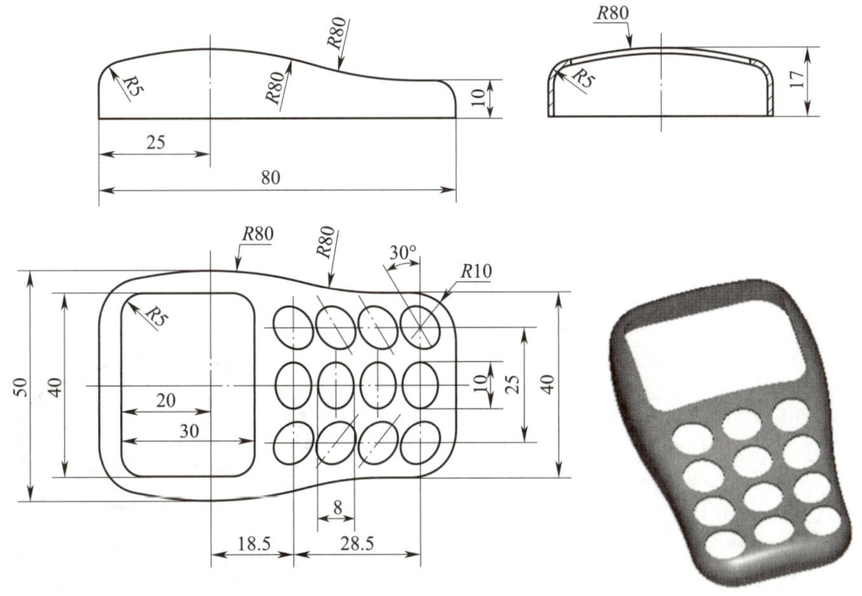


图 4–98　任务拓展 1

任务拓展 2　采用合理的建模方法完成如图 4–99 所示零件的实体建模。

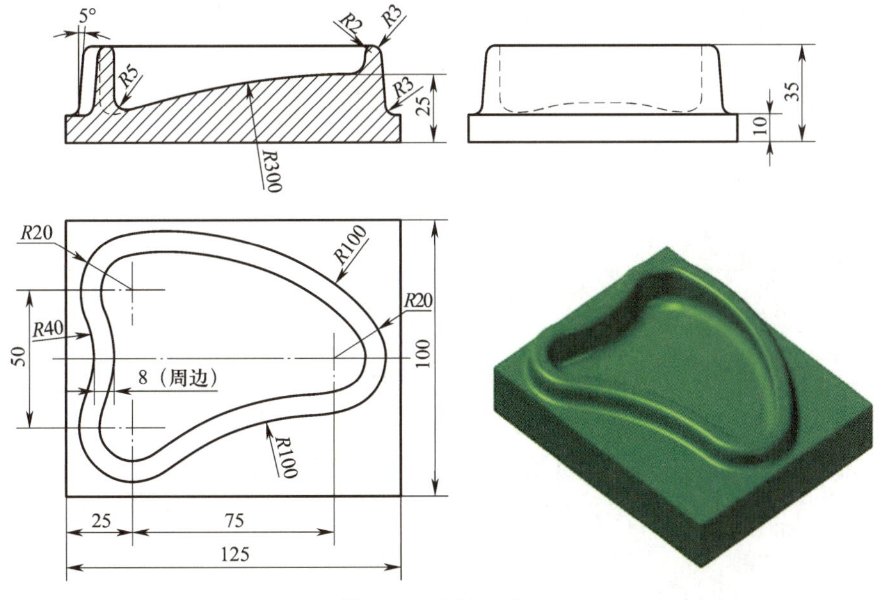


图 4–99　任务拓展 2

# 课题 6　曲面与实体建模综合实例 2

## 一、学习目标

1．掌握曲面与实体建模的综合技能。

2．掌握投影曲线的绘制方法。

3．进一步掌握实体阵列的建模方法。

4．掌握灵活运用三维球进行实体建模的方法。

## 二、任务描述

试采用曲面与实体的综合建模方法完成图 4–100 所示环连环零件的实体建模。

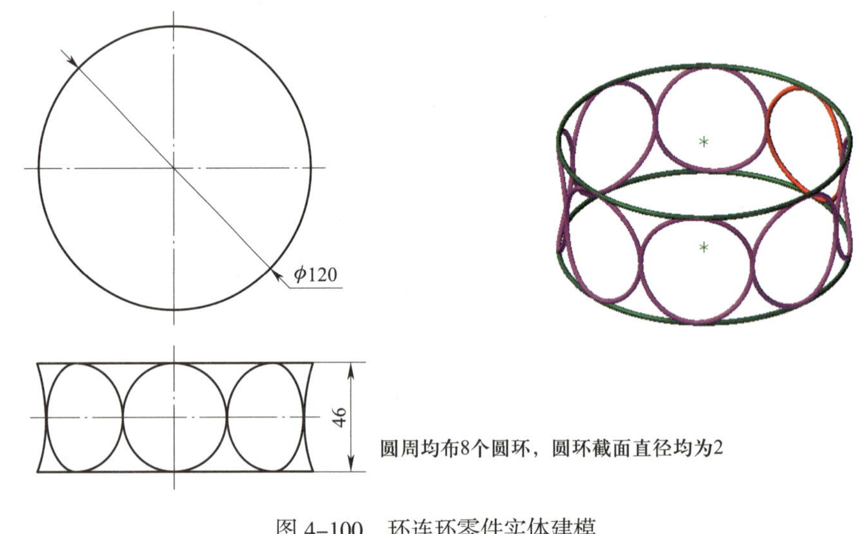


图 4–100　环连环零件实体建模

## 三、任务实施

### 1．绘制投影曲线

（1）绘制辅助线

1）单击“三维曲线”按钮，同时按下“Fn+F5”组合键，选择“*XY*”平面作为绘图平面。

2）单击“圆”按钮 圆，捕捉到原点位置，绘制直径为“120”的圆。

3）单击“两点线”按钮 两点线，启动“正交”和“智能”功能。捕捉到原点位置，绘制水平线和垂直线。

4）单击“正多边形”按钮 正多边形，以原点为中心，捕捉到圆右侧象限点，绘制八边形，其结果如图 4–101 所示。

5）单击“查询”工具组中的“两点距离”按钮 两点距离，单击正八边形边的中点和端点，弹出如图 4–102 所示的测量结果（边长的一半）。

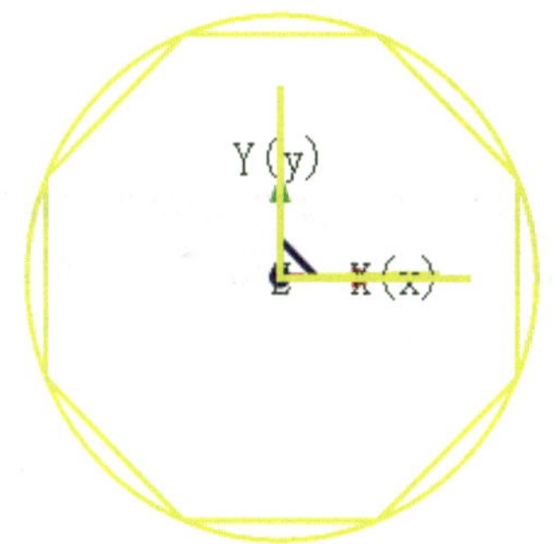


图 4–101　环连环零件实体造型

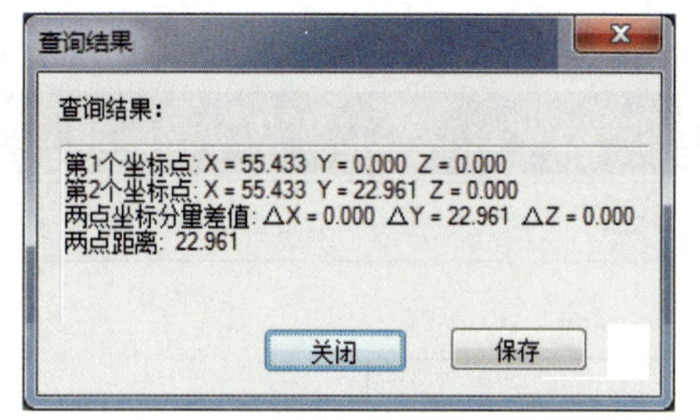


图 4–102　查询长度

6）选择“正等测”作为视角平面。同时重复按下“Fn+F9”组合键，选择“*YZ*”平面作为绘图平面。

7）单击“圆”按钮 圆，以正八边形右侧边的中点为圆心，边长为直径绘制圆。

8）同时重复按下“Fn+F9”组合键，选择“*ZX*”平面作为绘图平面。单击“两点线”按钮 两点线，启动“正交”和“智能”功能。捕捉到原点位置，绘制垂直线。

9）单击“直线”按钮 直线，在弹出的“立即菜单”对话框中选中“水平 / 铅垂线”，设置“长度 =”为“60”，单击圆弧右侧象限点，绘制投影线基线，其结果如图 4–103 所示。

（2）绘制投影线

1）单击“曲面”工具组中的“旋转面”按钮，弹出旋转面“属性”对话框。

2）在对话框中“曲线 :”后的空白方框中单击，随后单击图 4–103 中垂直线“L2”。在对话框中“轴”后的空白方框中单击，随后单击图 4–103 中左侧垂直线“L1”。单击“确定”按钮 ✔ 绘制旋转面，其结果如图 4–104 所示。

3）单击“三维曲线”工具组中的“曲面投影线”按钮 曲面投影线，弹出旋转面“属性”对话框。

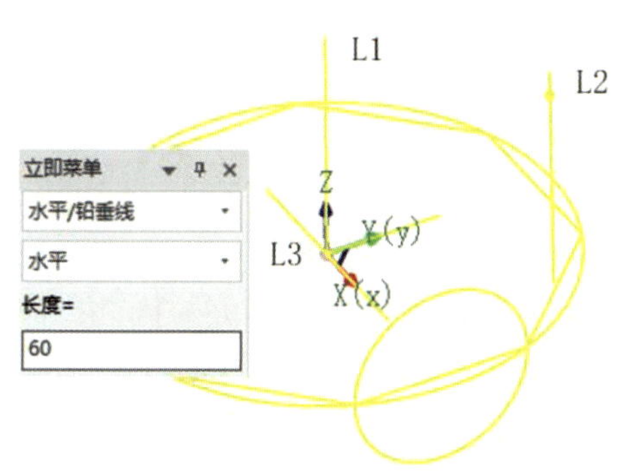


图 4–103　绘制投影线基线

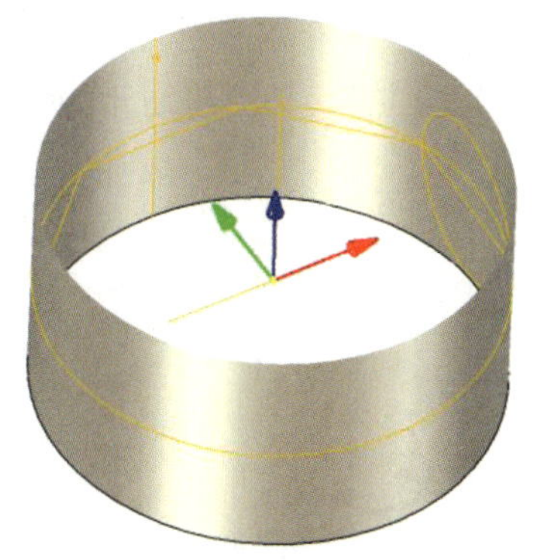

图 4–104　绘制旋转曲面

4）在对话框中“曲线:”后的空白方框中单击，随后单击右侧圆。

5）在对话框中“面”后的空白方框中单击，随后单击旋转曲面。

6）在对话框中“方向”后的空白方框中单击，随后单击图 4-103 中过原点的直线“L3”。

7）单击“确定”按钮 ✔ 绘制投影曲线，其结果如图 4-105 所示。

**提示**

投影曲线不要投在旋转曲线的起始位置，以免投影而成的曲线变成两段曲线。

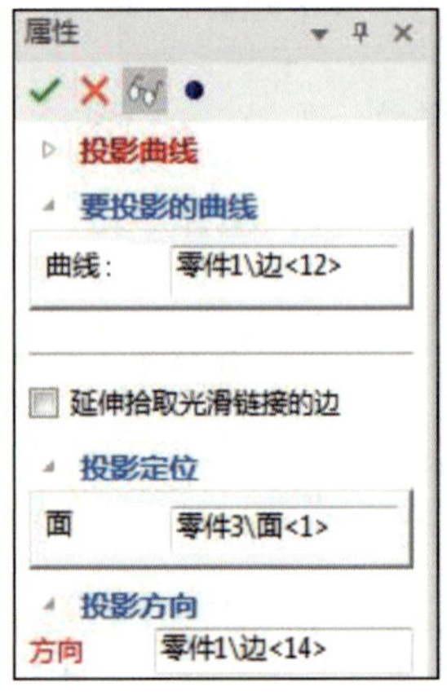


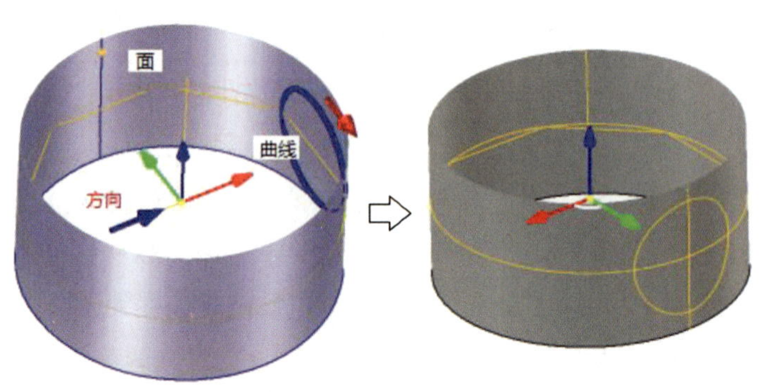


图 4-105 绘制投影曲线

8）单击旋转曲面，按“Delete”键删除。

9）双击任意空间曲线，返回空间曲线编辑状态。单击“点”按钮 · 点，绘制右侧垂直线与投影曲线上方的交点。

10）删除其他空间曲线，仅保留投影曲线和上方的交点，其结果如图 4-106 所示。

## 2. 圆环形实体建模

（1）半圆环建模

1）选择“在 Z-X 基准面”作为草图平面，绘制如图 4-107 所示的半圆。

2）单击“旋转轴”按钮 旋转轴，经原点绘制旋转轴。

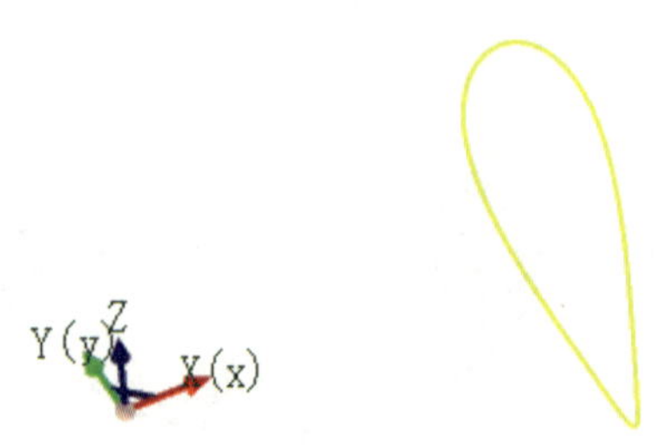


图 4-106 完成后的投影线

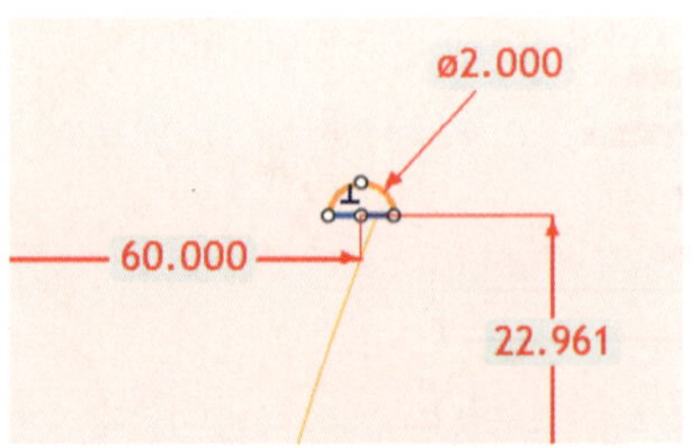


图 4-107 绘制旋转截面轮廓

3）单击“旋转”按钮 旋转，弹出实体旋转“属性”对话框，选中“新生成一个独立的零件”单选按钮，其他采用默认参数。

4）单击“确定”按钮 ✓，完成实体旋转建模，其结果如图 4–108 所示。

（2）侧面圆环建模

1）选择“在 X–Y 基准面”作为草图平面。捕捉投影曲线上的端点，绘制直径为“2”的圆，单击“结束草图编辑”按钮 ✓，退出草图编辑。

2）单击“扫描”按钮 扫描，选中“从设计环境中选择一个零件”单选按钮，单击上方圆环。

3）以投影线为“路径”绘制侧面圆环，其结果如图 4–109 所示。

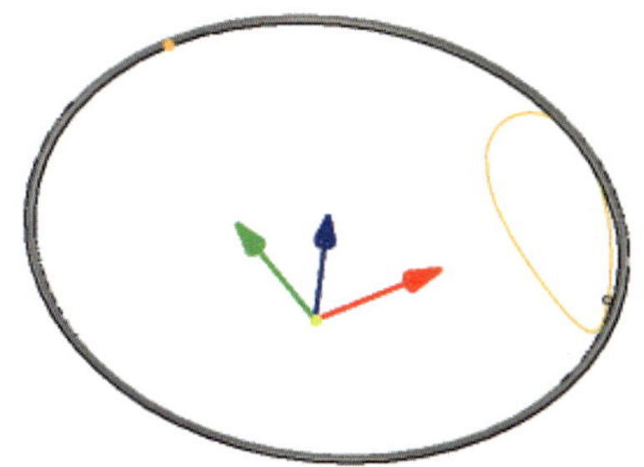

图 4–108　上方半圆环建模

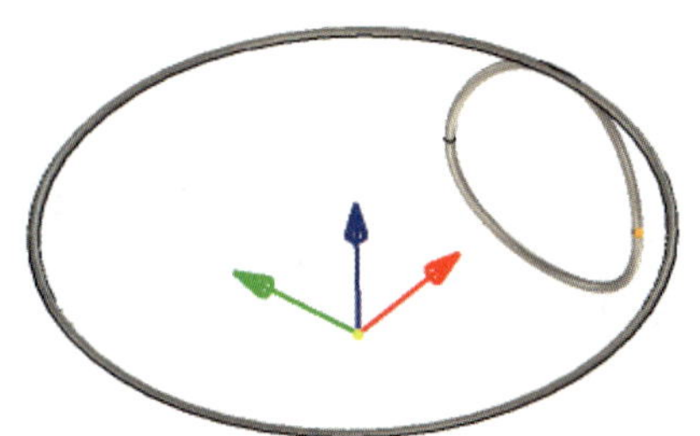

图 4–109　侧面圆环建模

4）单击“阵列特征”按钮，弹出阵列特征“属性”对话框。窗口左下角提示“从设计环境中选择一个零件”，单击圆环实体。

5）选中对话框中“圆型阵列”单选按钮，设置“总角度”为“360”、“数量”为“8”。

6）在对话框中“特征”后的空白方框中单击，随后单击侧边圆环。

7）在对话框中“轴”后的空白方框中单击，随后单击上方圆环的底平面，弹出圆心表面的中心轴，单击选中该中心轴。

8）单击“确定”按钮 ✓ 完成圆环的圆周阵列，其结果如图 4–110 所示。

（3）补全上方和下方圆环

1）隐藏阵列后的圆环形实体，以“新生成一个独立的零件”方式完成下方圆环建模，其结果如图 4–111 所示。

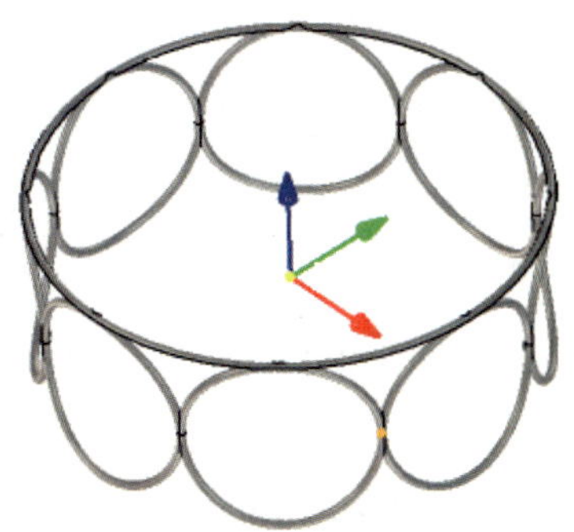

图 4–110　完成圆周阵列

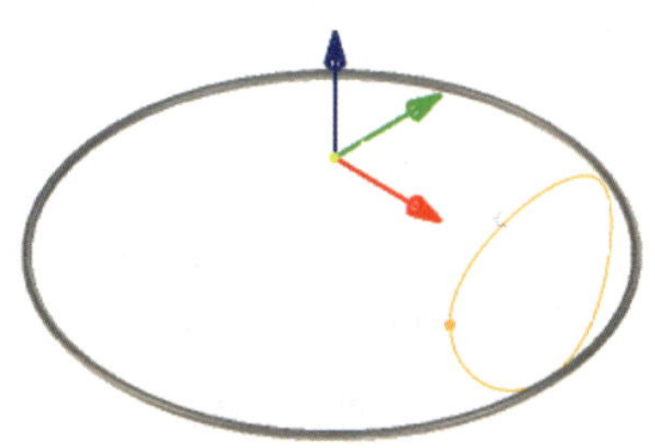

图 4–111　下方圆环建模

2）单击该圆环形实体，在圆环形实体中间出现“三维球”图标。单击该图标，出现如图 4–112 所示的三维球。

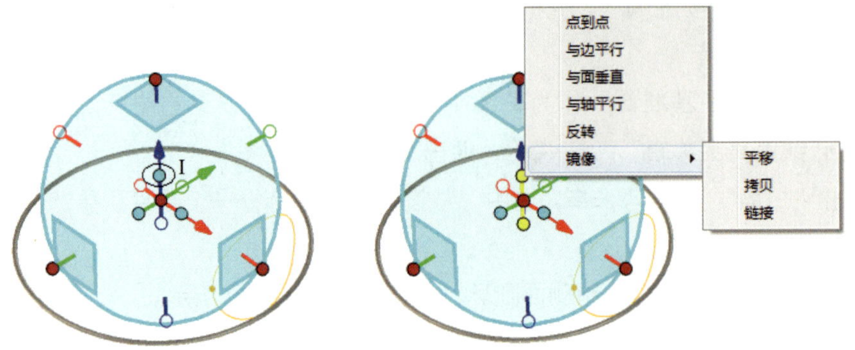


图 4–112　三维球操作

3）单击三维球位于“Ⅰ”点处（上下方向小手柄的上端）的手柄，单击鼠标右键，在弹出的右键菜单中选择“镜像”/“拷贝”，镜像复制圆环，其结果如图 4–113 所示。

4）显示隐藏的实体。单击“布尔”按钮 布尔，实施布尔“加”操作，其结果如图 4–114 所示。

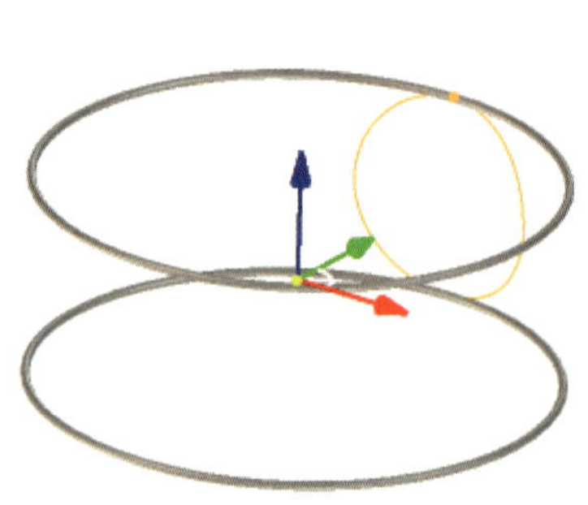

图 4–113　镜像复制圆环

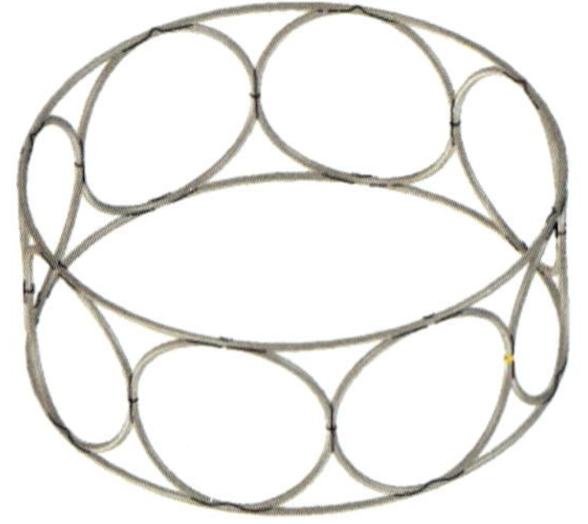

图 4–114　完成后的环连环零件实体

## 四、知识拓展

### 面拔模功能

CAXA 制造工程师 2020 的面拔模功能是一种非常简便、实用的建模功能，用该功能即可在建模过程中达到事半功倍的效果，现以图 4–115 所示实体的建模为例来说明面拔模的操作过程。

1．采用拉伸建模方式完成如图 4–116a 所示实体的建模。

2．单击“面拔模”按钮 面拔模，弹出如图 4–116b 所示的拔模特征“属性”对话框，选中对话框中的“中性面”单选按钮，设置“拔模角度”为“10”。

3．在对话框中“中性面”后的空白方框中单击，随后单击底部平面，以该平面的垂直方向为基准角度方向，顺时针方向为正。

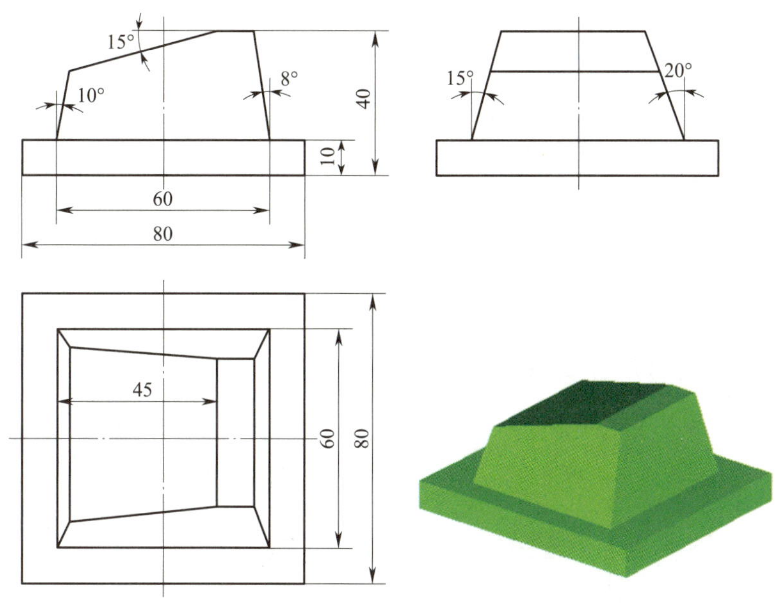


图 4-115 面拔模操作示例

4．在对话框中“拔模面”后的空白方框中单击，随后单击侧面，显示如图 4-116c 所示的拔模效果图。单击“确定”按钮 完成面拔模。

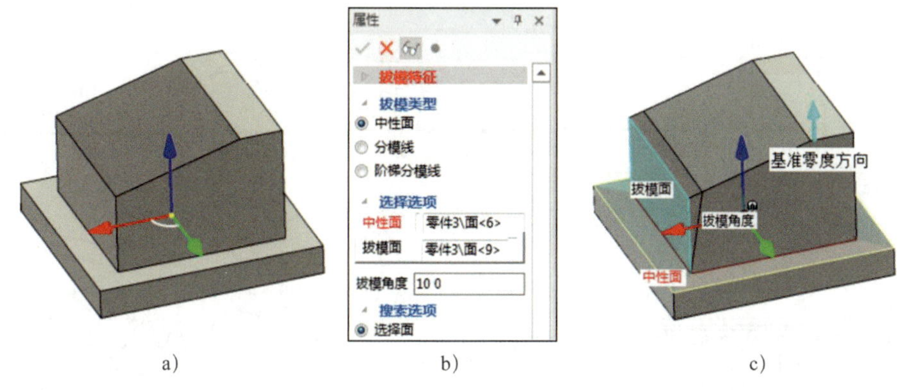


a） b） c）

图 4-116 面拔模操作流程

a）基本实体建模 b）拔模特征“属性”对话框 c）拔模效果图

5．采用同样的方式完成其他面的面拔模，其结果如图 4-117 所示。

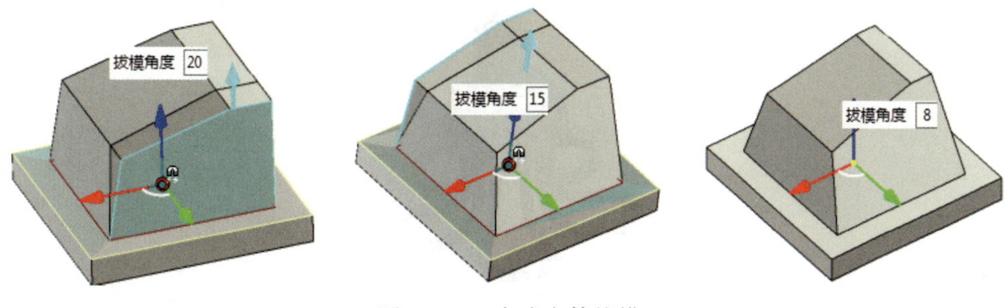


图 4-117 完成实体拔模

## 五、任务拓展

任务拓展 1　试完成如图 4–118 所示可乐瓶底模型的实体建模。

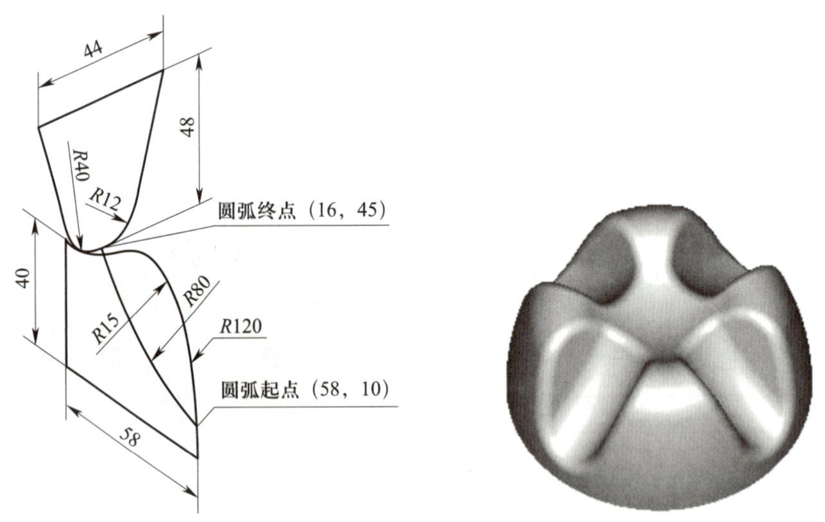


图 4–118　任务拓展 1

任务拓展 2　试完成如图 4–119 所示节能台灯模型的实体建模。

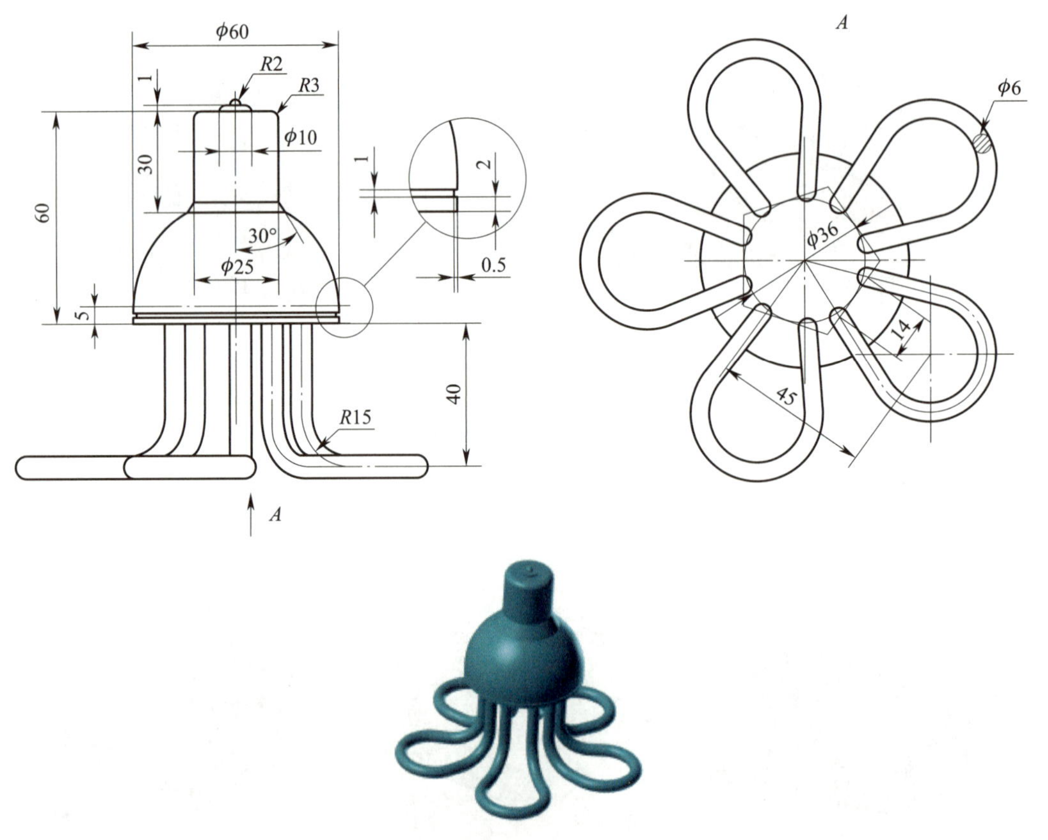


图 4–119　任务拓展 2

建模思路：本例模型的建模思路如图 4-120 所示。

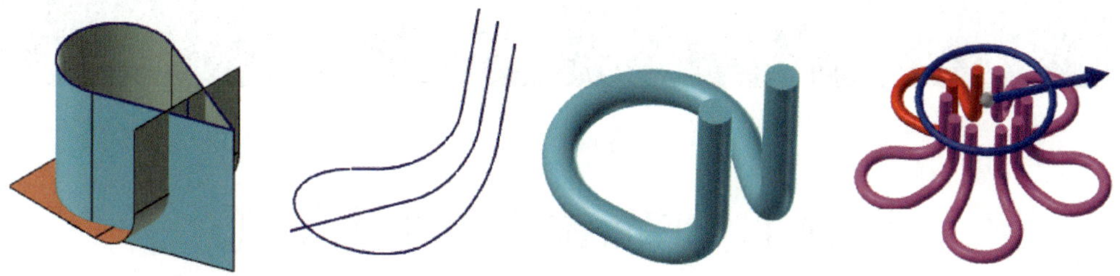

图 4-120　建模思路

# 模块五　数控铣削二轴加工

## 课题 1　平面铣削与轮廓铣削

### 一、学习目标

1．掌握平面光铣加工的方法。

2．掌握平面区域粗加工的方法。

3．掌握平面轮廓精加工的方法。

4．掌握实体加工模拟的操作方法。

5．掌握后置处理生成加工程序的方法。

### 二、任务描述

选用硬质合金刀具铣削如图 5-1 所示的零件，毛坯为 100 mm×100 mm×20 mm 的 45 钢，要求规划其刀具路径并生成加工程序。

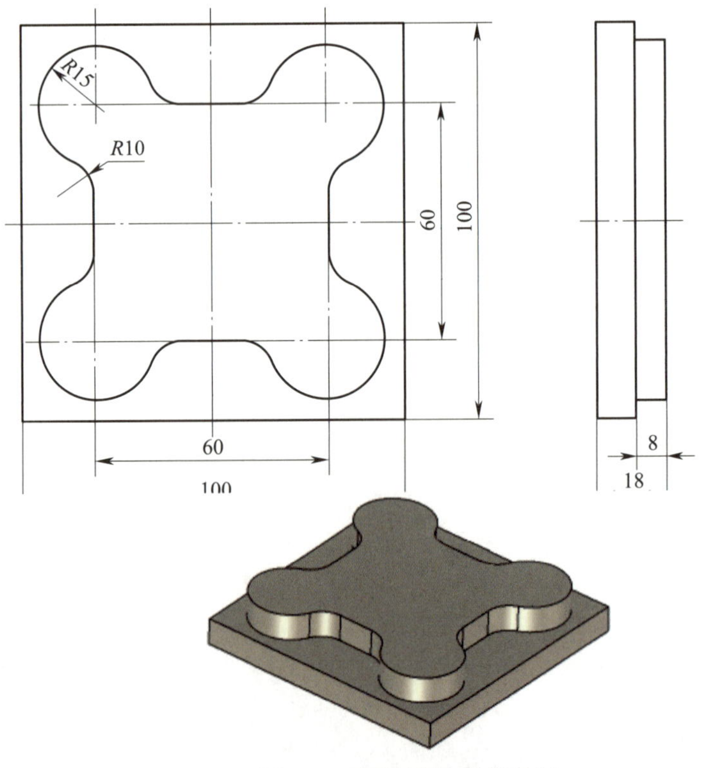

图 5-1　平面铣削与轮廓铣削

## 三、任务实施

### 1. 加工准备

（1）绘制实体与轮廓界线

1）启动 CAXA 制造工程师 2020，完成实体建模，并在相应的草图平面上绘制上平面光铣加工的加工轮廓，其结果如图 5–2 所示。

2）单击操作管理器下方的“加工”按钮 加工，打开如图 5–3 所示的“加工”管理器，显示相关的加工管理信息。

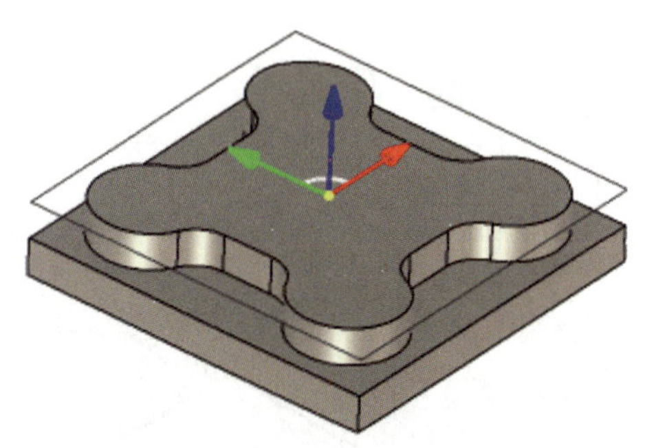

图 5–2　绘制加工实体

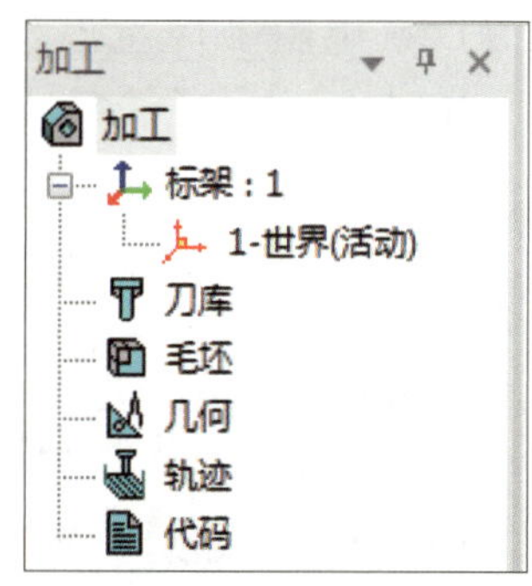


图 5–3　“加工”管理器

（2）创建毛坯

1）用鼠标右键单击“毛坯”图标 毛坯:，在弹出的右键菜单中单击“创建毛坯”，弹出“创建毛坯”对话框。

2）单击对话框中的“拾取参考模型”按钮 拾取参考模型，弹出“面拾取工具”对话框，选中“零件”单选按钮，单击窗口中已生成的实体，单击“确定”按钮 ✓，返回“创建毛坯”对话框。

3）单击“确定”按钮 确 定，完成毛坯创建，其结果如图 5–4 所示。

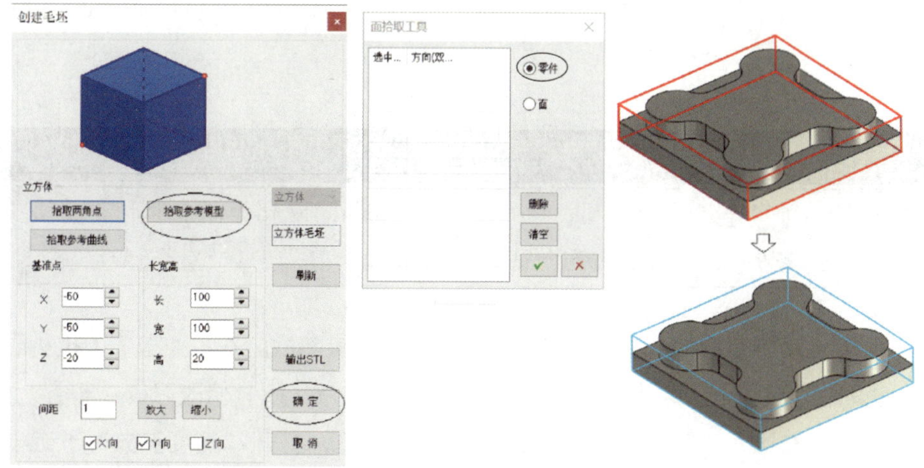


图 5–4　创建毛坯

### 2. 规划加工刀具路径

（1）规划上平面光铣加工路径

1）单击功能选项卡中的“制造”，单击“二轴”工具组中“平面自适应粗加工”按钮 平面自适应粗加工 下方的下三角 ▼，在弹出的下拉菜单中选择“平面光铣加工”按钮 平面光铣加工，弹出如图 5-5 所示的“创建：平面光铣加工”对话框，默认显示“加工参数”选项卡。

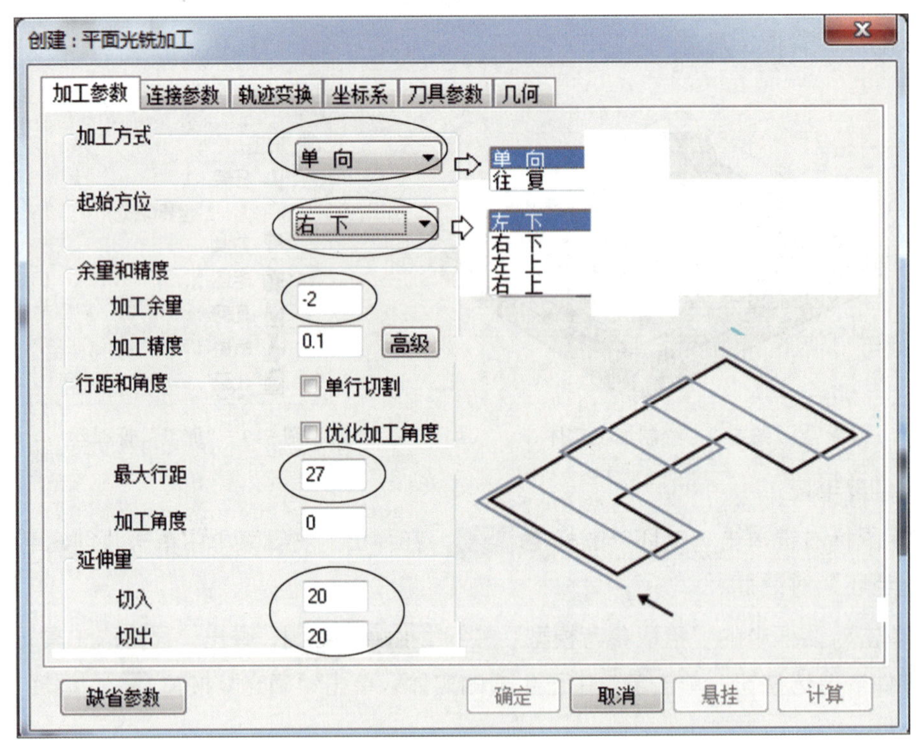


图 5-5 “创建：平面光铣加工”对话框

2）参照图 5-5 设置加工参数，其中“加工余量”设为“-2”，“最大行距”设为“27”。

**提示**

由于选择的加工平面是上平面，背吃刀量是 2 mm，因此加工余量取“-2”。选择直径为“32”的立铣刀，故“最大行距”选择“27”。

3）切换至“刀具参数”选项卡，参照图 5-6 设置刀具参数。在“类型”下拉列表中选择“立铣刀”，设置“刀具号”“半径补偿号”“长度补偿号”均为“1”，修改刀具“直径”为“32”。

4）在“刀具参数”选项卡中单击“速度参数”标签，打开“速度参数”子选项卡，按图 5-7 所示设置刀具速度参数。

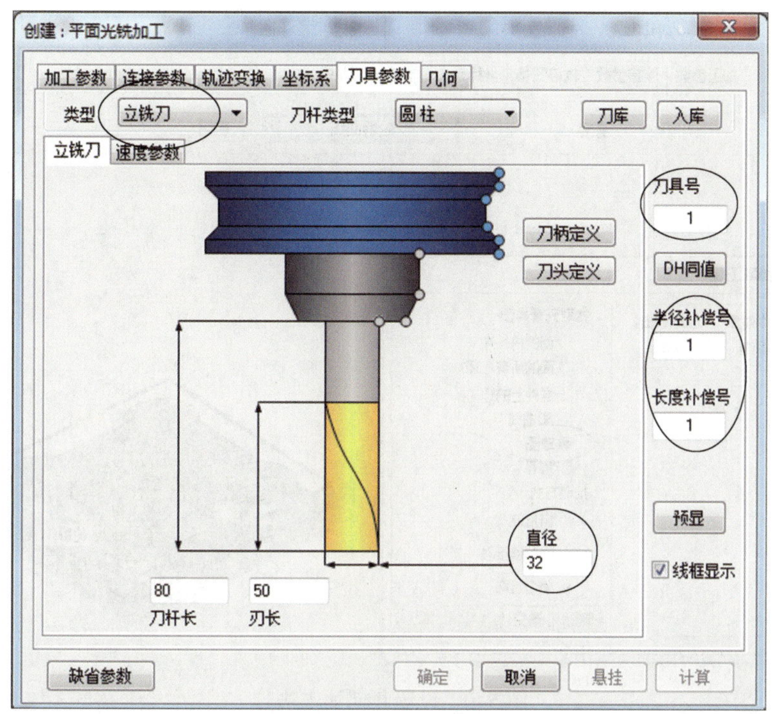


图 5–6　设置刀具参数

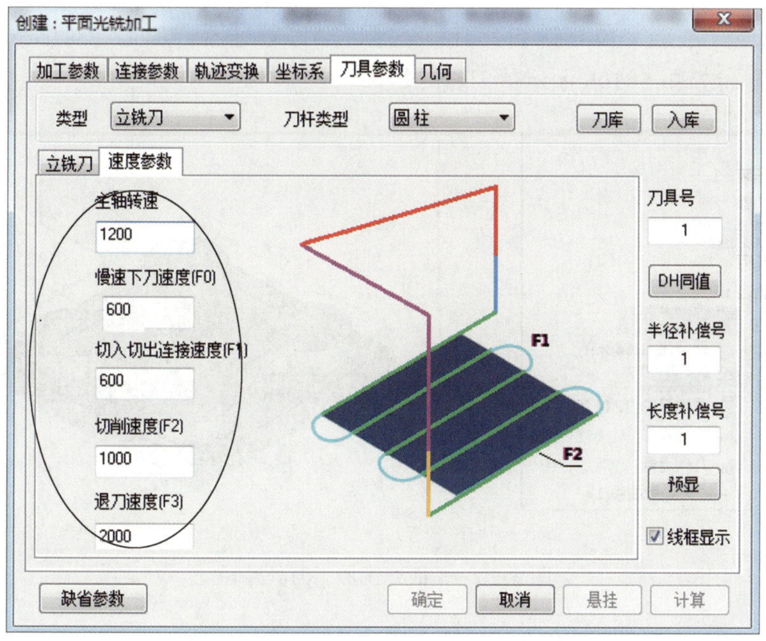


图 5–7　设置速度参数

5）切换至“几何”选项卡，如图 5–8 所示。单击“轮廓曲线”按钮 轮廓曲线 ，弹出如图 5–9 所示的“轮廓拾取工具”对话框，选中“草图”和“单个拾取”单选按钮。单击草图中的四条边界线，双击“正向”改变轮廓方向，单击“确定”按钮 ✔ 完成几何加工边界的设置。

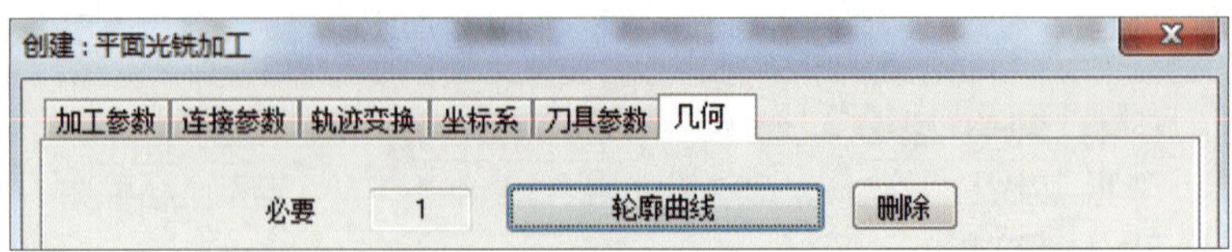


图 5-8 “几何”选项卡

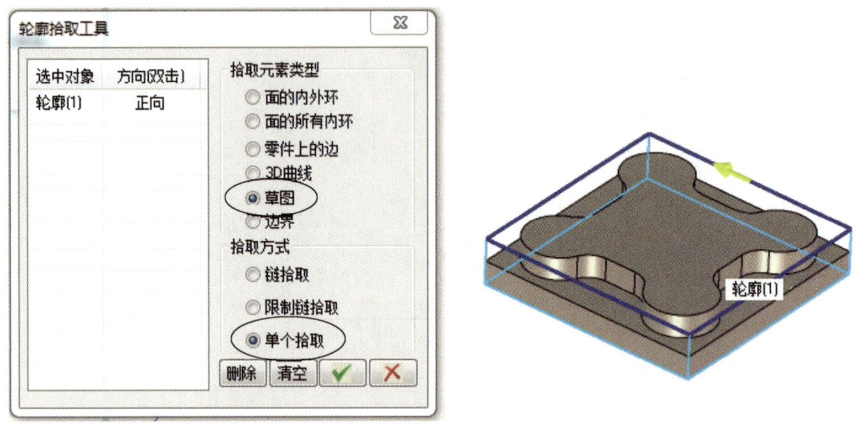


图 5-9 设置几何加工边界

6）对话框中的“连接参数”“轨迹变换”“坐标系”选项卡均采用默认参数。单击“确定”按钮 确定 生成平面光铣加工刀具路径，操作管理器“加工”对话框如图 5-10a 所示，绘图窗口显示如图 5-10b 所示的刀具路径。

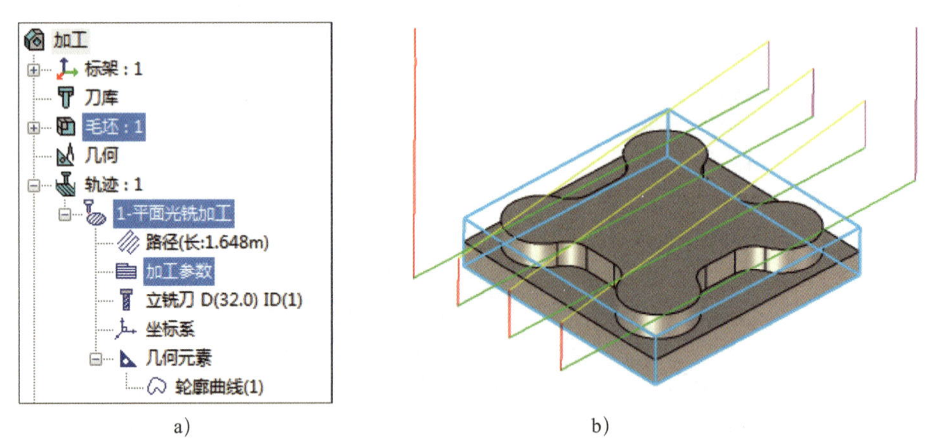


图 5-10 平面光铣加工刀具路径

（2）规划平面区域粗加工路径

1）单击“二轴”工具组中的“平面区域粗加工”按钮 平面区域粗加工，弹出如图 5-11 所示的“创建：平面区域粗加工”对话框，默认显示“加工参数”选项卡。

2）参照图 5-11 设置加工参数，其中“加工余量”设为“0.5”，“加工精度”设为“0.1”，“顶层高度”为“0”，“底层高度”设为“-10”，“层高”设为“10”，“行距”设为“4”，其余采用默认参数。

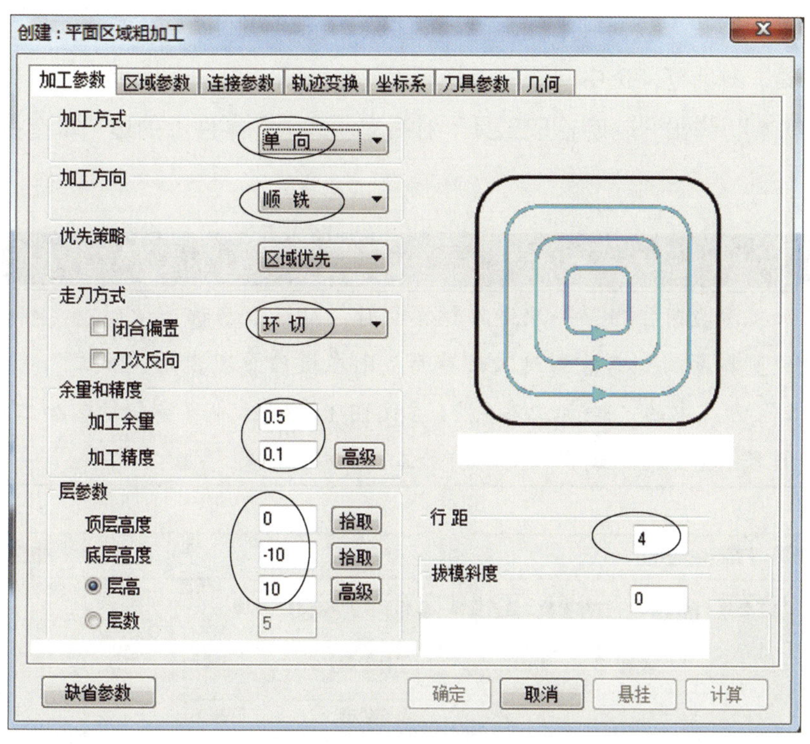


图 5-11 “创建：平面区域粗加工”对话框

3）切换至“刀具参数”选项卡，如图 5-12 所示。在“类型”下拉列表中选择“立铣刀”，设置“刀具号”“半径补偿号”“长度补偿号”均为“2”，修改刀具“直径”为“16”。

4）单击“速度参数”标签，打开“速度参数”子选项卡，参照图 5-12 设置速度参数。

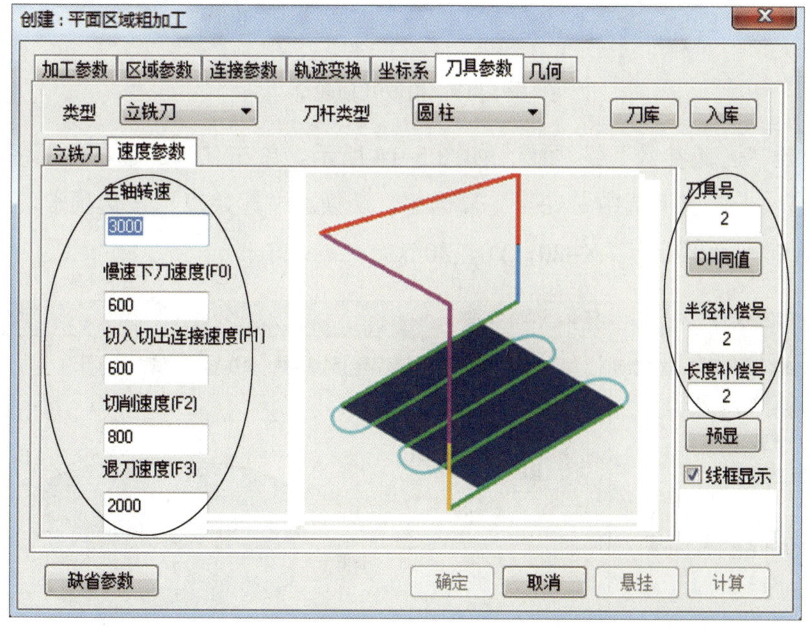


图 5-12 设置速度参数

5）切换至“几何”选项卡，如图 5-13 所示。单击“工件轮廓”按钮 工件轮廓，弹出“轮廓拾取工具”对话框，选中“面的内外环”单选按钮，单击选中上表面。单击“毛坯轮廓”按钮 毛坯轮廓，弹出“轮廓拾取工具”对话框，选中“零件上的边”单选按钮，单击选中方形外轮廓。

## 提示

在设置加工参数时，当第一次进入该界面时，对话框名称为“创建：××× 加工”，关闭该参数设置界面。如需重新进入该界面，则在操作管理器的“加工”对话框中双击“××× 加工”方式中的“加工参数”（参阅图 1-38），即可重新返回加工参数设置对话框，对话框名称变更为“编辑：××× 加工”。

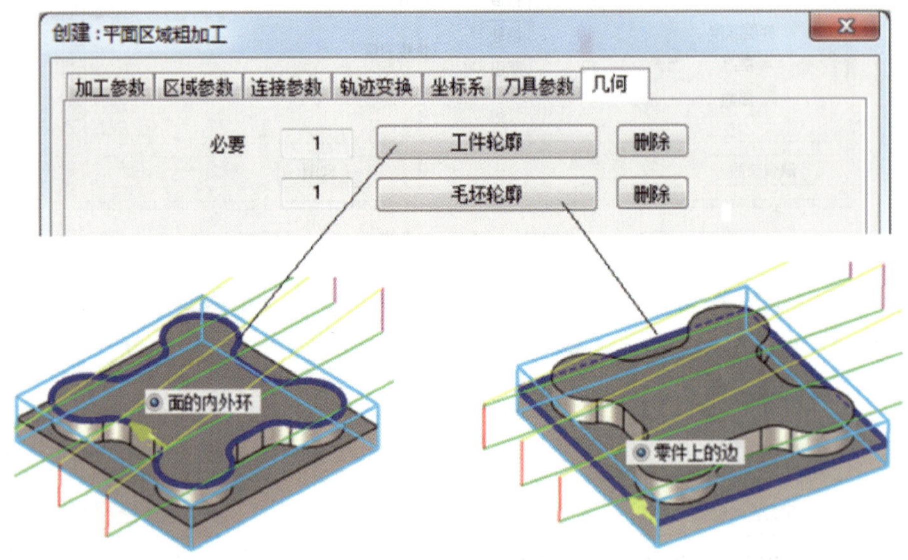


图 5-13　拾取几何轮廓

6）切换至“区域参数”选项卡，如图 5-14 所示。单击“加工边界”标签，打开“加工边界”子选项卡，取消选中“使用”复选框。切换至“起始点”子选项卡，选中“使用”复选框，输入起始点坐标为“X-20，Y0，Z0”。

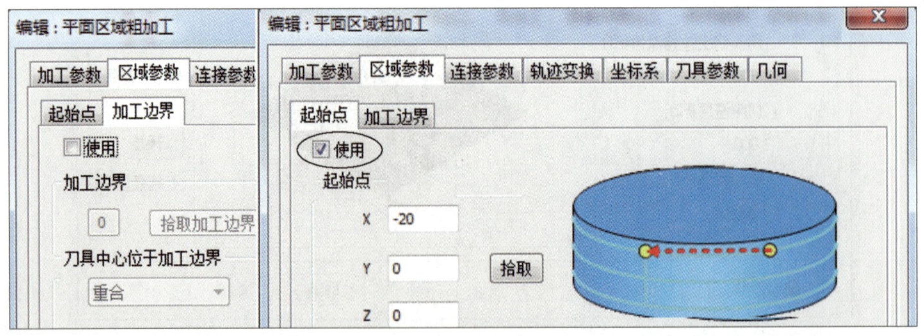


图 5-14　设置加工起始点

7）对话框中的“连接参数”“轨迹变换”“坐标系”选项卡均采用默认参数。单击“确定”按钮 确定 生成“平面区域粗加工”刀具路径。在操作管理器“加工”对话框中用鼠标右键单击“平面光铣加工”，在弹出的右键菜单中选择“隐藏”，其结果如图 5–15 所示。

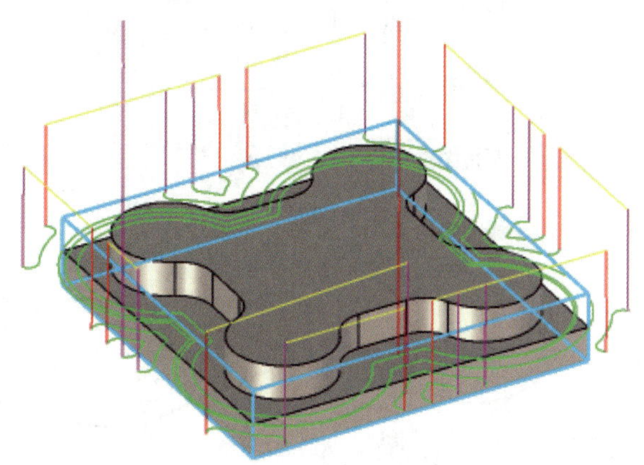

图 5–15　“平面区域粗加工”刀具路径

（3）规划精加工刀具路径

1）在操作管理器“加工”对话框中用鼠标右键单击“平面区域粗加工”，在弹出的右键菜单中选择“隐藏”。

2）单击“二轴”工具组中的“平面轮廓精加工”按钮 平面轮廓精加工，弹出如图 5–16 所示的“创建：平面轮廓精加工”对话框，默认显示“加工参数”选项卡。

3）参照图 5–16 设置加工参数。其中“加工余量”设为“0”，“加工精度”设为“0.01”；单击“顶层高度”后的“拾取”按钮 拾取，单击上表面任意点，其值自动修正为“0”；单击“底层高度”后的“拾取”按钮 拾取，单击轮廓底部平面的任意点，其值自动修正为“–10”；“层高”设为“10”。

4）切换至“刀具参数”选项卡。在“类型”下拉列表中选择“立铣刀”，修改刀具“直径”为“12”，设置“刀具号”为“3”，单击“DH 同值”按钮 DH同值，“半径补偿号”和“长度补偿号”自动修正为“3”。

5）单击“速度参数”标签，打开“速度参数”子选项卡，参照图 5–17 设置速度参数，设置“主轴转速”为“4000”、“切削速度（F2）”为“1200”，其余参数采用默认值。设置完成后，单击对话框中的“入库”按钮 入库，以备下次使用。

6）切换至“几何”选项卡，单击“轮廓曲线”按钮 轮廓曲线，弹出“轮廓拾取工具”对话框，选中“面的内外环”单选按钮，单击上表面显示轮廓曲线（注意箭头指向轮廓顺时针方向），单击“确定”按钮 ✓ 选中轮廓曲线。

7）切换至“区域参数”选项卡，单击“起始点”标签，打开“起始点”子选项卡，如图 5–18 所示。选中“使用”复选框，单击对话框中的“拾取”按钮 拾取，弹出“点拾取工具”对话框，选中对话框中的“点”单选按钮，单击实体轮廓交点。单击“确定”按钮 ✓ 完成起始点的选取。无须设定“加工边界”和“尖角过渡”子选项卡中的参数。

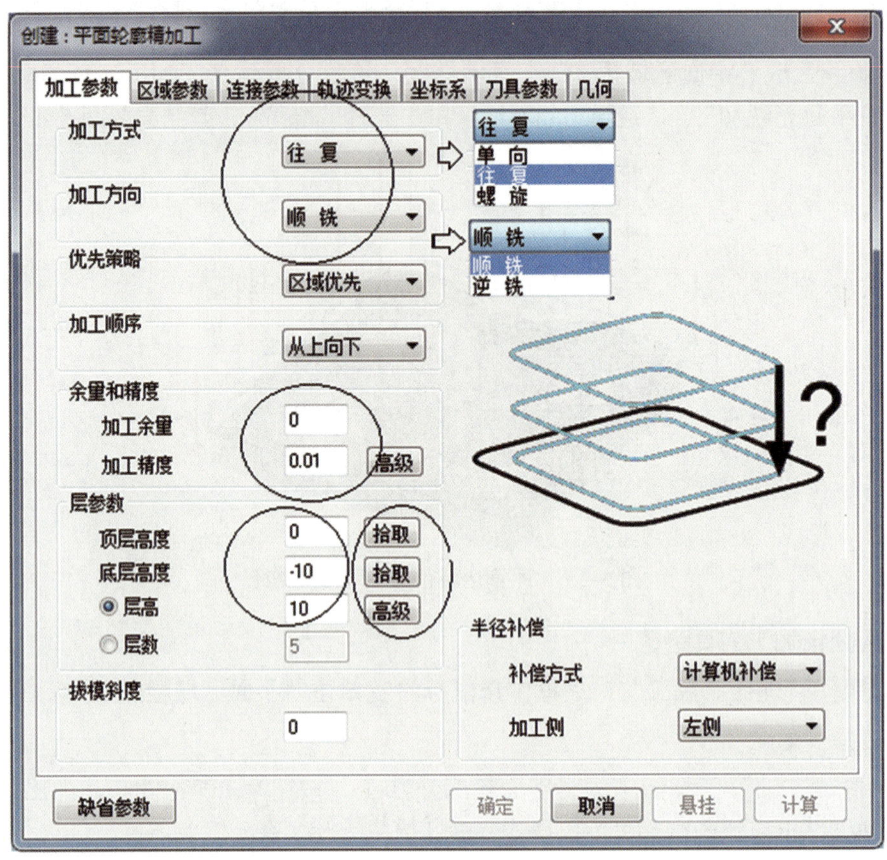


图 5-16 “创建：平面轮廓精加工”对话框

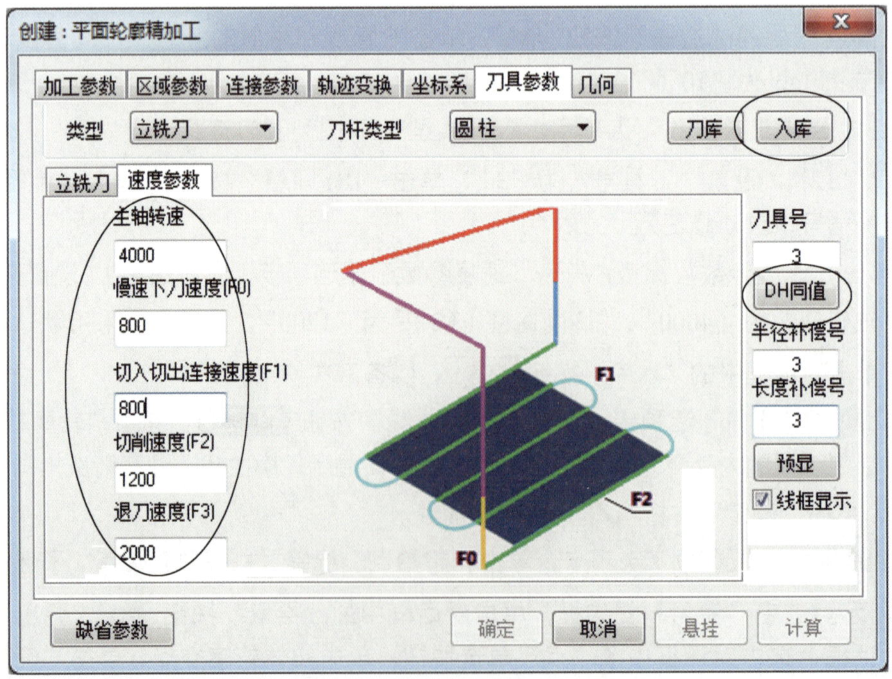


图 5-17 设置刀具参数和速度参数

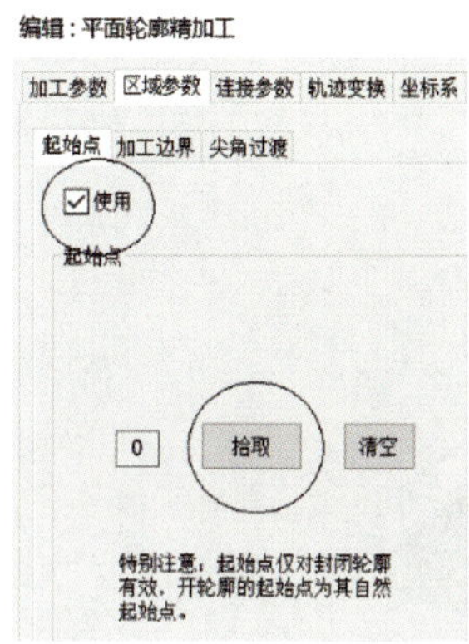

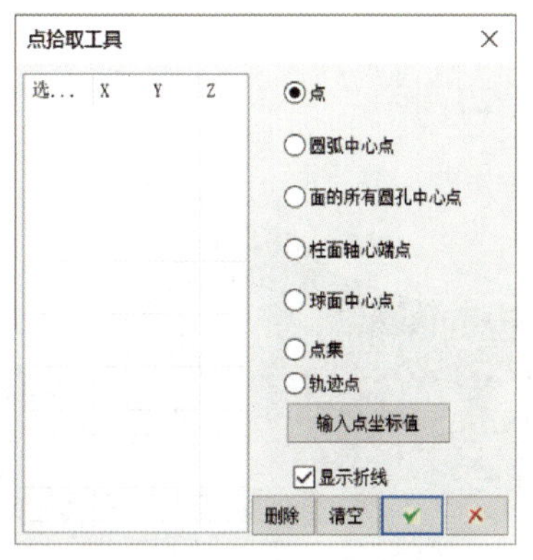

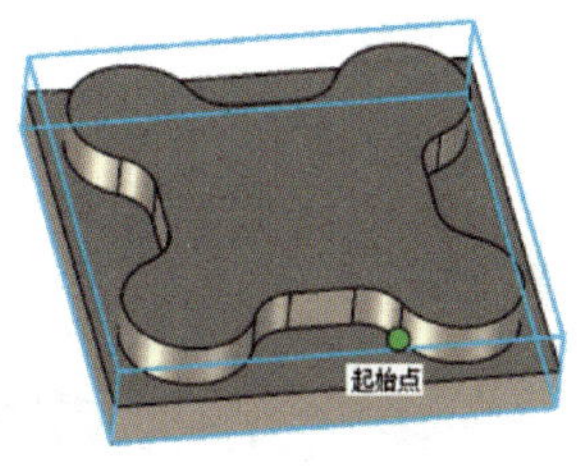


图 5-18　设置轮廓加工起始点

8）切换至“连接参数”选项卡，如图 5-19 所示。单击“起始 / 结束段”标签，打开“起始 / 结束段”子选项卡，如图 5-19a 所示，选中“加切入”和“加切出”复选框。切换至“切入参数”子选项卡，如图 5-19b 所示，选中“直径 / 角度”单选按钮，设置对应的切入圆弧参数。切换至“切出参数”子选项卡，如图 5-19c 所示，选中“反向圆弧”复选框和“直径 / 角度”单选按钮，设置对应的切出圆弧参数。

## 想一想

加切入和切出圆弧的目的是避免加工过程中产生进刀、退刀痕迹。读者不妨试一试不加切入和切出圆弧的刀具路径有什么不同，同时思考本例为什么在退刀过程中圆弧直径不能是 2 倍的刀具直径。

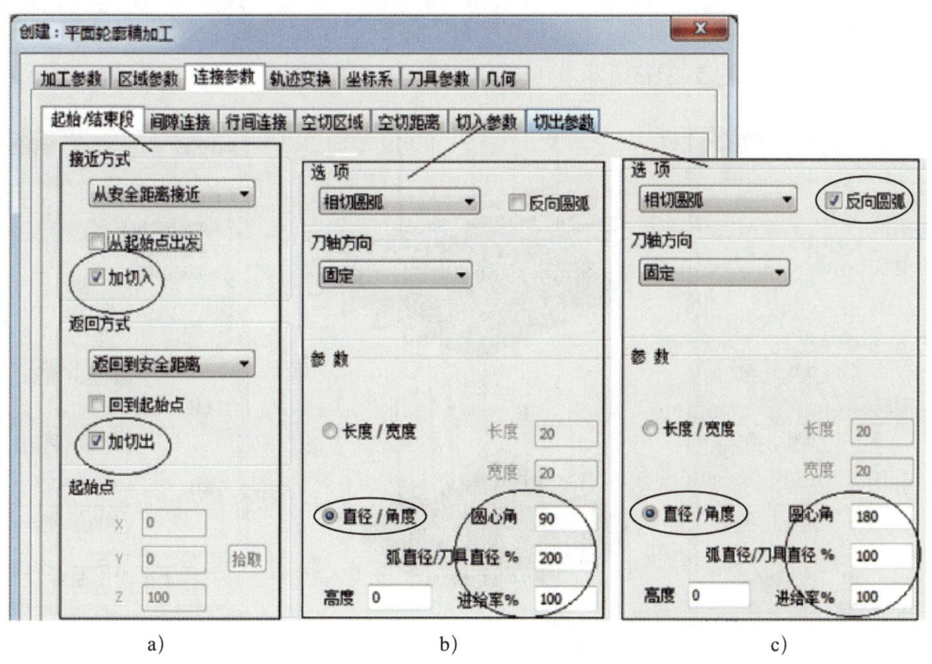


图 5-19　设置连接参数

a）设置起始 / 结束段参数　b）设置切入参数　c）设置切出参数

9）对话框中其他参数均采用默认设置。单击“确定”按钮 确定 生成“平面轮廓精加工”刀具路径，其结果如图 5-20 所示。

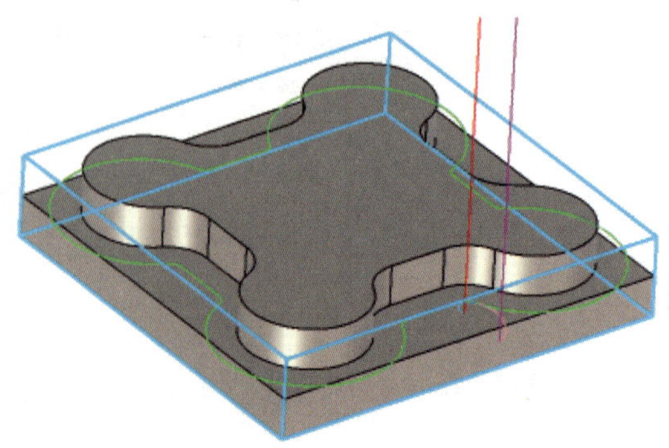

图 5-20 “平面轮廓精加工”刀具路径

## 3. 实体仿真与后置处理

（1）实体仿真

1）单击“仿真”工具组中的“实体仿真”按钮 实体仿真，弹出如图 5-21a 所示的“实体仿真”对话框。

2）单击对话框中“轨迹”列表下方的“拾取”按钮 拾取，“实体仿真”对话框消失，单击操作管理器“加工”对话框中的“1- 平面光铣加工”，窗口中选中的刀具路径呈红色，如图 5-21b 所示，单击鼠标右键确认，重新显示“实体仿真”对话框，且在“轨迹”列表中显示选中的轨迹。

3）再次单击对话框中“轨迹”列表下方的“拾取”按钮 拾取，采用同样的方法选中其他两个轨迹，其结果如图 5-21c 所示。

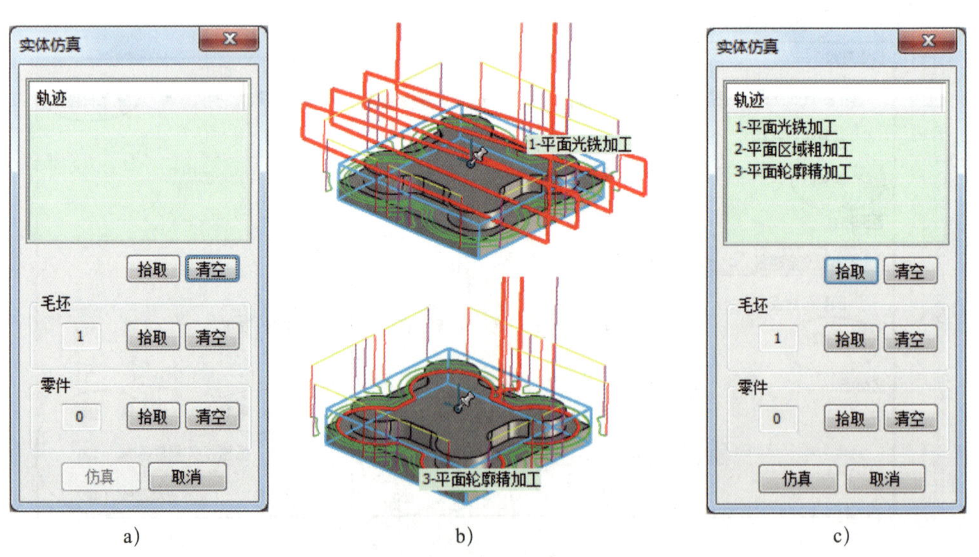


图 5-21 选取实体仿真轨迹

a）“实体仿真”对话框 b）轨迹显示 c）选取所有轨迹

4）单击“实体仿真”对话框中的“仿真”按钮 仿真 ，进入如图 5–22 所示的“实体仿真”加工界面。

5）单击界面中的“运行”按钮 ▶，即可执行“实体仿真”加工，其结果如图 5–23 所示。

6）单击界面中的下拉菜单“文件”/“退出”，退出“实体仿真”加工界面。

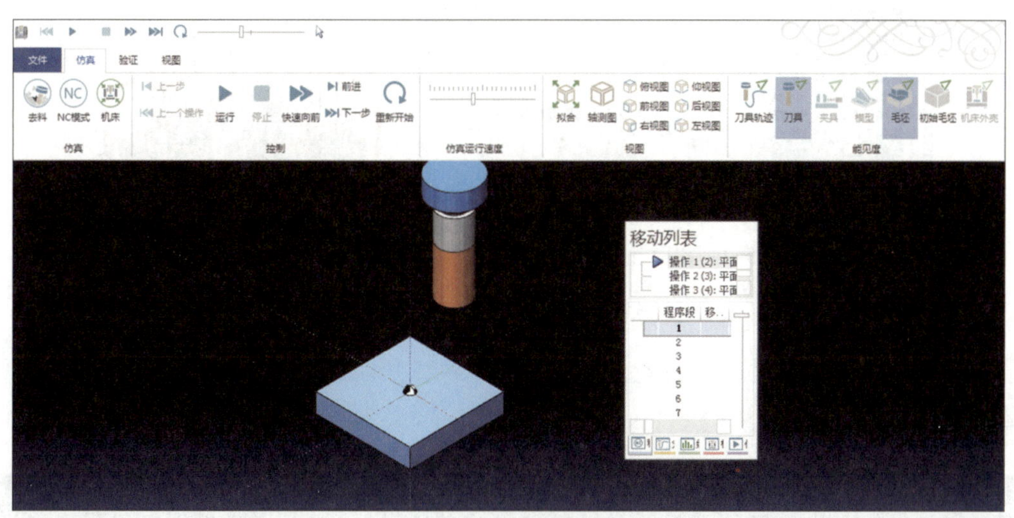

图 5–22　“实体仿真”加工界面

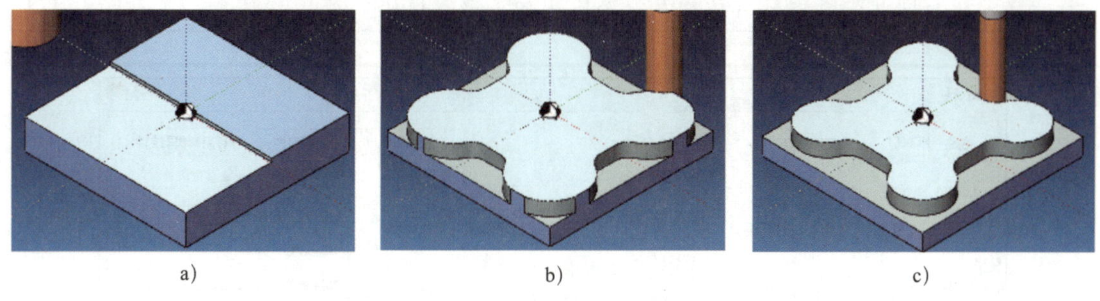
a)　b)　c)

图 5–23　“实体仿真”加工

a）平面光铣加工　b）平面区域粗加工　c）平面轮廓精加工

（2）后置处理

1）单击“后置”工具组中的“后置处理”按钮 G后置处理，弹出如图 5–24 所示的“后置处理　Fanuc/ 铣加工中心 _3X”对话框。

2）单击对话框中“轨迹”列表下方的“拾取”按钮 拾取 ，“后置处理　Fanuc/ 铣加工中心 _3X”对话框消失，单击操作管理器“加工”对话框中的“1– 平面光铣加工”，窗口中选中的刀具路径呈红色，单击鼠标右键确认，重新显示“后置处理　Fanuc/ 铣加工中心 _3X”对话框，且在“轨迹”列表中显示选中的轨迹。

3）再次单击对话框中“轨迹”列表下方的“拾取”按钮 拾取 ，采用同样的方法选中其他需后置处理的加工轨迹。

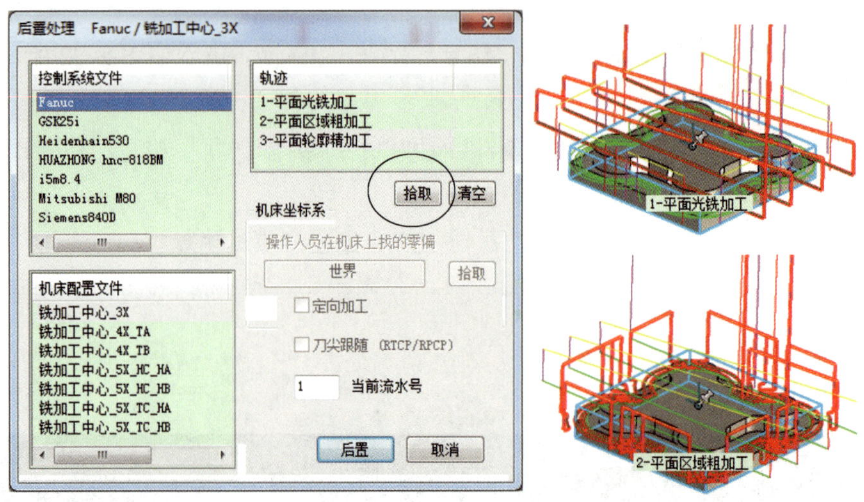


图 5-24 “后置处理 Fanuc/ 铣加工中心 _3X”对话框

4）选中“控制系统文件”列表中的“Fanuc”和“机床配置文件”列表中的“铣加工中心 _3X”，单击“后置”按钮 后置，弹出如图 5-25 所示的“编辑代码”对话框，对话框中已生成加工代码。

## 提示

在“编辑代码”对话框中，可对加工程序进行手工修改。由于三段加工程序位于同一程序号中，因此生成带有自动换刀程序段的加工中心代码。

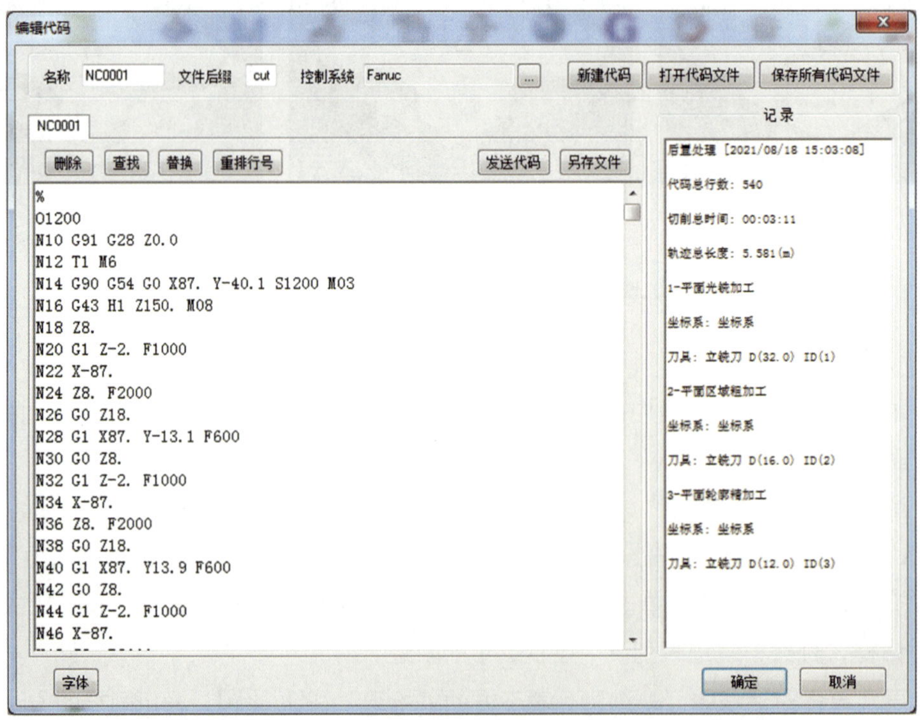


图 5-25 “编辑代码”对话框

5）单击“发送代码”按钮 发送代码 或“另存文件”按钮 另存文件，可对加工程序进行“发送代码”或“另存文件”操作。单击“确定”按钮 确定 关闭对话框，在操作管理器“加工”对话框中生成G代码“1–NC0001”。

（3）保存文件

单击“菜单”/“文件”/“另存为”或直接单击快速工具栏的“保存”按钮，完成文件的保存。

## 四、知识拓展

### 1. 加工参数

在二轴加工方式中，加工参数的设置界面大多类同，其参数的含义及其设置方法也基本相同，关于加工参数设置的进一步说明如下：

（1）行距和层高

行距用于指定分行切削过程中的径向（*XY*平面）移动距离。在执行过程中，先以指定的行距分层进行切削加工，最后一次执行剩余的行距。平面光铣加工中的行距与加工角度指定方法如图5–26所示。

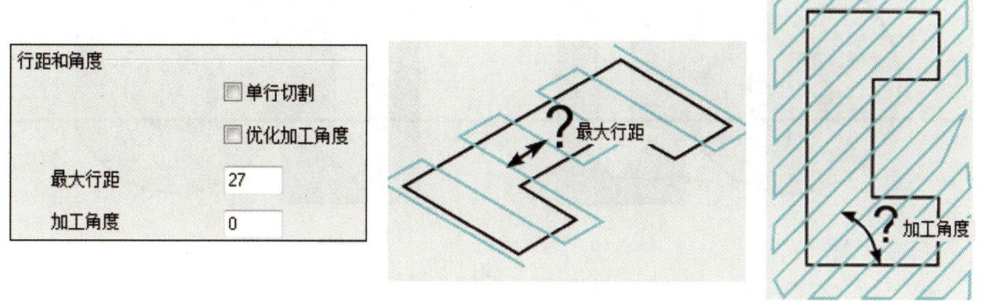


图5–26 平面光铣加工中的行距与加工角度指定方法

层高用于指定分层切削过程中的轴向（*Z*向）移动距离。在执行过程中，先以指定的层高分层进行切削加工，最后一次执行剩余的层高。平面区域粗加工中的层高与行距指定方法如图5–27所示。

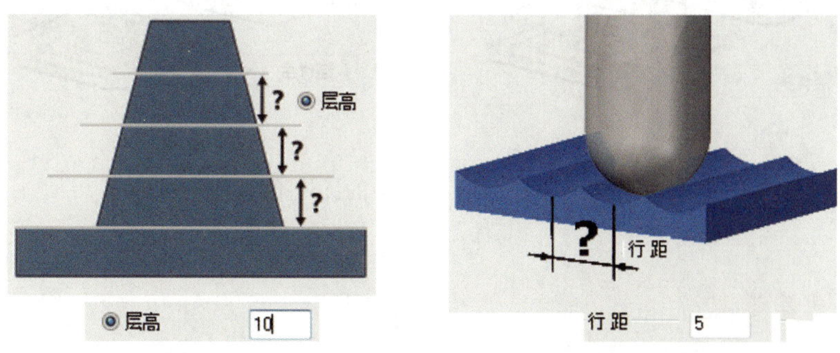


图5–27 平面区域粗加工中的层高与行距指定方法

（2）加工方式、加工方向、优先策略和走刀方式

加工方式通常有“单向”和“往复”两类选项，加工方向通常有“顺铣”和“逆铣”两类选项。单向加工方式不改变顺铣或逆铣加工方向，而往复加工方式会改变顺铣或逆铣加工方向。

如图 5–28 所示，顺铣是指刀具的切削速度方向与工件的移动方向相同的一种铣削方式，逆铣是指刀具的切削速度方向与工件的移动方向相反的一种铣削方式。顺铣或逆铣加工对切削力、刀具弹性变形、刀具磨损等因素的影响各不相同，数控铣削加工通常采用顺铣加工方向（即采用刀具半径左补偿）。

优先策略通常有“层优先”和“区域优先”两类选项。如图 5–29 所示，层优先是指先加工所有区域的等高层，再进入下一等高层进行加工。而区域优先是指在一个区域分层切削后再移至另一区域分层切削。

走刀方式通常有“环切”和“行切”两类选项，主要根据加工轮廓的形状选择不同的走刀方式。

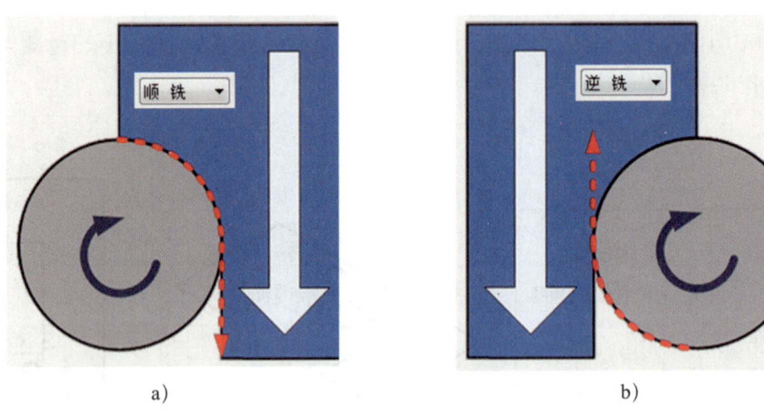


图 5–28　顺铣与逆铣

a）顺铣　b）逆铣

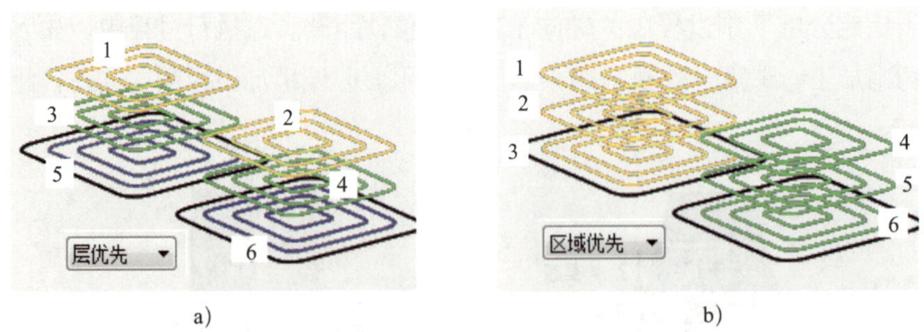


图 5–29　加工过程中的优先策略

a）层优先　b）区域优先

## 2. 刀具速度参数

刀具速度参数的设置如图 5–30 所示。在企业的实际生产过程中，一般根据经验并通过

查表的方式选取切削用量。常用碳素钢件或铸铁件（150 ~ 300HBW）切削用量的推荐值见表 5-1。

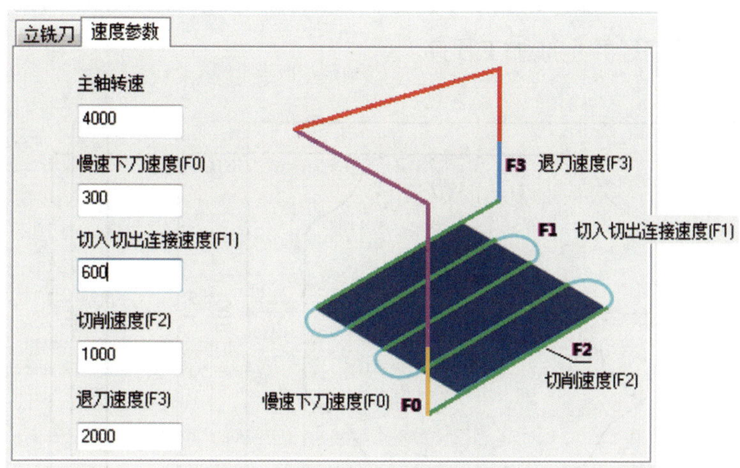


图 5-30　速度参数的设置

表 5-1　常用碳素钢件或铸铁件切削用量的推荐值

| 刀具名称 | 刀具材料 | 切削速度 /（m/min） | 进给量（速度）/（mm/r） | 背吃刀量 /mm |
|---|---|---|---|---|
| 中心钻 | 高速钢 | 20 ~ 40 | 0.05 ~ 0.10 | 0.5*D* |
| 标准麻花钻 | 高速钢 | 20 ~ 40 | 0.15 ~ 0.25 | 0.5*D* |
| | 硬质合金 | 40 ~ 60 | 0.05 ~ 0.20 | 0.5*D* |
| 扩孔钻 | 硬质合金 | 45 ~ 90 | 0.05 ~ 0.40 | ≤ 2.5 |
| 机用铰刀 | 硬质合金 | 6 ~ 12 | 0.30 ~ 1.00 | 0.1 ~ 0.3 |
| 机用丝锥 | 硬质合金 | 6 ~ 12 | *P* | 0.5*P* |
| 螺纹铣刀 | 硬质合金 | 80 ~ 120 | 0.05 ~ 0.10 | 0.5*P* |
| 粗镗刀 | 硬质合金 | 80 ~ 250 | 0.10 ~ 0.50 | 0.5 ~ 2.0 |
| 精镗刀 | 硬质合金 | 80 ~ 250 | 0.05 ~ 0.30 | 0.3 ~ 1 |
| 立铣刀或键槽铣刀 | 硬质合金 | 80 ~ 250 | 0.10 ~ 0.40 | 1.5 ~ 0.25*D* |
| | 高速钢 | 20 ~ 40 | 0.10 ~ 0.40 | ≤ 0.8*D* |
| 盘形铣刀 | 硬质合金 | 80 ~ 250 | 0.50 ~ 1.00 | 1.5 ~ 3.0 |
| 球头铣刀 | 硬质合金 | 80 ~ 250 | 0.20 ~ 0.60 | 0.5 ~ 1.0 |
| | 高速钢 | 20 ~ 40 | 0.10 ~ 0.40 | 0.5 ~ 1.0 |

注：*D*—刀具直径，*P*—螺距。

## 五、任务拓展

任务拓展 1　数控铣削加工如图 5-31 所示的零件，毛坯为 150 mm × 120 mm × 20 mm 的 45 钢，试规划其刀具路径并生成加工程序。

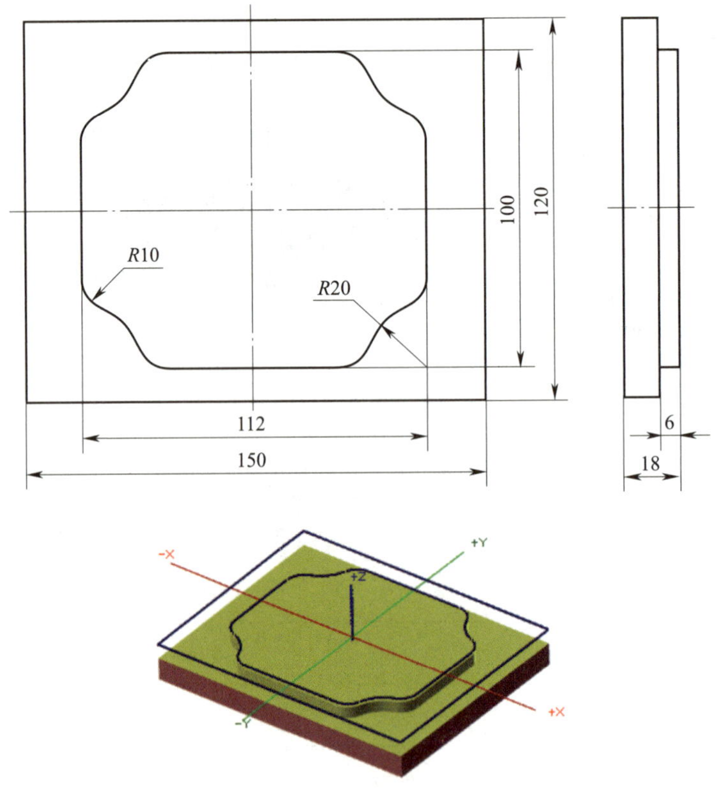


图 5-31　任务拓展 1

任务拓展 2　数控铣削加工如图 5-32 所示的零件，毛坯为 60 mm × 60 mm × 20 mm 的 45 钢，试规划其刀具路径并生成加工程序。

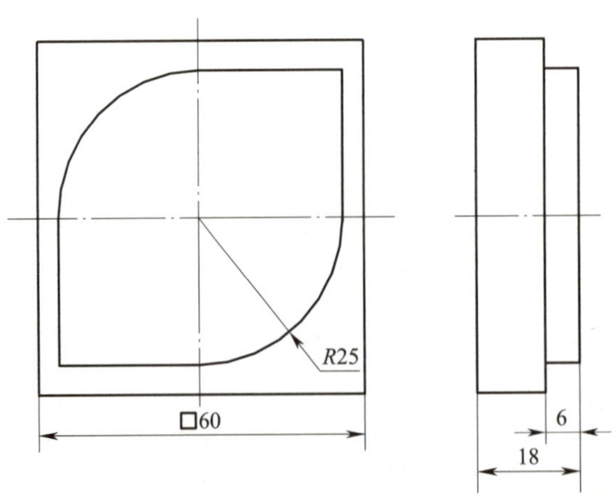


图 5-32　任务拓展 2

# 课题 2　型腔铣削与钻孔

## 一、学习目标

1．掌握平面自适应粗加工的方法。

2．掌握钻孔的方法。

3．掌握平面精加工的方法。

4．掌握型腔轮廓精加工的方法。

5．进一步掌握实体加工模拟的操作方法。

## 二、任务描述

数控铣削加工如图 5–33 所示的零件，毛坯为 90 mm×90 mm×16 mm 的 45 钢，要求规划其刀具路径。

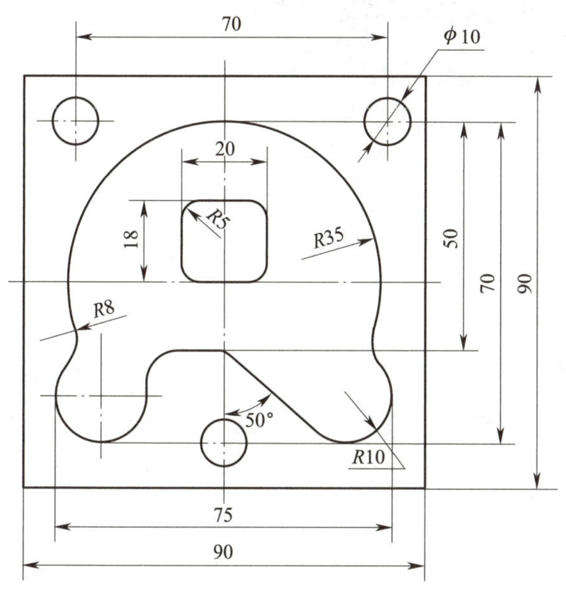


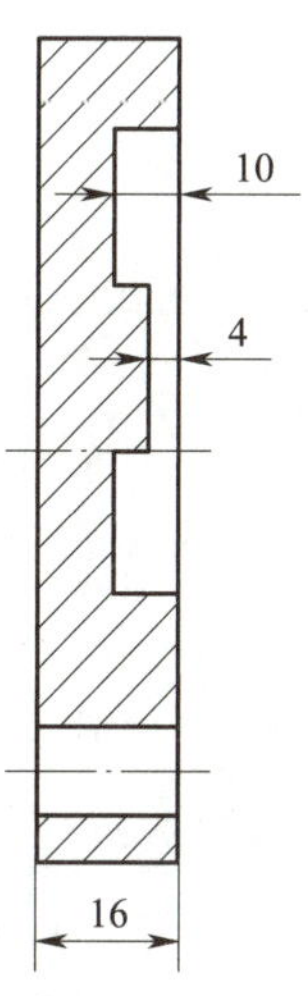


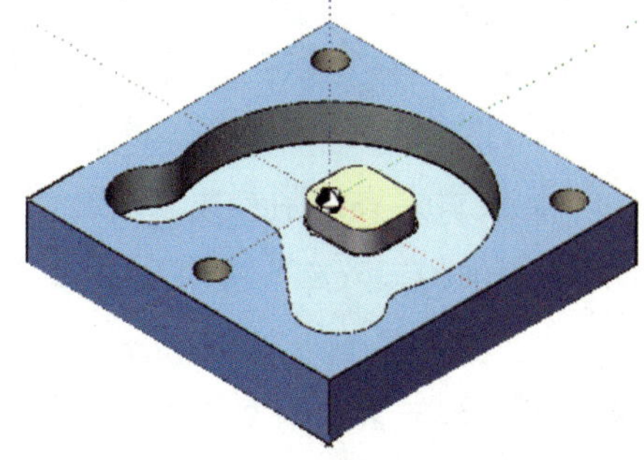

图 5–33　型腔铣削与钻孔

## 三、任务实施

### 1. 加工准备

（1）启动 CAXA 制造工程师 2020，完成实体建模。

（2）用鼠标右键单击“加工”管理器的“毛坯”图标 毛坯：，在弹出的右键菜单中单击“创建毛坯”，弹出“创建毛坯”对话框。

（3）单击对话框中的“拾取参考模型”按钮 拾取参考模型，弹出“面拾取工具”对话框，选中“零件”单选按钮，单击窗口中已生成的实体，单击“确定”按钮 ，返回“创建毛坯”对话框。

（4）单击“确定”按钮 确定，完成毛坯创建，其结果如图 5-34 所示。

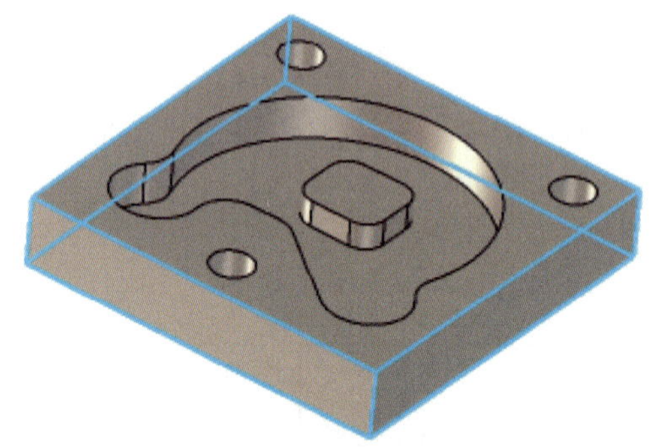

图 5-34　创建毛坯

### 2. 轮廓加工

（1）规划平面自适应粗加工刀具路径

1）单击功能选项卡中的“制造”，单击“二轴”工具组中的“平面自适应粗加工 ”按钮 平面自适应粗加工，弹出如图 5-35 所示的“创建：平面自适应粗加工”对话框，默认显示“加工参数”选项卡。

2）设置加工参数，其中“加工余量”设为“0.5”，“加工精度”设为“0.1”，“层高”设为“10”，“最大行距”设为“3”，单击对话框中的“拾取”按钮 拾取，拾取“顶层高度”和“底层高度”，其余采用默认参数。

3）切换至“刀具参数”选项卡，设置刀具参数。在“类型”下拉列表中选择“立铣刀”，修改刀具“直径”为“12”。设置“刀具号”为“1”，单击“DH 同值”按钮 DH同值。

4）切换至“速度参数”子选项卡，设置刀具切削参数，设置“主轴转速”为“4000”、“切削速度（F2）”为“800”。单击对话框中的“入库”按钮 入库，以备下次使用。

5）切换至“几何”选项卡，单击“工件轮廓”按钮 工件轮廓，弹出“轮廓拾取工具”对话框。选中“面的内外环”单选按钮，单击选中槽底平面，再单击选中槽底平面内侧轮廓。单击“毛坯轮廓”按钮 毛坯轮廓，选中槽底平面外侧轮廓，其结果如图 5-36 所示。

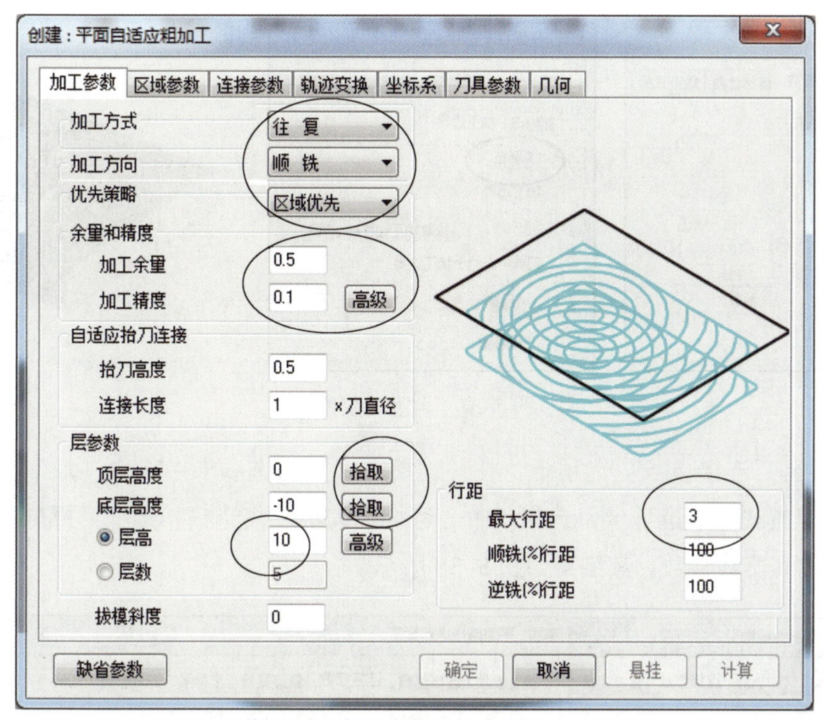


图 5-35　设置加工参数

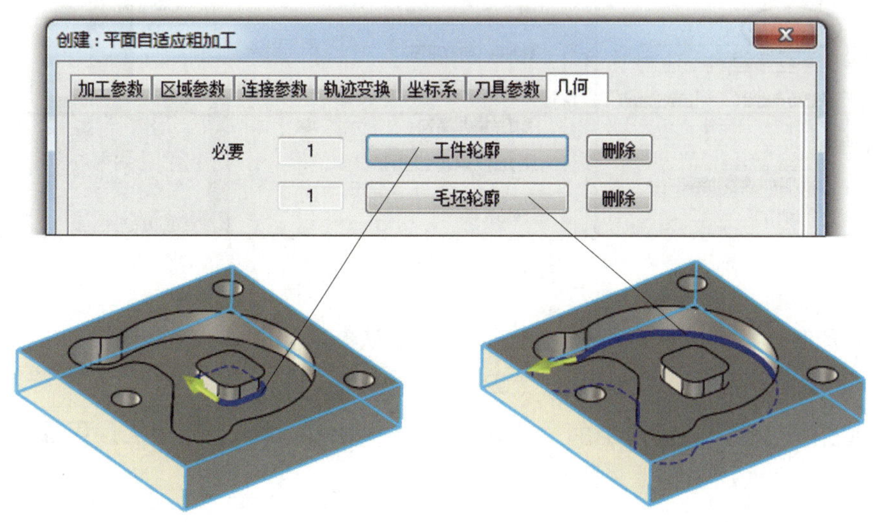


图 5-36　拾取几何轮廓

6）切换至“区域参数”选项卡，在默认显示的“起始点”子选项卡中选中“使用”复选框，输入起始点坐标为“X20，Y0，Z0”。

7）切换至“加工边界”子选项卡，选中“使用”复选框，单击“拾取加工边界”按钮 拾取加工边界 ，弹出“轮廓拾取工具”对话框。选中“面的内外环”单选按钮，单击选中槽底平面，再分别单击选中槽底平面内、外侧轮廓。在“刀具中心位于加工边界”下的方向列表中选择“内侧”，输入“偏移量”为“0.3”。全部完成后的结果如图 5-37 所示。

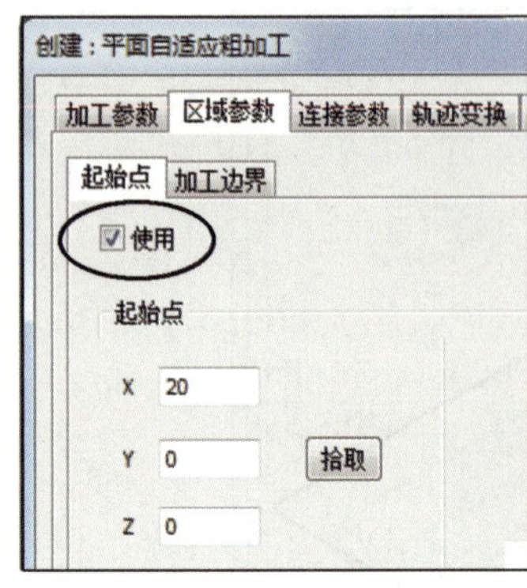


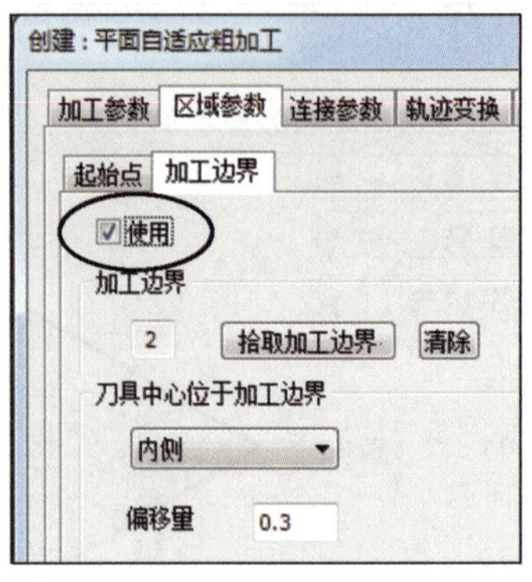


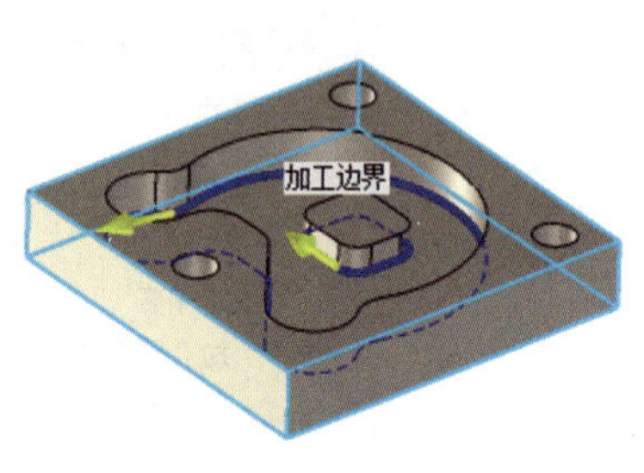


图 5-37　设置区域参数

8）切换至“连接参数”选项卡，在“连接方式”子选项卡中选中“加下刀”复选框。切换至“下刀方式”子选项卡，选中“中心可切削刀具”复选框，选择“螺旋”下刀方式，并设置对应的螺旋线参数，其结果如图 5-38 所示。

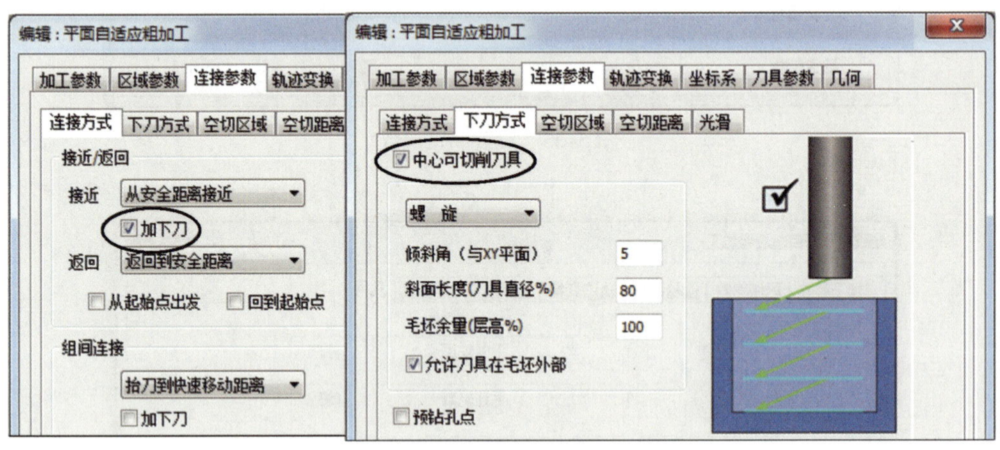


图 5-38　设置下刀方式

9）“轨迹变换”和“坐标系”选项卡均采用默认参数。单击“确定”按钮 确 定 生成如图 5-39 所示的“平面自适应粗加工”刀具路径。

10）单击“仿真”工具组中的“实体仿真”按钮 实体仿真，完成“1- 平面自适应粗加工”刀具路径的实体仿真操作，其效果如图 5-40 所示。

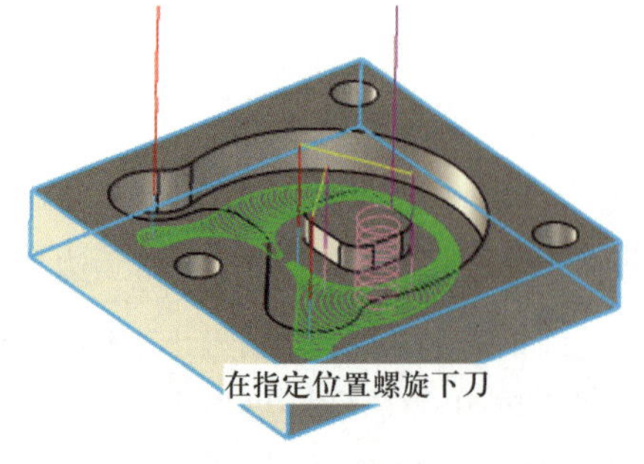


图 5-39　“平面自适应粗加工”刀具路径

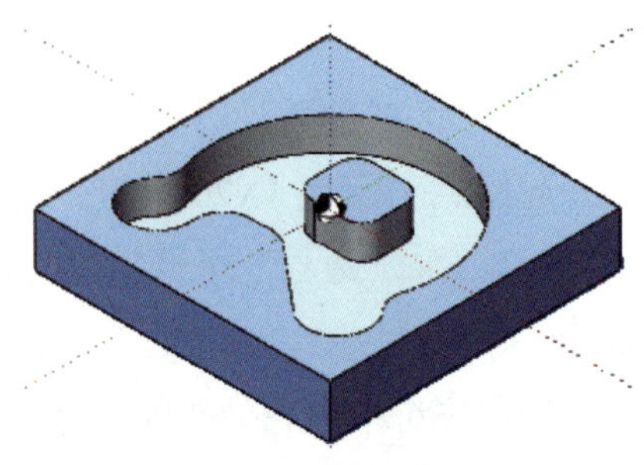

图 5-40　实体仿真效果

（2）平面轮廓精加工 1

1）在操作管理器“加工”对话框中用鼠标右键单击“1- 平面自适应粗加工”，在弹出的右键菜单中选择“隐藏”。

2）单击“二轴”工具组中的“平面轮廓精加工”按钮 平面轮廓精加工，弹出“创建：平面轮廓精加工”对话框，默认显示“加工参数”选项卡。

3）设置加工参数。其中“加工余量”设为“0”，“加工精度”设为“0.01”；单击“拾取”按钮 拾取，拾取“顶层高度”和“底层高度”；“层高”设为“10”。

4）切换至“刀具参数”选项卡，单击选项卡中的“刀库”按钮 刀库，弹出如图 5–41 所示的“刀具库”对话框，选中前面存入的 1 号“立铣刀”，单击“确定”按钮 确定 完成刀具选择。切换至“速度参数”子选项卡，设置“主轴转速”为“4000”、“切削速度（F2）”为“1000”，其余参数参照前例设定。

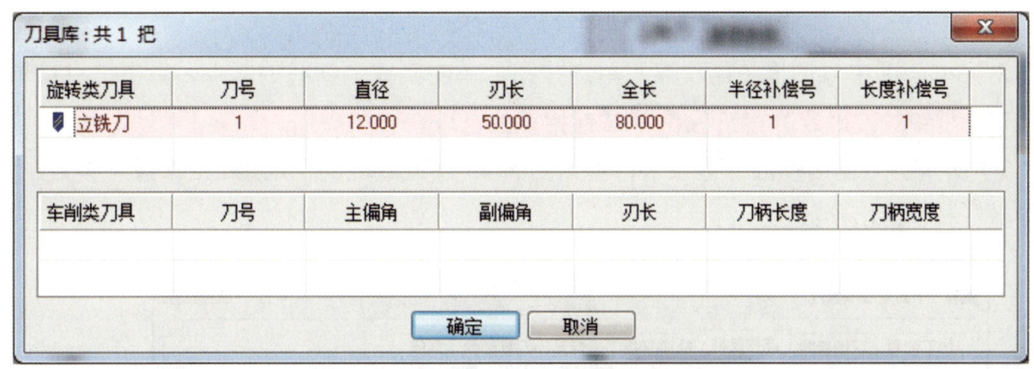


图 5–41　从刀具库中选择刀具

5）切换至“几何”选项卡，选取如图 5–42 所示的型腔外轮廓作为轮廓曲线，注意轮廓的箭头方向（即刀具进给方向）为逆时针方向。

6）切换至“区域参数”选项卡，默认显示“起始点”子选项卡，如图 5–43 所示。选中“使用”复选框，单击对话框中的“拾取”按钮 拾取，弹出如图 5–44 所示的“点拾取工

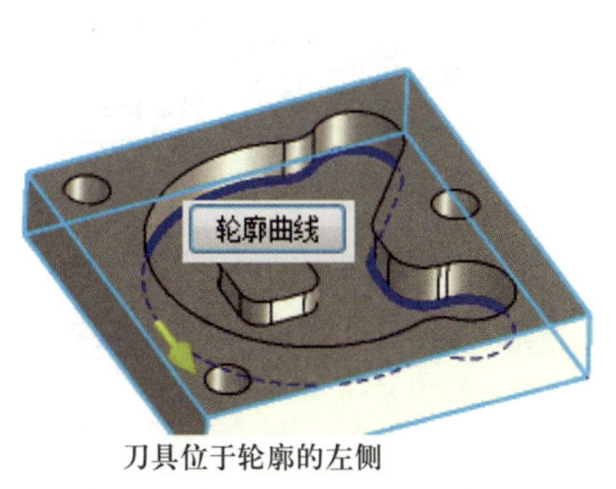


图 5–42　选择轮廓曲线

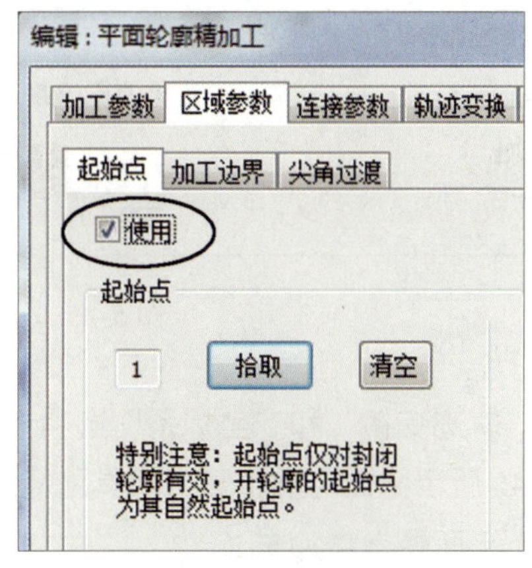


图 5–43　“起始点”子选项卡

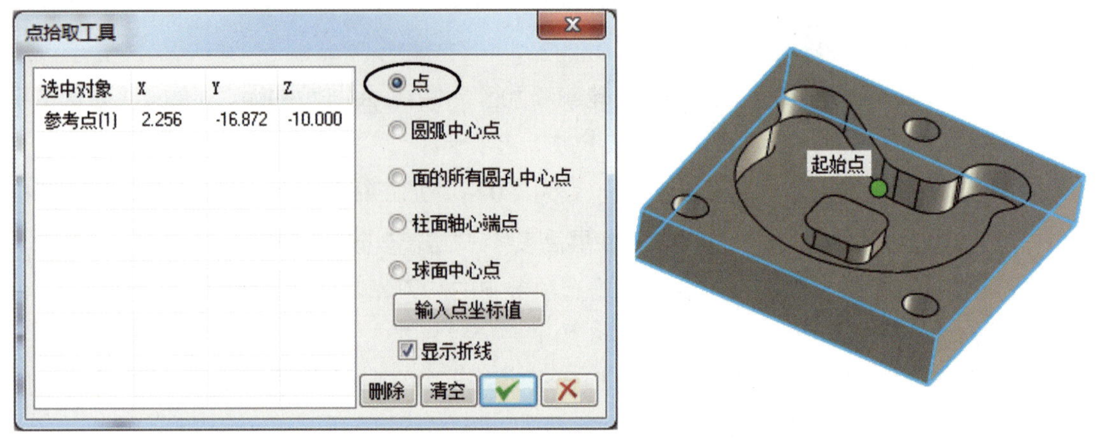


图 5-44 选择加工起始点

具”对话框，选中对话框中的“点”单选按钮，单击实体上直线的起点，单击“点拾取工具”对话框中的“确定”按钮 ✔ 完成起始点的选取。

7）切换至“连接参数”选项卡，参照图 5-45 设置对应的“起始 / 结束段”参数、“切入参数”和“切出参数”。

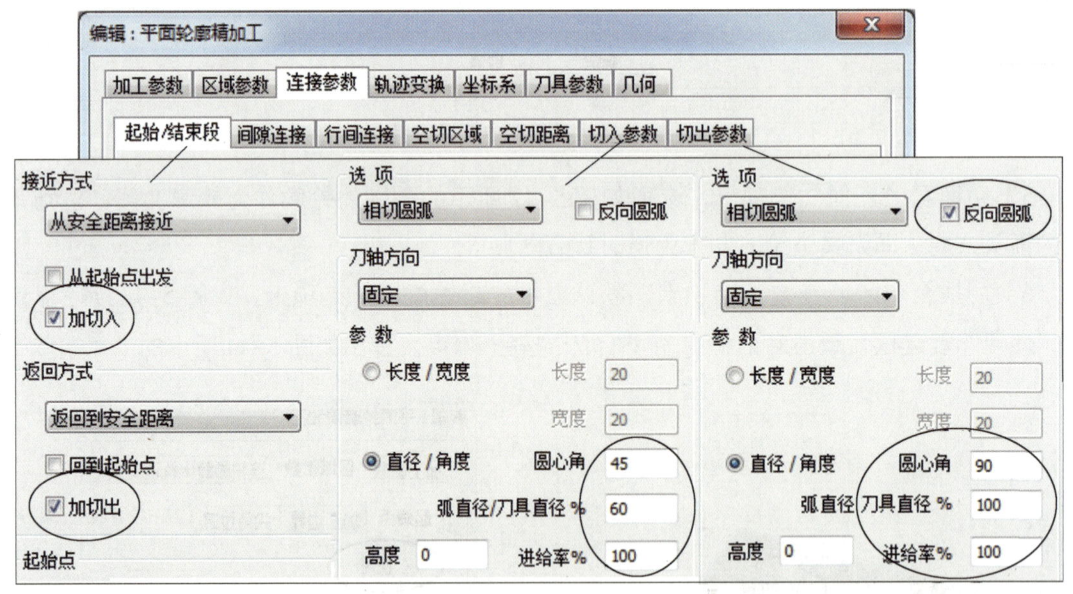


图 5-45 设置切入与切出圆弧参数

8）“轨迹变换”和“坐标系”选项卡均采用默认参数。单击“确定”按钮 确定 生成如图 5-46 所示平面轮廓精加工刀具路径。

（3）平面轮廓精加工 2

采用同样的方法，完成中间凸台轮廓的精加工，其刀具路径如图 5-47 所示。

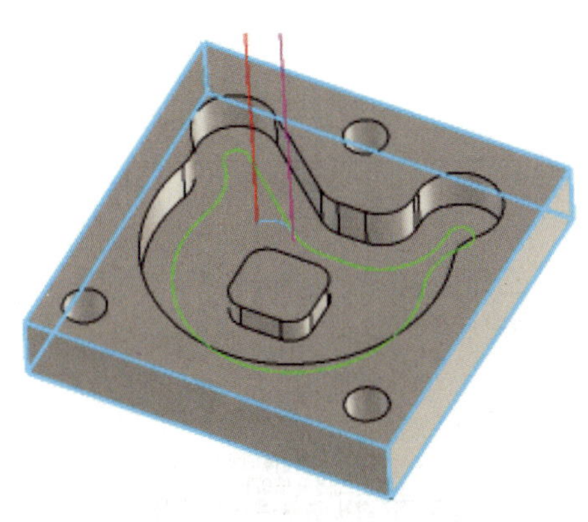
图 5-46　平面轮廓精加工（1）

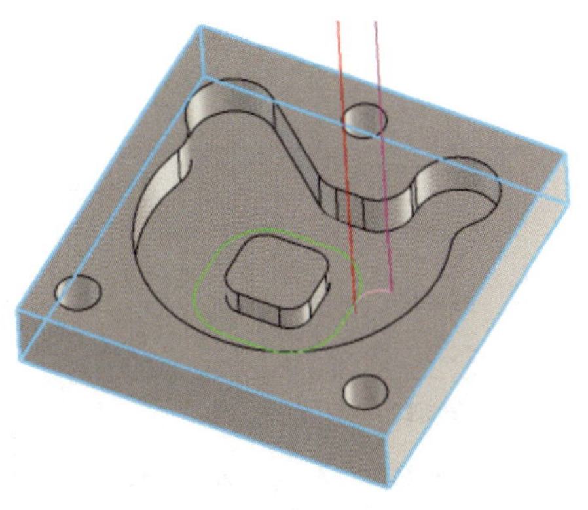
图 5-47　平面轮廓精加工（2）

（4）凸台上平面光铣加工路径

1）单击“平面光铣加工”按钮 平面光铣加工，弹出“创建：平面光铣加工”对话框，在“加工参数”选项卡中设置加工参数，其中“加工余量”设为“0”，“最大行距”设为“8”。

2）切换至“刀具参数”选项卡，选择“直径”为“12”的立铣刀，设置“刀具号”为“2”。设置“主轴转速”为“4000”、“切削速度（F2）”为“800”。

3）切换至“几何”选项卡，拾取如图 5-48 所示的轮廓曲线。其加工高度即为该平面所在的高度。

4）其余参数采用默认值。单击“确定”按钮 确定 生成如图 5-49 所示的“平面光铣加工”刀具路径。

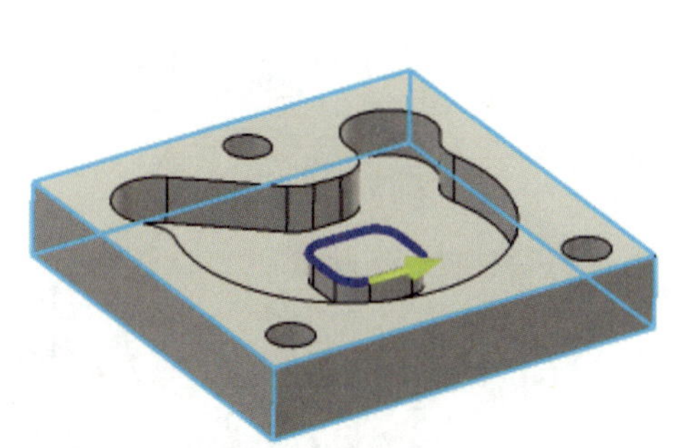
图 5-48　选择轮廓曲线

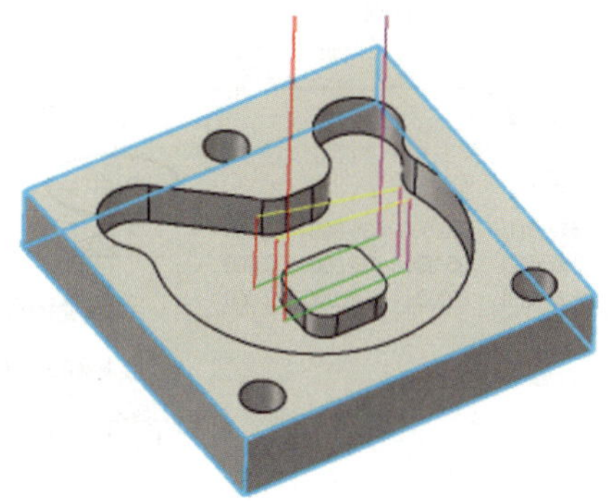
图 5-49　“平面光铣加工”刀具路径

## 3. 钻孔加工与铰孔加工

（1）钻孔加工

1）单击“孔加工”工具组中的“固定循环加工”按钮 固定循环加工，弹出如图 5-50 所示的“创建：固定循环加工”对话框，默认显示“加工参数”选项卡。

2）在“控制系统”下拉列表中选择“FANUC”，在“功能名称”下拉列表中选择“钻孔（G81）”，设置相应的加工参数。

3）切换至“刀具参数”选项卡，选择直径为“7.8”的钻头，在“速度参数”子选项卡中设置“主轴转速”为“800”、“切削速度（F2）”为“200”，其余参数参照经验值设定。

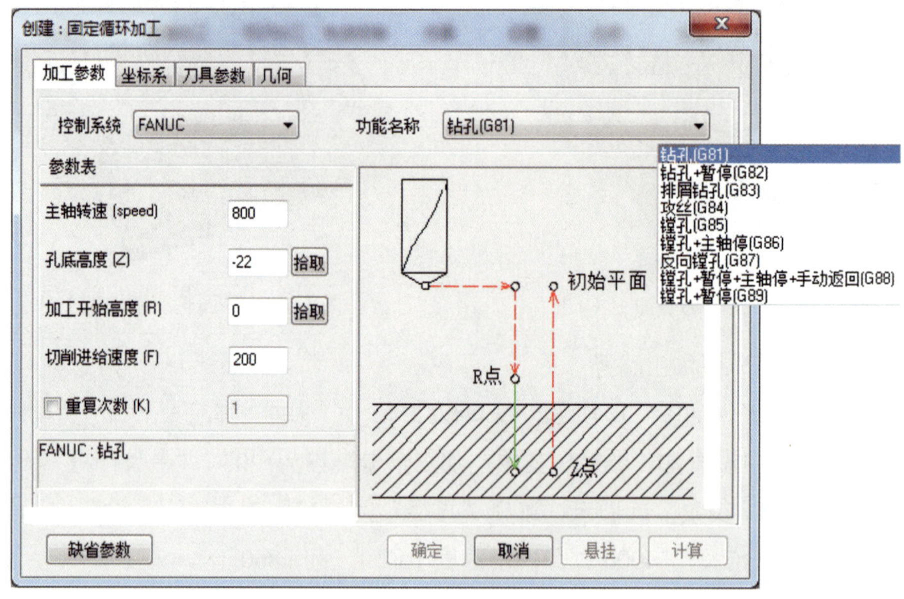


图 5-50 “创建：固定循环加工”对话框

4）切换至“几何”选项卡，在选项卡中单击“孔点”按钮 孔点，弹出“点拾取工具”对话框。选中“点”单选按钮，单击孔中心点，单击“确定”按钮 ✓ 完成孔点的选取，其结果如图 5-51 所示。

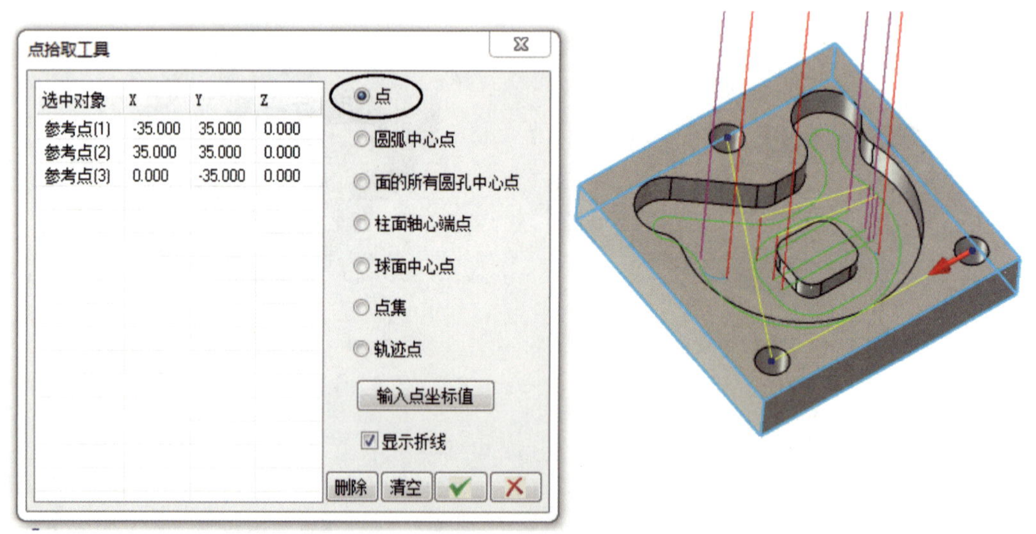


图 5-51 选取孔点

5）单击“确定”按钮 确定 生成如图 5-52 所示的“钻孔加工”刀具路径。

（2）铰孔加工

1）单击“固定循环加工”按钮 固定循环加工，在弹出的“创建：固定循环加工”对话框的“功能名称”下拉列表中选择“镗孔（G85）”，在图 5-53 所示的“参数表”对话框中设置参数。

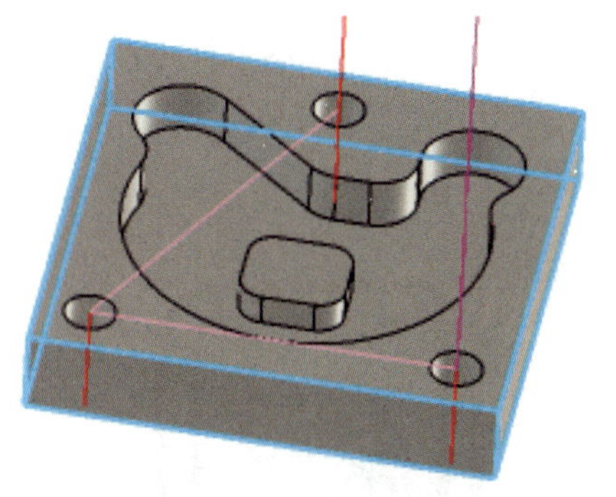
图 5-52　“钻孔加工”刀具路径

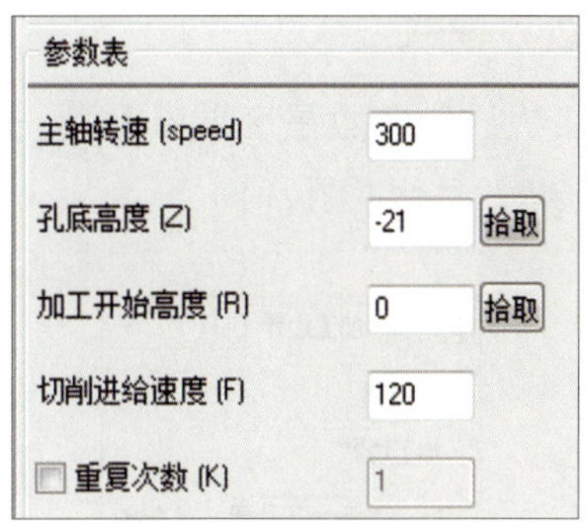

图 5-53　设置铰孔参数表

2）切换至“刀具参数”选项卡，选择直径为“8.0”的钻头。在“速度参数”子选项卡中设置“主轴转速”为“300”、“切削速度（F2）”为“120”，其余参数参照经验值设定。

3）切换至“几何”选项卡，采用同样的方法选取孔点。

4）单击“确定”按钮 确 定 生成“铰孔加工”刀具路径，其路径与“钻孔加工”刀具路径类似。

## 4. 实体切削仿真

（1）单击“仿真”工具组中的“实体仿真”按钮 实体仿真，弹出“实体仿真”对话框。

（2）单击对话框中“轨迹”列表下方的“拾取”按钮 拾取，按住“Shift”键依次选择所有刀具路径，单击鼠标右键确认。

（3）单击“实体仿真”对话框中的“仿真”按钮 仿真，进入“实体仿真”加工界面。单击界面中的“运行”按钮 ▶，完成“实体仿真”加工，其效果如图 5-54 所示。

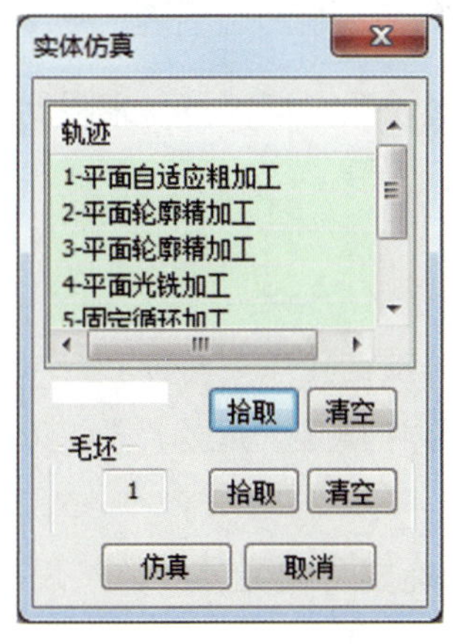


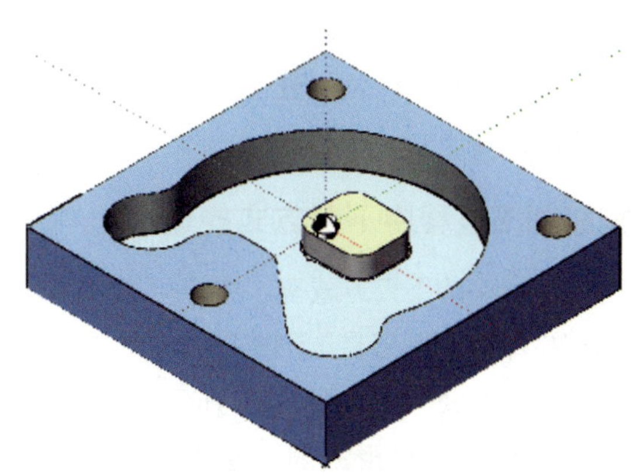
图 5-54　实体仿真效果

## 四、知识拓展

### 1. 边界参数

“加工边界”参数是区域参数的一种，平面自适应粗加工中的“加工边界”参数如图 5-55 所示，具体说明如下：

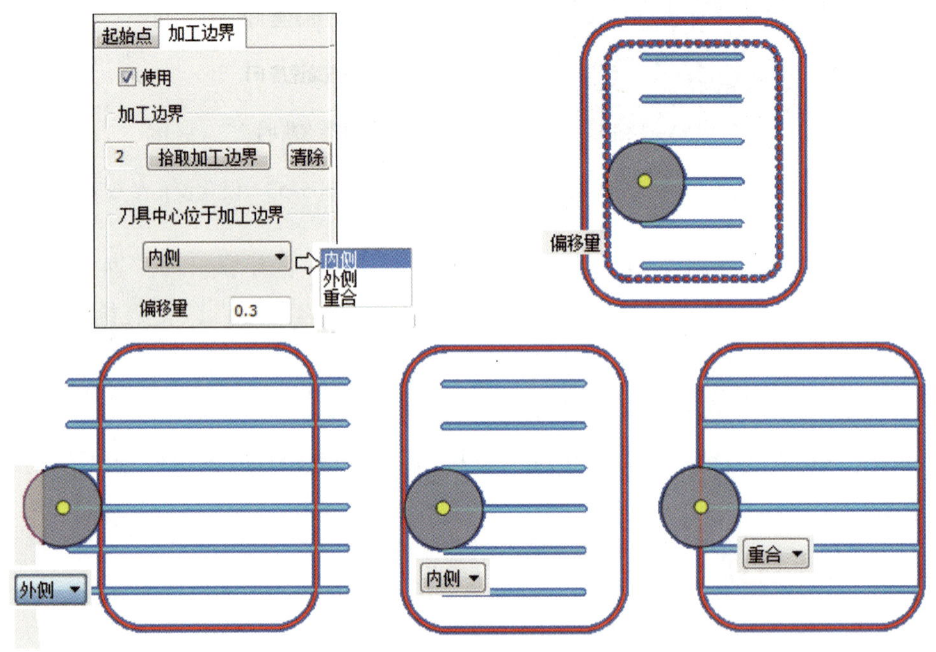


图 5-55 “加工边界”参数

刀具中心与加工边界的关系有三种形式，即外侧、内侧和重合。当选择“外侧”选项时，刀具只能在边界的外侧进行加工。同理，选择“内侧”选项时，刀具只能在边界的内侧进行加工。而选择“重合”选项时，刀具能沿边界中心方向进行加工，且只能在一个方向上越过中心（内侧或外侧）。

当选择“外侧”和“内侧”进行加工时，可进一步通过设置“偏移量”来限制刀具移动过程中与边界的距离。

### 2. 型腔加工过程中下刀方式的选择

型腔加工过程中的下刀方式有“中心可切削刀具”和“预钻孔点”两种。

当选择“中心可切削刀具”形式时，首先要在区域参数中确定“起始点”，然后在“连接参数”的“下刀方式”中按图 5-56 所示选择下刀方式。

当选择“预钻孔点”形式时，首先要在区域参数中确定“起始点”，然后在该起始点钻孔，最后在“连接参数”的“下刀方式”中拾取预钻孔的位置，从而在预钻孔位置下刀。

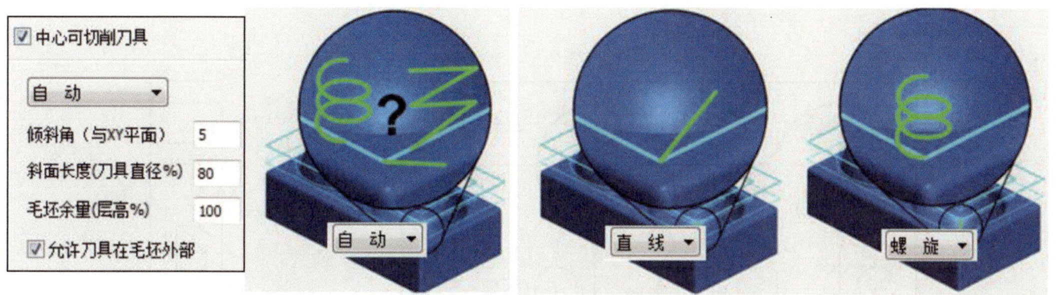


图 5-56　下刀方式的选择

## 五、任务拓展

任务拓展 1　数控铣削加工如图 5-57 所示的零件，毛坯为 150 mm×120 mm×20 mm 的 45 钢，试规划其刀具路径。

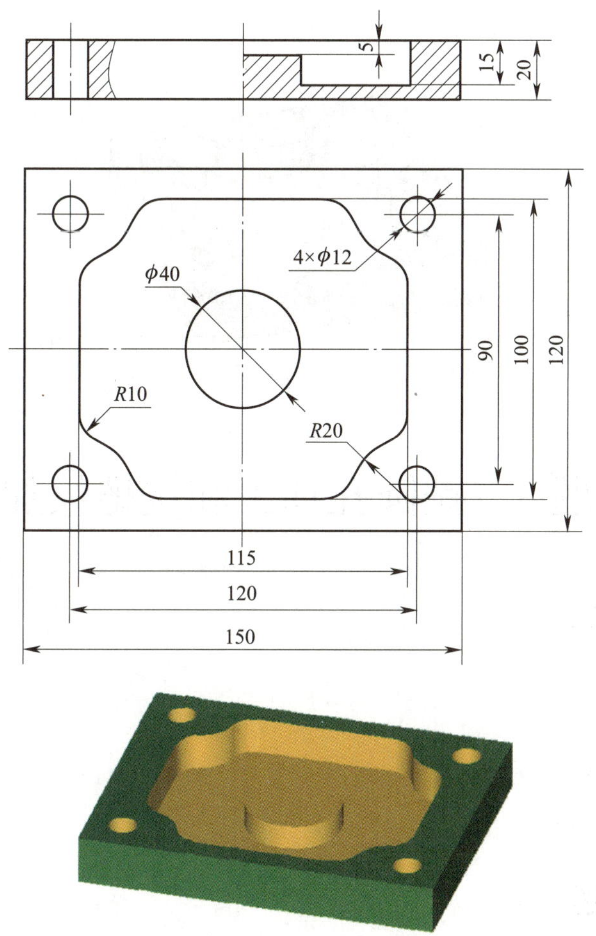


图 5-57　任务拓展 1

任务拓展 2　数控铣削加工如图 5-58 所示的零件，毛坯为 100 mm×100 mm×18 mm 的 45 钢，试规划其刀具路径。

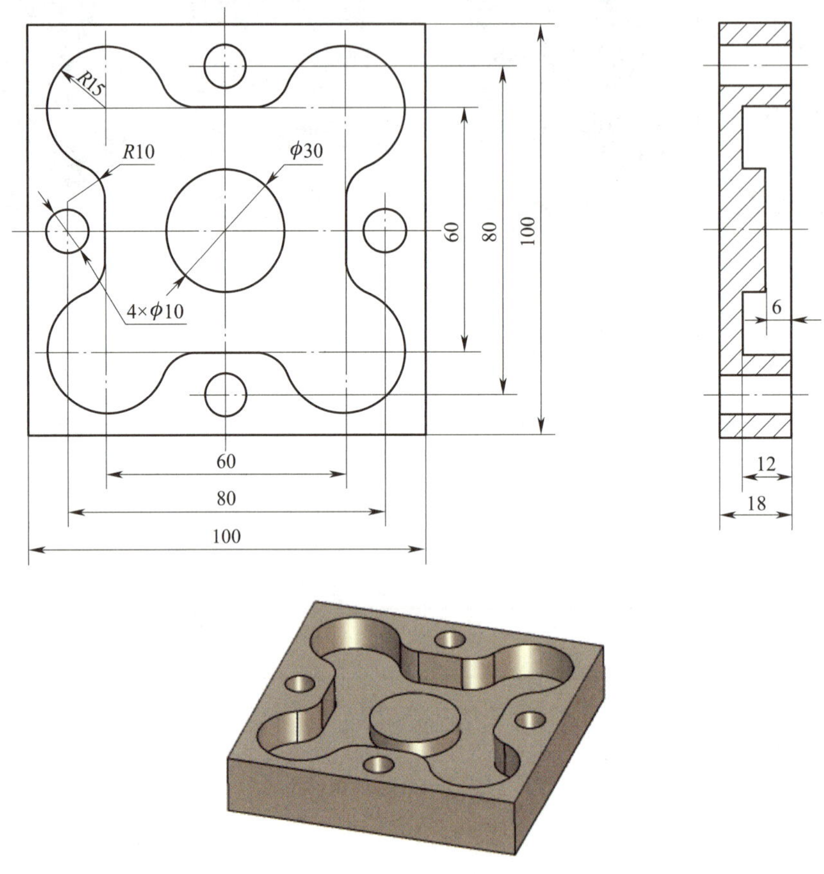


图 5-58　任务拓展 2

# 课题 3　铣圆孔加工和铣螺纹加工

## 一、学习目标

1．掌握铣圆孔的方法。

2．掌握铣螺纹的方法。

3．掌握轮廓倒角的方法。

4．进一步掌握轮廓铣削的方法。

## 二、任务描述

选用硬质合金刀具铣削如图 5-59 所示的零件（孔口倒角为 *C*2 mm），毛坯为 100 mm×100 mm×20 mm 的 45 钢，要求规划刀具路径。

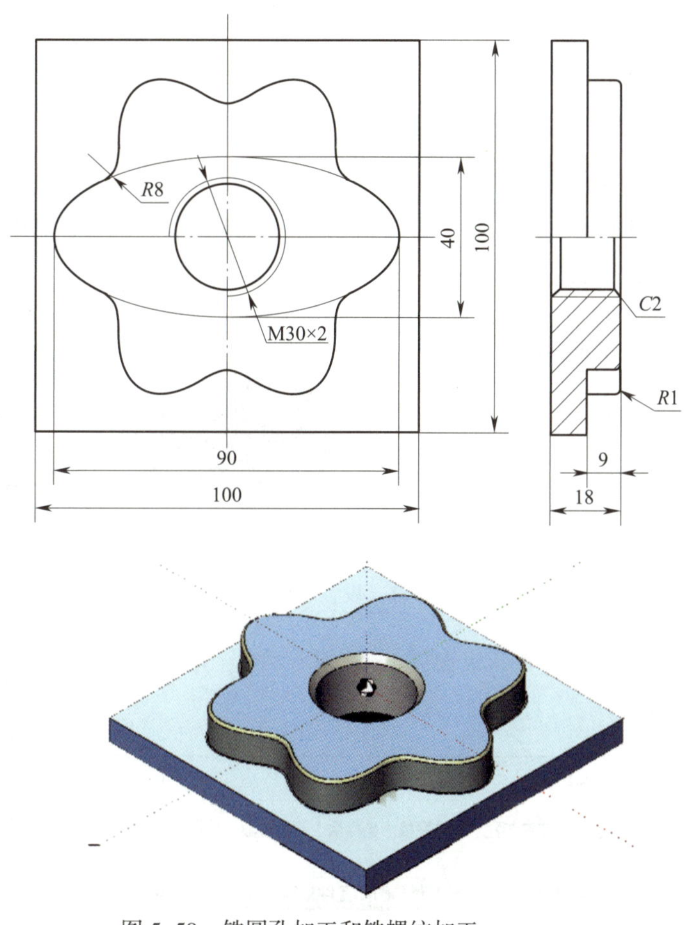


图 5-59　铣圆孔加工和铣螺纹加工

## 三、任务实施

### 1. 轮廓铣削加工

（1）加工准备

1）启动 CAXA 制造工程师 2020，完成实体建模。

2）创建毛坯，其结果如图 5-60 所示。

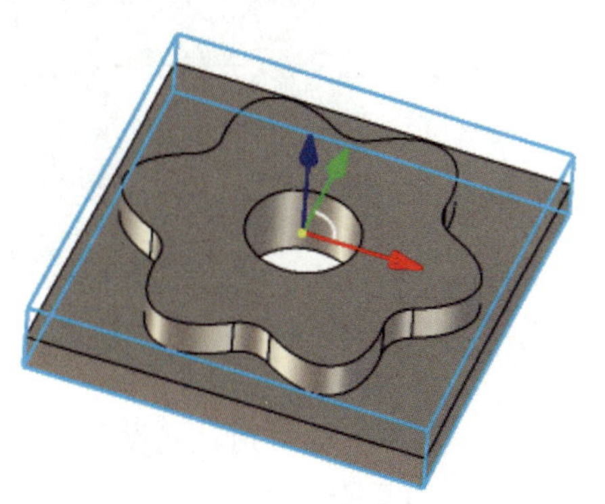

图 5-60　创建毛坯

（2）平面自适应粗加工

1）单击功能选项卡中的“制造”，单击“二轴”工具组中的“平面自适应粗加工”按钮 平面自适应粗加工，弹出“创建：平面自适应粗加工”对话框，默认显示“加工参数”选项卡。

2）设置加工参数。其中“加工余量”设为“0.5”，“加工精度”设为“0.1”，“层高”设为“9”，“最大行距”设为“3”，单击对话框中的“拾取”按钮 拾取，拾取“顶层高度”和“底层高度”，其余采用默认参数。

3）切换至“刀具参数”选项卡，设置刀具参数。在“类型”下拉列表中选择“立铣刀”，修改刀具“直径”为“12”。设置“刀具号”为“1”，单击“DH 同值”按钮 DH同值 。

4）单击“速度参数”标签，打开“速度参数”子选项卡，按图 5–61 所示设置速度参数。

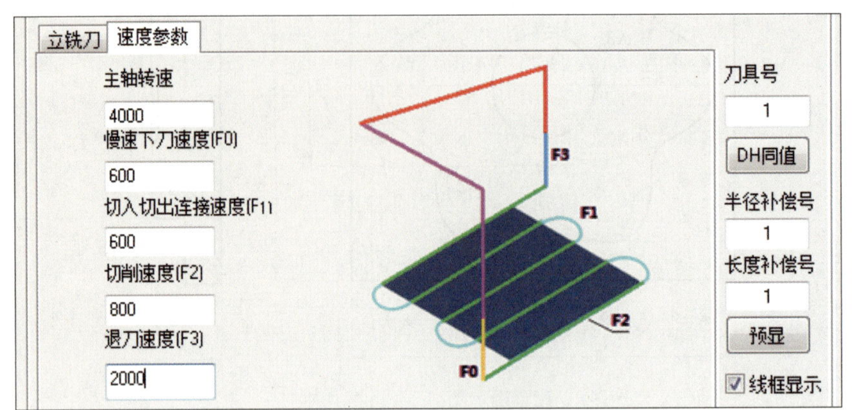


图 5–61　设置速度参数

5）切换至“几何”选项卡，单击如图 5–62 所示的“工件轮廓”按钮 工件轮廓 和“毛坯轮廓”按钮 毛坯轮廓 选择对应的轮廓。

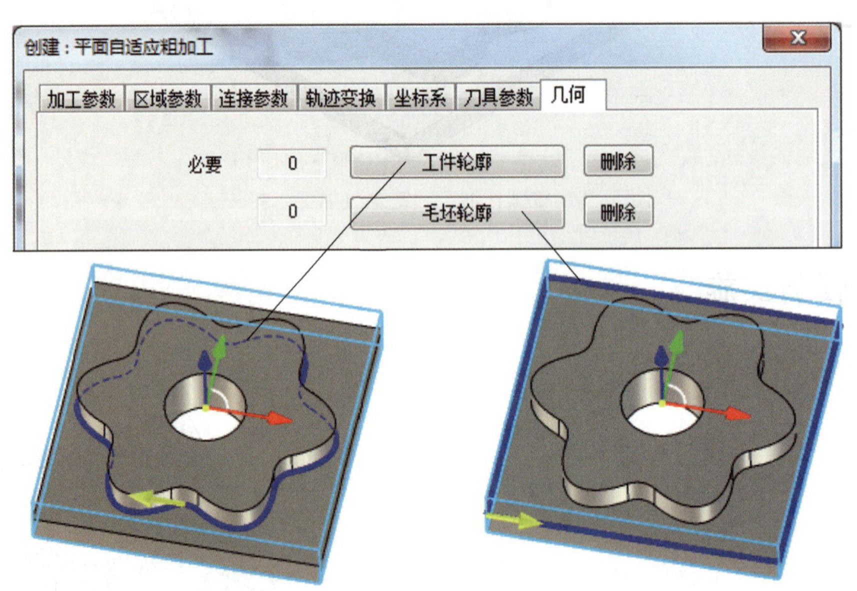


图 5–62　拾取几何轮廓

6）其余参数采用默认设置。单击“确定”按钮 确 定 生成如图 5–63 所示的“平面自适应粗加工”刀具路径。

7）单击“仿真”工具组中的“实体仿真”按钮 实体仿真 完成实体仿真，其效果如图 5–64 所示。

（3）平面轮廓精加工

1）在操作管理器“加工”对话框中用鼠标右键单击“1- 平面自适应粗加工”，在弹出的右键菜单中选择“隐藏”。

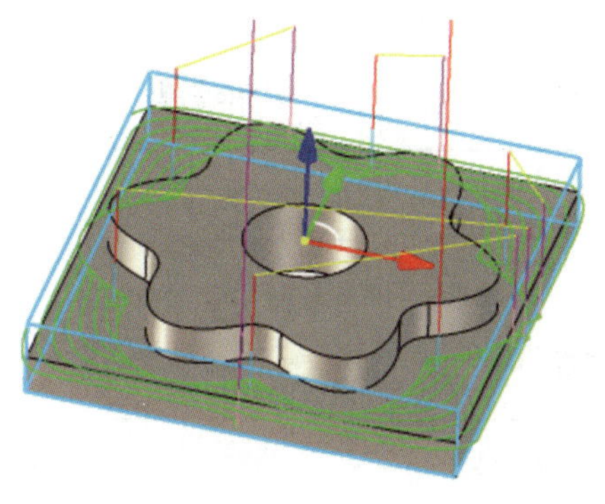

图 5-63　“平面自适应粗加工”刀具路径

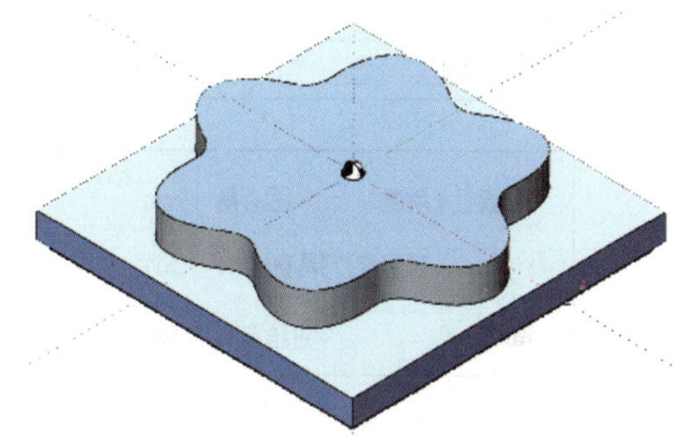

图 5-64　实体仿真效果

2）单击“平面轮廓精加工”按钮 平面轮廓精加工，弹出“创建：平面轮廓精加工”对话框，默认显示“加工参数”选项卡。

3）设置加工参数。其中“加工余量”设为“0”，“加工精度”设为“0.1”；单击“拾取”按钮 拾取，拾取“顶层高度”和“底层高度”；“层高”设为“10”。

4）切换至“刀具参数”选项卡，单击选项卡中的“刀库”按钮 刀库，弹出“刀具库”对话框，选中前面存入的 1 号“立铣刀”。在“速度参数”子选项卡中修改“切削速度（F2）”为“1000”，其余参数不变。

5）切换至“几何”选项卡，选择如图 5-65 所示的轮廓曲线。

6）切换至“区域参数”选项卡，在默认显示的“起始点”子选项卡中单击“拾取”按钮 拾取，选取如图 5-66 所示的起始点。

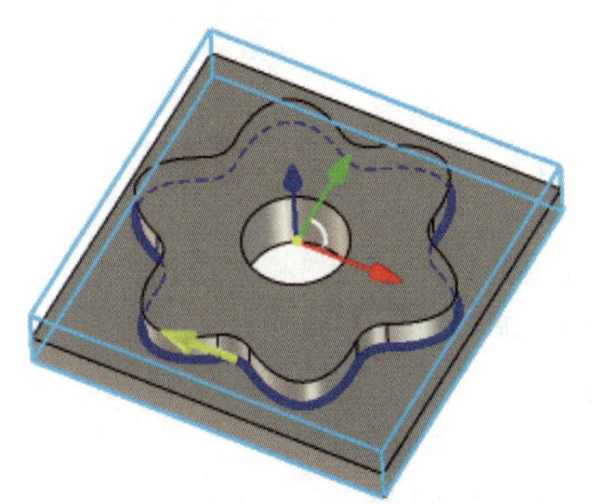

图 5-65　选择轮廓曲线

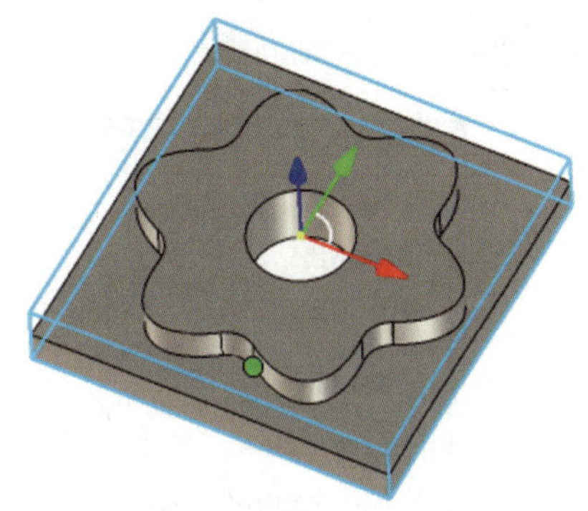

图 5-66　选择加工起始点

7）切换至“连接参数”选项卡，在“起始 / 结束段”子选项卡中选中“加切入”和“加切出”复选框。按图 5-67 所示设置“切入参数”和“切出参数”。

**提示**

在切入、切出参数设置过程中，设置好“切入参数”后切换至“切出参数”子选项卡，在其下方出现“拷贝切入”选项，单击该选项即可设置“切出参数”，且切出轮廓与切入轮廓沿切点的法线方向对称。

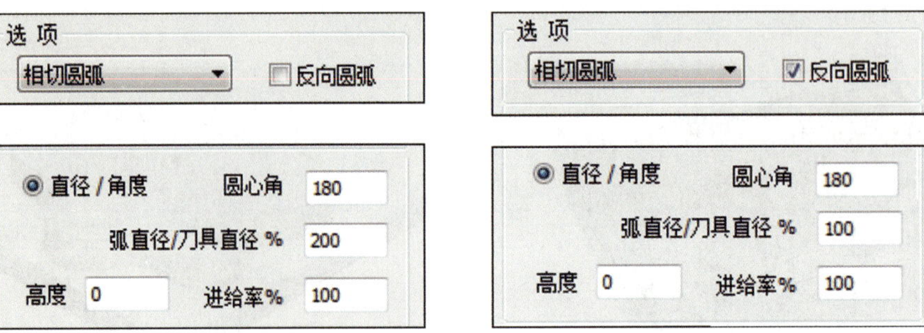


图 5-67　设置切入与切出圆弧参数

8）单击“确定”按钮 确 定 生成如图 5-68 所示的“平面轮廓精加工”刀具路径。

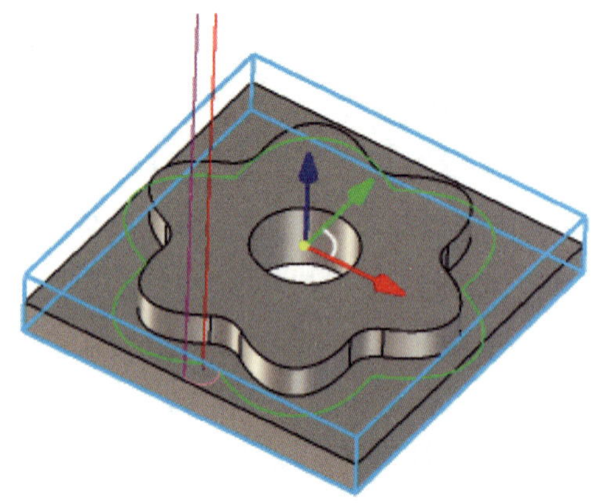

图 5-68　“平面轮廓精加工”刀具路径

## 2. 孔加工

（1）铣圆孔加工

1）在操作管理器“加工”对话框中用鼠标右键单击“2- 平面轮廓精加工”，在弹出的右键菜单中选择“隐藏”。

2）单击“孔加工”工具组中的“铣圆孔加工”按钮 铣圆孔加工，弹出如图 5-69 所示的“创建：铣圆孔加工”对话框，默认显示“加工参数”选项卡，参照图中的值设置加工参数（选项卡中的两个螺距参数分别为轴向和径向的螺旋线螺距）。

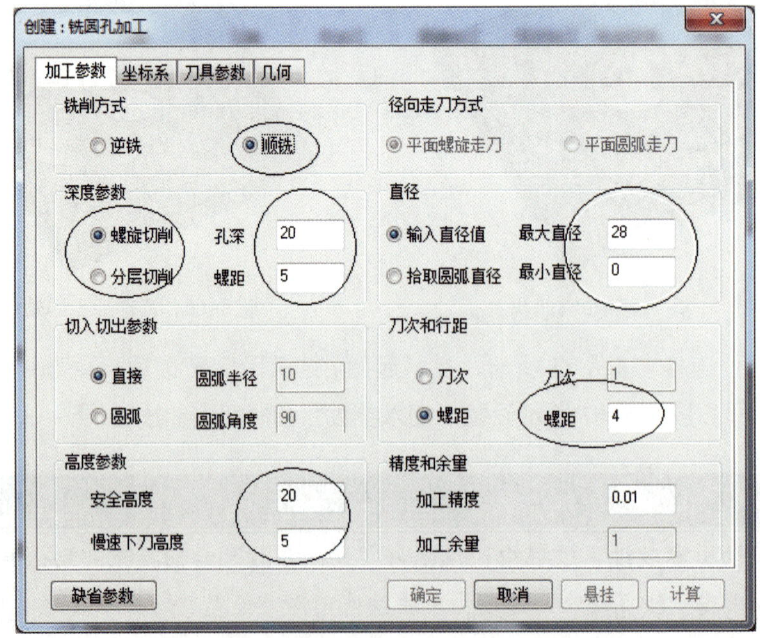


图 5-69　设置“铣圆孔加工”的加工参数

3）切换至“刀具参数”选项卡，选择直径为“16.0”的立铣刀，刀具号设为“2”。在“速度参数”子选项卡中设置“主轴转速”为“3000”、“切削速度（F2）”为“800”，其余参数参照经验值设定。

4）切换至“几何”选项卡，单击“圆”按钮 圆，弹出“圆拾取工具”对话框，单击拾取窗口中圆边界，单击“确定”按钮 ✓ 完成圆的拾取，其结果如图 5-70 所示。

5）单击“确定”按钮 确定 生成如图 5-71 所示的“铣圆孔加工”刀具路径。

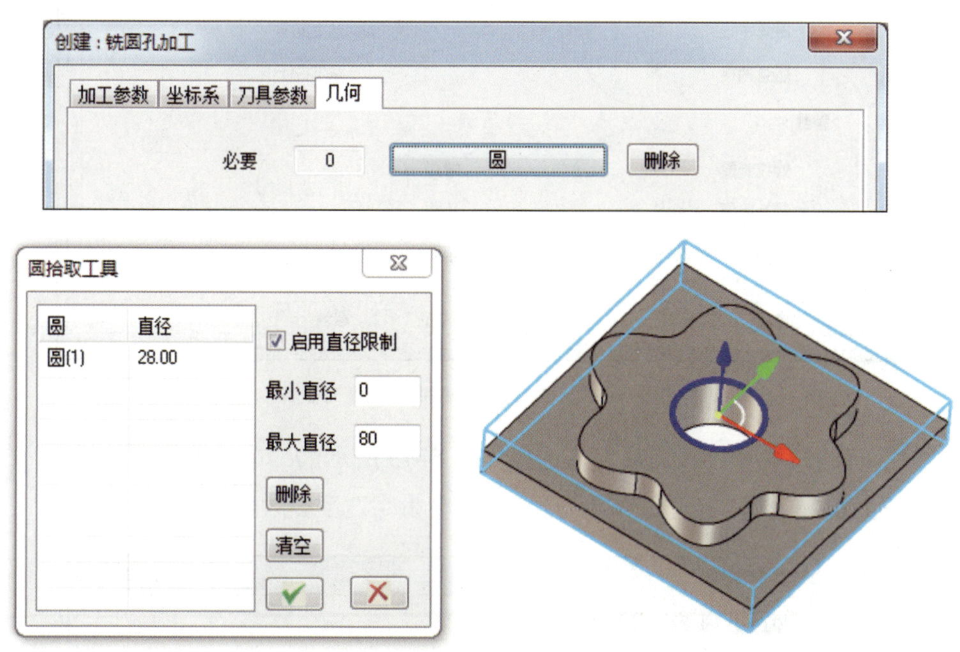


图 5-70　拾取圆

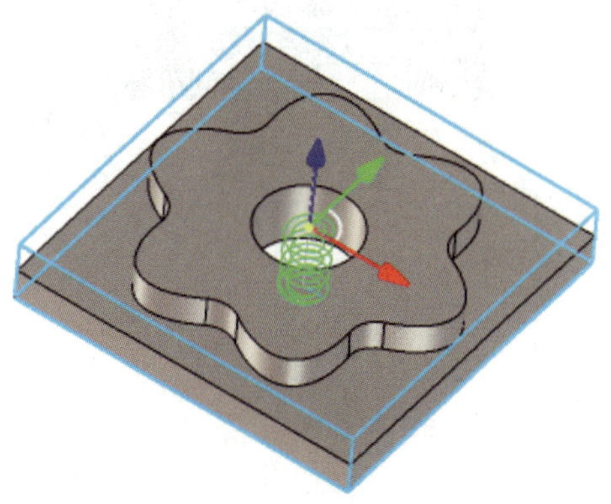

图 5-71　“铣圆孔加工”刀具路径

（2）铣螺纹加工

1）隐藏“铣圆孔加工”轨迹。

2）单击“孔加工”工具组中的“铣螺纹加工”按钮 铣螺纹加工，弹出如图 5-72 所示的“创建：铣螺纹加工”对话框，默认显示“加工参数”选项卡，按图 5-72 所示设置加工参数。

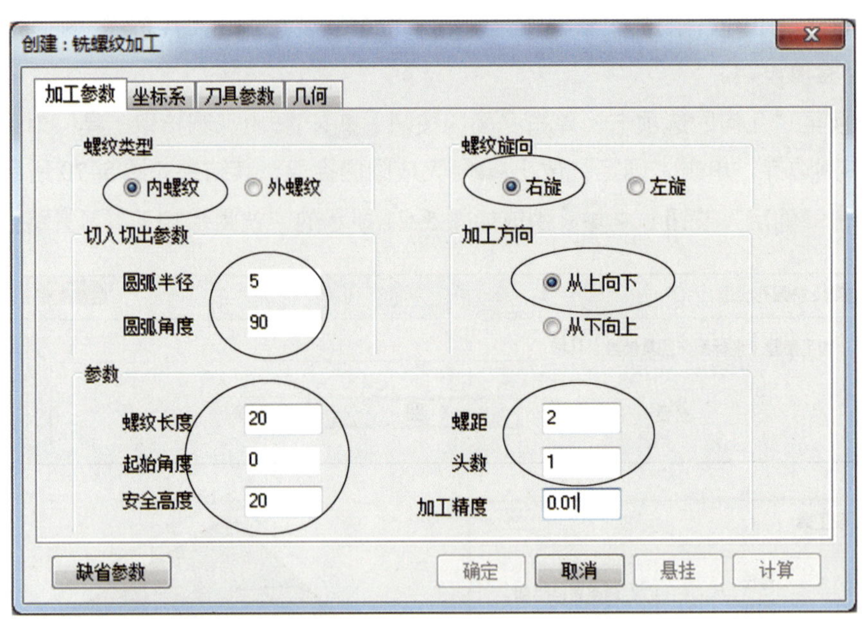


图 5–72　设置“铣螺纹加工”加工参数

3）切换至“刀具参数”选项卡，选择如图 5–73 所示的“螺纹外径”为“10”的螺纹铣刀，刀具号为“5”。在“速度参数”子选项卡中设定速度参数。

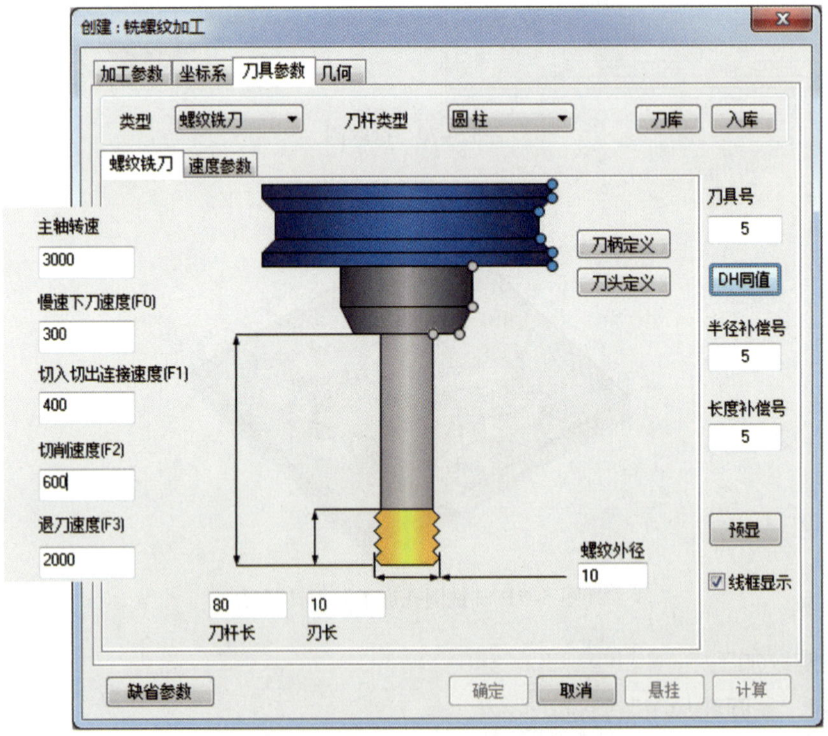


图 5–73　选择螺纹铣刀并设定速度参数

4）选择“在 X–Y 基准面”作为草图平面，过圆心绘制直径为“30”的圆。

5）切换至“几何”选项卡，在选项卡中单击“圆”按钮 圆，拾取草图中直径为“30”的圆，其结果如图 5–74 所示。

6）其他参数均采用默认值。单击“确定”按钮 确定 生成如图 5–75 所示的“铣螺纹加工”刀具路径。

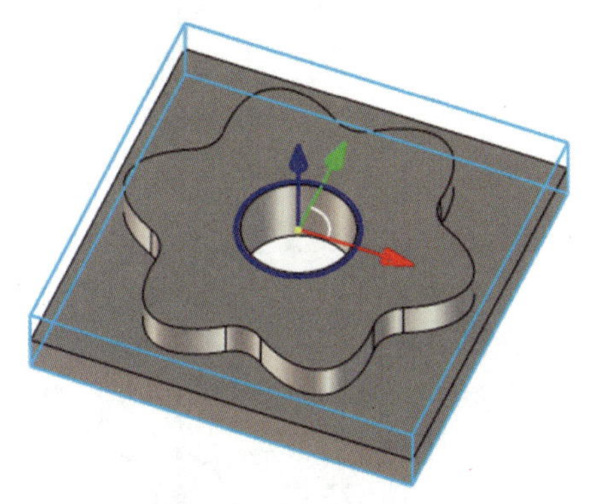

图 5–74　拾取铣螺纹圆

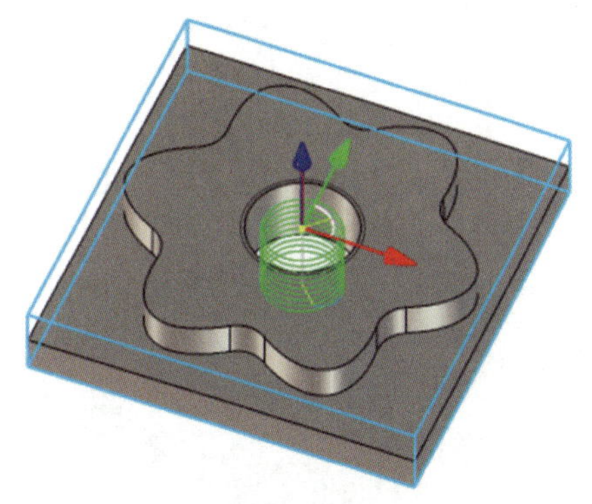

图 5–75　“铣螺纹加工”刀具路径

## 3. 轮廓倒角加工

（1）轮廓倒圆角加工

1）隐藏“铣螺纹加工”轨迹。

2）单击“二轴”工具组中的“倒圆角加工”按钮 倒圆角加工，弹出如图 5–76 所示的“创建：倒圆角加工”对话框，默认显示“加工参数”选项卡，按图 5–76 所示设置加工参数。

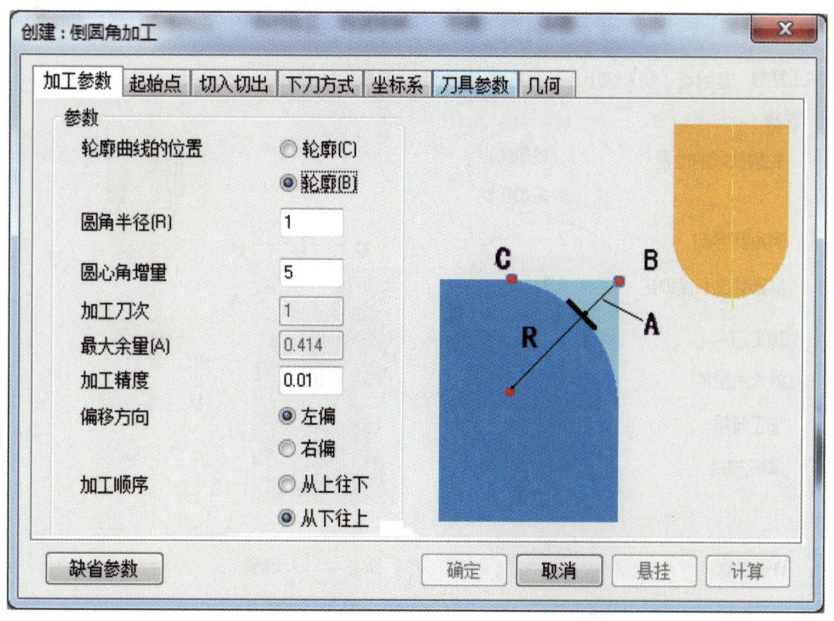


图 5–76　设置“倒圆角加工”加工参数

3）切换至“刀具参数”选项卡，选择直径为“10.0”的球头刀，刀具号设为“3”。在“速度参数”子选项卡中设置“主轴转速”为“4000”、“切削速度（F2）”为“1000”，其余参数参照经验值设定。

4）切换至“几何”选项卡，在选项卡中单击“轮廓曲线”按钮 轮廓曲线，拾取如图 5-77 所示的轮廓曲线。

5）其他参数均采用默认值。单击“确定”按钮 确定 生成如图 5-78 所示的“倒圆角加工”刀具路径。

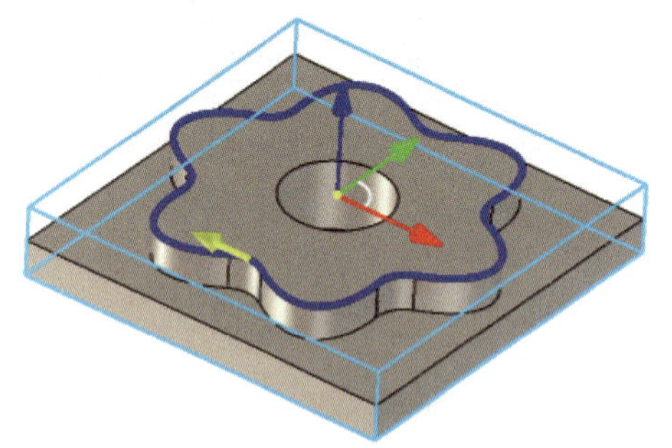

图 5-77　拾取倒圆角轮廓曲线

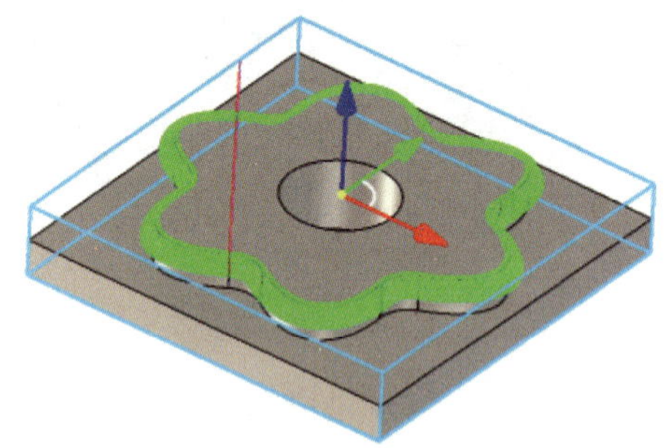

图 5-78　“倒圆角加工”刀具路径

（2）轮廓倒斜角加工

1）隐藏“倒圆角加工”轨迹。

2）单击“二轴”工具组中的“倒斜角加工”按钮 倒斜角加工，弹出如图 5-79 所示的“创建：倒斜角加工”对话框，默认显示“加工参数”选项卡，按图 5-79 所示设置加工参数。

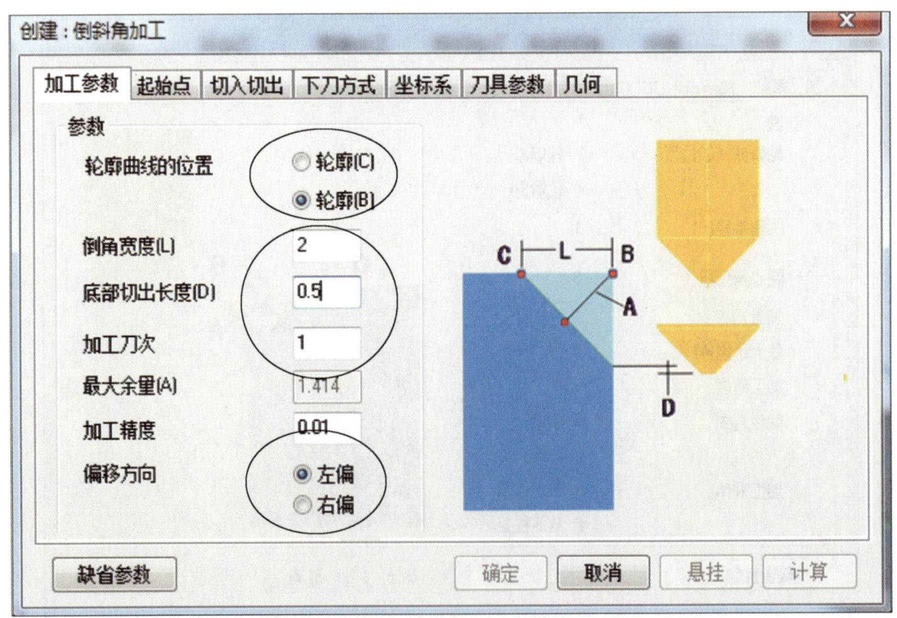


图 5-79　设置“倒斜角加工”加工参数

3）切换至“刀具参数”选项卡，选择如图 5-80 所示的“外直径”为“10”的倒角铣刀，刀具号为“4”。在“速度参数”子选项卡中设定速度参数。

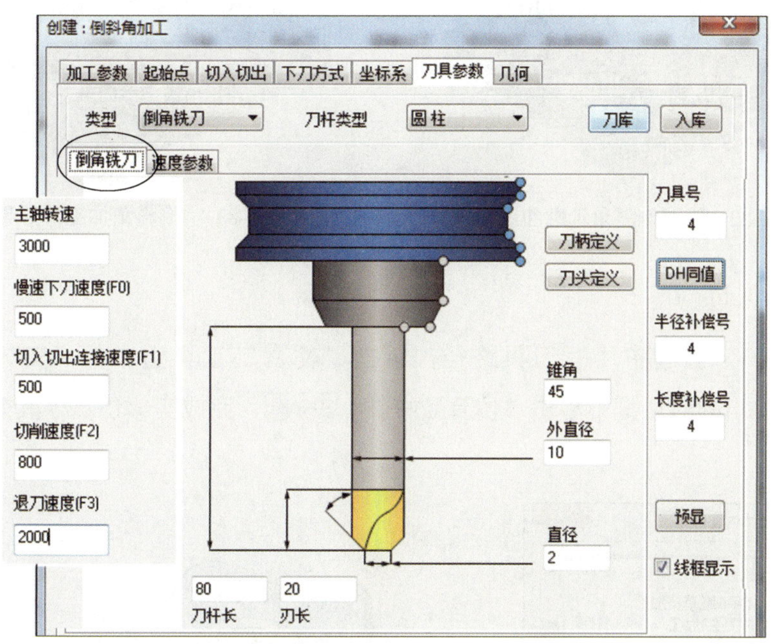

图 5-80　选择倒角铣刀并设定速度参数

4）切换至“切入切出”选项卡，按图 5-81 所示设置切入及切出方式为“圆弧”。

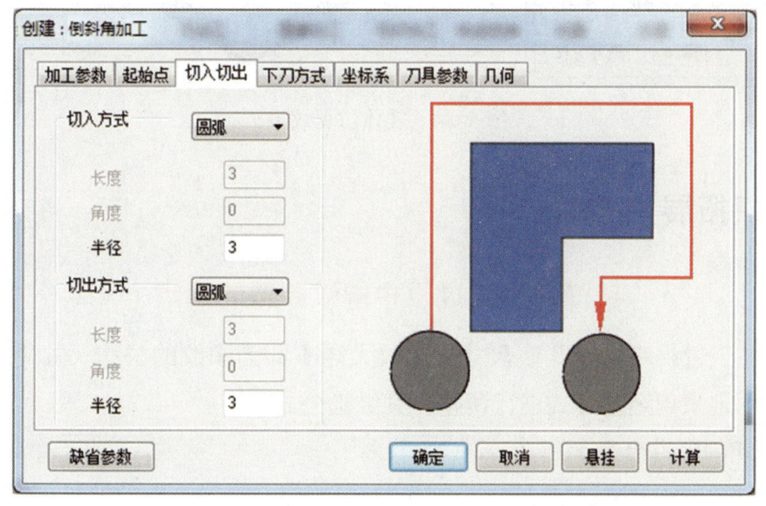

图 5-81　设置切入及切出方式

5）切换至“几何”选项卡，单击“轮廓曲线”按钮 轮廓曲线，拾取如图 5-82 所示的轮廓曲线。

6）其他参数均采用默认值。单击“确定”按钮 确定 生成如图 5-83 所示的“倒斜角加工”刀具路径。

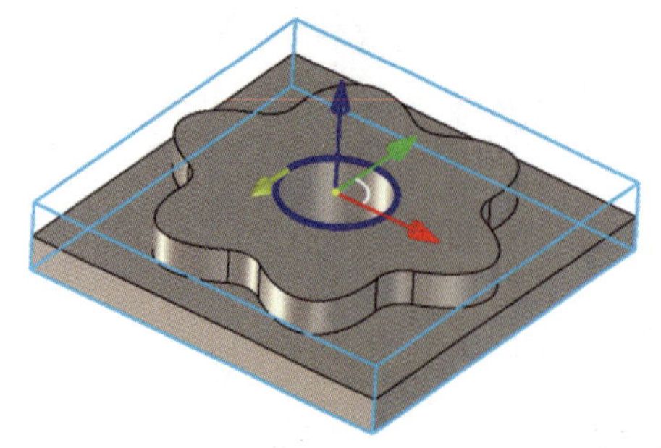

图 5-82　拾取倒斜角轮廓曲线

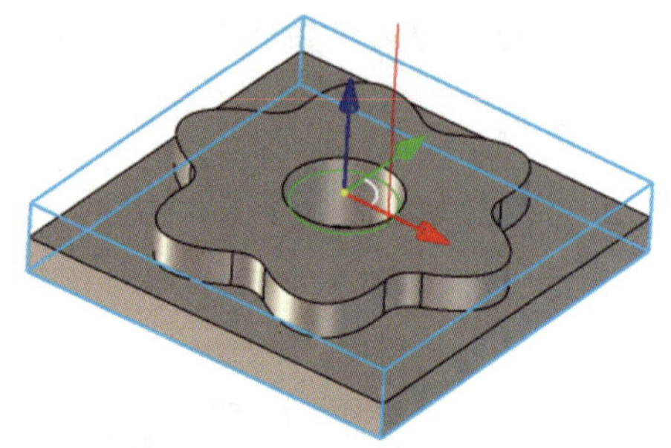

图 5-83　“倒斜角加工”刀具路径

### 4. 实体仿真

按住“Shift”键选中所有刀具路径，单击“仿真”工具组中的“实体仿真”按钮 实体仿真，在弹出的对话框中单击“仿真”按钮 仿真，完成实体仿真，其效果如图 5-84 所示。

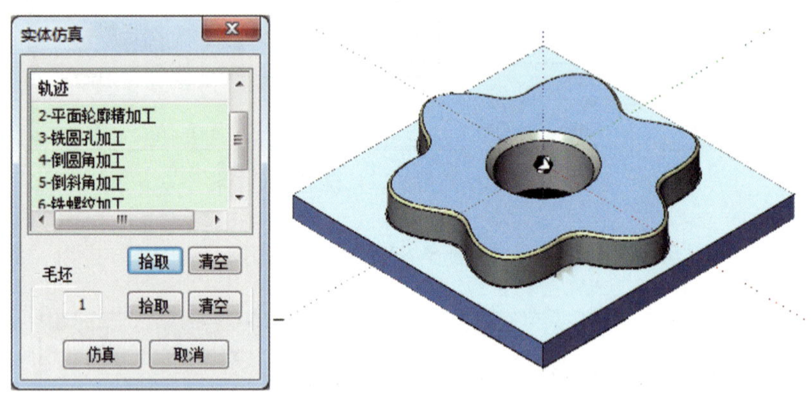


图 5-84　实体仿真效果

## 四、知识拓展

### 铣螺纹加工过程中螺纹参数的确定

在内螺纹加工过程中，其孔底尺寸（螺纹大径）即为螺纹的公称尺寸（$D$）。预加工的底孔直径（$D'_1$）则采用经验公式进行调整，其经验公式如下：

$D'_1=D-P$（切削塑性金属）

$D'_1=D-1.05P$（切削脆性金属）

在外螺纹加工过程中，考虑螺纹的公差要求和螺纹切削过程中对大径的挤压作用，预加工的螺杆直径应比其公称直径小 0.1 ~ 0.3 mm。其加工深度尺寸（即螺纹的小径）则采用经验公式进行调整，其经验公式如下：

$d'_1=d-(1.1 \sim 1.3)P$

在以上经验公式中，直径 $d$、$D$ 均为公称直径，$P$ 为螺距。

## 五、任务拓展

任务拓展 1　数控铣削加工如图 5-85 所示的零件，毛坯为 75 mm×75 mm×22 mm 的 45 钢（轮廓倒角为 $R$1 mm，螺纹倒角为 $C$1 mm），试规划其刀具路径并生成加工程序。

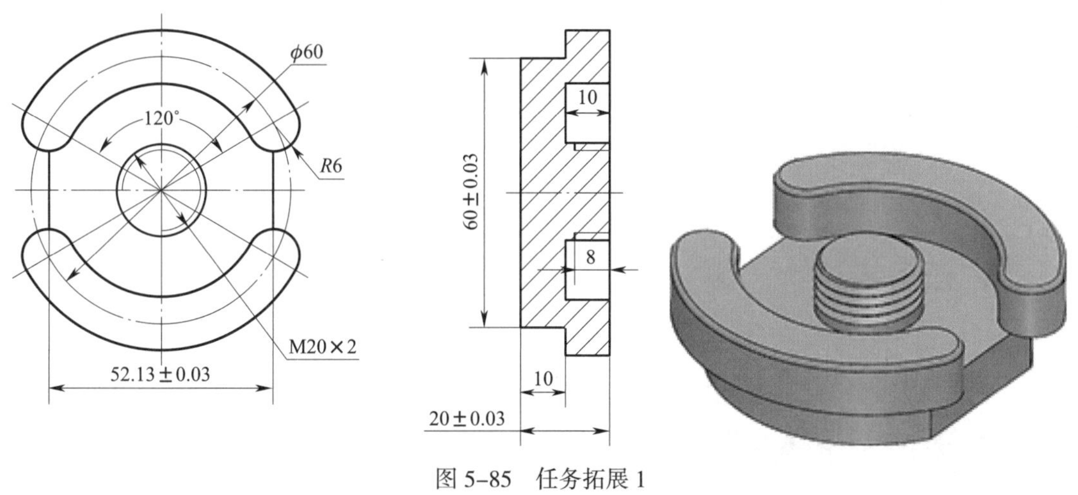

图 5-85　任务拓展 1

任务拓展 2　数控铣削加工如图 5-86 所示的零件，毛坯为 $\phi$80 mm×22 mm 的 45 钢，试规划其刀具路径并生成加工程序。

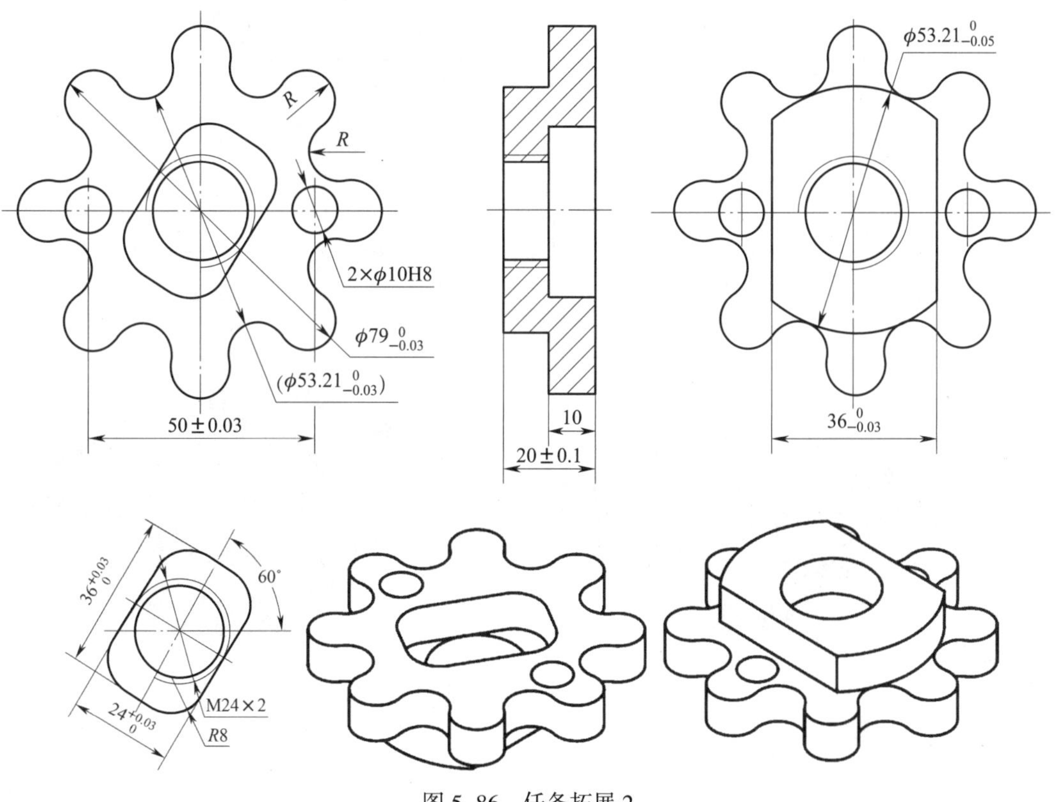

图 5-86　任务拓展 2

# 课题 4　二轴综合加工实例

## 一、学习目标

1. 掌握加工坐标系的创建方法。
2. 掌握二维轮廓的综合加工方法。
3. 进一步掌握封闭轮廓动态切削的方法。
4. 掌握轮廓倒角的方法。

## 二、任务描述

数控铣削加工如图 5-87 所示的零件（总厚度为 18 mm，凸台高度和型腔深度均为 9 mm。轮廓倒角为 $C0.5$ mm，孔口倒角为 $C1$ mm），已知毛坯为 90 mm×90 mm×20 mm 的 45 钢，要求规划其刀具路径并生成加工程序。

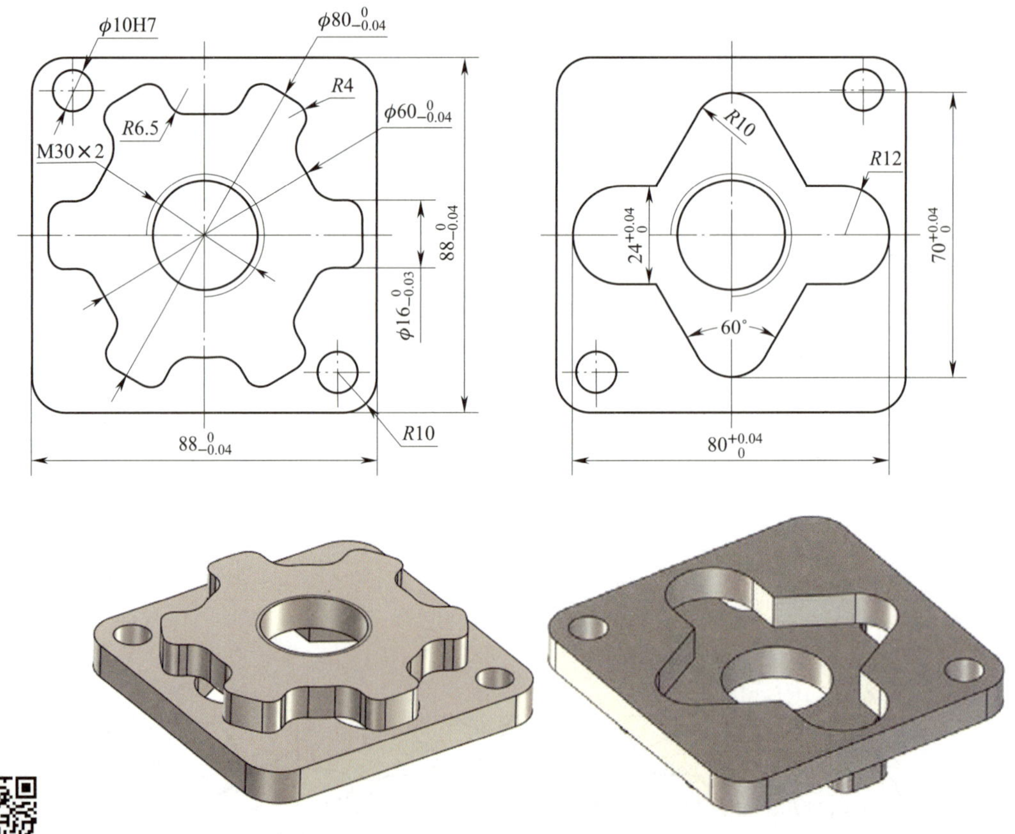

图 5-87　二轴综合加工

# 三、任务实施

## 1. 加工准备

（1）创建坐标系

1）启动 CAXA 制造工程师 2020。

2）单击功能选项卡中的“制造”，单击“创建”工具组中的“坐标系”按钮，弹出如图 5–88a 所示的“创建坐标系”对话框。

3）在“原点坐标”下方的“Z”文本框中输入“–20”，单击“Z 轴矢量”下方的“反向”按钮 反向，单击对话框中的“确定”按钮 确定，在窗口显示如图 5–88b 所示的两个坐标系，操作管理器的“加工”对话框中显示如图 5–88c 所示的两个坐标系。

4）此时新建立的“2- 坐标系（活动）”显示为活动坐标系，用鼠标右键单击“1- 世界”，在弹出的右键菜单中单击“激活”，使其成为活动坐标系。

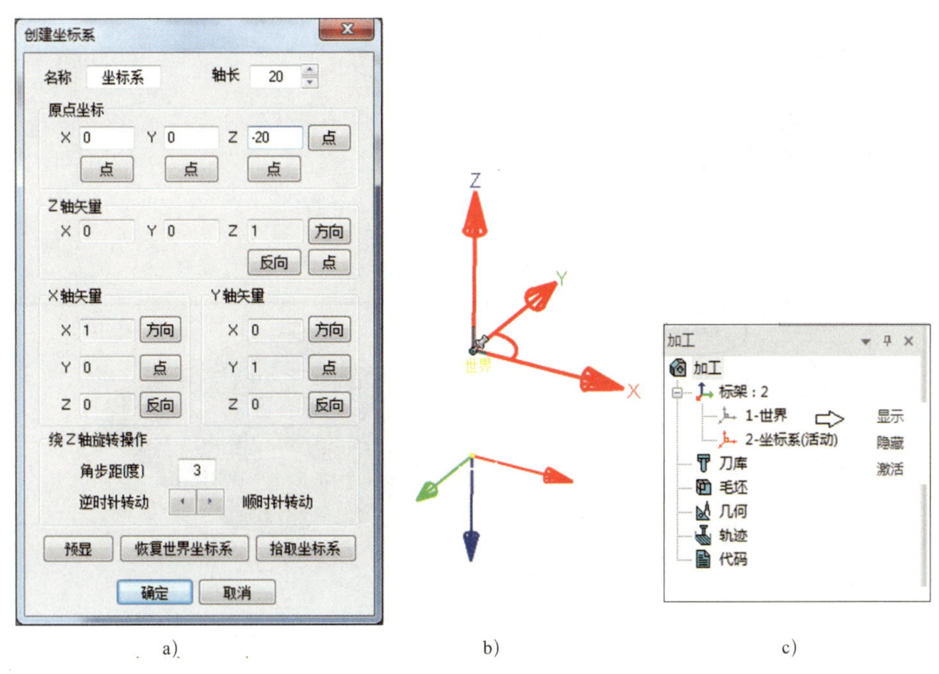


图 5–88　创建坐标系

a）“创建坐标系”对话框　b）新建坐标系　c）激活坐标系

（2）创建毛坯

1）完成实体建模，选中实体，单击三维球图标，选中 *Z* 向轴，使实体沿 –*Z* 方向移动“1”，其结果如图 5–89 所示。

2）用鼠标右键单击“毛坯”图标 毛坯：，在弹出的右键菜单中选中“创建毛坯”，弹出“创建毛坯”对话框。单击对话框中的“拾取参考模型”按钮 拾取参考模型，单击窗口中已生成的实体。

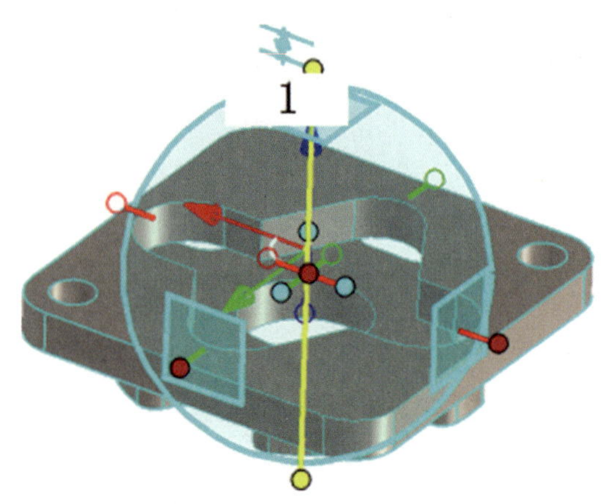


图 5-89　用三维球移动实体

3）在“创建毛坯”对话框中修改“基准点”的“Z”为“-20”、“长宽高”的“高”为“20”。单击“确定”按钮完成毛坯的创建，其结果如图 5-90 所示。

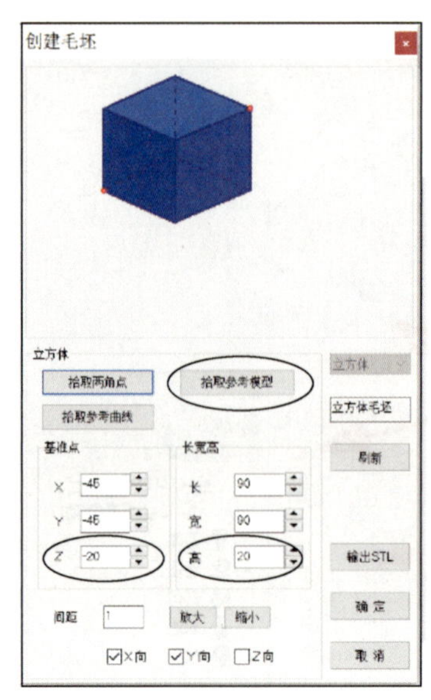


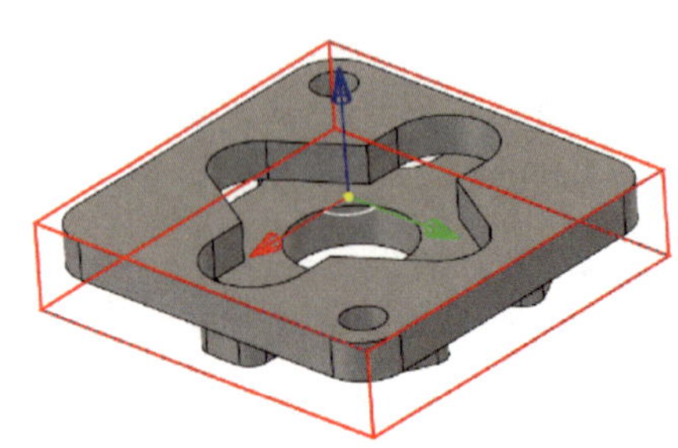

图 5-90　创建毛坯

## 2. 加工正面轮廓

（1）平面光铣加工

1）单击“平面光铣加工”按钮，在弹出的对话框中设置加工参数。其中“加工余量”为“-0.005”，“最大行距”为“20”。

2）切换至“刀具参数”选项卡，选择直径为“32”的立铣刀，设置“刀具号”为“1”。在“速度参数”子选项卡中设置刀具速度参数，完成后单击“入库”按钮。

3）切换至“几何”选项卡，单击“轮廓曲线”按钮，拾取如图 5-91 所示上表面的外轮廓。

4）单击“确定”按钮 确定 生成如图 5–92 所示的“平面光铣加工”刀具路径。

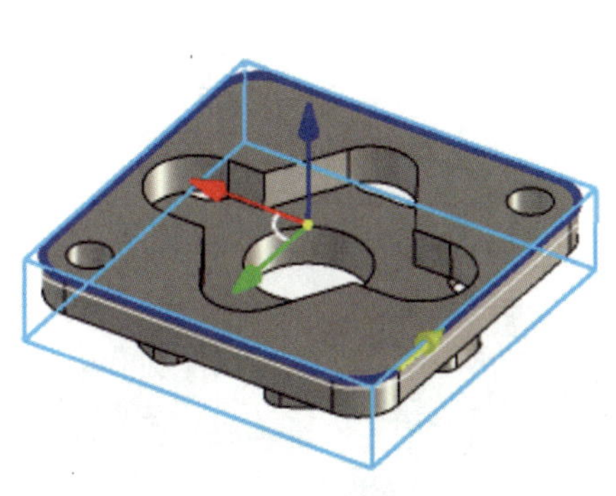

图 5–91　选择轮廓曲线

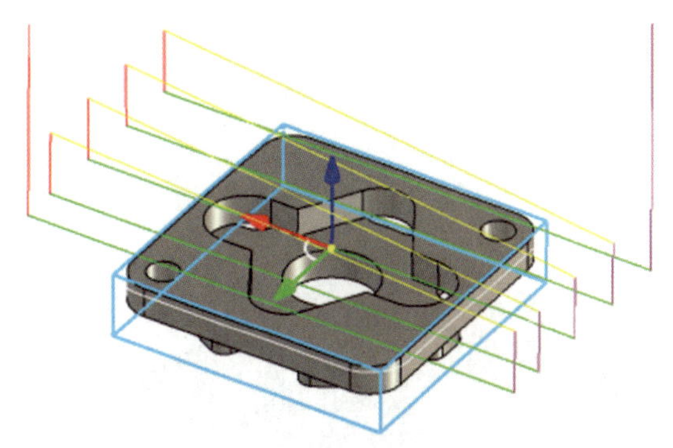

图 5–92　“平面光铣加工”刀具路径

（2）钻孔及铰孔加工

1）单击“固定循环加工”按钮 固定循环加工，在弹出对话框中的“控制系统”下拉列表中选择“FANUC”，在“功能名称”下拉列表中选择“钻孔（G81）”，设置相应的加工参数。

2）切换至“刀具参数”选项卡，选择直径为“7.8”的钻头，设置“刀具号”为“5”。在“速度参数”子选项卡中设置速度参数。

3）切换至“几何”选项卡，拾取如图 5–93 所示的中心点。

4）单击“确定”按钮 确定 生成如图 5–94 所示的“钻孔加工”刀具路径。

5）同理，可选用“镗孔（G85）”指令完成两个孔的铰孔加工。

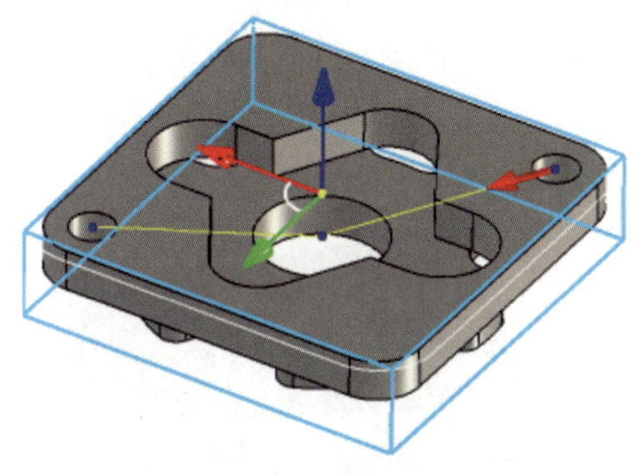

图 5–93　选取孔点

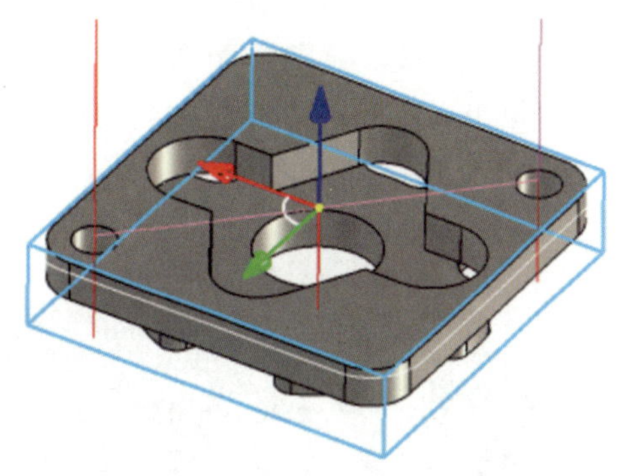

图 5–94　“钻孔加工”刀具路径

（3）平面自适应粗加工

1）单击“平面自适应粗加工”按钮 平面自适应粗加工，在弹出的对话框中设置加工参数。其中“加工余量”设为“0.5”，“层高”设为“10”，“最大行距”设为“4”。

2）切换至“刀具参数”选项卡，选择直径为“16”的立铣刀，设置“刀具号”为“2”。在“速度参数”子选项卡中设置刀具速度参数，完成后单击“入库”按钮 入库。

3）切换至“区域参数”选项卡，设置“起始点”为“X0，Y0，Z0”，不选择加工边界。

4）切换至“连接参数”选项卡，在“连接方式”子选项卡中选中“加下刀”复选框。

在“下刀方式”子选项卡中选中“螺旋”下刀方式，设置对应的螺旋线参数。

5）切换至“几何”选项卡，拾取如图5-95所示工件轮廓，不选择“毛坯轮廓”。

6）单击“确定”按钮 确定 生成如图5-96所示的“平面自适应粗加工”刀具路径。

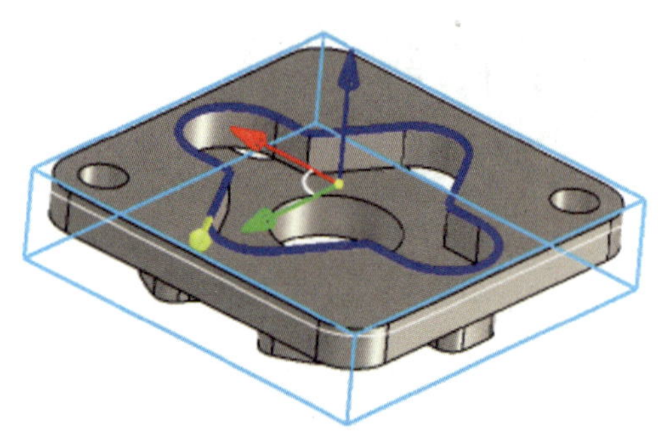

图5-95 选取工件轮廓

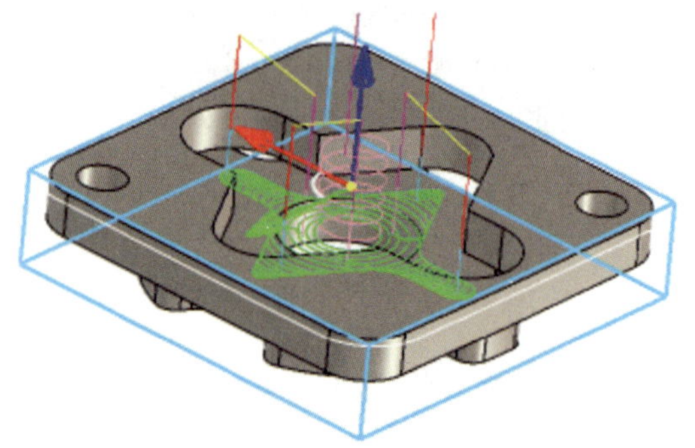

图5-96 “平面自适应粗加工”刀具路径

（4）平面轮廓精加工

1）单击“平面轮廓精加工”按钮 平面轮廓精加工，在弹出的对话框中设置加工参数，根据尺寸偏差设置“加工余量”为“0”，“层高”为“10”。

2）切换至“刀具参数”选项卡，从“刀具库”中选择2号“立铣刀”。

3）切换至“几何”选项卡，选取型腔轮廓曲线。

4）切换至“区域参数”选项卡，选取如图5-97所示的起始点。

5）切换至“连接参数”选项卡，在“起始/结束段”子选项卡中选中“加切入”和“加切出”复选框。分别设置“切入参数”和“切出参数”中的圆弧切入、切出参数。

6）单击“确定”按钮 确定 生成如图5-98所示的“平面轮廓精加工”刀具路径。

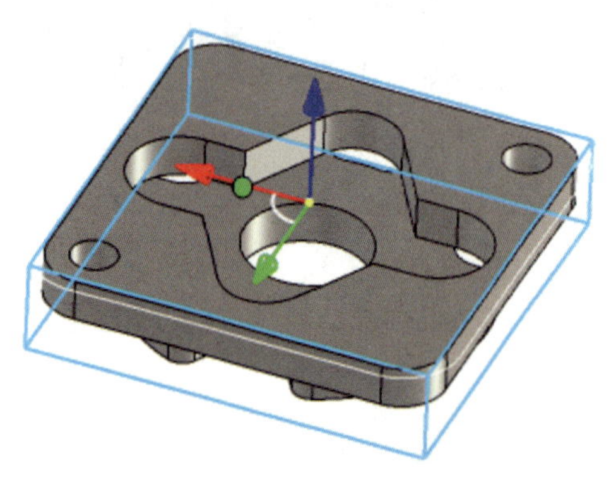

图5-97 选择加工起始点

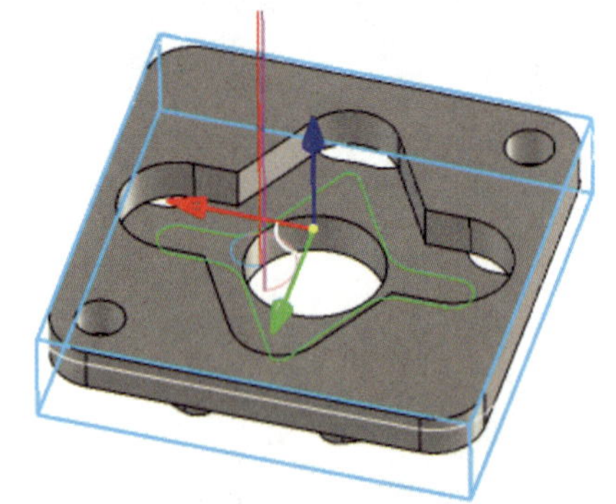

图5-98 “平面轮廓精加工”刀具路径

（5）轮廓倒斜角

1）单击“倒斜角加工”按钮 倒斜角加工，在弹出的对话框中设置加工参数。其中“倒角宽度（L）”为“2”。

2）切换至“刀具参数”选项卡，选择倒角铣刀，设置“外直径”为“10”，刀具号为

“4”。在“速度参数”子选项卡中设置速度参数，完成后单击“入库”按钮 入库 。

3）在“起始点”子选项卡中选择起始点。在“切入切出”子选项卡中设置切入及切出方式为“圆弧”。

4）切换至“几何”选项卡，选取型腔轮廓曲线。

5）单击“确定”按钮 确定 生成如图 5-99 所示的“倒斜角加工”刀具路径。

（6）复制刀具路径

1）用鼠标右键单击“5- 平面轮廓精加工”，在弹出的右键菜单中单击“拷贝”。再次用鼠标右键单击“5- 平面轮廓精加工”，在弹出的右键菜单中单击“粘贴”，新建“7- 平面轮廓精加工”。

2）用鼠标左键双击“7- 平面轮廓精加工”中对应的“加工参数”，进入“编辑：平面轮廓精加工”对话框，在“几何”“区域参数”“加工参数”选项卡中修改参数。

3）单击“确定”按钮 确定 生成如图 5-100 所示的“平面轮廓精加工”刀具路径。

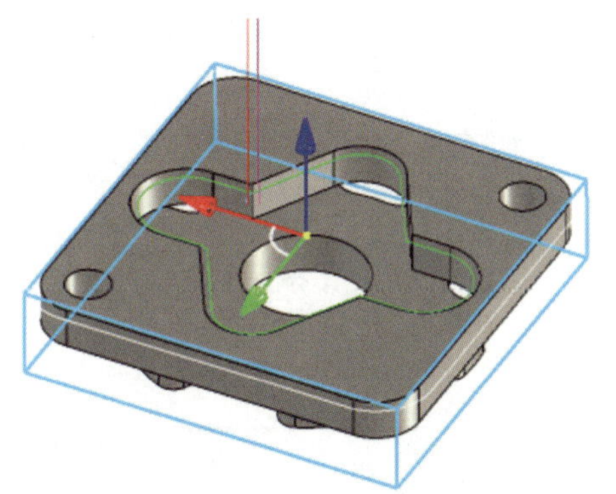

图 5-99　“倒斜角加工”刀具路径

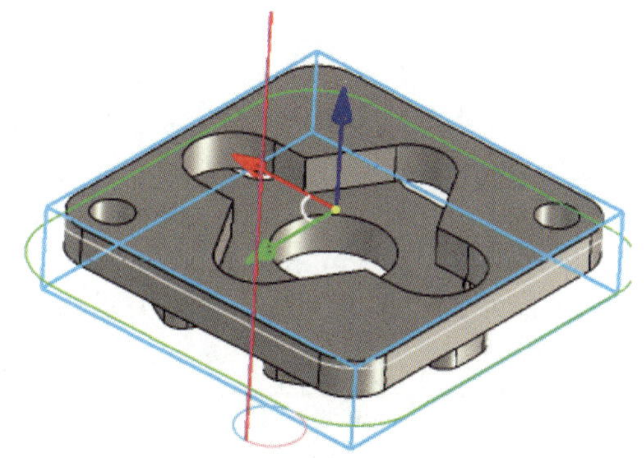

图 5-100　“平面轮廓精加工”刀具路径

4）采用同样的方法，生成如图 5-101 所示的外轮廓“倒斜角加工”刀具路径。

（7）实体仿真

按住“Shift”键不松开，单击“1- 平面光铣加工”后再单击“8- 倒斜角加工”，选中正面加工所有刀具路径，单击“实体仿真”按钮 实体仿真，完成实体仿真，其效果如图 5-102 所示。

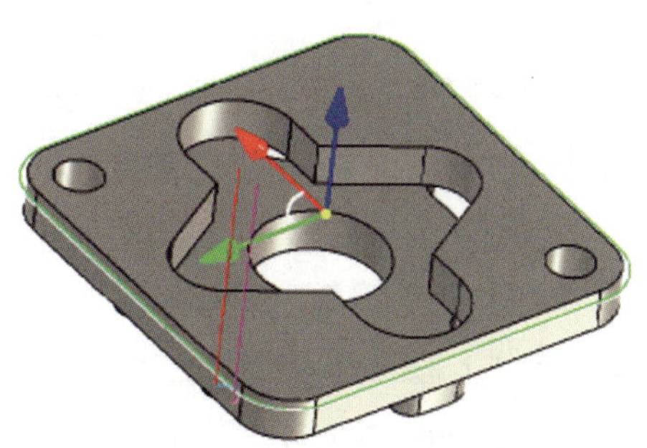

图 5-101　外轮廓“倒斜角加工”刀具路径

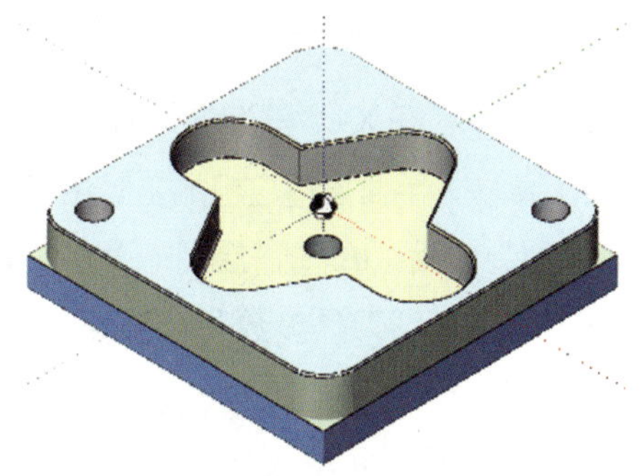

图 5-102　实体仿真效果

### 3. 加工反面轮廓

（1）平面光铣加工

1）用鼠标右键单击“2- 坐标系（活动）”，在弹出的右键菜单中单击“激活”，使其成为活动坐标系，其结果如图 5–103 所示。

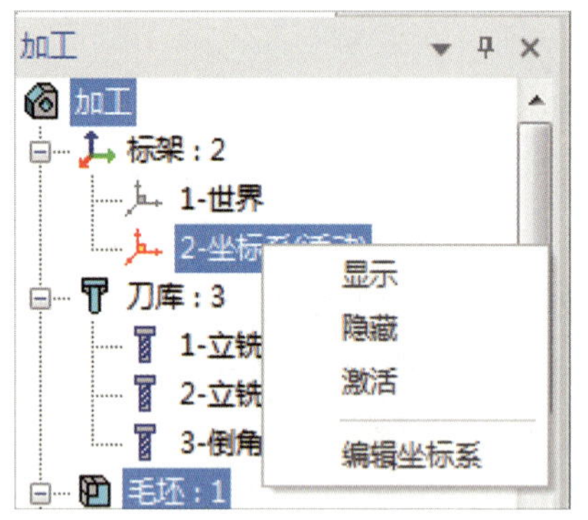


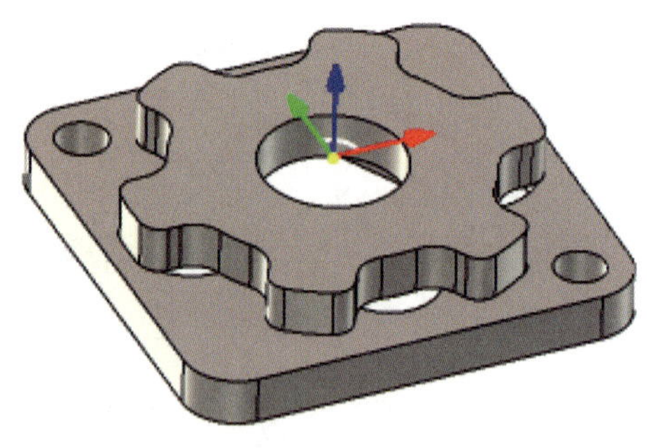

图 5–103　激活反面的加工坐标系

2）单击“平面光铣加工”按钮 平面光铣加工，选择如图 5–104 所示的加工轮廓，设置“加工余量”为“9”，“最大行距”为“20”。

3）选用刀库中的 1 号“立铣刀”，完成参数设定。单击“确定”按钮 确定 生成如图 5–105 所示的“平面光铣加工”刀具路径。

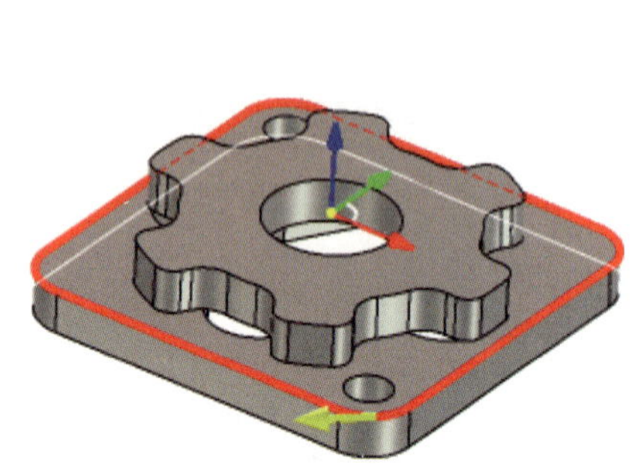

图 5–104　选择轮廓曲线

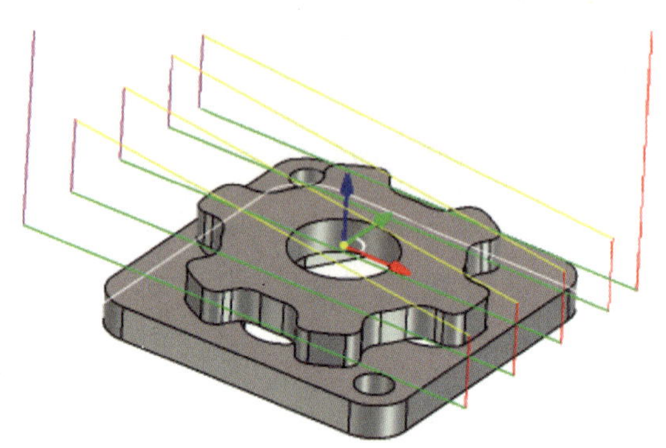

图 5–105　“平面光铣加工”刀具路径

（2）平面自适应粗加工

1）选择“在 X–Y 基准面”作为草图平面，绘制“92×92”的正方形。

2）单击“平面自适应粗加工”按钮 平面自适应粗加工，在弹出的对话框中设置加工参数。其中，“加工余量”设为“0.5”，“层高”设为“10”，“最大行距”设为“3”，“底层高度”设为“–10”。

3）切换至“刀具参数”选项卡，选择直径为“12”的立铣刀，设置“刀具号”为“3”。在“速度参数”子选项卡中设置刀具速度参数，完成后单击“入库”按钮 入库。

4）切换至“区域参数”选项卡，设置“起始点”为“X–50，Y0，Z0”，不选择加工边界。

5）切换至“连接参数”选项卡，在“连接方式”子选项卡中选中“加下刀”复选框。在“下刀方式”子选项卡中选中“螺旋”下刀方式，设置对应的螺旋线参数。

6）切换至“几何”选项卡，拾取如图 5-106 所示的“工件轮廓”和“毛坯轮廓”。

7）单击“确定”按钮 确定 生成如图 5-107 所示的“平面自适应粗加工”刀具路径。

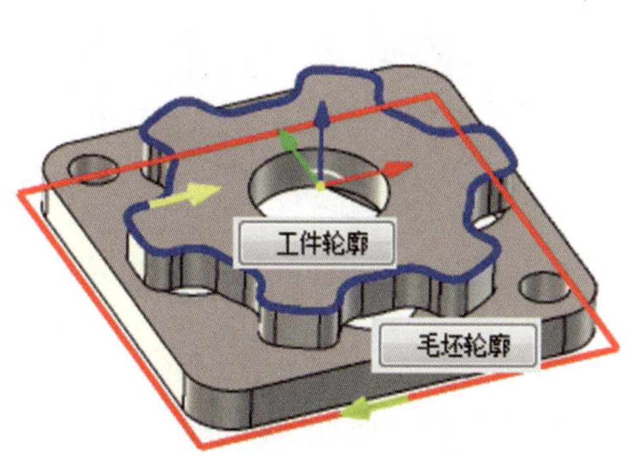


图 5-106 选择轮廓曲线

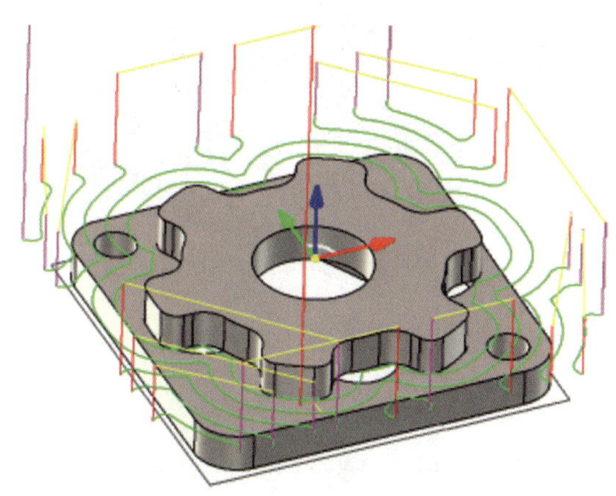

图 5-107 “平面自适应粗加工”刀具路径

（3）平面轮廓精加工

从“刀具库”中选择 3 号“立铣刀”，完成平面轮廓精加工，其刀具路径如图 5-108 所示。

（4）轮廓倒斜角

从“刀具库”中选择 4 号“倒斜角铣刀”，完成平面轮廓倒斜角加工，其刀具路径如图 5-109 所示。

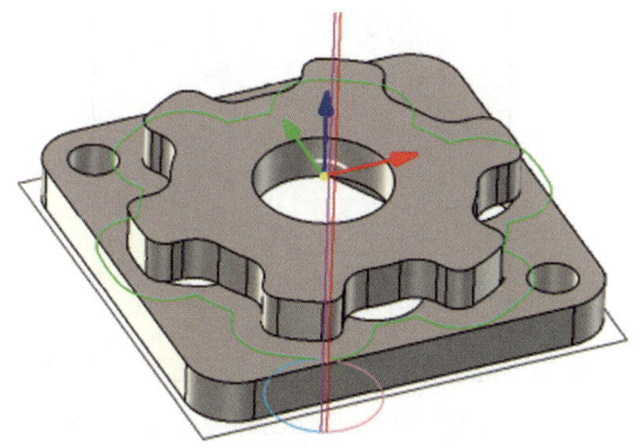

图 5-108 “平面轮廓精加工”刀具路径

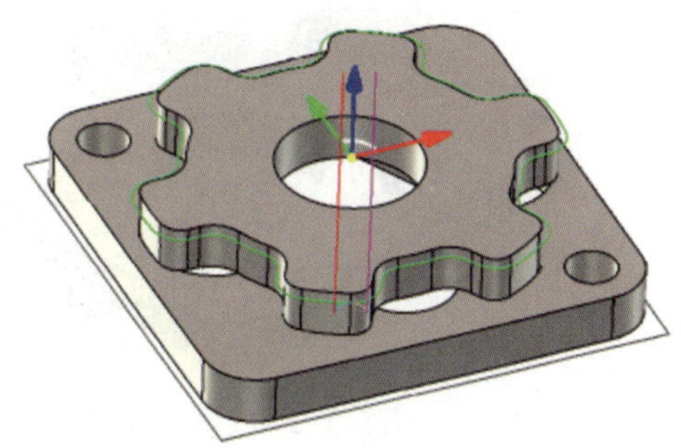

图 5-109 “轮廓倒斜角”刀具路径

（5）铣圆孔加工及倒斜角加工

1）从“刀具库”中选择 2 号“立铣刀”，完成直径为“28”的铣圆孔加工。

2）复制“13- 倒斜角加工”后粘贴该刀具路径，选中三个孔的孔口作为轮廓曲线（均需为逆时针方向），完成三个孔孔口的 $C1$ mm 倒角。刀具路径如图 5-110 所示。

（6）铣螺纹加工

选择“在 X–Y 基准面”作为草图平面，绘制直径为“30”的圆。选择直径为“10”的螺纹铣刀，完成铣螺纹加工，其刀具路径如图 5–111 所示。

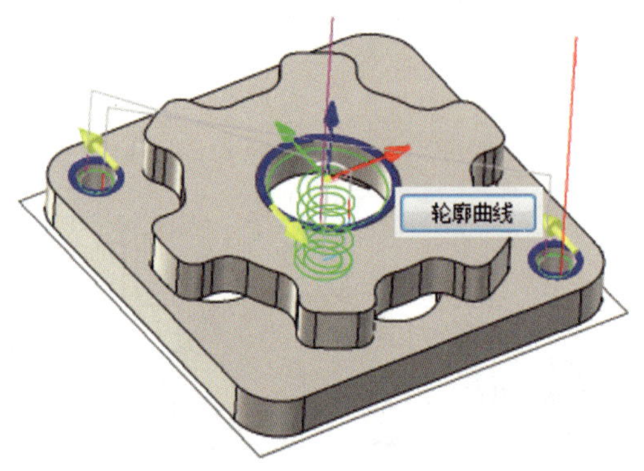


图 5–110 “铣圆孔及倒斜角加工”刀具路径

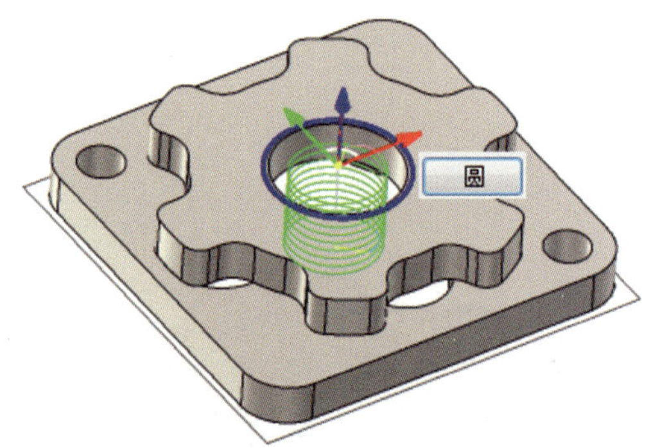


图 5–111 “铣螺纹加工”刀具路径

（7）实体仿真

按住“Shift”键不松开，单击“1- 平面光铣加工”后再单击“15- 铣螺纹加工”，选中所有刀具路径，单击“实体仿真”按钮 实体仿真，完成实体仿真，其效果如图 5–112 所示。

**提示**

如果要单独观察反面加工的实体仿真效果，可单击仿真加工操作界面中“视图”工具组中“仰视图”按钮 仰视图，刀具路径“10- 平面区域粗加工”的实体仿真效果如图 5–113 所示。

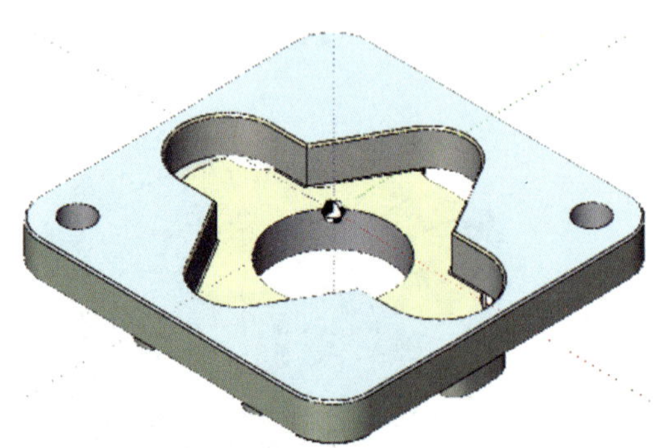

图 5–112 实体仿真效果

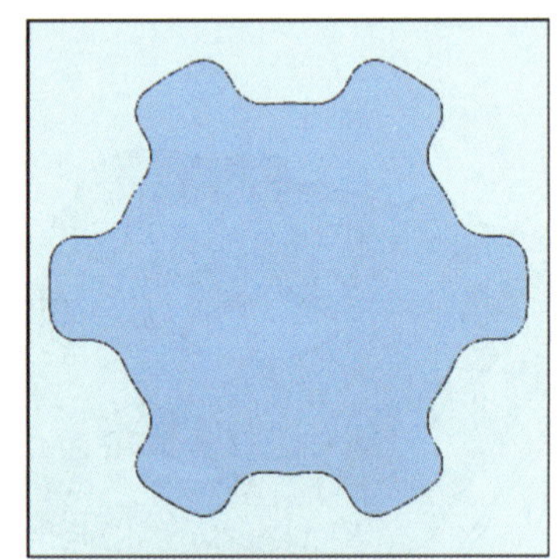

图 5–113 反面轮廓仿真效果

## 四、知识拓展

在 CAXA 制造工程师的二轴加工中，除了前面介绍的加工方法外，还有“雕刻加工”和“切割加工”等用于加工表面图案的方法。现以如图 5–114 所示的平面刻字来介绍这两种加工方法。

选择“在 X–Y 基准面”作为草图平面，编辑文字“技能中国”，完成实体拉伸，厚度为“1”。设置毛坯尺寸为 100 mm×60 mm×10 mm。选择“在 X–Y 基准面”作为草图平面，绘制“105×65”的长方形作为加工边界。

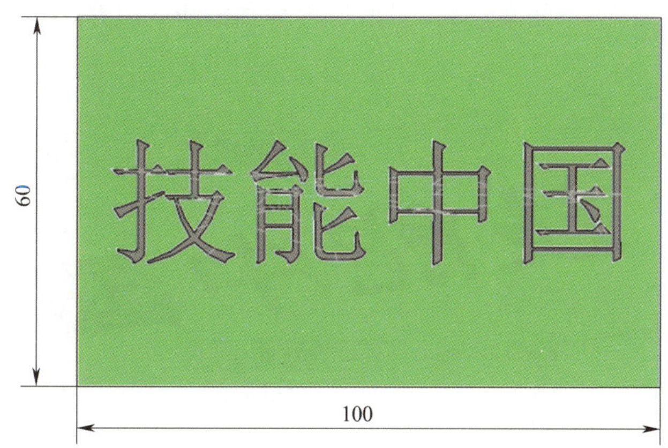


图 5–114　平面刻字

## 1. 雕刻加工

（1）单击“二轴”工具组中的“雕刻加工”按钮 C 雕刻加工，弹出如图 5–115 所示的“创建：雕刻加工”对话框，在“加工参数”选项卡中设置加工参数，其中“轮廓余量”和“层间高度”设为“0.3”，“底层高度”设为“–0.3”。

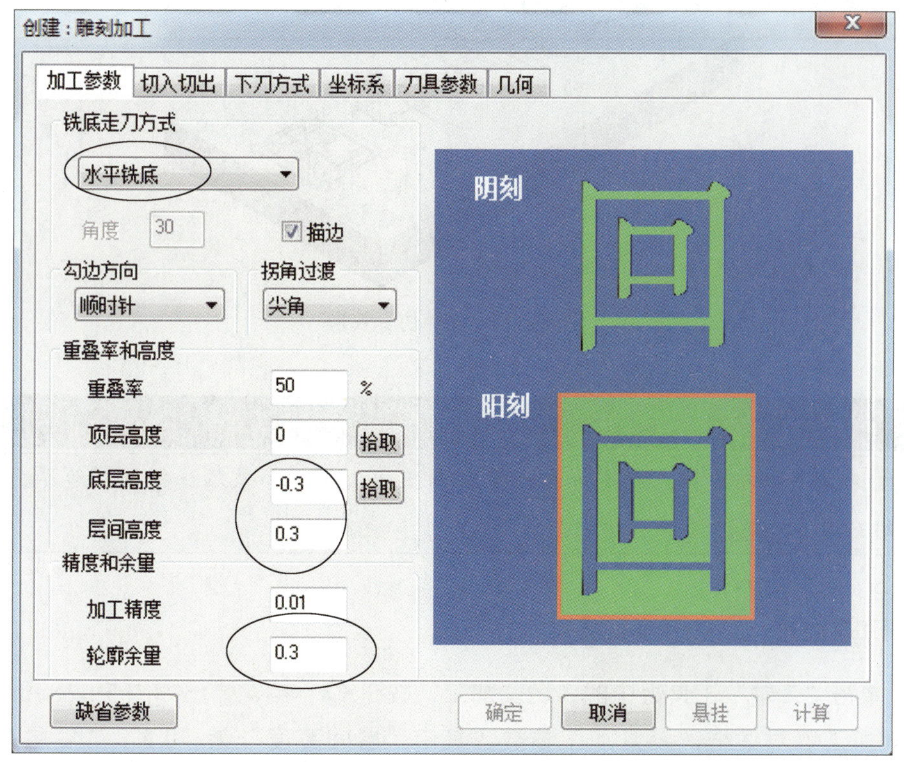


图 5–115　设置加工参数

（2）切换至“刀具参数”选项卡，在“类型”下拉列表中选择“雕刻刀”，设置相应的刀具参数和速度参数。

（3）切换至“几何”选项卡，选中如图 5–116 所示的加工几何边界。其中，“阳刻边界”选中草图中的长方形，“图案轮廓”选中文字表面的所有边界。

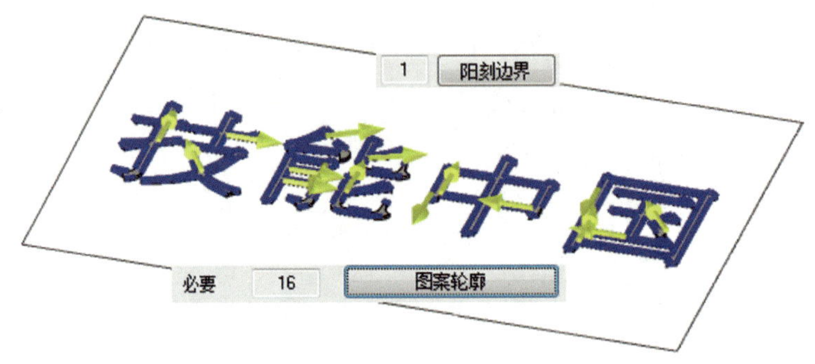


图 5–116　设置加工几何边界

（4）单击“确定”按钮 确定 生成“雕刻加工”刀具路径。完成实体仿真，其效果如图 5–117 所示。

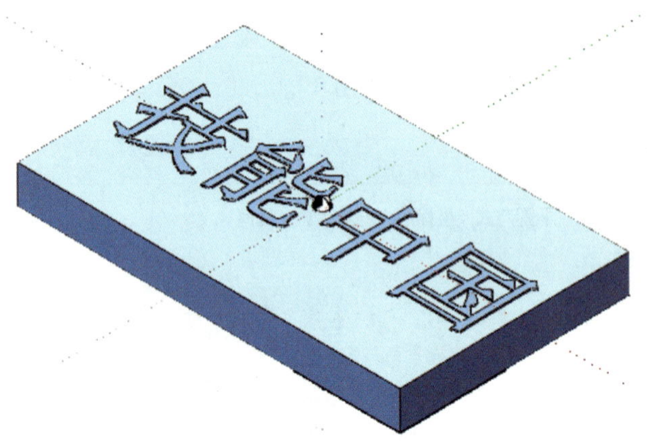


图 5–117　实体仿真效果

**提示**

此处选择了阳刻边界，所有加工产生阳刻图案效果。如果不选择阳刻边界，则加工后产生阴刻图案效果，读者不妨试一试。

### 2. 切割加工

（1）单击“二轴”工具组中的“切割加工”按钮 切割加工，弹出如图 5–118 所示的“创建：切割加工”对话框，设置加工参数，其中“层间高度”为“0.1”，“底层高度”为“–0.1”。

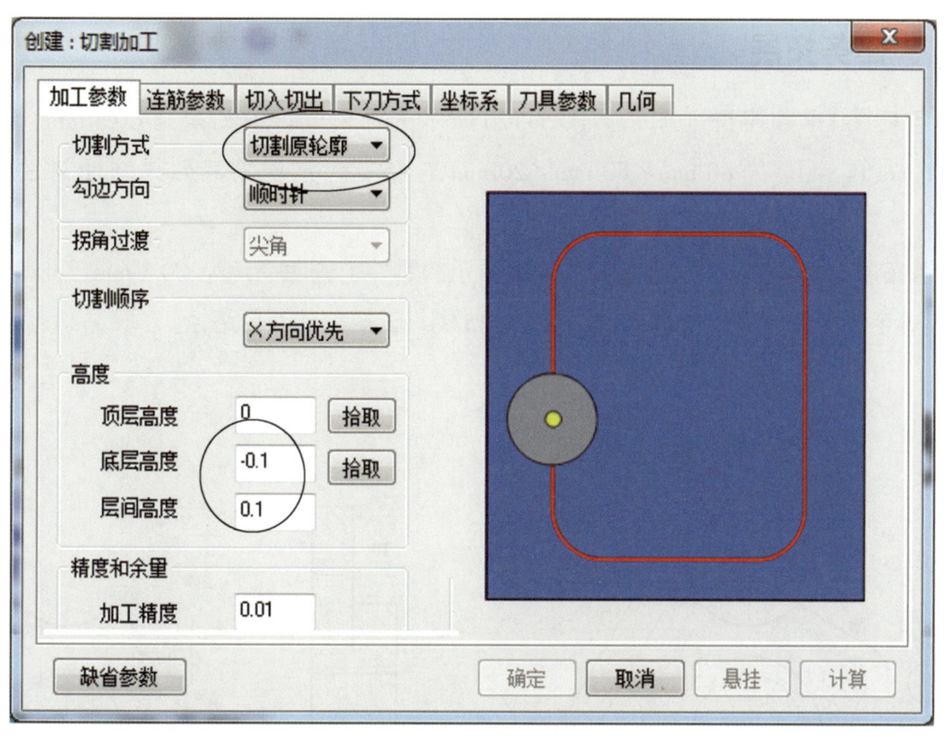


图 5-118　设置加工参数

（2）切换至“刀具参数”选项卡，选用上一步骤中使用的“雕刻刀”，设置与上一步骤相同的刀具参数和速度参数。

（3）切换至“几何”选项卡，选中图 5-116 中的“图案轮廓”，不选中“阳刻边界”。

（4）单击“确定”按钮 确定 生成“切割加工”刀具路径。完成实体仿真，其效果如图 5-119 所示。

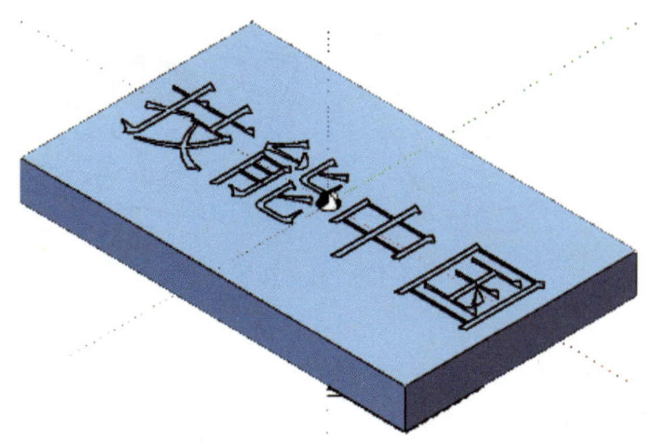


图 5-119　实体仿真效果

## 五、任务拓展

任务拓展 1　数控铣削加工如图 5–120 所示的零件（轮廓倒角为 $C0.5$ mm，孔口倒角为 $C1$ mm），毛坯为 80 mm×80 mm×20 mm 的 45 钢，试规划其刀具路径并生成加工程序。

任务拓展 2　数控铣削加工如图 5–121 所示的零件（轮廓倒角为 $C0.5$ mm，孔口倒角为 $C1$ mm），毛坯为 80 mm×72 mm×20 mm 的 45 钢，试规划其刀具路径。

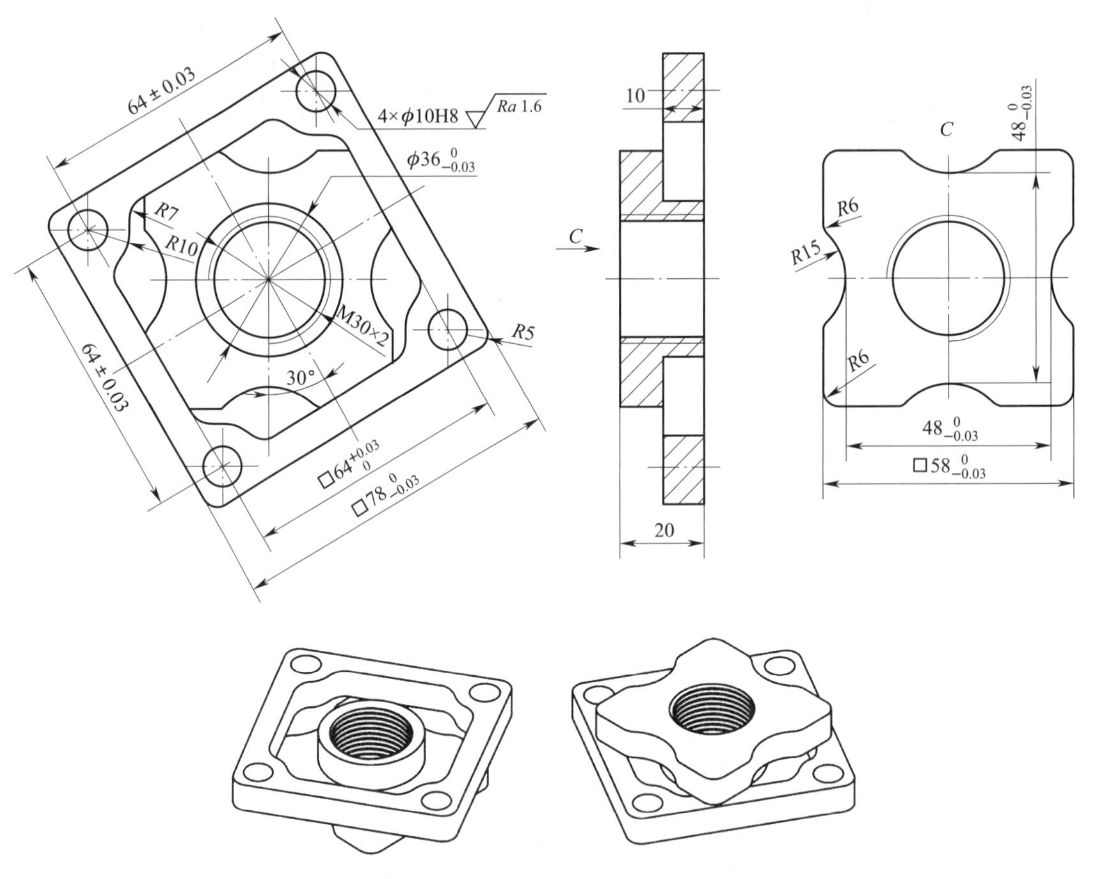


图 5–120　任务拓展 1

$X=7+\frac{Y^2}{30}$
$14^{\ 0}_{-0.03}$
$32^{\ 0}_{-0.03}$
$70^{\ 0}_{-0.03}$
$14^{+0.03}_{\ 0}$
$70^{\ 0}_{-0.03}$
10
20
$\frac{X^2}{38^2}+\frac{Y^2}{30^2}=1$
$\phi$24H8
R10
25
$60^{\ 0}_{-0.03}$
$\phi$12H8
Ra 1.6
R80
48 ± 0.03
$76^{\ 0}_{-0.03}$

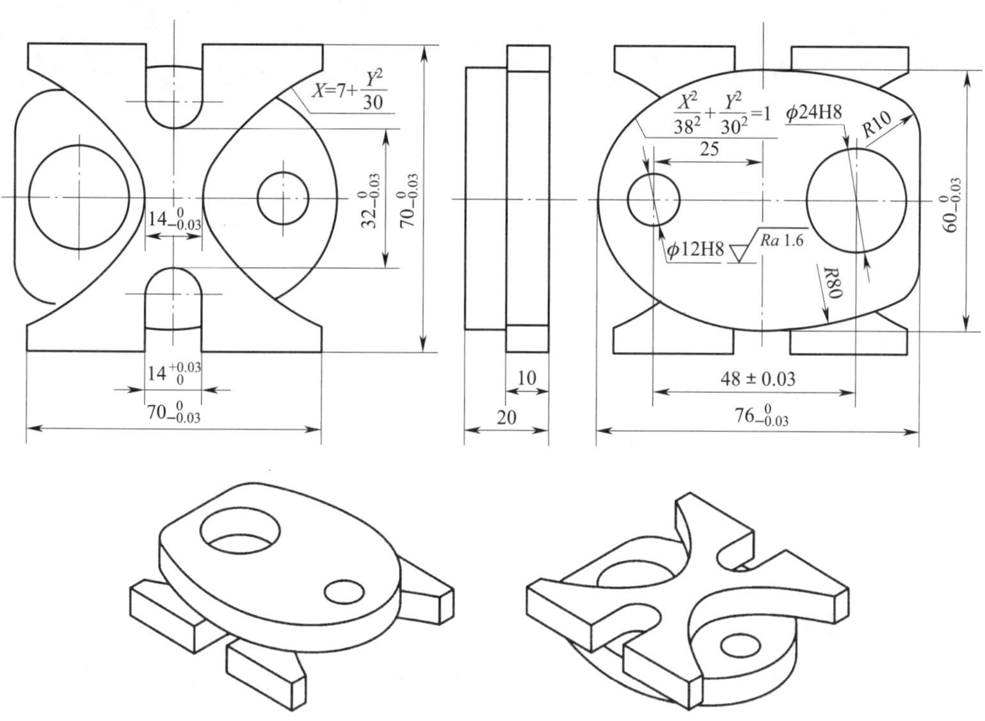

图 5–121　任务拓展 2

# 模块六　数控铣削三轴加工

## 课题 1　等高线粗加工及精加工

### 一、学习目标

1．掌握等高线粗加工的方法。

2．掌握等高线精加工的方法。

3．掌握曲面区域精加工的方法。

4．掌握平面精加工的方法。

### 二、任务描述

选用硬质合金刀具铣削如图 6–1 所示的模具型芯，毛坯为 100 mm×80 mm×70 mm 的 45 钢，要求规划其刀具路径。

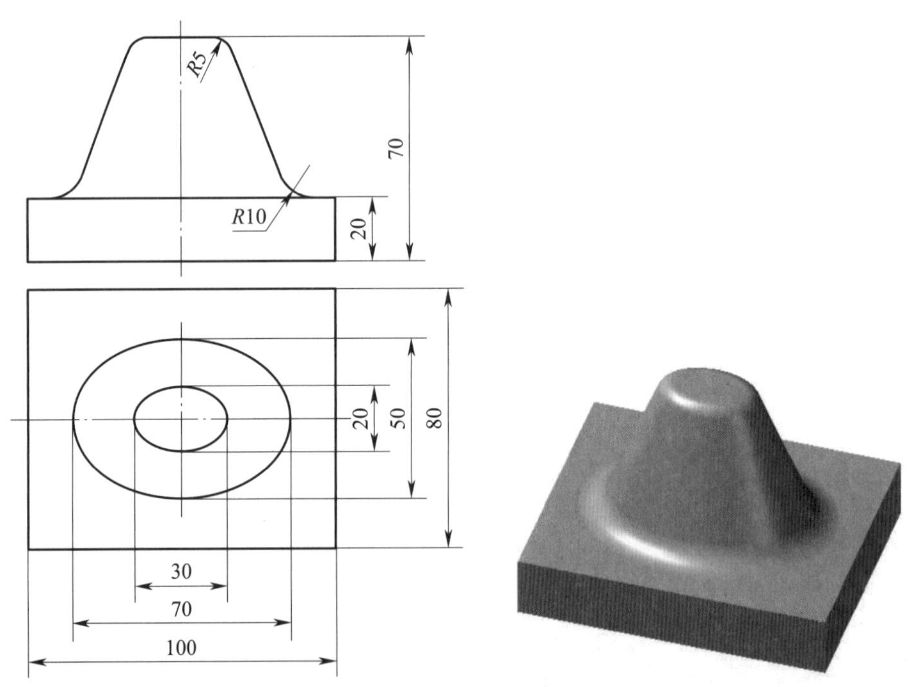

图 6–1　模具型芯等高线粗加工及精加工

## 三、任务实施

### 1. 规划粗加工刀具路径

（1）加工准备

1）启动 CAXA 制造工程师 2020，完成如图 6–1 所示零件的实体建模。

2）单击功能选项卡中的“制造”，单击“创建”工具组中的“坐标系”按钮，弹出“创建坐标系”对话框。

3）单击“原点坐标”参数中“Z”下方的“点”按钮 点，单击窗口中模型上表面的任意点，其他参数均不变，单击“确定”按钮 确定 新建坐标系，其结果如图 6–2 所示。

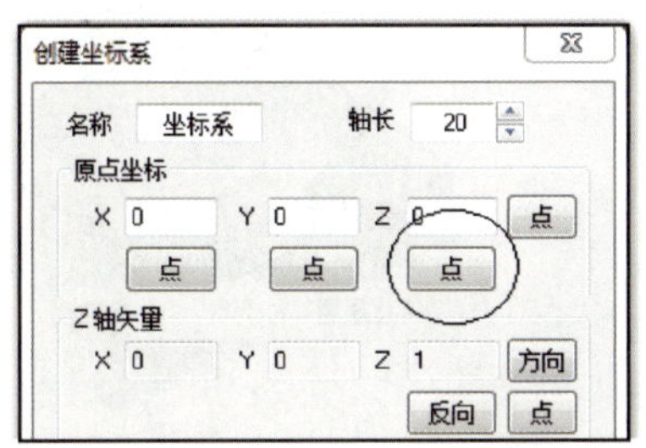


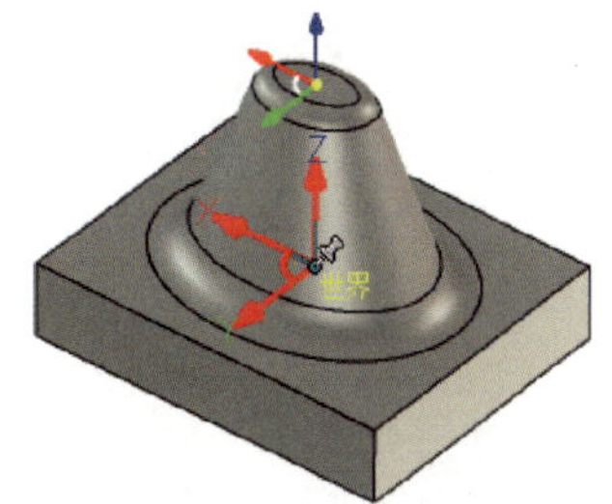

图 6–2　创建坐标系

4）用鼠标右键单击“毛坯”图标 毛坯，在弹出的右键菜单中单击“创建毛坯”，弹出“创建毛坯”对话框。单击“拾取参考模型”按钮 拾取参考模型，单击已生成的实体，完成毛坯的创建。

5）选择“在 X–Y 基准面”作为草图平面，绘制“120×100”的长方形，其结果如图 6–3 所示。

（2）等高线粗加工

1）单击“三轴”工具组中的“等高线粗加工”按钮 等高线粗加工，弹出如图 6–4 所示的“创建：等高线粗加工”对话框，默认显示“加工参数”选项卡。

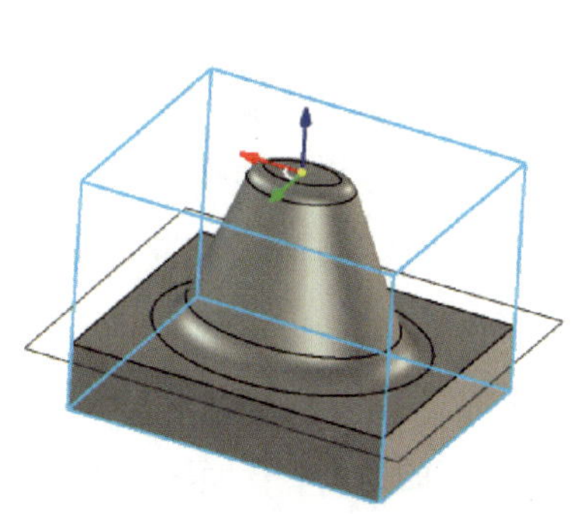

图 6–3　创建毛坯及加工范围

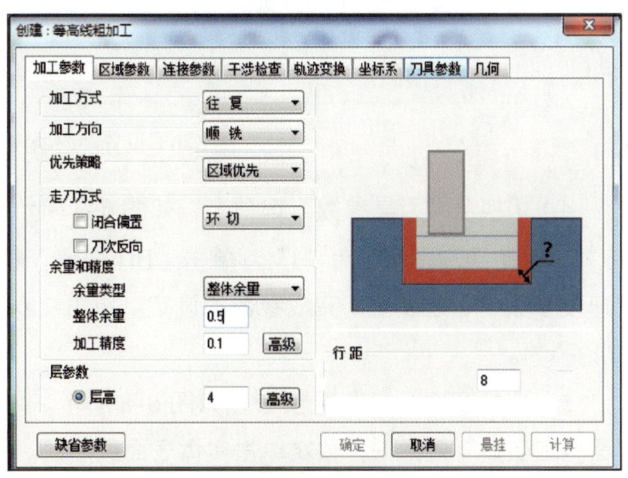


图 6–4　设置“等高线粗加工”加工参数

2）设置加工参数，其中“余量类型”设为“整体余量”，其值设为“0.5”，“层高”设为“4”，“行距”设为“8”。

3）切换至“区域参数”选项卡，如图 6–5 所示。在“高度范围”子选项卡中选中“用户设定”单选按钮，分别拾取“起始高度”和“终止高度”，单击鼠标右键确认。在“起始点”子选项卡中选中“使用”复选框，输入起始点坐标为“X0，Y–50，Z0”，如图 6–6 所示。

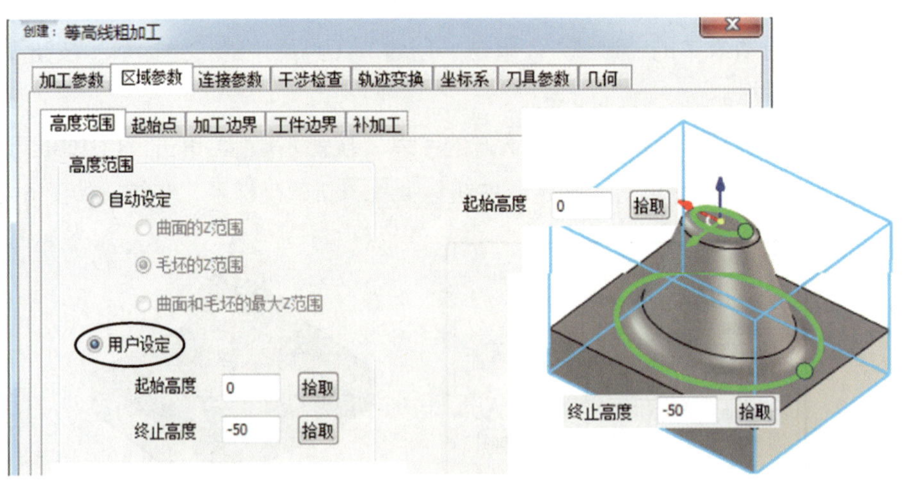


图 6–5　设置“等高线粗加工”区域参数

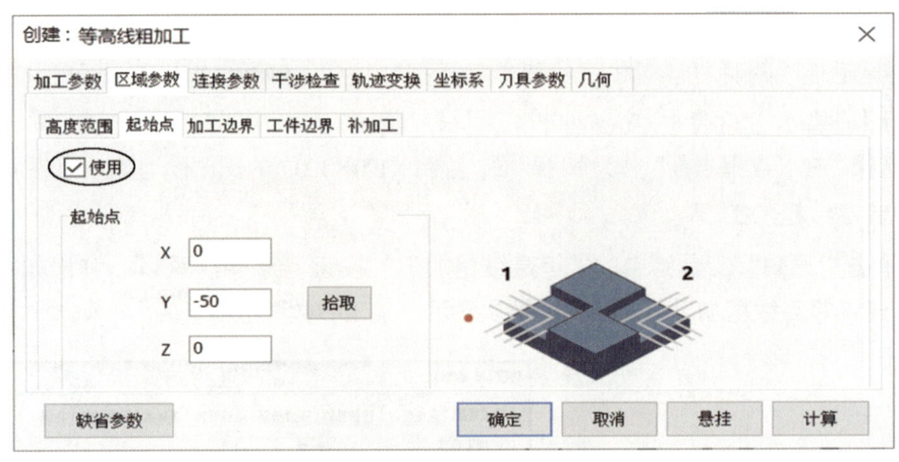


图 6–6　设置“起始点”参数

4）切换至“刀具参数”选项卡，如图 6–7 所示。在“类型”下拉列表中选择“圆角铣刀”，设置“刀具号”为“1”，单击“DH 同值”按钮 DH同值。分别打开“圆角铣刀”和“速度参数”子选项卡，完成参数的设定。单击“入库”按钮 入库，刀具参数和速度参数同时入库。

5）切换至“几何”选项卡，如图 6–8 所示。单击“加工曲面”按钮 加工曲面，弹出“面拾取工具”对话框，依次单击实体表面的曲面。单击“毛坯”按钮 毛坯，选择毛坯体后单击鼠标右键确认，完成几何轮廓的设置。

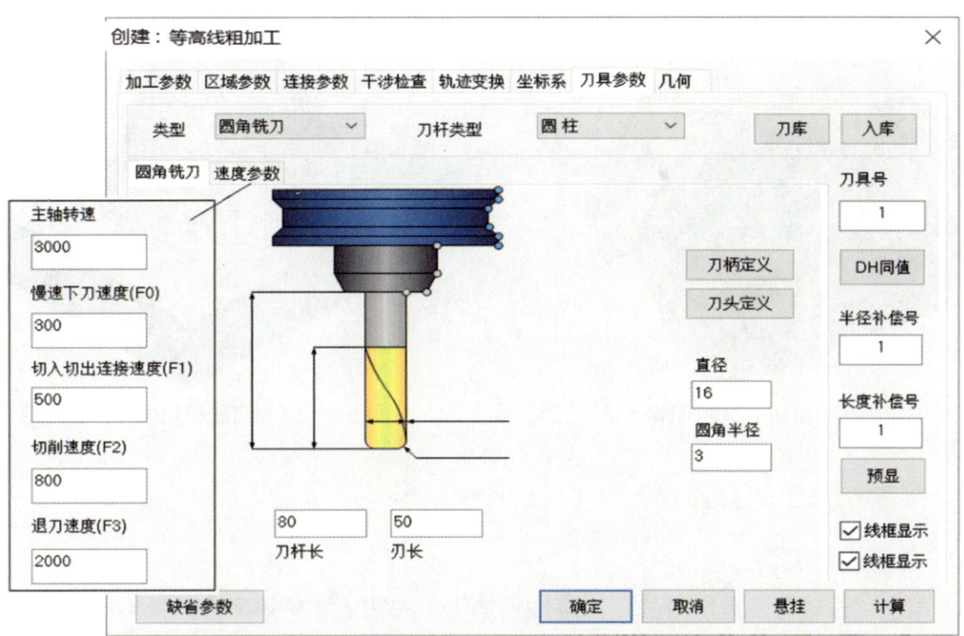


图 6-7　设置“等高线粗加工”刀具参数

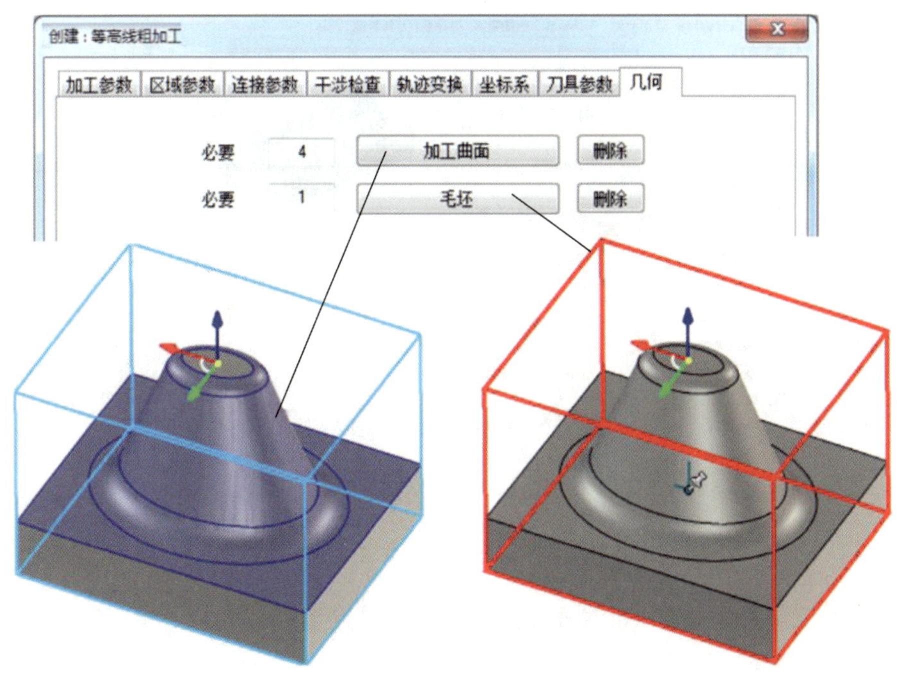


图 6-8　设置几何轮廓

6）其他参数均采用默认设置。单击“确定”按钮 确定 生成如图 6-9 所示的“等高线粗加工”刀具路径。

7）单击“实体仿真”按钮 实体仿真，完成实体仿真，其效果如图 6-10 所示。

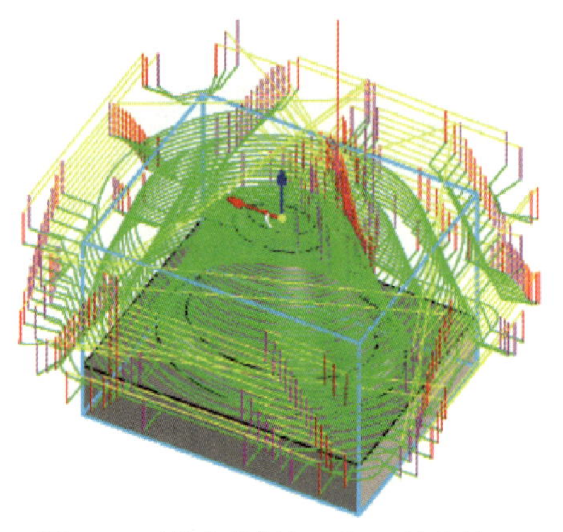

图 6-9 “等高线粗加工”刀具路径

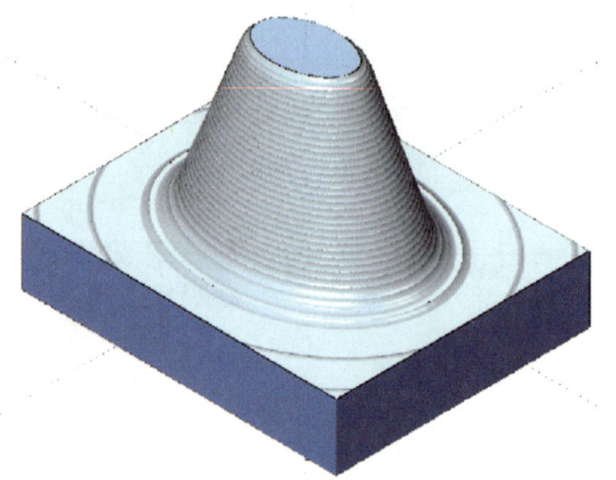

图 6-10 “等高线粗加工”仿真效果

## 2. 规划精加工刀具路径

（1）等高线精加工

1）单击“三轴”工具组中的“等高线精加工”按钮 等高线精加工，弹出如图 6-11 所示的“创建：等高线精加工”对话框，默认显示“加工参数”选项卡。

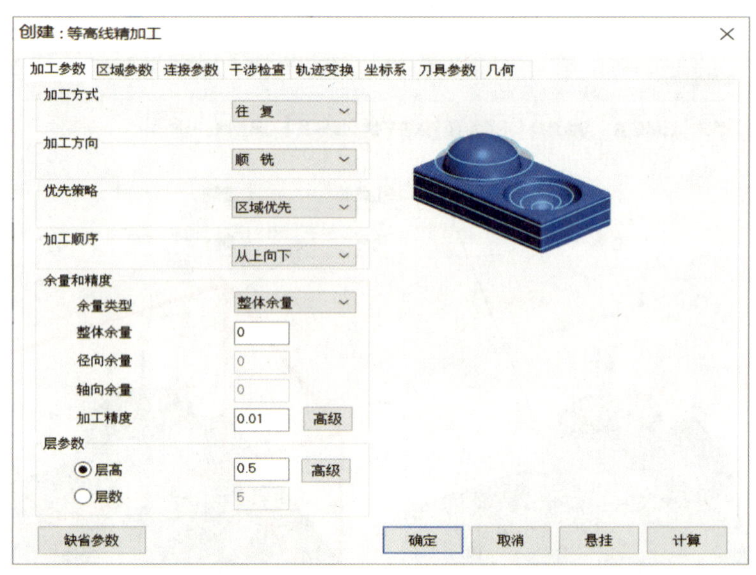


图 6-11 设置“等高线精加工”加工参数

2）设置加工参数，其中“余量类型”设为“整体余量”，其值设为“0”，“层高”设为“0.5”。

3）切换至“区域参数”选项卡，在“起始点”子选项卡中（参考图 6-6）选中“使用”复选框，输入起始点坐标“X60，Y0，Z0”。

4）切换至“连接参数”选项卡，在“起始 / 结束段”子选项卡中选中“加切入”和“加切出”复选框。按图 6-12 所示设置“切入参数”和“切出参数”。

5）切换至“刀具参数”选项卡，单击“刀库”按钮 刀库，弹出“刀具库”对话框，选中 1 号“圆角铣刀”，单击“确定”按钮 确定 完成刀具选择。在“速度参数”子选项卡中修改“切削速度（F2）”为“1500”，其他参数不变。

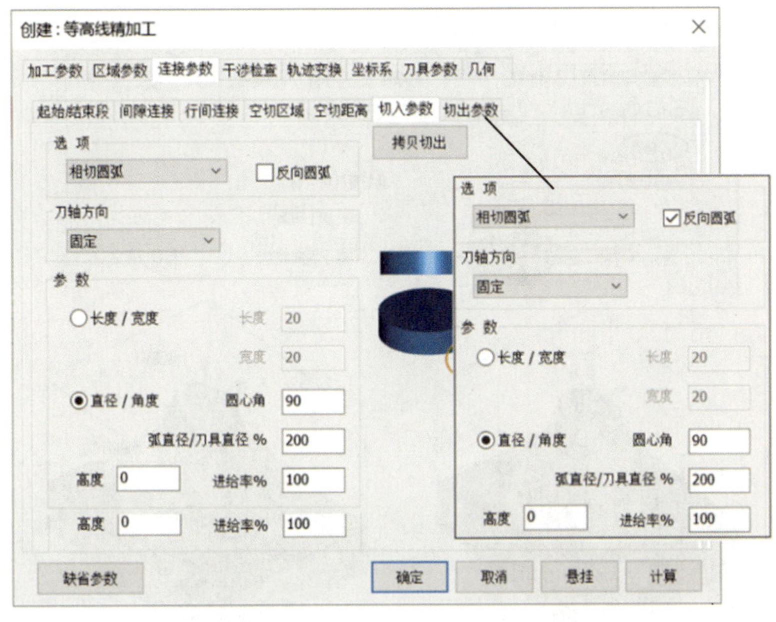

图 6–12 设置切入与切出圆弧参数

6）切换至“几何”选项卡，单击“加工曲面”按钮 加工曲面，弹出“面拾取工具”对话框，选中如图 6–13 所示的曲面。

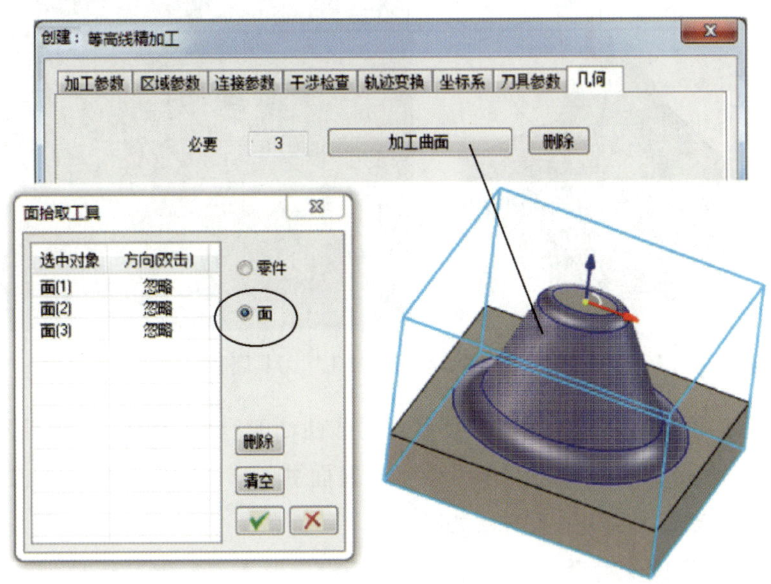

图 6–13 选择“等高线精加工”加工曲面

7）切换至“干涉检查”选项卡，在图 6–14 所示的“检查（1）”子选项卡中选中“使用”复选框，单击“干涉检查几何”下方的“拾取”按钮 拾取，拾取矩形底座的上表面。采用同样的方法在“检查（2）”子选项卡中拾取椭圆形凸台的上表面。

8）其他参数采用默认设置。单击“确定”按钮 确定 生成如图 6–15 所示的“等高线精加工”刀具路径。

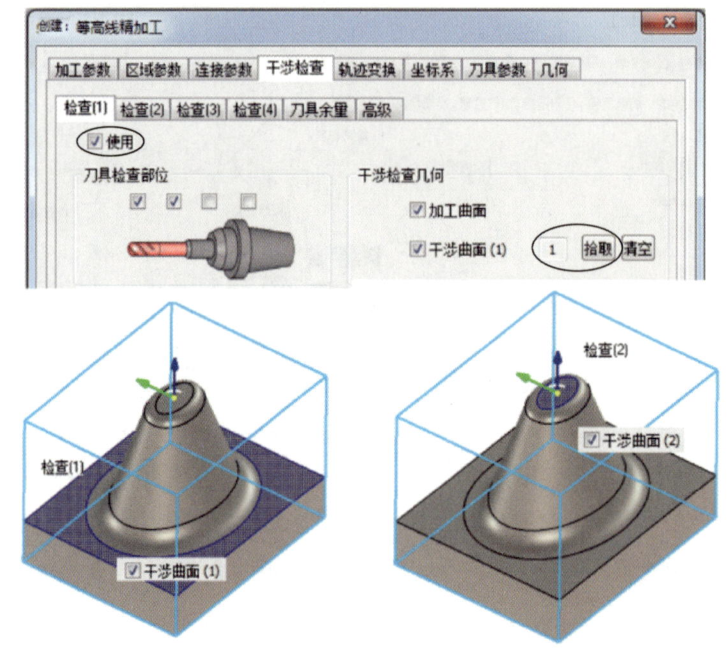


图 6–14 选择“等高线精加工”干涉曲面

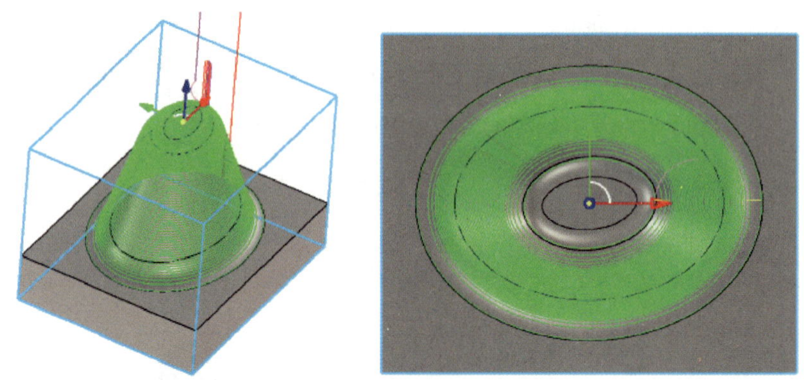

图 6–15 “等高线精加工”刀具路径

从俯视图中观察刀具路径，发现加工底部圆弧曲面时行距较大，显然不符合加工要求。解决方法有两种，一是采取其他加工方式对加工表面进一步进行局部加工；二是修改加工参数，以提高其加工精度，具体修改方法如下：

在如图 6–16 所示操作管理器的“加工”对话框中单击“2- 等高线精加工”下方的“加工参数”，弹出“编辑：等高线精加工”对话框，修改“层高”为“0.3”（改小）即可提高其加工精度。

（2）曲面区域精加工

1）单击“三轴”工具组中的“曲面区域精加工”按钮 曲面区域精加工，弹出如图 6–17 所示的“创建：曲面区域精加工”对话框，默认显示“加工参数”选项卡。

2）参照图 6–17 设置加工参数，其中“余量和精度”均设为“0.01”，“行距”设为“0.2”。

3）切换至“接近返回”选项卡，按图 6–18 所示选择接近及返回方式。

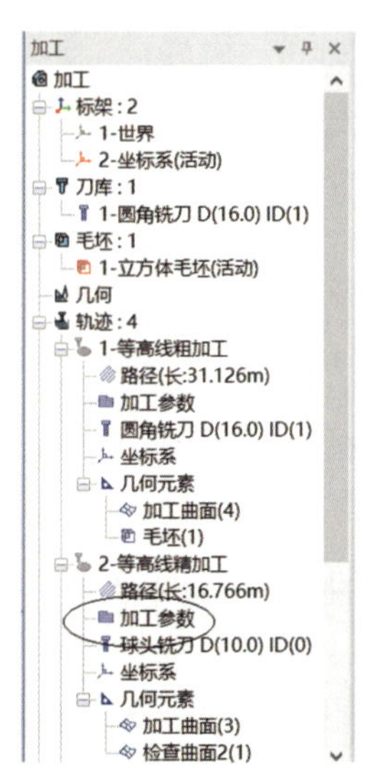


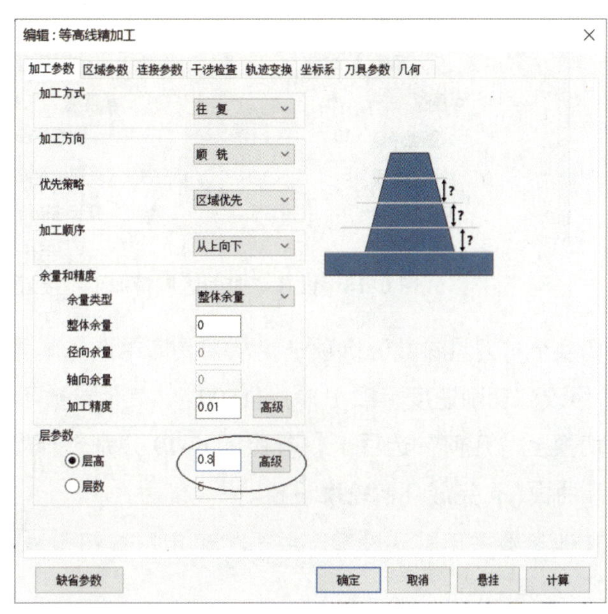


图 6–16　修改“加工参数”操作流程

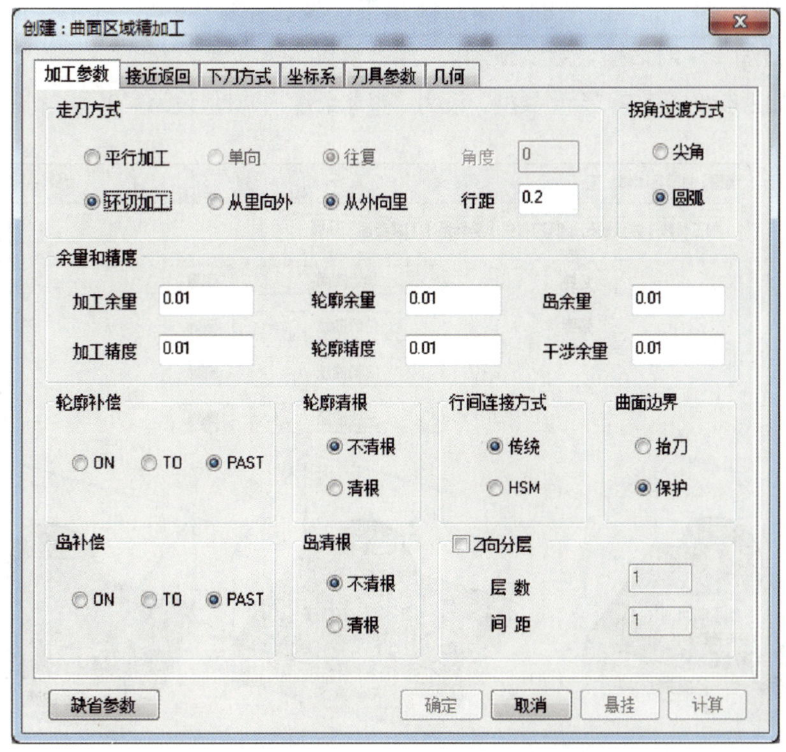


图 6–17　设置“曲面区域精加工”加工参数

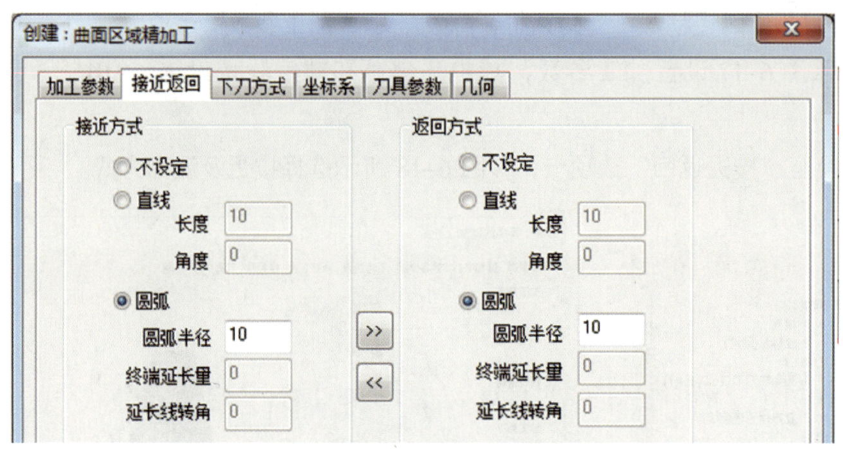


图 6-18　设置“曲面区域精加工”接近及返回方式

4）切换至“刀具参数”选项卡，从刀具库中选择 1 号“圆角铣刀”。在“速度参数”子选项卡中修改“切削速度（F2）”为“1500”，其他参数不变。

5）切换至“几何”选项卡，参照图 6-19 分别选择“加工曲面”“轮廓曲线”“岛屿曲线”“干涉曲面”，完成几何轮廓设置。

6）其他参数采用默认设置。单击“确定”按钮 确 定 生成如图 6-20 所示“曲面区域精加工”刀具路径。

（3）平面精加工

1）单击“三轴”工具组中的“平面精加工”按钮 平面精加工，弹出如图 6-21 所示的“创建：平面精加工”对话框，默认显示，“加工参数”选项卡。

2）设置加工参数，其中“余量类型”设为“整体余量”，其值设为“0”，“行距”设为“5”。

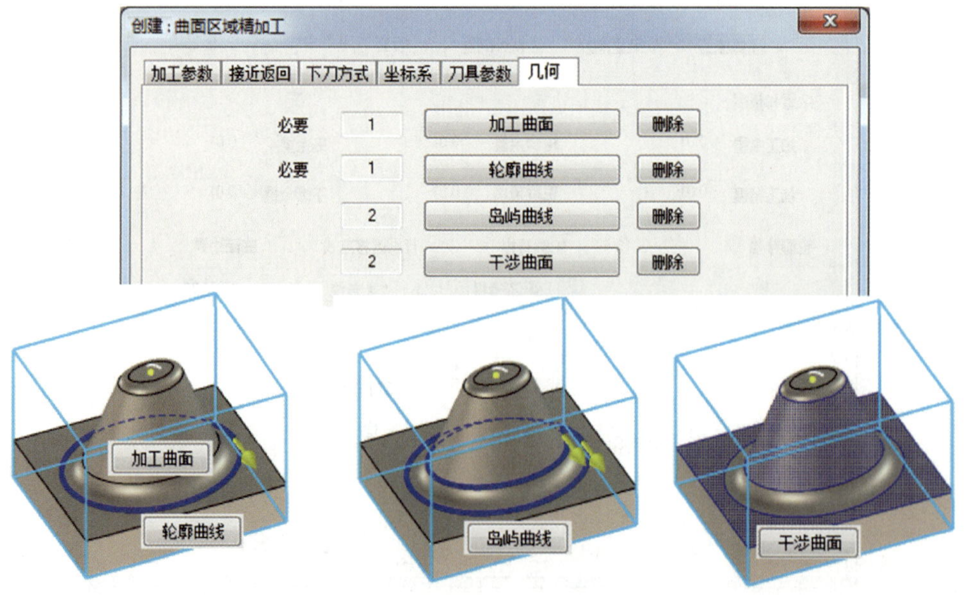


图 6-19　设置“曲面区域精加工”几何轮廓

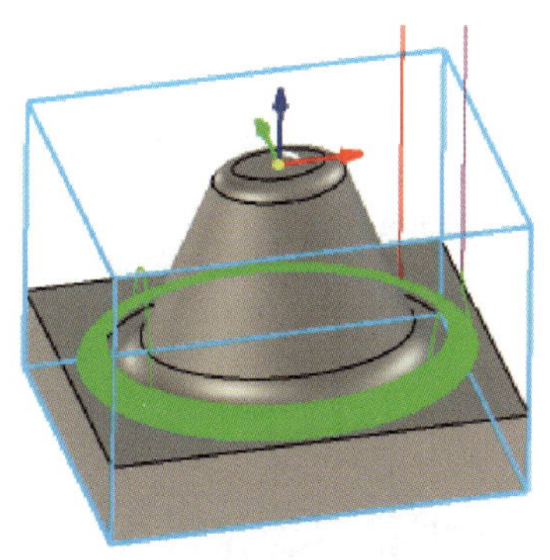

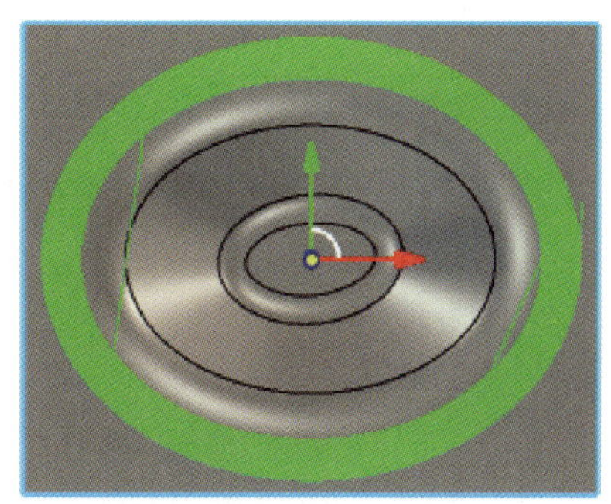

图 6-20　“曲面区域精加工”刀具路径

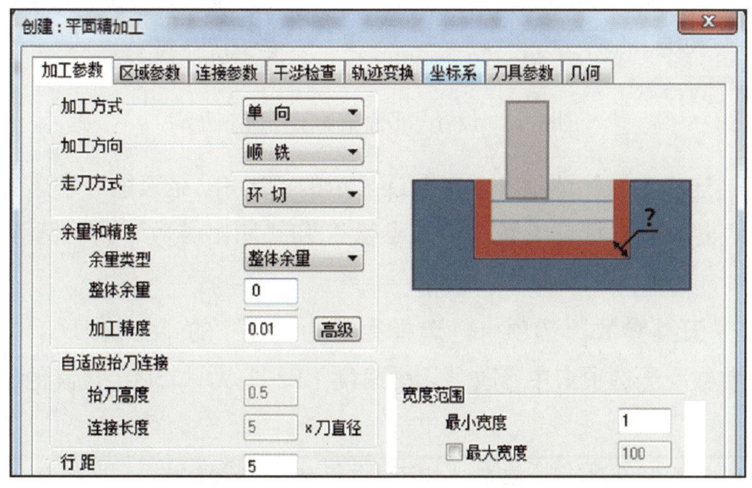


图 6-21　设置“平面精加工”加工参数

3）切换至“区域参数”选项卡，默认显示“高度范围”子选项卡，如图 6-22 所示，选中“用户设定”单选按钮，设定“起始高度”和“终止高度”参数。切换至“加工边界”子选项卡，如图 6-23 所示，选中“使用”复选框，分别选择平面内部边界和草图轮廓作为加工边界，在“刀具中心位于加工边界”选项中选中“内侧”。

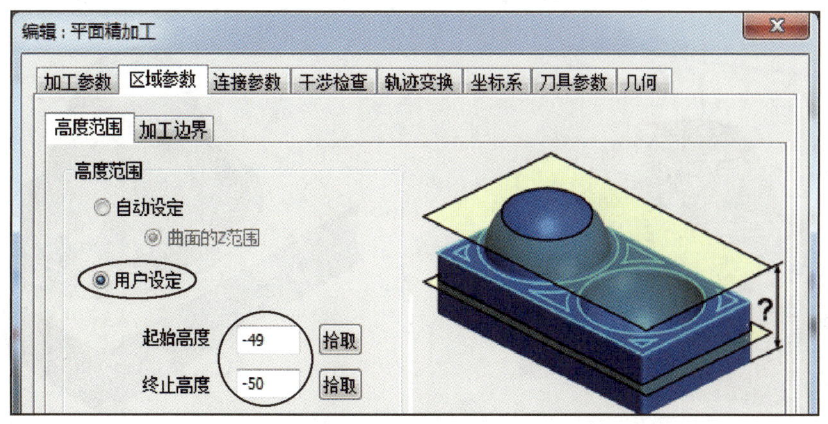


图 6-22　设置“平面精加工”高度范围

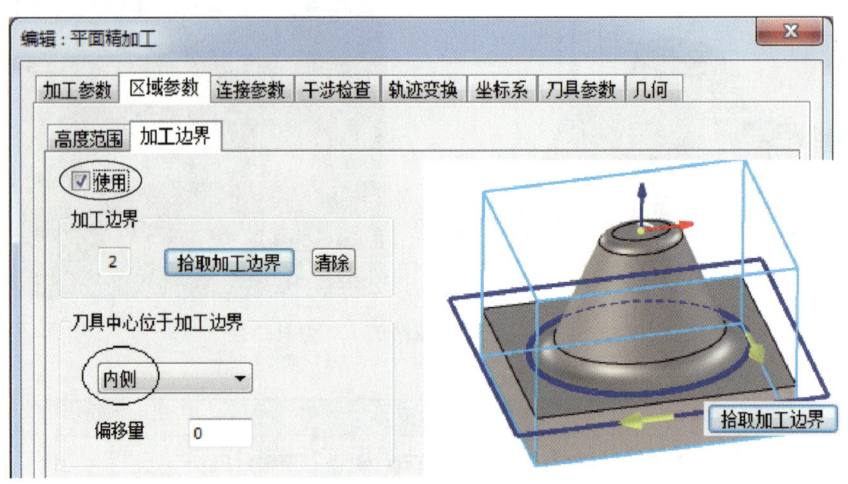


图 6-23　设置“平面精加工”加工边界

4）切换至“连接参数”选项卡，在默认显示的“起始 / 结束段”子选项卡中选中“加切入”和“加切出”复选框。设置“切入参数”和“切出参数”为“圆弧”方式切入及切出。

5）切换至“刀具参数”选项卡，选择直径为“16”的“立铣刀”，“刀具号”设为“2”。在“速度参数”子选项卡中修改“切削速度（F2）”为“1500”，其他速度参数依经验设定。

6）切换至“几何”选项卡，单击“加工曲面”按钮 加工曲面，选择底平面。

7）其他参数采用默认设置。单击“确定”按钮 确 定 生成如图 6-24 所示的“平面精加工”刀具路径。

### 3. 实体仿真

按住“Shift”键不松开，单击“4- 平面精加工”后再单击“1- 等高线粗加工”，选中所有刀具路径，单击“实体仿真”按钮 实体仿真，完成实体仿真，其效果如图 6-25 所示。

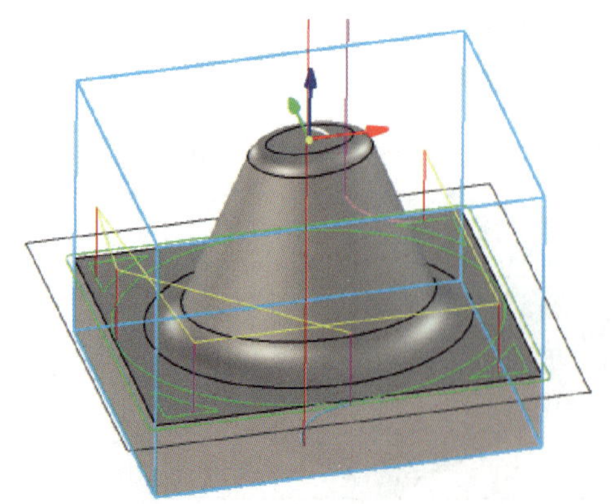

图 6-24　“平面精加工”刀具路径

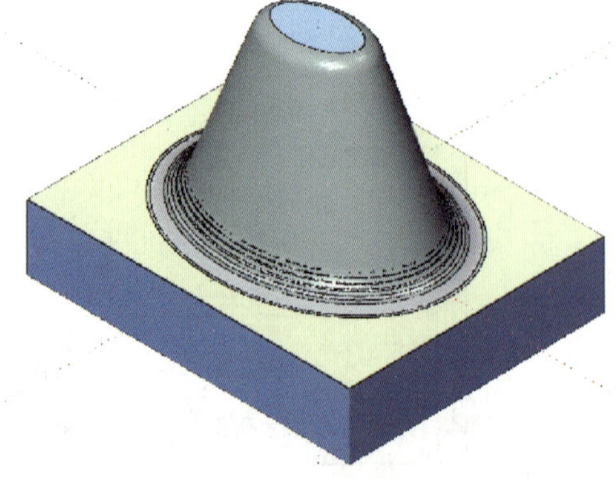

图 6-25　实体仿真效果

## 四、知识拓展

### 1. 等高外形精加工

等高外形精加工是指先用刀具在同一高度上加工所有轮廓后，再使其沿 $Z$ 向移动一定距离（采用层高分层）加工第二层轮廓，实际上就是对曲面轮廓执行 $Z$ 向分层切削加工。观察本例等高线精加工的刀具路径可以发现，当曲面较“陡直”（即加工轮廓与水平面夹角大于 45°）时，其加工效果较好；而当曲面较“平坦”（即加工轮廓与水平面夹角小于 45°）时，相同的 $Z$ 向分层会导致较大的行距，故其加工效果较差。

### 2. 平面区域精加工

平面区域精加工和等高外形精加工正好互补，刀具在 $XY$ 平面内加工一行后再分层（采用行距分层）切削加工第二行轮廓，当曲面较“平坦”时，其加工效果较好；而当曲面较“陡直”时，其加工效果较差。

## 五、任务拓展

数控铣削加工如图 6-26 所示的零件，毛坯尺寸为 120 mm×120 mm×45 mm。试规划其刀具路径。

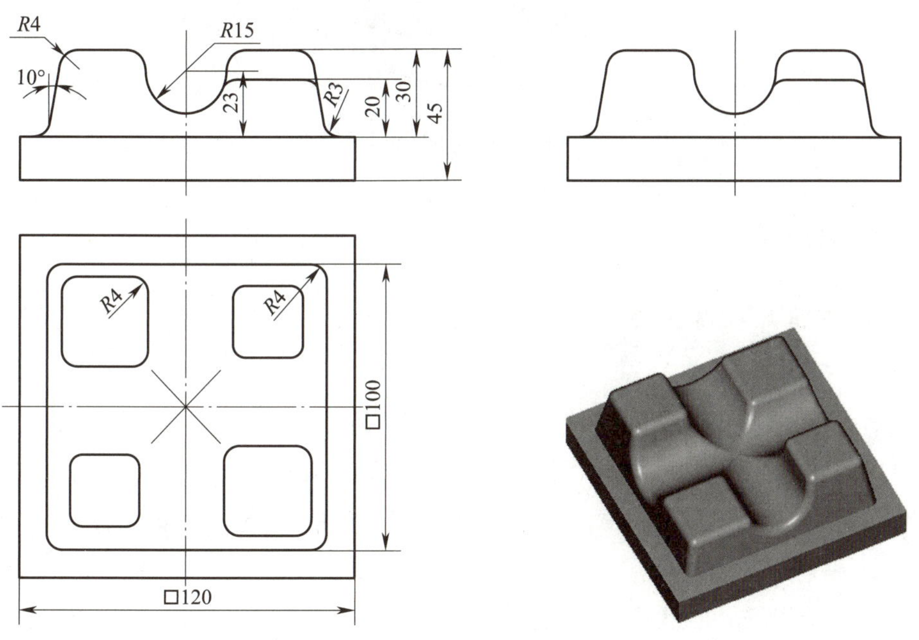


图 6-26　任务拓展

# 课题 2　自适应粗加工和扫描线精加工

## 一、学习目标

1．掌握自适应粗加工的方法。

2．掌握扫描线精加工的方法。

3．熟练掌握平面精加工的方法。

4．掌握干涉检查的设置方法。

## 二、任务描述

数控铣削加工如图 6–27 所示手机模型零件的曲面轮廓（零件的曲面尺寸参照图 4–98），毛坯为 110 mm×80 mm×30 mm 的 45 钢，要求规划其刀具路径。

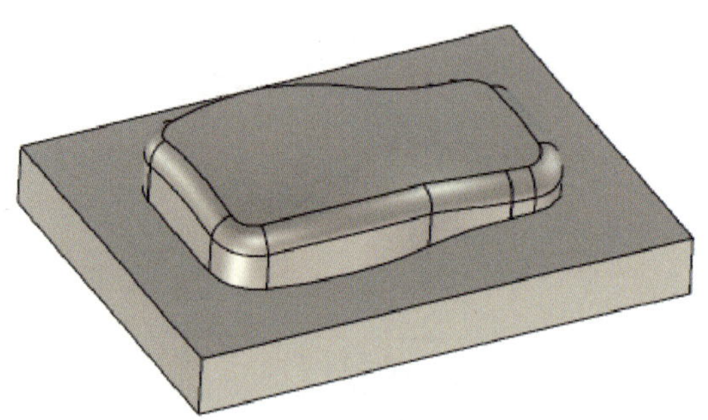

图 6–27　手机模型零件加工

## 三、任务实施

### 1．规划粗加工刀具路径

（1）加工准备

1）启动 CAXA 制造工程师 2020，完成如图 6–27 所示零件的实体建模。

2）单击“创建”工具组中的“坐标系”按钮，弹出“创建坐标系”对话框。修改“原点坐标”参数中“Z”为“17”，单击“确定”按钮 确定 新建坐标系，其结果如图 6–28 所示。

3）用鼠标右键单击“毛坯”图标 毛坯:，在弹出的右键菜单中单击“创建毛坯”，弹出“创建毛坯”对话框。单击“拾取参考模型”按钮 拾取参考模型，单击已生成的实体，完成毛坯的创建。

4）选择“在 X–Y 基准面”作为草图平面，绘制“130×100”的长方形，其结果如图 6–29 所示。

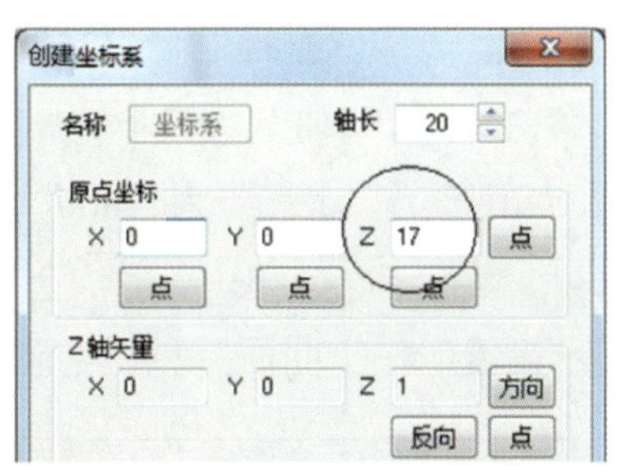


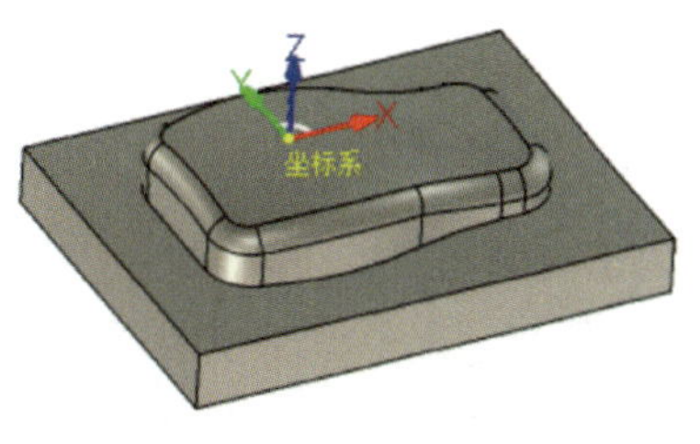


图 6-28　创建坐标系

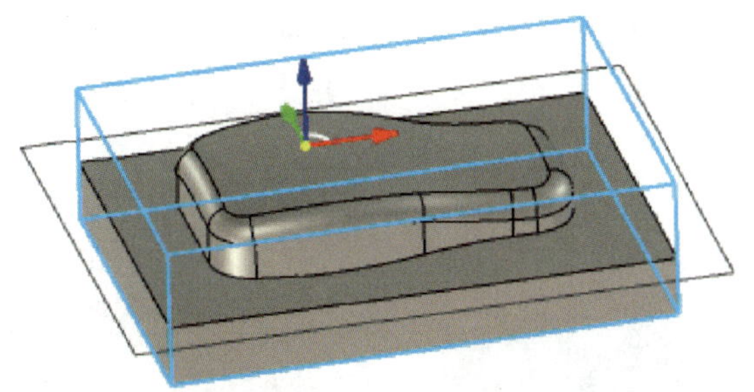

图 6-29　创建毛坯及加工范围

（2）自适应粗加工

1）单击“三轴”工具组中的“自适应粗加工”按钮 自适应粗加工，弹出如图 6-30 所示的“创建：自适应粗加工”对话框，默认显示“加工参数”选项卡。

2）参照图 6-30 设置加工参数，其中“整体余量”设为“0.5”，“层高”设为“6”，“行距”设为“4”，其余采用默认参数。

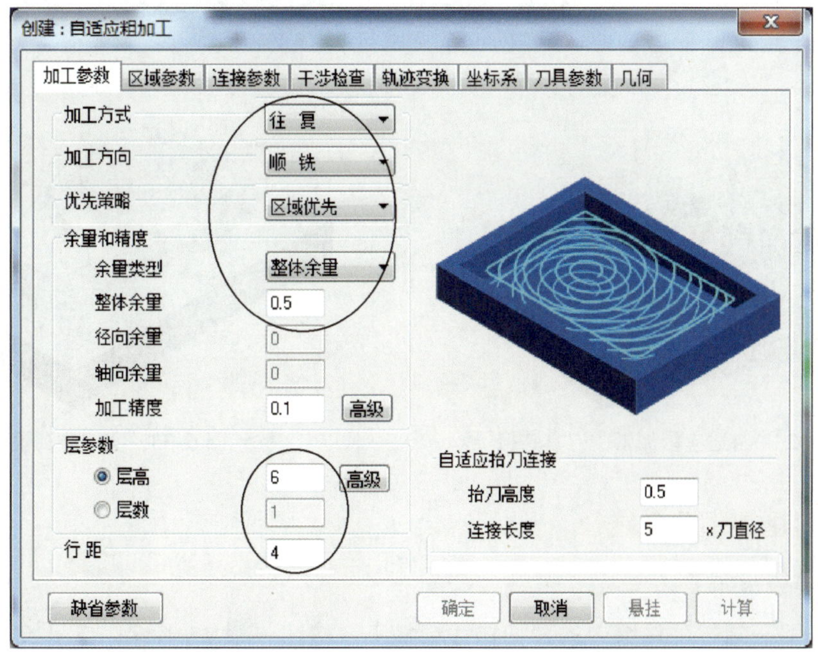


图 6-30　设置“自适应粗加工”加工参数

3）切换至“刀具参数”选项卡，设置刀具参数。选择“直径”为“16”、“圆角半径”为“3”的圆角铣刀，设置“刀具号”为“1”，单击“DH 同值”按钮 DH同值。在“速度参数”子选项卡中设置“主轴转速”为“3000”、“切削速度（F2）”为“800”，其余参数依经验值设置。单击对话框中的“入库”按钮 入库，以备下次使用。

4）切换至“几何”选项卡，参照图 6-31 所示设置“加工曲面”和“毛坯”轮廓。

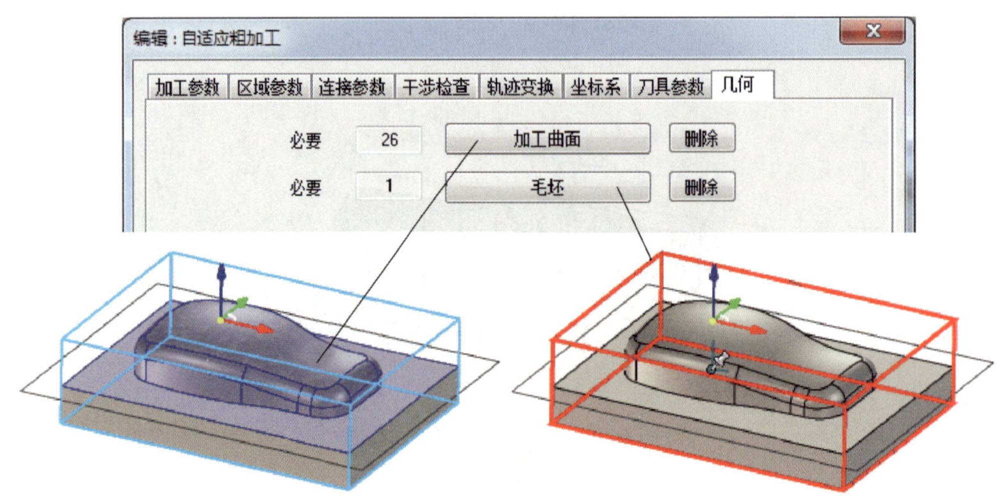


图 6-31　拾取几何轮廓

5）切换至“区域参数”选项卡，在“高度范围”子选项卡中选中“自动设定”单选按钮。在“起始点”子选项卡中选中“使用”复选框，输入起始点坐标“X0，Y-50，Z0”。

6）其他参数均采用默认设置。单击“确定”按钮 确 定 生成如图 6-32 所示的“自适应粗加工”刀具路径。完成“1- 自适应粗加工”刀具路径的实体仿真，其效果如图 6-33 所示。

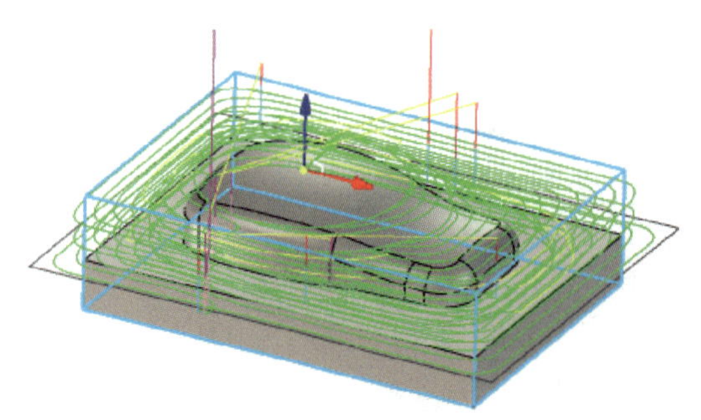

图 6-32　“自适应粗加工”刀具路径

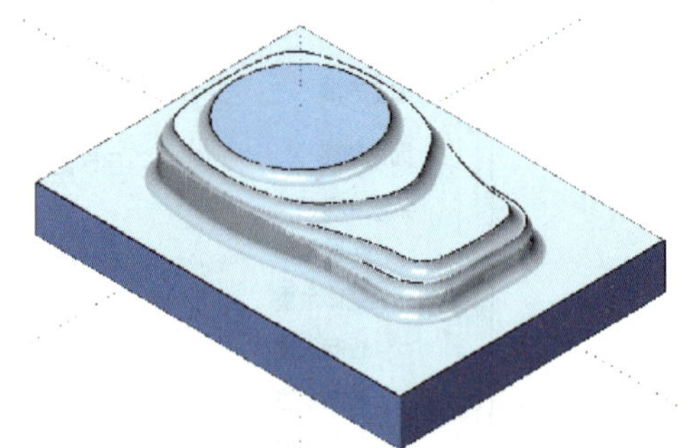

图 6-33　实体仿真效果

## 2. 规划精加工刀具路径

（1）扫描线精加工

1）单击“三轴”工具组中的“扫描线精加工”按钮 扫描线精加工，弹出如图 6-34 所示的“创建：扫描线精加工”对话框，默认显示“加工参数”选项卡。

2）设置加工参数，其中“余量类型”设为“整体余量”，其值设为“-0.01”，“最大行距”设为“1”。

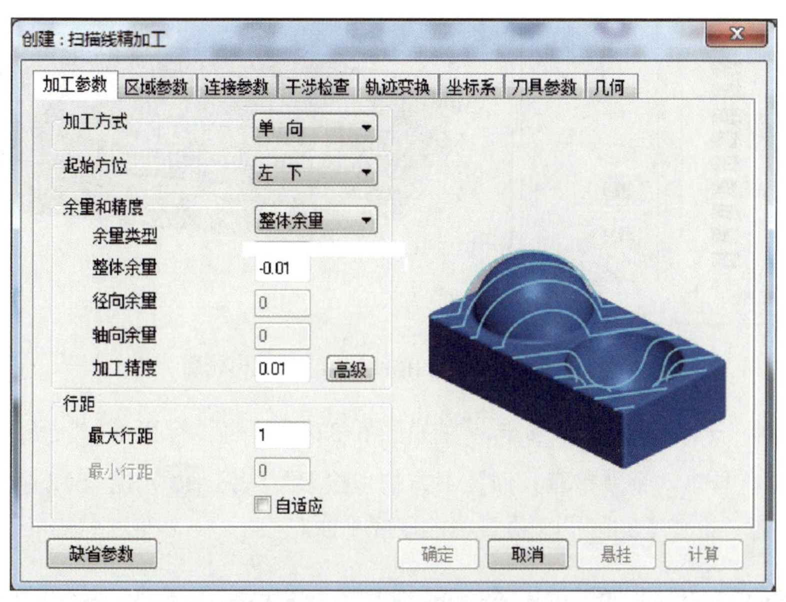

图 6-34　设置“扫描线精加工”加工参数

3）切换至“连接参数”选项卡，在“起始 / 结束段”子选项卡中选中“加切入”和“加切出”复选框。设置“切入参数”和“切出参数”为采用“相切圆弧”方式切入及切出，设置对应的圆弧参数。

4）切换至“刀具参数”选项卡，选择“球头铣刀”，设置“直径”为“10”、“刀具号”为“2”。在“速度参数”子选项卡中设置速度参数，其结果如图 6-35 所示。

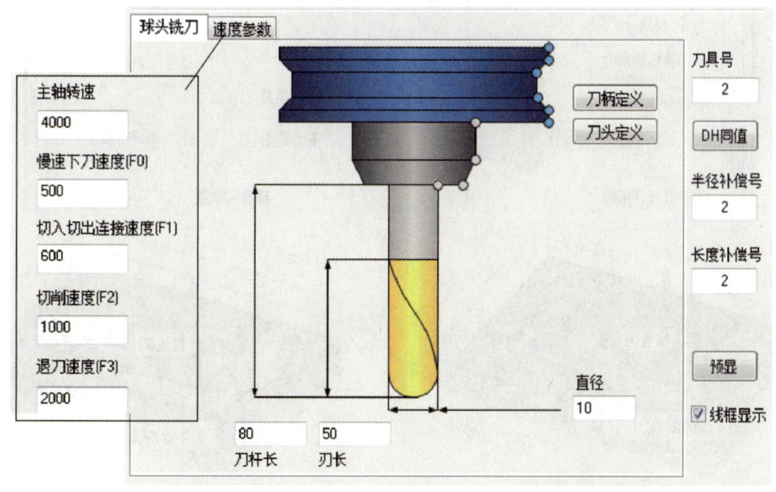

图 6-35　设置“扫描线精加工”刀具参数

5）切换至“几何”选项卡，单击“加工曲面”按钮 加工曲面，弹出“面拾取工具”对话框，选中如图 6-36 所示的曲面。

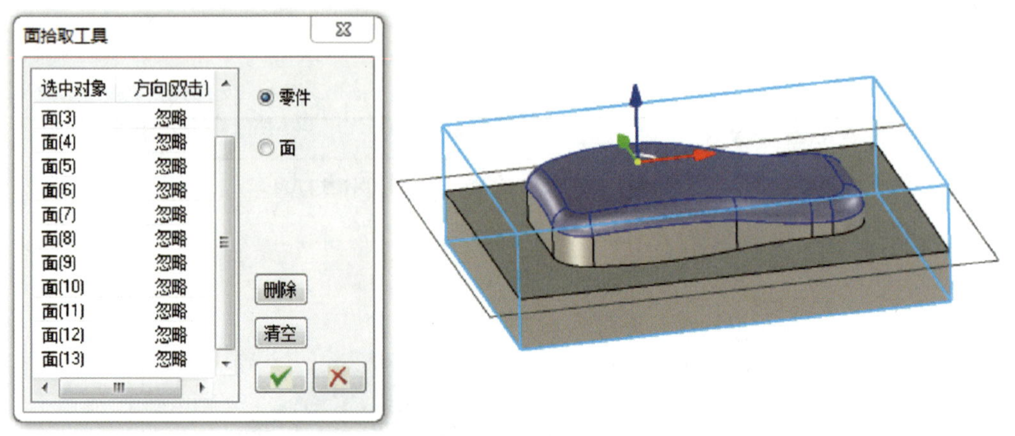


图 6–36 选择“扫描线精加工”几何轮廓

6）切换至“干涉检查”选项卡，在如图 6–37 所示的“检查（1）”子选项卡中选中“使用”复选框，单击“干涉检查几何”下方的“拾取”按钮 拾取，拾取 12 个干涉曲面。采用同样的方法在“检查（2）”子选项卡中拾取底平面。

## 提示

此处设置干涉检查的目的是避免在加工过程中发生过切现象，读者不妨试一试不加干涉检查的加工效果。

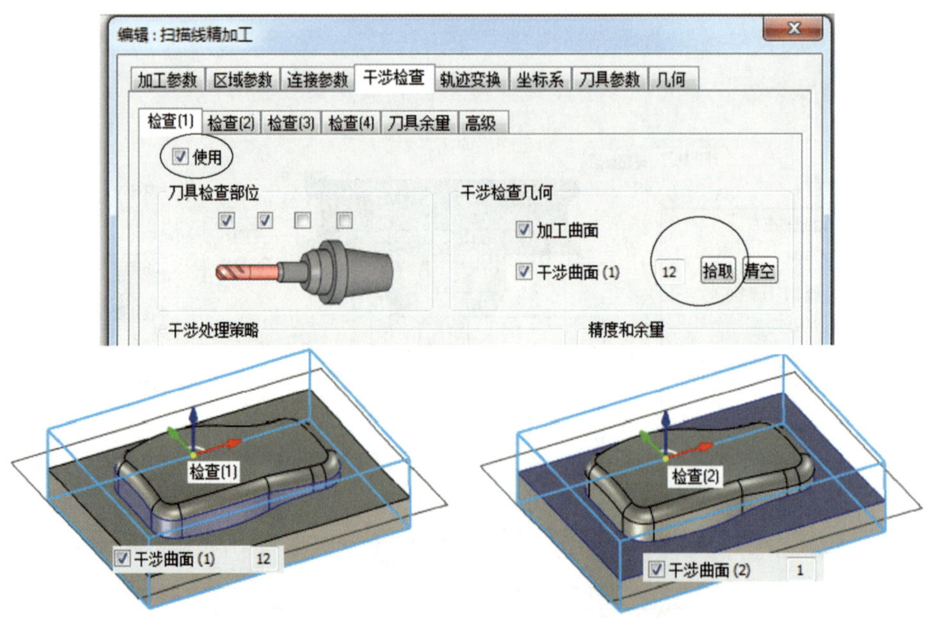


图 6–37 设置“扫描线精加工”干涉检查

7）其他参数采用默认设置。单击“确定”按钮 确定 生成如图 6–38 所示的“扫描线精加工”刀具路径。

8）选择“1- 自适应粗加工”和“2- 扫描线精加工”刀具路径，完成实体仿真，其效果如图 6–39 所示。

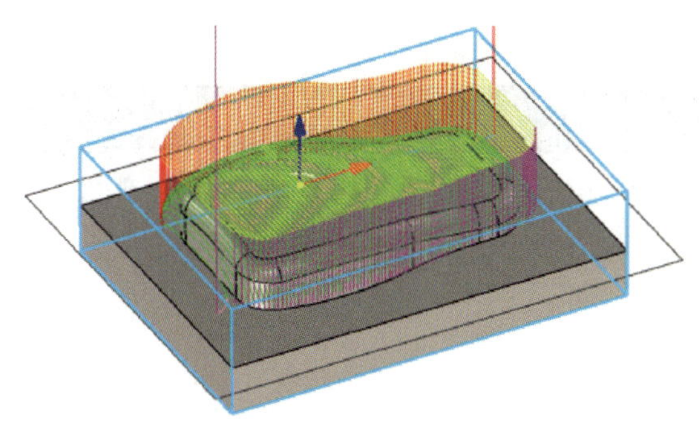

图 6–38　“扫描线精加工”刀具路径

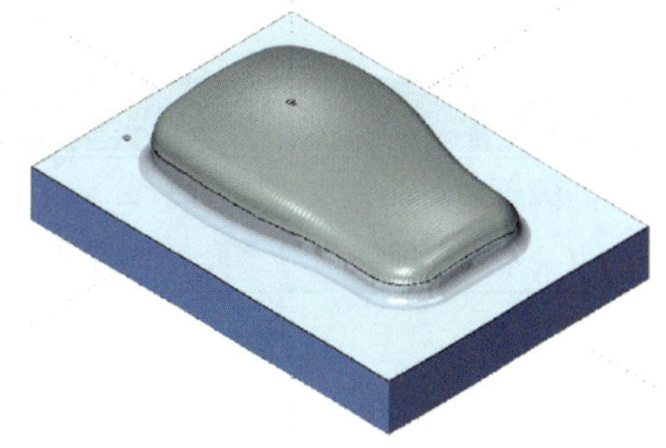

图 6–39　实体仿真效果

（2）平面精加工

1）单击“平面精加工”按钮 平面精加工，弹出“创建：平面精加工”对话框，在默认显示的“加工参数”选项卡中设置加工参数，其中“余量类型”设为“整体余量”，其值设为“–0.01”，“行距”设为“6”。

2）切换至“区域参数”选项卡，在“高度范围”子选项卡中选中“用户设定”单选按钮，设定“起始高度”为“–16”、“终止高度”为“–17”；在“加工边界”子选项卡中选中“使用”复选框，拾取平面内部边界和草图轮廓作为加工边界，在“刀具中心位于加工边界”选项中选中“内侧”，如图 6–40 所示。

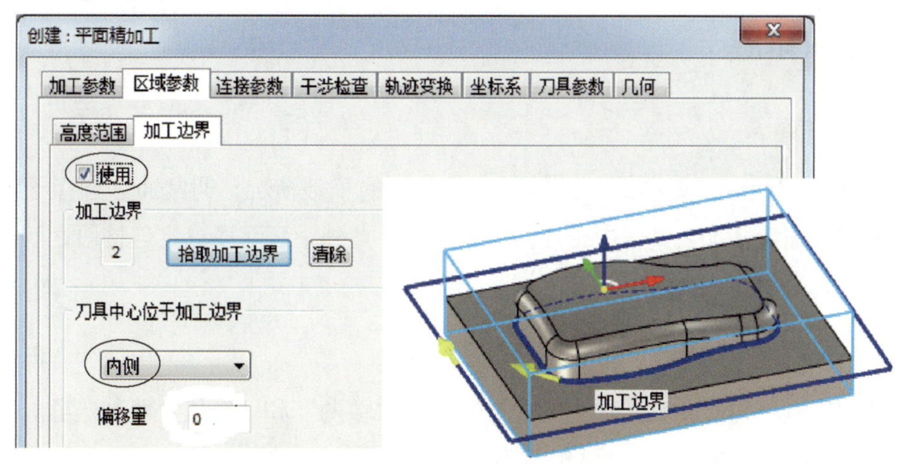


图 6–40　设置“平面精加工”加工边界

3）切换至“连接参数”选项卡，在“起始 / 结束段”子选项卡中选中“加切入”和“加切出”复选框，设置“切入参数”和“切出参数”为“圆弧”方式切入及切出。

4）切换至“刀具参数”选项卡，设置刀具参数。选择“直径”为“16”的立铣刀，设置“刀具号”为“3”，单击“DH 同值”按钮 DH同值。在“速度参数”子选项卡中设置“主轴转速”为“3000”、“切削速度（F2）”为“1200”。

5）切换至“几何”选项卡，选取长方体凸台的上表面作为加工面。

6）其他参数采用默认设置。单击“确定”按钮 确定 生成如图 6–41 所示的“平面精加工”刀具路径。

**提示**

由于周边轮廓是垂直面，因此为了得到更好的轮廓加工效果，可增加平面轮廓精加工刀具路径，直接对外形轮廓进行精加工。

### 3. 实体仿真

按住“Shift”键不松开，单击“4- 平面精加工”后再单击“1- 自适应粗加工”，选中所有刀具路径，单击“实体仿真”按钮 实体仿真，完成实体仿真，其效果如图 6–42 所示。

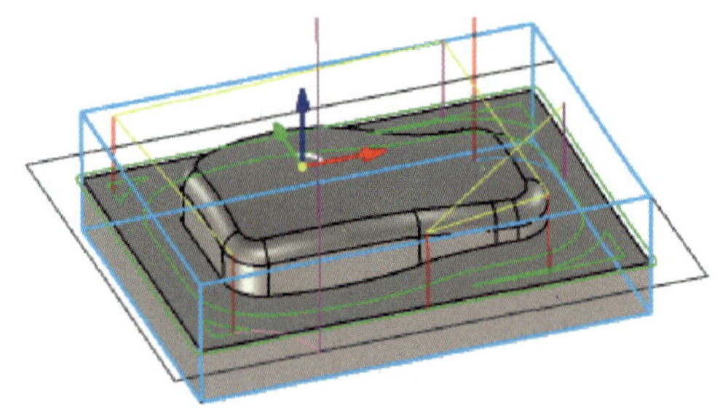

图 6–41 “平面精加工”刀具路径

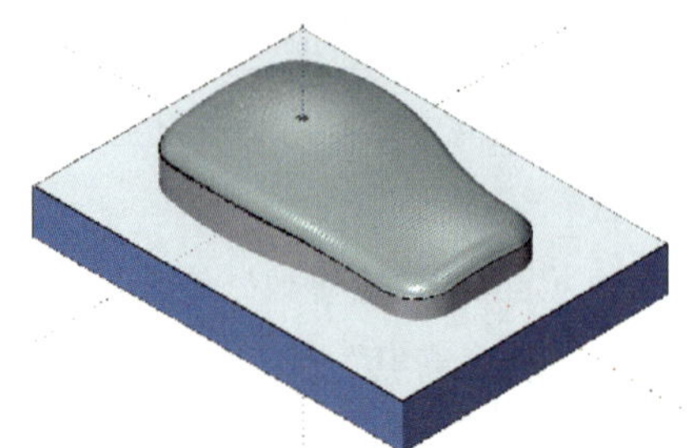

图 6–42 实体仿真效果

## 四、知识拓展

### 1. 干涉检查

干涉检查用于检查刀具移动过程中与工件表面的干涉情况，通常通过选择干涉曲面来实现，如本例扫描线精加工过程中干涉曲面的选择。此外，还可以设定连接段之间的干涉检查，具体设定方法如图 6–43 所示。

### 2. 单向加工方式和往复加工方式

规划铣削刀具路径时，其“加工方式”通常有“单向”和“往复”两种选项。

如图 6–44 所示，单向加工方式的刀具轨迹为一系列线性平行的单向刀具路径，它在完成一行切削后，先进行退刀，到达下一个刀具路径的起始点，再以相同的方法进行切削。单向切削方式形成的相邻刀具路径全是顺铣或全是逆铣。

往复加工方式的刀具轨迹如图 6–45 所示，刀具完成一行切削后不抬刀，移过一个行间距，产生另一条与原来走刀方向相反的刀具路径，相邻两行的刀具路径是连续的，其刀具路径是一系列交错的顺铣与逆铣。这种切削方式的加工效率较高，但加工精度不高，因此，这种切削方式特别适合于粗加工。

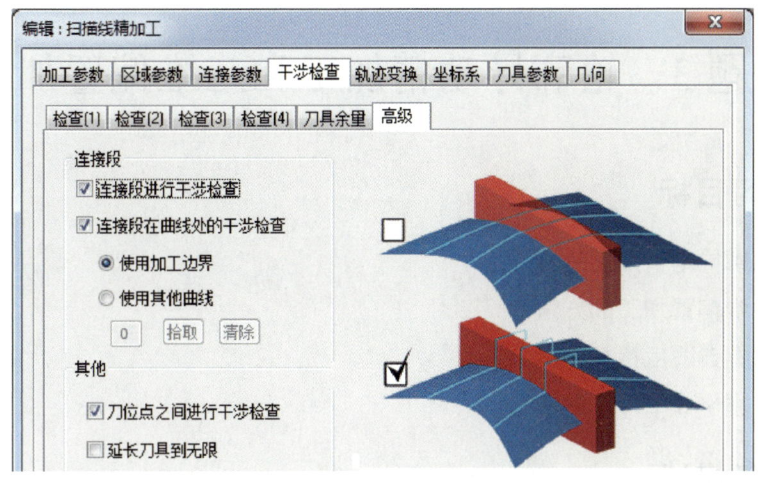


图 6-43　连接段干涉检查

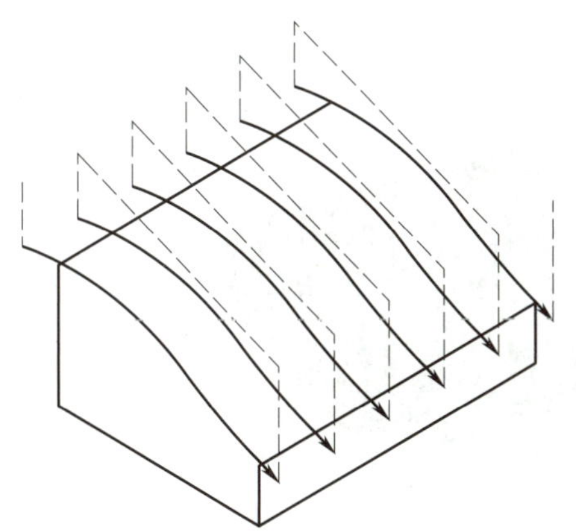

图 6-44　单向加工方式的刀具轨迹

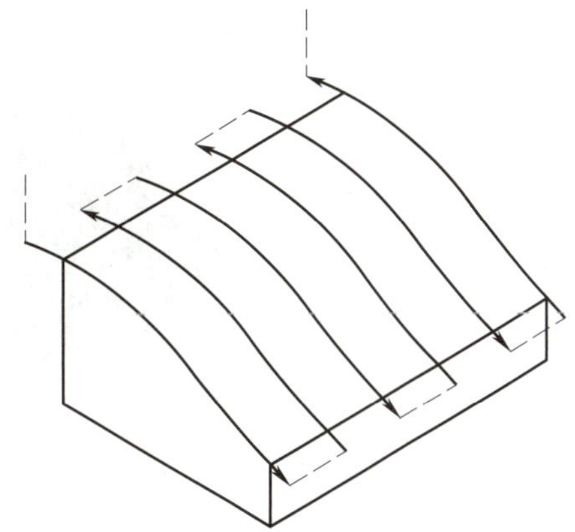

图 6-45　往复加工方式的刀具轨迹

## 五、任务拓展

数控铣削加工如图 6-46 所示的模具型芯零件，毛坯为 100 mm×80 mm×30 mm 的 45 钢，试规划其刀具路径。

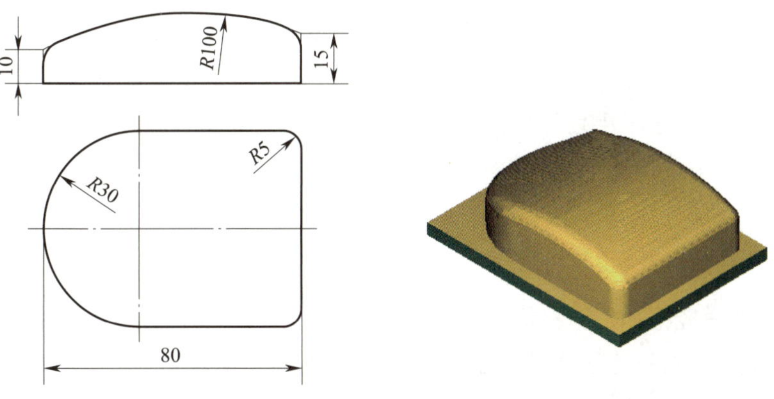


图 6-46　任务拓展

# 课题 3　轮廓导动精加工和三维偏置加工

## 一、学习目标

1．掌握轮廓导动精加工的方法。

2．掌握三维偏置加工的方法。

3．熟练掌握自适应粗加工的方法。

4．熟练掌握平面精加工的方法。

## 二、任务描述

数控铣削加工如图 6–47 所示的托盘零件（零件的尺寸参照图 3–81），毛坯为 330 mm×250 mm×35 mm 的 45 钢，要求规划其刀具路径。

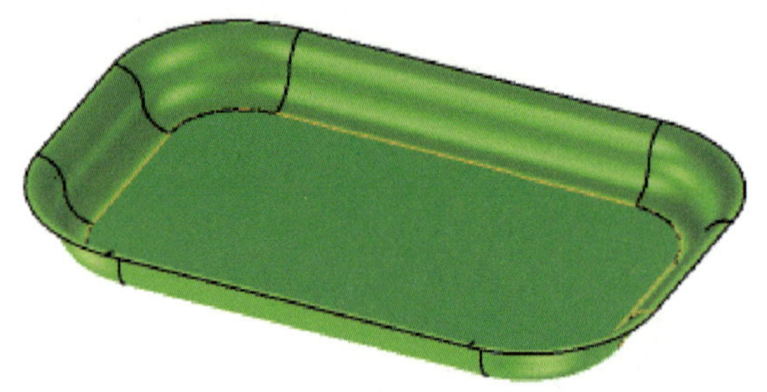

图 6–47　托盘零件加工

## 三、任务实施

### 1．规划粗加工刀具路径

（1）加工准备

1）启动 CAXA 制造工程师 2020，完成如图 6–47 所示零件的实体建模。

2）单击“创建”工具组中的“坐标系”按钮 ，弹出“创建坐标系”对话框。修改“原点坐标”参数中“Z”为“24”，单击“确定”按钮 确定 新建坐标系。

3）用鼠标右键单击“毛坯”图标 毛坯:，在弹出的右键菜单中单击“创建毛坯”，弹出“创建毛坯”对话框。按图 6–48 所示设置参数，单击“确定”按钮 确定 完成毛坯的创建。

（2）自适应粗加工

1）单击“自适应粗加工”按钮 自适应粗加工，弹出“创建：自适应粗加工”对话框，在默认显示的“加工参数”选项卡中设置加工参数，其中“整体余量”为“0.5”，“层高”为“6”，“行距”为“4”，其余采用默认参数。

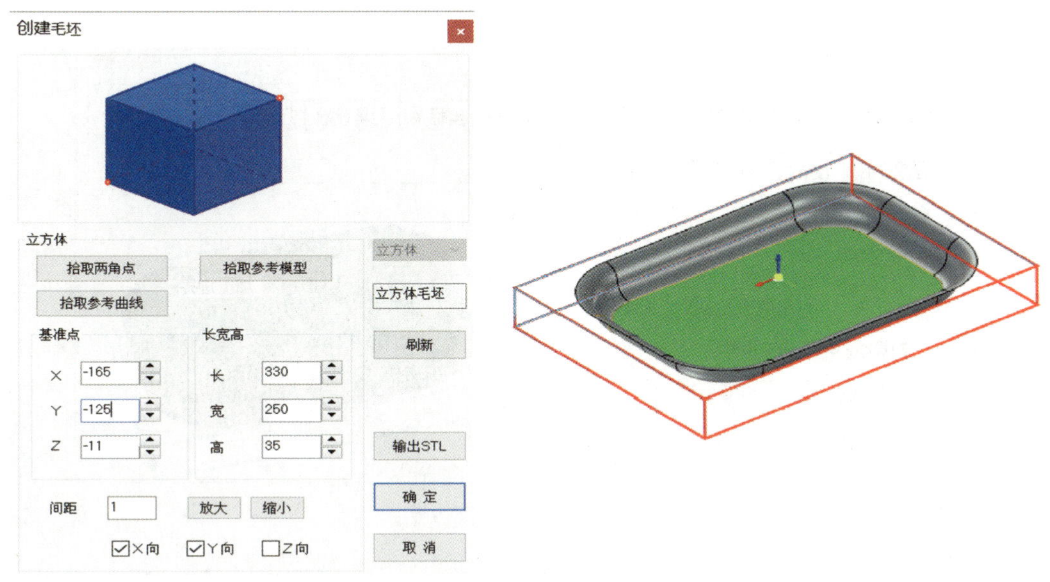


图 6–48　创建毛坯

2）切换至“刀具参数”选项卡，设置刀具参数。选择“直径”为“16”、“圆角半径”为“3”的圆角铣刀，设置“刀具号”为“1”，单击“DH 同值”按钮 DH同值 。在“速度参数”子选项卡中设置“主轴转速”为“3000”、“切削速度（F2）”为“800”，单击“入库”按钮 入库 。

3）切换至“几何”选项卡，分别选中如图 6–49 所示的“加工曲面”和“毛坯”轮廓。

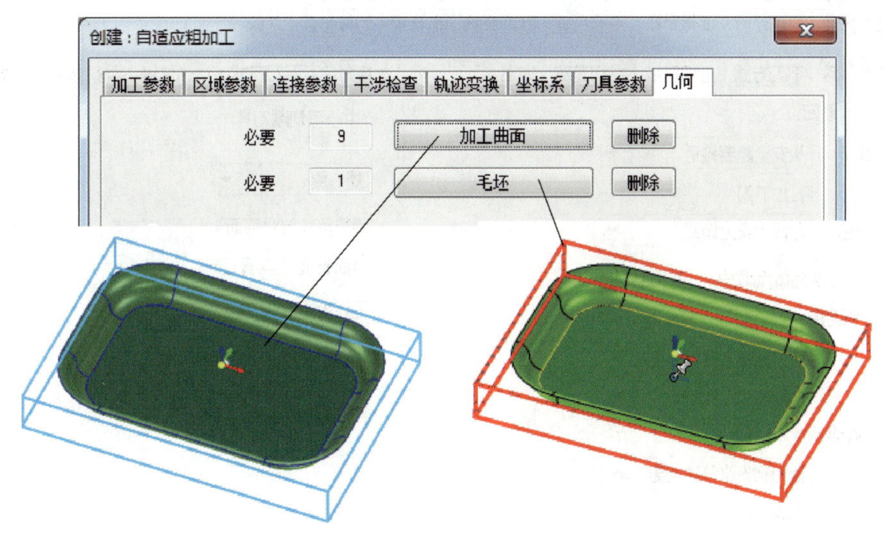


图 6–49　拾取几何轮廓

4）切换至“区域参数”选项卡，在“高度范围”子选项卡中选中“自动设定”单选按钮；在“起始点”子选项卡中选中“使用”复选框，输入起始点坐标“X0，Y0，Z0”。切换至“加工边界”子选项卡，按图 6–50 所示设置加工边界。

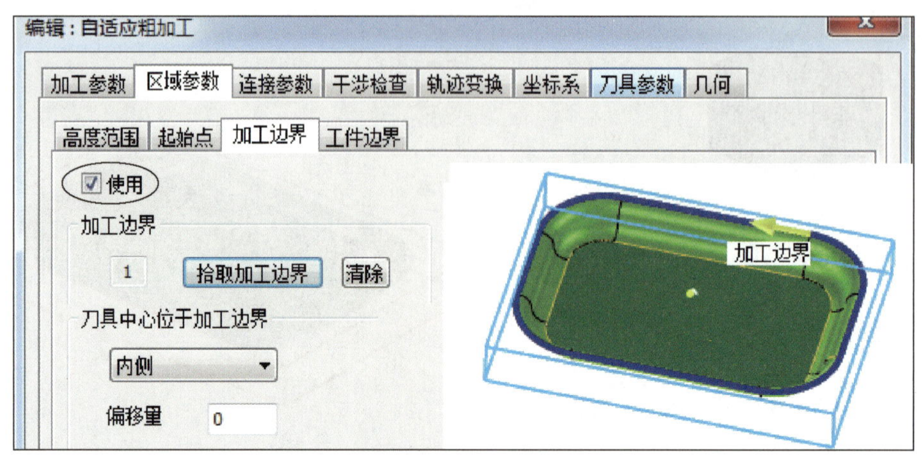


图 6–50　设置加工边界

**提示**

采用自适应粗加工方式加工内轮廓时必须设置加工边界，同时须在连接参数中设置下刀方式。

5）切换至“连接参数”选项卡，分别设置“连接方式”和“下刀方式”，其结果如图 6–51 所示。

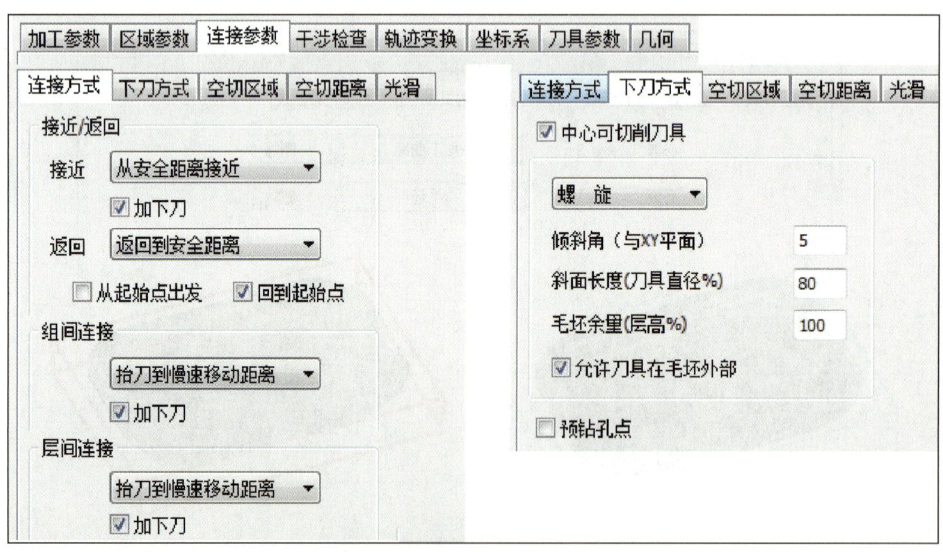


图 6–51　设置连接方式和下刀方式

6）其他参数均采用默认设置。单击“确定”按钮 确定 生成如图 6–52 所示的“自适应粗加工”刀具路径。完成“1- 自适应粗加工”刀具路径的实体仿真，其效果如图 6–53 所示。

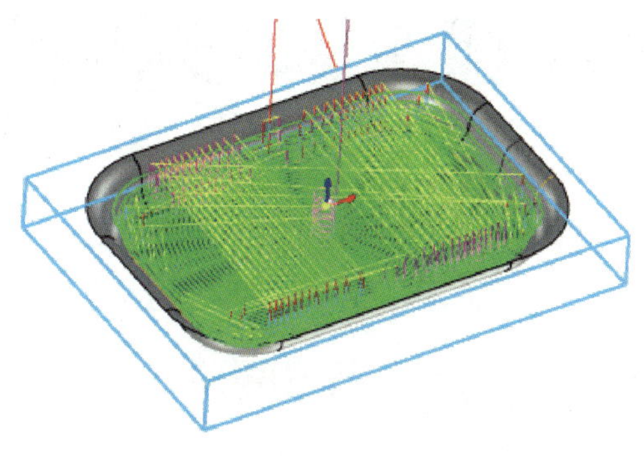

图 6-52　“自适应粗加工”刀具路径

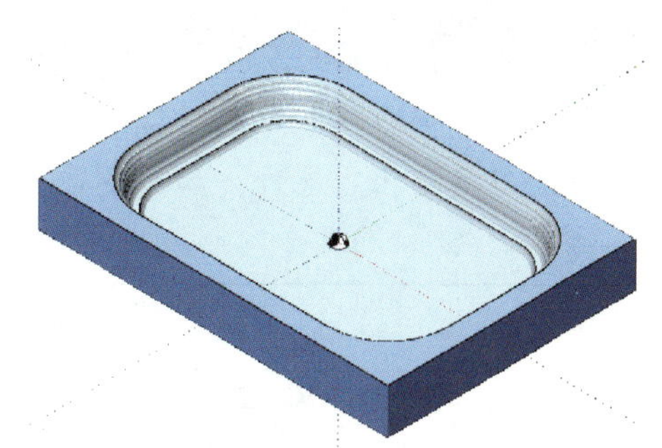

图 6-53　实体仿真效果

## 2. 规划精加工刀具路径

（1）侧边轮廓精加工方法一：轮廓导动精加工

1）单击“三轴”工具组中的“轮廓导动精加工”按钮 轮廓导动精加工，弹出如图 6-54 所示的“创建：轮廓导动精加工”对话框，默认显示“加工参数”选项卡。

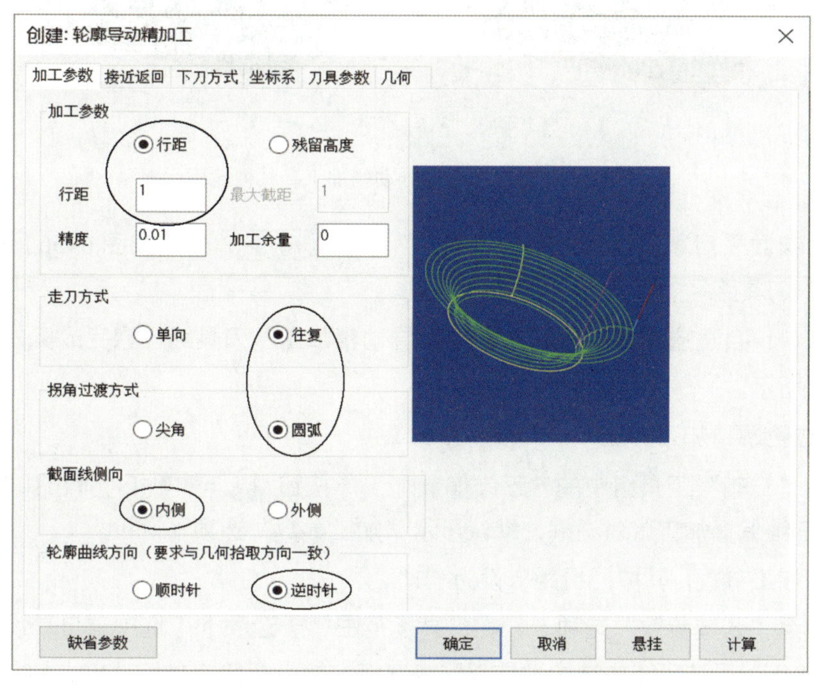


图 6-54　设置“轮廓导动精加工”加工参数

2）设置加工参数，其中“加工余量”设为“0”，“行距”设为“1”。

3）切换至“刀具参数”选项卡，设置刀具参数。选择“直径”为“12”的球头铣刀，设置“刀具号”为“3”，单击“DH 同值”按钮 DH同值。在“速度参数”子选项卡中设置“主轴转速”为“4000”、“切削速度（F2）”为“1200”，单击“入库”按钮 入库。

4）切换至“接近返回”选项卡，在选项卡中设置“接近方式”和“返回方式”均为“圆弧”。

5）切换至“几何”选项卡，拾取如图 6-55 所示的“轮廓曲线”和“截面线”。

**提示**

在拾取轮廓曲线和截面线过程中，应特别注意两者的起点位置要相连；否则不能生成正确的刀具路径。此外，加工参数中轮廓的顺、逆方向应与此处选择轮廓的顺、逆方向一致。

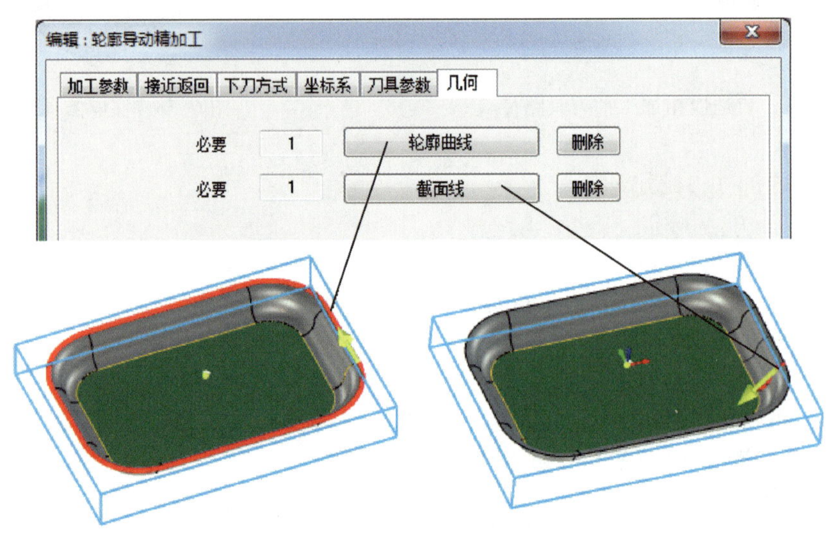


图 6–55　拾取“轮廓导动精加工”几何轮廓

6）其他参数采用默认设置。单击“确定”按钮 确 定 生成如图 6–56 所示的“轮廓导动精加工”刀具路径。

7）选择“1- 自适应粗加工”和“2- 轮廓导动精加工”刀具路径，完成实体仿真，其效果如图 6–57 所示。

（2）侧边轮廓精加工方法二：三维偏置加工

1）单击“三轴”工具组中的“三维偏置加工”按钮 三维偏置加工，弹出如图 6–58 所示的“创建：三维偏置加工”对话框，默认显示“加工参数”选项卡。

2）设置加工参数，其中“行距”设为“1”。

3）切换至“区域参数”选项卡，在“高度范围”子选项卡中选中“自动设定”单选按钮；在“起始点”子选项卡中选中“使用”复选框，输入起始点坐标“X0，Y0，Z0”。

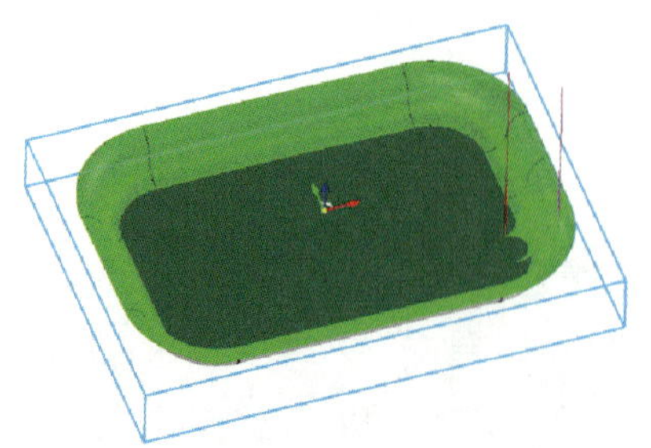

图 6–56　“轮廓导动精加工”刀具路径

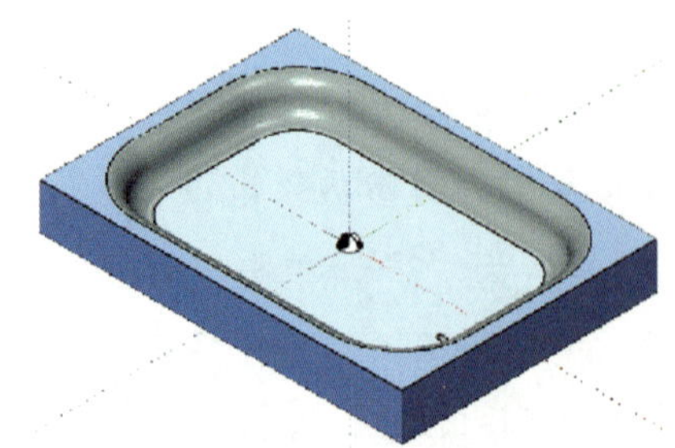

图 6–57　实体仿真效果

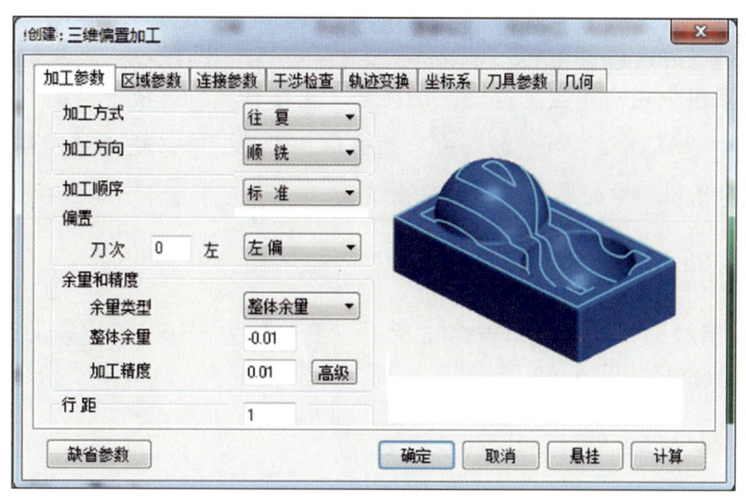

图 6-58　设置“三维偏置加工”加工参数

4）切换至“连接参数”选项卡，在“起始/结束段”子选项卡中选中“加切入”和“加切出”复选框。设置“切入参数”和“切出参数”为“圆弧”方式切入及切出。

5）切换至“刀具参数”选项卡，从刀具库中选择 3 号“球头铣刀”。

6）切换至“几何”选项卡，单击“加工曲面”按钮 加工曲面，拾取如图 6-59 所示的曲面。

7）切换至“干涉检查”选项卡，选择如图 6-60 所示的平面作为干涉检查面。

图 6-59　选择加工曲面

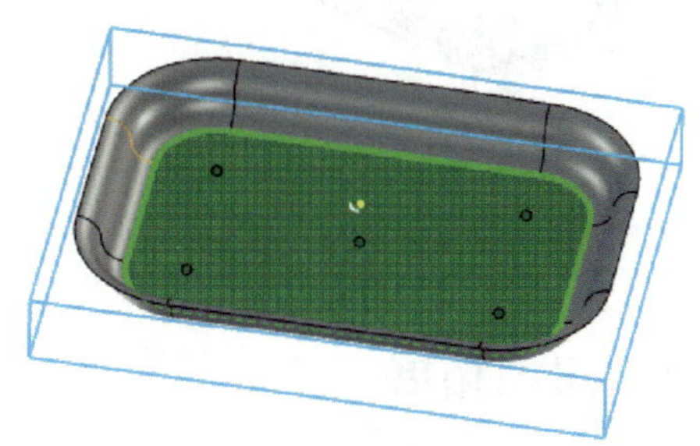
图 6-60　选择干涉检查面

8）其他参数采用默认设置。单击“确定”按钮 确定 生成如图 6-61 所示的“三维偏置加工”刀具路径。选择“1- 自适应粗加工”和“3- 三维偏置加工”刀具路径，完成实体仿真，其效果如图 6-62 所示。

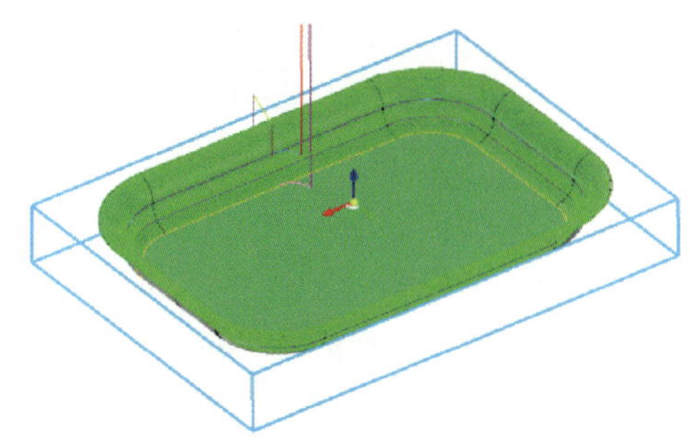
图 6-61　“三维偏置加工”刀具路径

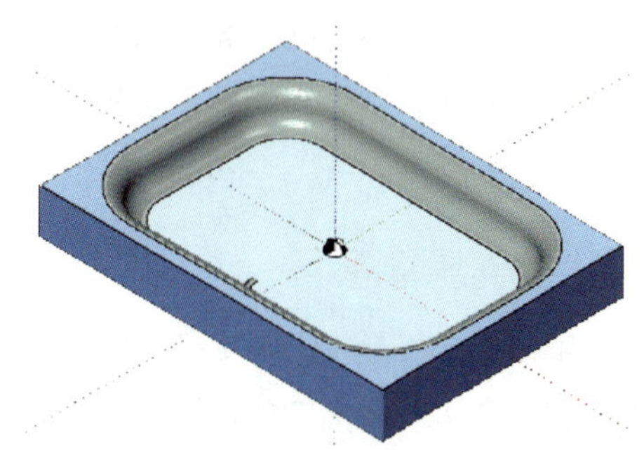
图 6-62　实体仿真效果

**提示**

在仿真效果图中底面发生了过切，切换至“连接参数”选项卡，在“起始 / 结束段”子选项卡中选中“加切入”和“加切出”复选框。同时，修正轮廓导动精加工刀具路径中“接近返回”选项卡中的参数，以免发生过切。

（3）平面精加工

单击“平面精加工”按钮 平面精加工，选择“直径”为“16”的立铣刀完成底平面的平面精加工，其刀具路径如图 6–63 所示。

### 3. 实体仿真

选中“1- 自适应粗加工”“2- 轮廓导动精加工”（或“3- 三维偏置加工”）和“4- 平面精加工”，单击“实体仿真”按钮 实体仿真，完成实体仿真，其效果如图 6–64 所示。

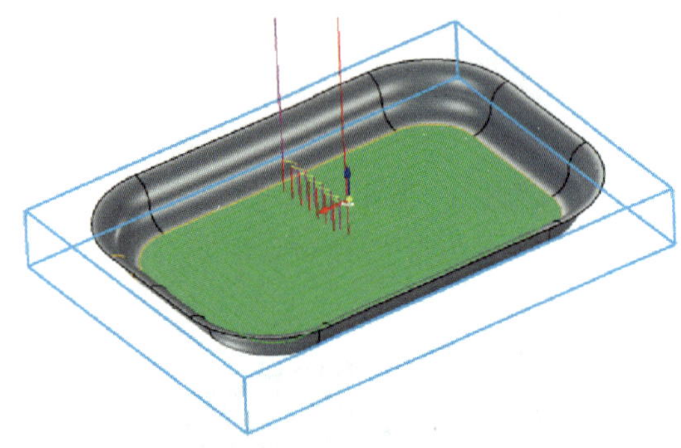

图 6–63 “平面精加工”刀具路径

图 6–64 实体仿真效果

## 四、知识拓展

### 1. 轮廓导动精加工

轮廓导动精加工是指刀具沿导动轮廓方向完成一行切削加工后再沿轮廓截面依指定的行距移至另一行进行加工的一种精加工方式。这种加工方式不需要选择加工曲面，只需选择导动轮廓线和截面线即可进行加工。但这种加工方式具有较大的局限性，只适合导动曲面的精加工，不适合其他不规则曲面的精加工。

导动轮廓线和截面线的起点位置必须相同；否则不能产生正确的刀具路径，其行距是指沿截面线上的距离。

### 2. 三维偏置加工

三维偏置加工是指刀具沿选中曲面的边界轮廓曲线方向完成一行切削加工后再沿曲面方向（左偏或右偏）依指定的行距移至另一行进行加工的一种精加工方式。这种加工方式在选择加工曲面后，自动识别曲面封闭轮廓，然后实施偏置加工。这种加工方式适合各种形状曲面的加工，且对曲面与水平线夹角相对变化不大的曲面具有较大的加工优势，其行距是指沿曲面截面轮廓方向的偏移量。

## 五、任务拓展

数控铣削加工如图 6-65 所示的零件，毛坯为 200 mm×190 mm×30 mm 的 45 钢，试规划其刀具路径。

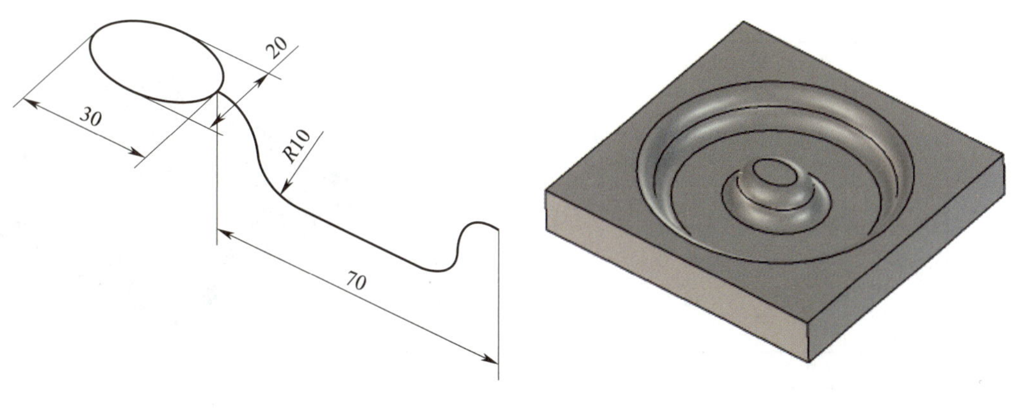


图 6-65　任务拓展

# 课题 4　参数线精加工与曲面轮廓精加工

## 一、学习目标

1．掌握参数线精加工的方法。

2．掌握曲面轮廓精加工的方法。

3．进一步掌握扫描线精加工的方法。

## 二、任务描述

数控铣削加工如图 6-66 所示的零件，毛坯尺寸为 100 mm×60 mm×25 mm，要求规划其刀具路径。

## 三、任务实施

### 1．规划粗加工刀具路径

（1）加工准备

1）启动 CAXA 制造工程师 2020，完成如图 6-66 所示零件上表面的曲面建模，如图 6-67 所示。

2）单击“创建”工具组中的“坐标系”按钮，弹出“创建坐标系”对话框。修改“原点坐标”参数中“Y”为“30”，单击“确定”按钮 确定 新建坐标系，其结果如图 6–68 所示。

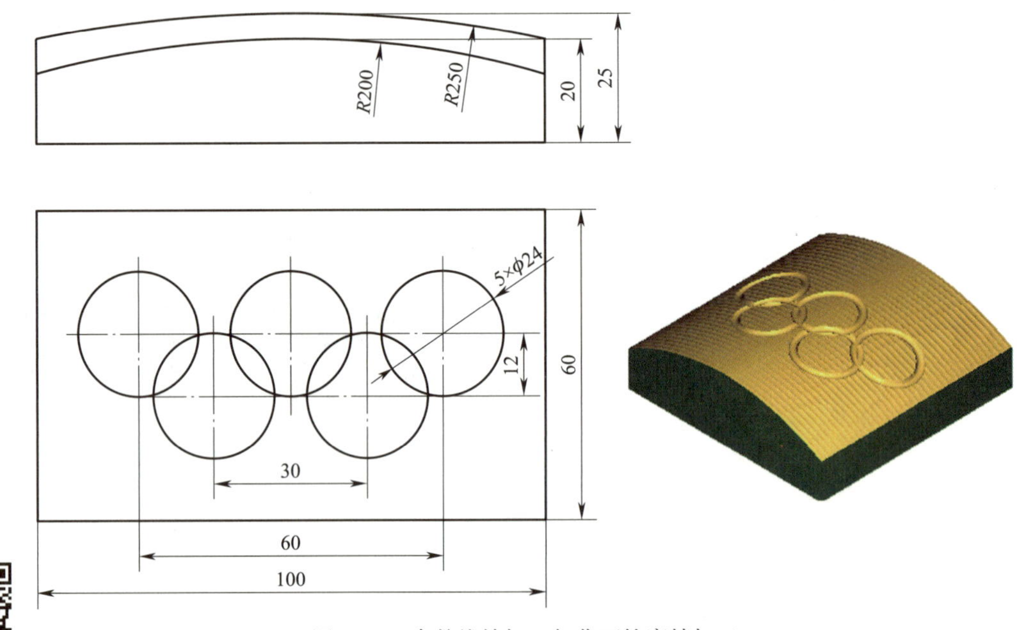

图 6–66　参数线精加工与曲面轮廓精加工

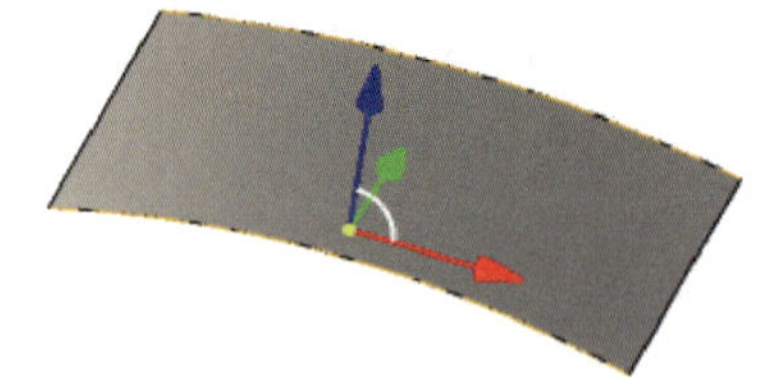

图 6–67　绘制上表面曲面

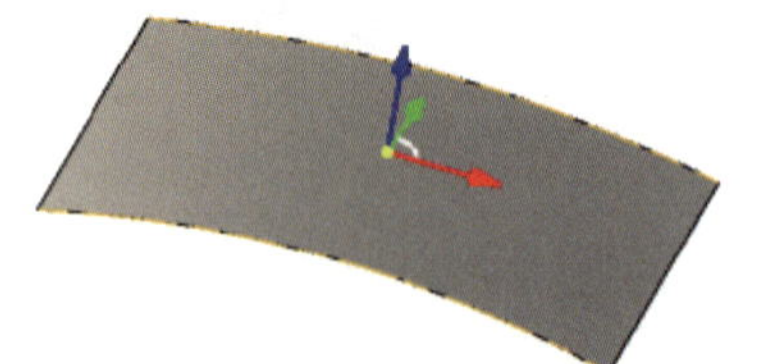

图 6–68　创建坐标系

3）用鼠标右键单击“毛坯”图标 毛坯，在弹出的右键菜单中单击“创建毛坯”，弹出“创建毛坯”对话框。按图 6–69 所示设置参数，单击“确定”按钮 确定 完成毛坯的创建。

**提示**

在毛坯创建过程中，可以先单击对话框中的“拾取参考模型”按钮 拾取参考模型，单击窗口中的曲面，然后再修改 Z 向尺寸，即可快速设置毛坯。

4）选择“在 X–Y 基准面”作为草图平面，绘制如图 6–70 所示的“五环”草图轮廓。

（2）等高线粗加工

1）单击“等高线粗加工”按钮 等高线粗加工，弹出“创建：等高线粗加工”对话框，默认显示“加工参数”选项卡。

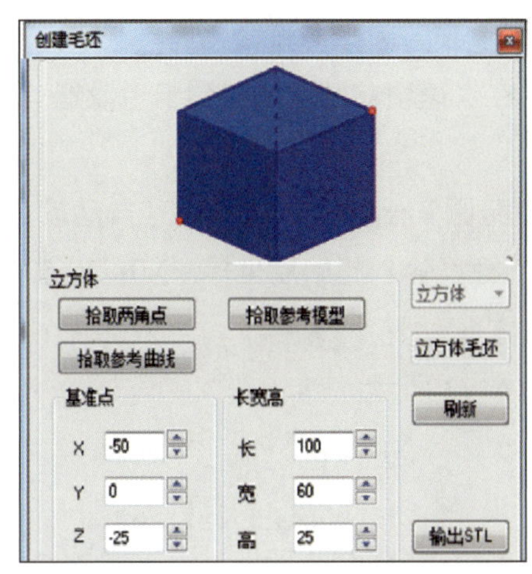


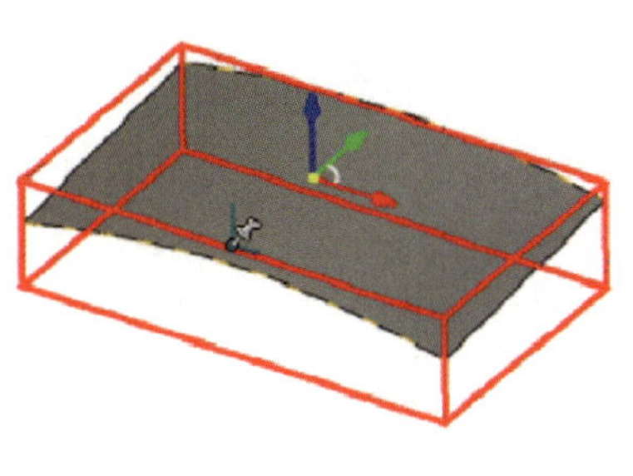

图 6–69　创建毛坯

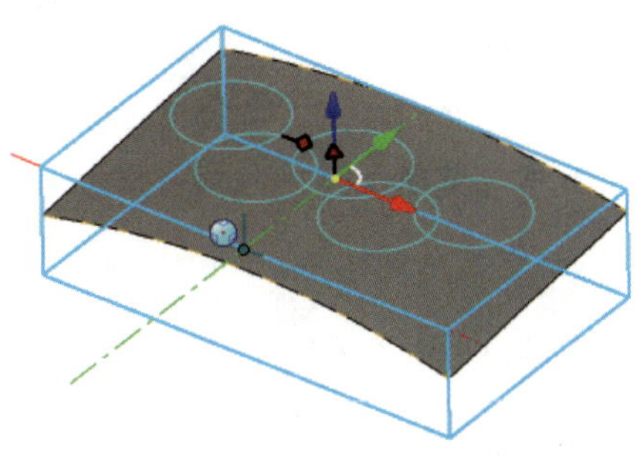

图 6–70　绘制“五环”草图轮廓

2）设置加工参数，其中“整体余量”为“0.5”，“层高”为“2”，“行距”为“8”，其余采用默认参数。

3）切换至“几何”选项卡，分别选中如图 6–71 所示的“加工曲面”和“毛坯”轮廓。

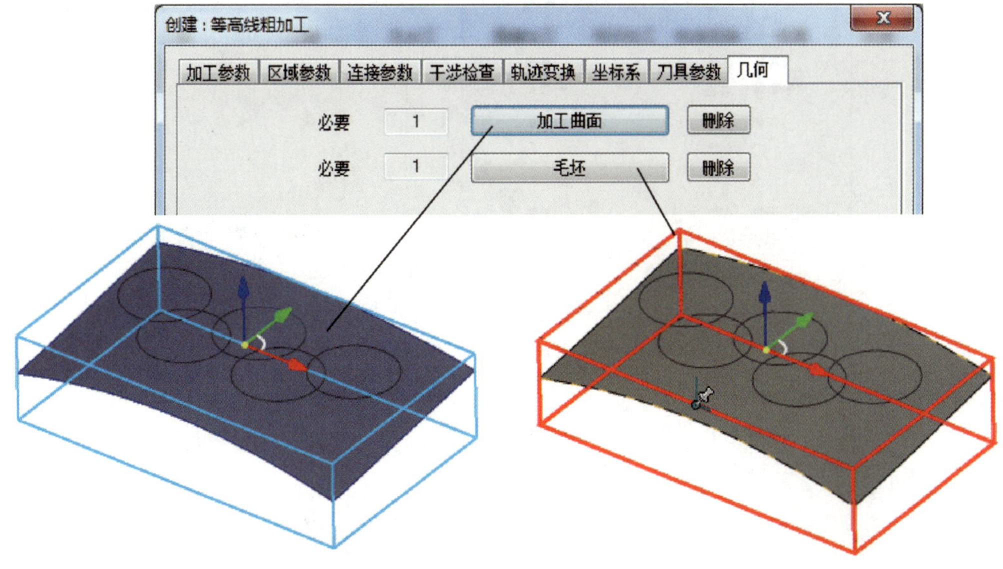


图 6–71　拾取几何轮廓

4）切换至“刀具参数”选项卡，设置刀具参数。选择“直径”为“16”、“圆角半径”为“3”的圆角铣刀，设置“刀具号”为“1”。在“速度参数”子选项卡中设置“主轴转速”为“3000”、“切削速度（F2）”为“800”。

5）切换至“区域参数”选项卡，在“高度范围”子选项卡中选中“自动设定”单选按钮；在“起始点”子选项卡中选中“使用”复选框，输入起始点坐标“X0，Y-50，Z0”。

6）其他参数均采用默认设置。单击“确定”按钮 确定 ，生成如图 6-72 所示的“等高线粗加工”刀具路径。实体仿真效果如图 6-73 所示。

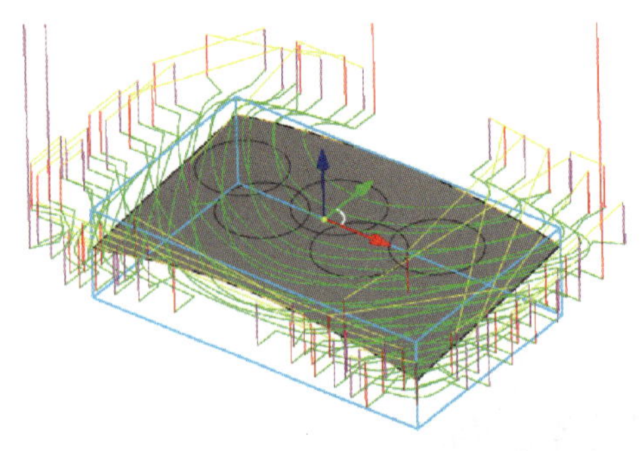

图 6-72 “等高线粗加工”刀具路径

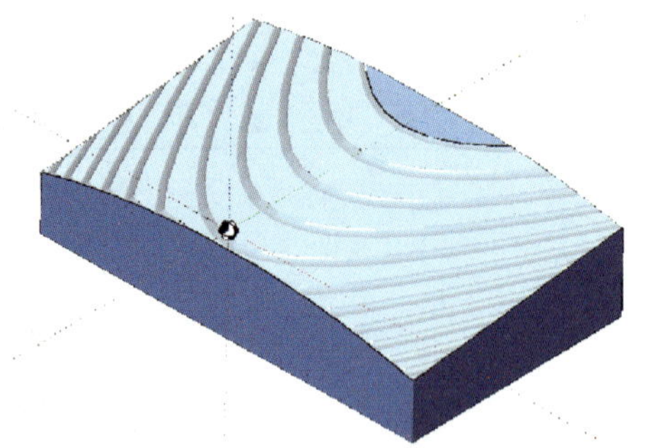

图 6-73 实体仿真效果

## 2. 规划精加工刀具路径

（1）曲面精加工方法一：参数线精加工

1）单击“三轴”工具组中的“参数线精加工”按钮 参数线精加工，弹出“创建：参数线精加工”对话框。在默认显示的“加工参数”选项卡中按图 6-74 所示设置加工参数。

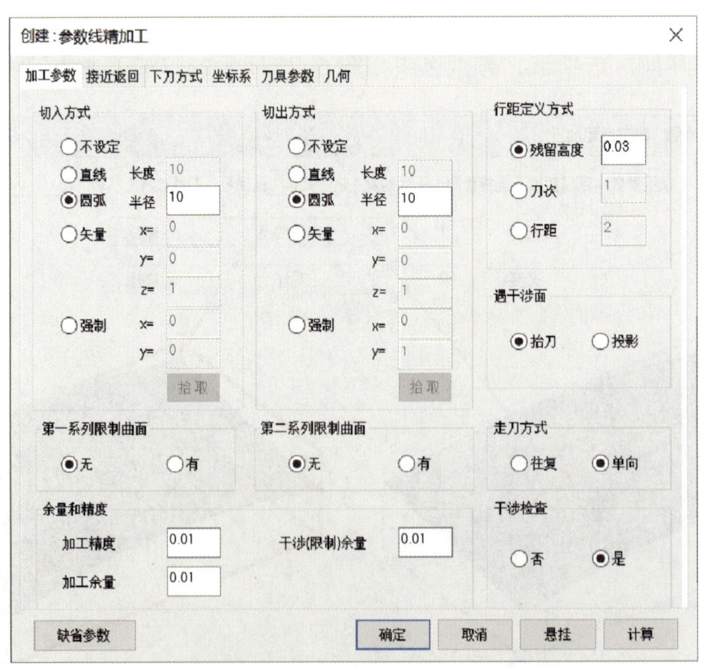


图 6-74 设置“参数线精加工”加工参数

2）切换至“刀具参数”选项卡，设置刀具参数。选择“直径”为“16”的球头铣刀，设置“刀具号”为“2”。在“速度参数”子选项卡中设置“主轴转速”为“4000”、“切削速度（F2）”为“1200”，单击“入库”按钮 入库 。

3）切换至“几何”选项卡，单击“加工曲面”按钮 加工曲面 ，弹出如图 6–75 所示的“参数面拾取工具”对话框，拾取曲面作为“加工曲面”，在曲面上出现加工方向箭头，单击选中对话框中的“方向 2”单选按钮，箭头方向（即加工方向）发生了改变。

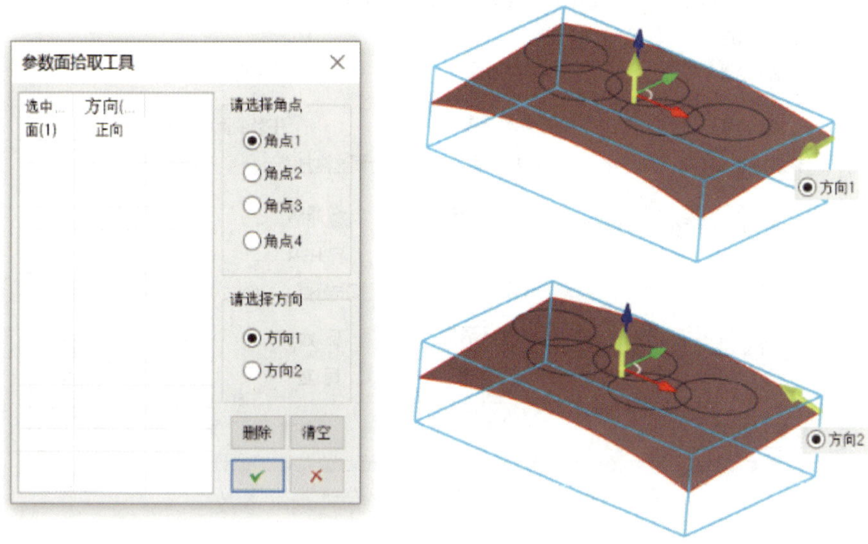


图 6–75 “参数面拾取工具”对话框

4）切换至“接近返回”选项卡，分别设置“接近方式”和“返回方式”均为“圆弧”。

5）其他参数均采用默认设置。单击“确定”按钮 确 定 ，生成如图 6–76 所示的“参数线精加工”刀具路径。实体仿真效果如图 6–77 所示。

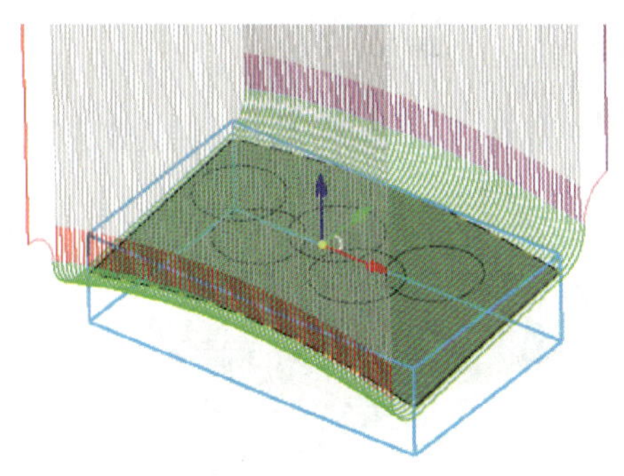

图 6–76 “参数线精加工”刀具路径

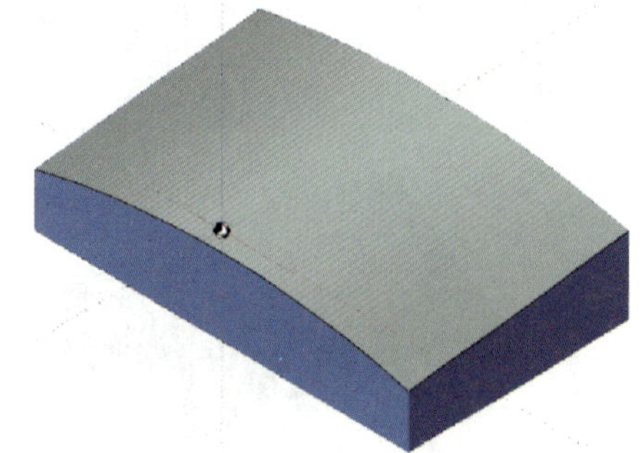

图 6–77 实体仿真效果

（2）曲面精加工方法二：曲面区域精加工

1）单击“曲面区域精加工”按钮 曲面区域精加工，弹出“创建：曲面区域精加工”对话框。在默认显示的“加工参数”选项卡中按图 6–78 所示设置加工参数。

2）切换至“接近返回”选项卡，在选项卡中选中“不设定”单选按钮。

3）切换至“刀具参数”选项卡，从刀具库中选择 2 号“球头铣刀”。

4）切换至“几何”选项卡，选择如图 6–79 所示的“加工曲面”和“轮廓曲线”。

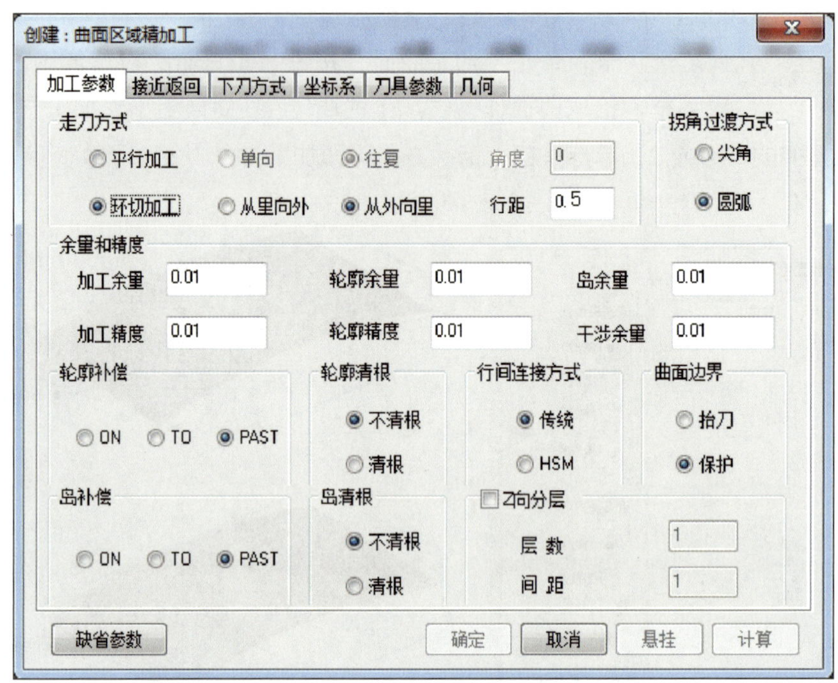


图 6–78　设置“曲面区域精加工”加工参数

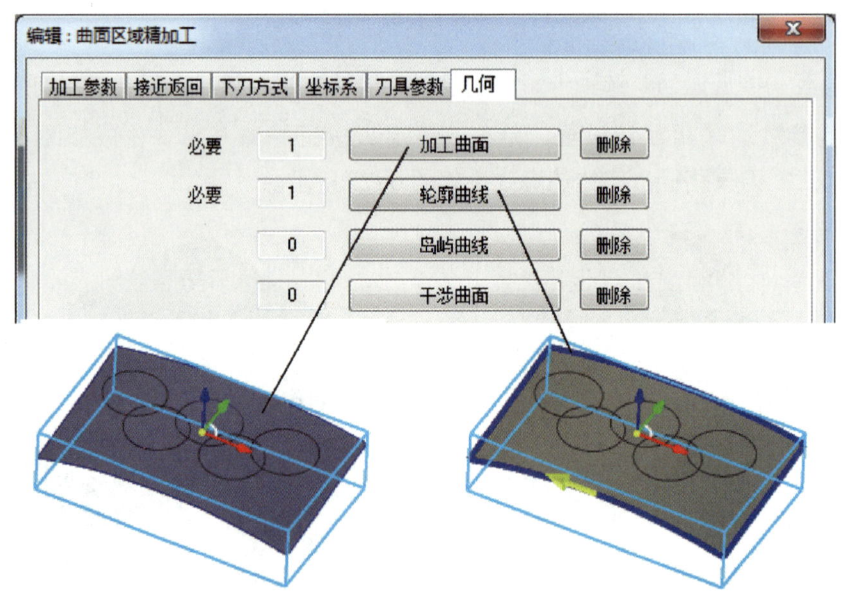


图 6–79　选择“曲面区域精加工”几何轮廓

5）其他参数采用默认设置。单击“确定”按钮［确定］，生成如图 6–80 所示的“曲面区域精加工”刀具路径。选择“1- 等高线粗加工”和“3- 曲面区域精加工”刀具路径，完成实体仿真，其效果如图 6–81 所示。

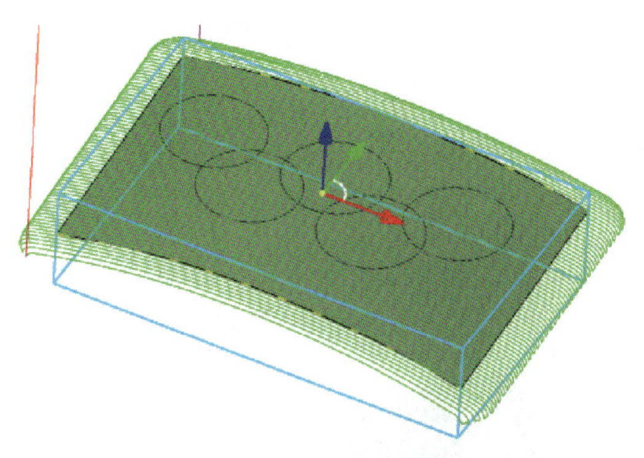

图 6-80　“曲面区域精加工”刀具路径

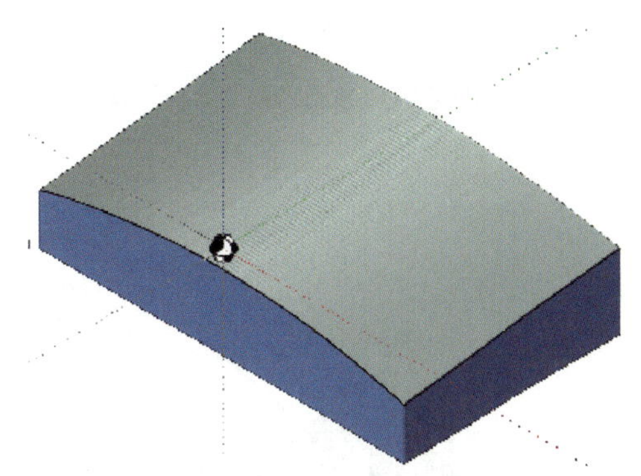

图 6-81　实体仿真效果

（3）曲面轮廓精加工

1）单击“三轴”工具组中的“曲面轮廓精加工”按钮 曲面轮廓精加工，弹出“创建：曲面轮廓精加工”对话框，在默认显示的“加工参数”选项卡中按图 6-82 所示设置加工参数，其中“加工余量”设为“-0.3”。

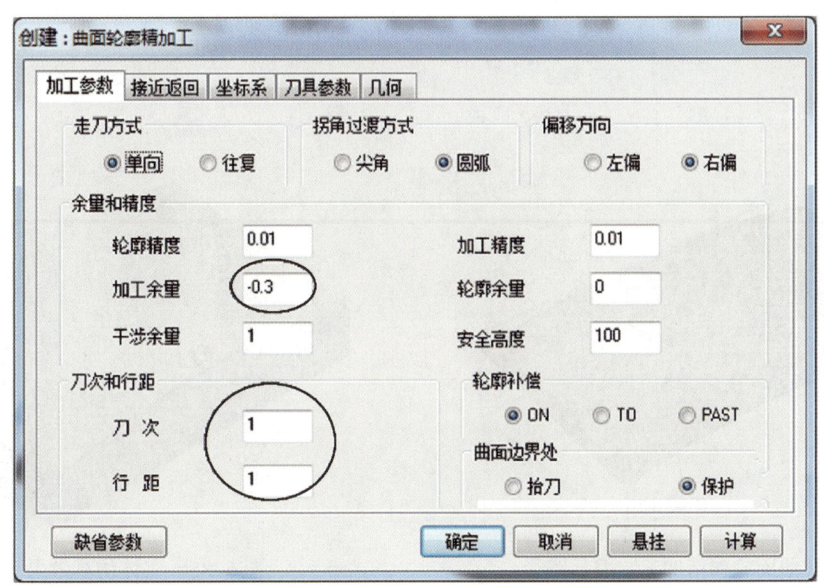


图 6-82　设置“曲面轮廓精加工”加工参数

2）切换至“刀具参数”选项卡，设置刀具参数。选择“直径”为“3”的球头铣刀，设置“刀具号”为“3”，单击“DH 同值”按钮 DH同值。在“速度参数”子选项卡中设置“主轴转速”为“6000”、“切削速度（F2）”为“500”，单击“入库”按钮 入库。

3）切换至“接近返回”选项卡，在选项卡中选中“不设定”单选按钮。

4）切换至“几何”选项卡，拾取如图 6-83 所示的“轮廓曲线”和“加工曲面”。

5）其他参数采用默认设置。单击“确定”按钮 确 定，生成如图 6-84 所示的“曲面轮廓精加工”刀具路径。完成实体仿真，其效果如图 6-85 所示。

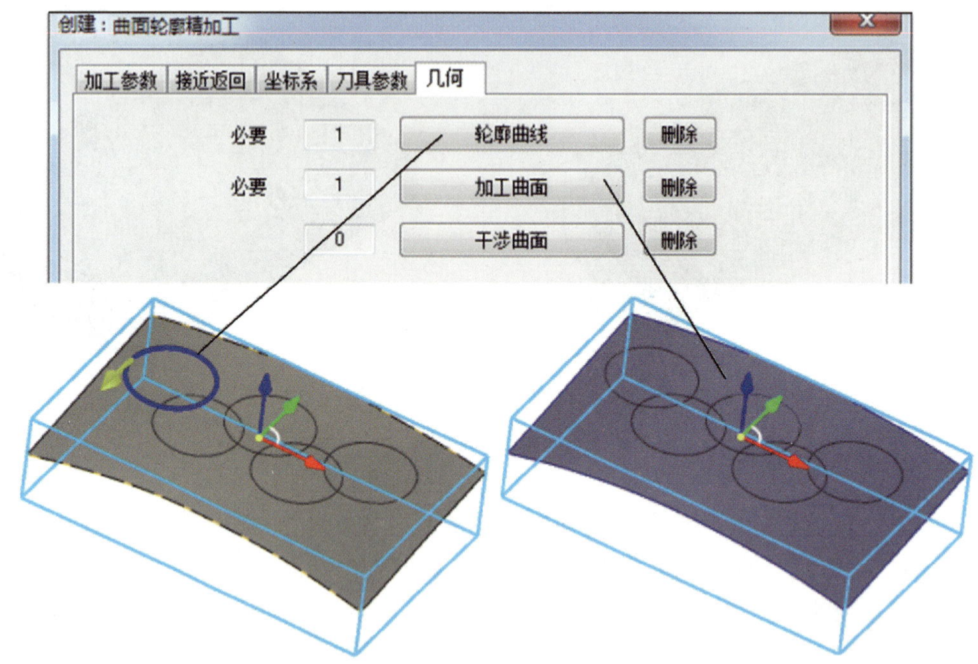


图 6–83　拾取“曲面轮廓精加工”几何轮廓

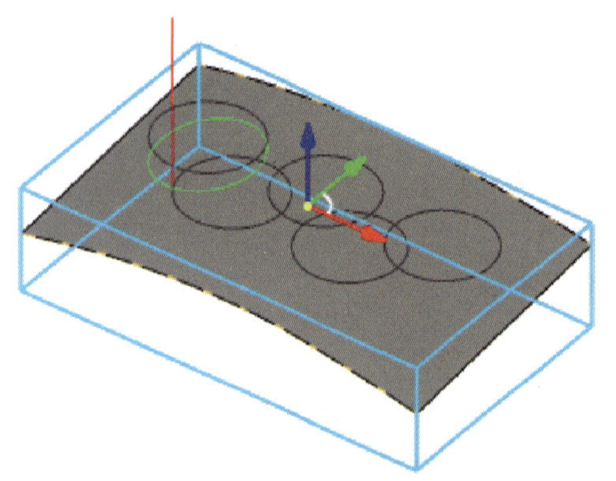

图 6–84　“曲面轮廓精加工”刀具路径

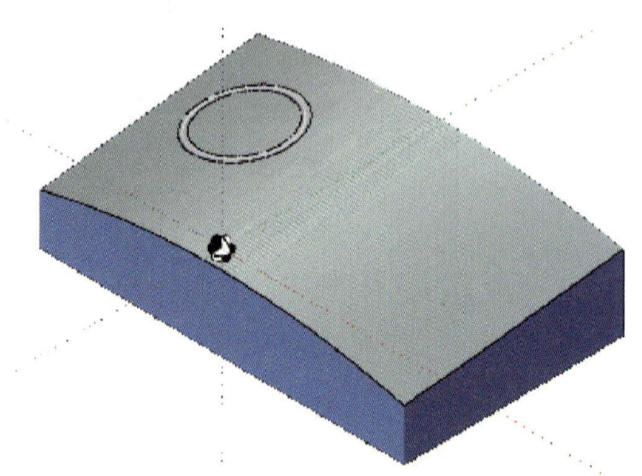

图 6–85　实体仿真效果

（4）复制曲面轮廓精加工

1）用鼠标右键单击“4- 曲面轮廓精加工”，在弹出的右键菜单中选择“拷贝”。

2）再次用鼠标右键单击“4- 曲面轮廓精加工”，在弹出的右键菜单中选择“粘贴”。

3）双击“5- 曲面轮廓精加工”中的“加工参数”，弹出“编辑：曲面轮廓精加工”对话框，在“几何”选项卡中重新拾取左侧第二个圆作为“轮廓曲线”，单击“确定”按钮 确定 ，生成新轮廓的“曲面轮廓精加工”刀具路径。

4）采用同样的方法创建其他三个圆的“曲面轮廓精加工”刀具路径，其结果如图 6–86 所示。完成实体仿真，其效果如图 6–87 所示。

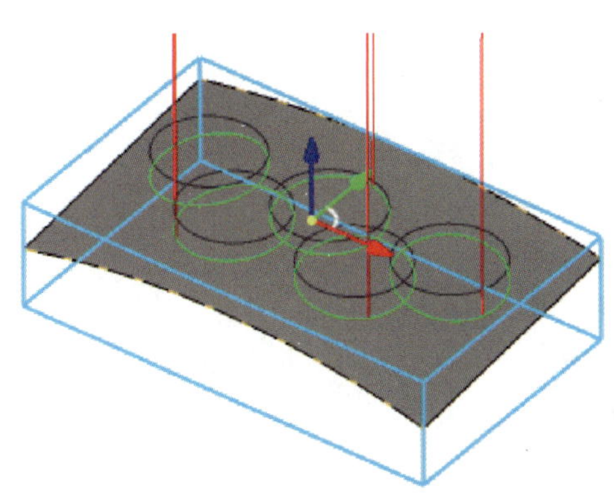

图 6-86 “曲面轮廓精加工”刀具路径

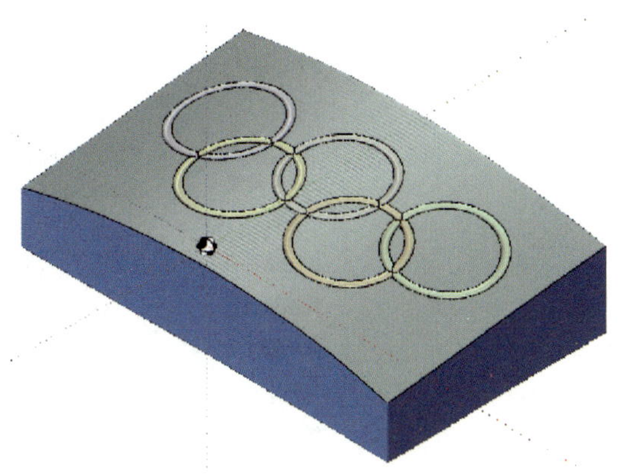

图 6-87 实体仿真效果

## 四、知识拓展

### 1. 参数线精加工和曲面轮廓精加工

参数线精加工是沿曲面参数线（系统自动判别参数线）方向产生的刀具路径，用于构建平滑、精密曲面的刀具路径。参数线精加工主要用于精加工，其加工精度可根据行距设定，也可以通过设置“残留高度”来设定。

曲面轮廓精加工是将已存在的几何图形图素投影至所选择的曲面上，投影加工产生的刀具路径常用于产品的装饰加工，如刻模加工。要形成投影加工刀具轨迹需要有两个要素，一是要形成投影曲线，二是要存在要投影到的曲面。选择投影曲线时，每次只能选中一个首尾的轮廓，不能选中相交的轮廓。

### 2. 接近返回参数

在“参数线精加工”“平面区域精加工”“曲面轮廓精加工”等曲面加工中，可以通过设置“接近返回”参数，保证加工起点和终点位置平滑过渡，其设置选项卡如图 6-88 所示，有“不设定”“直线”“圆弧”“强制”四种设置方式。现以本例“曲面轮廓精加工”为例说明其执行效果。

（1）“不设定”的执行效果如图 6-89a 所示，采用垂直方式接近及返回，为防止损坏刀具，其“切入切出连接速度（F1）”应取较小值。

（2）“直线”的执行效果如图 6-89b 所示，在加工轮廓切线位置的延长线上接近及返回，本例采用这种方式时会产生过切现象。

（3）“圆弧”的执行效果如图 6-89c 所示，在加工轮廓起点和终点增加相切圆弧，采用圆弧过渡方式接近及返回，本例采用这种方式效果较好。

（4）“强制”的执行效果如图 6-89d 所示，在指定的点处接近及返回，采用这种方式可避开干涉曲面或干涉轮廓。

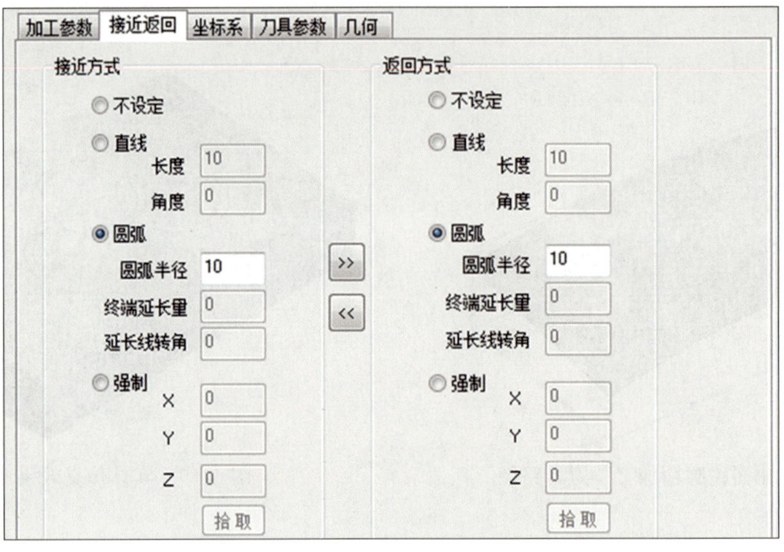


图 6–88 “接近返回”参数设置选项卡

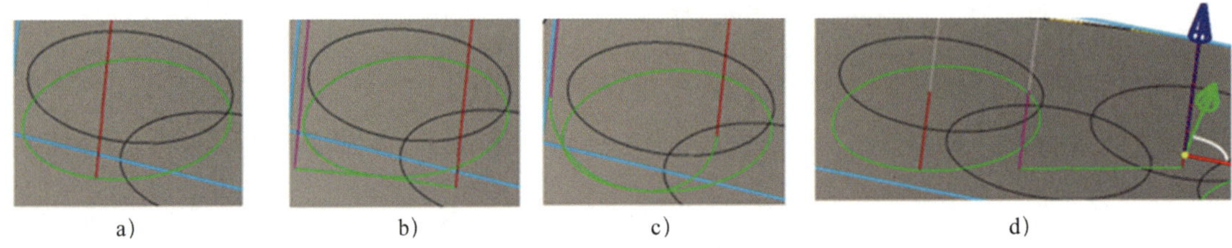


图 6–89 “接近返回”参数执行效果

a）不设定 b）直线 c）圆弧 d）强制

## 五、任务拓展

数控铣削加工如图 6–90 所示的零件，毛坯尺寸为 100 mm×100 mm×30 mm，试规划其刀具路径。

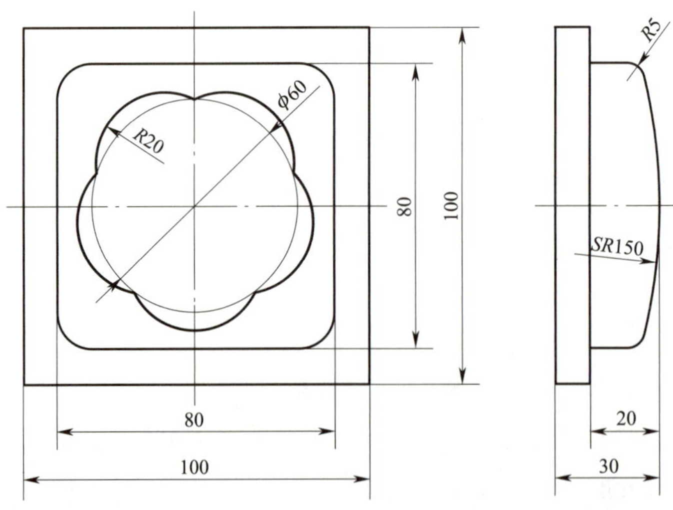

图 6-90 任务拓展

# 课题 5 曲面铣削综合实例

## 一、学习目标

1．合理选择曲面铣削加工方式进行曲面的加工。

2．掌握笔式清根加工的方法。

3．熟练掌握各种参数的设置方法。

4．能通过选择合理的行高或行距保证曲面加工精度。

## 二、任务描述

数控铣削加工如图 6-91 所示的型芯零件，毛坯为 150 mm×50 mm×45 mm 的 45 钢，要求规划其刀具路径。

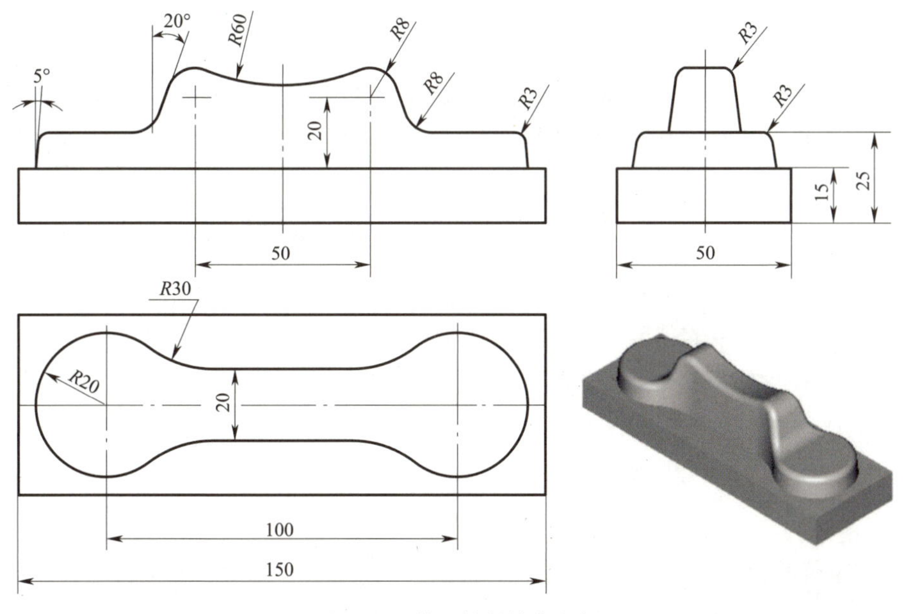


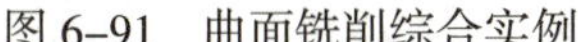

图 6-91 曲面铣削综合实例

## 三、任务实施

### 1. 规划粗加工刀具路径

（1）加工准备

1）启动 CAXA 制造工程师 2020，完成零件的实体建模。

2）单击“创建”工具组中的“坐标系”按钮，弹出“创建坐标系”对话框。修改“原点坐标”参数中“Z”为“30”，单击“确定”按钮 确定 新建坐标系。

3）用鼠标右键单击“毛坯”图标 毛坯:，在弹出的右键菜单中单击“创建毛坯”，弹出“创建毛坯”对话框。按图 6–92 所示设置参数，单击“确定”按钮 确定 完成毛坯的创建。

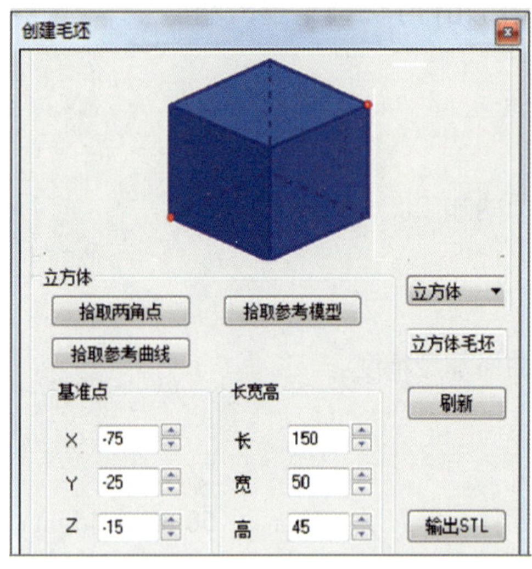

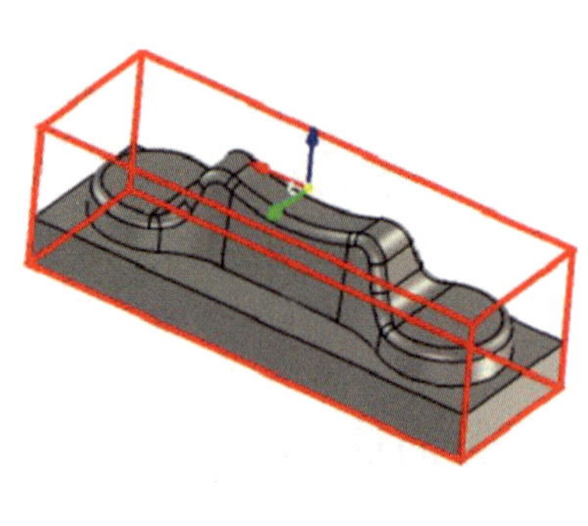

图 6–92　创建毛坯

（2）自适应粗加工

1）单击“自适应粗加工”按钮 自适应粗加工，弹出“创建：自适应粗加工”对话框，在默认显示的“加工参数”选项卡中设置加工参数，其中“加工余量”为“0.5”，“层高”为“6”，“行距”为“4”，其余采用默认参数。

2）切换至“几何”选项卡，单击“加工曲面”按钮 加工曲面，在弹出的“面选取工具”对话框中选中“零件”单选按钮，单击选取零件，其结果如图 6–93 所示。单击“毛坯”按钮 毛坯，单击窗口中的“毛坯”后单击鼠标右键确认。

3）切换至“刀具参数”选项卡，设置刀具参数。选择“直径”为“16”、“圆角半径”为“2”的圆角铣刀，设置“刀具号”为“1”，单击“DH 同值”按钮 DH同值。在“速度参数”子选项卡中设置“主轴转速”为“3000”、“切削速度（F2）”为“800”，单击“入库”按钮 入库。

4）切换至“区域参数”选项卡，在“高度范围”子选项卡中选中“自动设定”单选按钮；在“起始点”子选项卡中选中“使用”复选框，输入起始点坐标“X0，Y–35，Z0”。

5）其他参数均采用默认设置。单击“确定”按钮 确定，生成如图 6–94 所示的“自适应粗加工”刀具路径。实体仿真效果如图 6–95 所示。

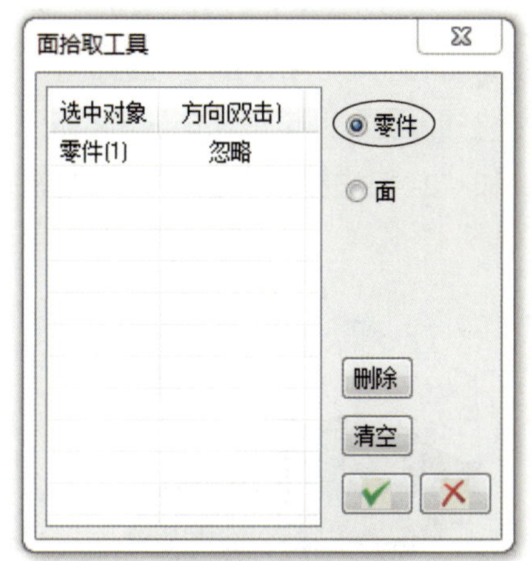


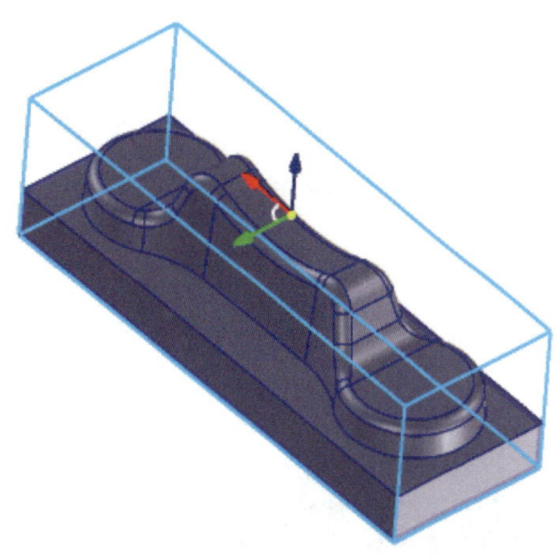

图 6–93 拾取几何轮廓

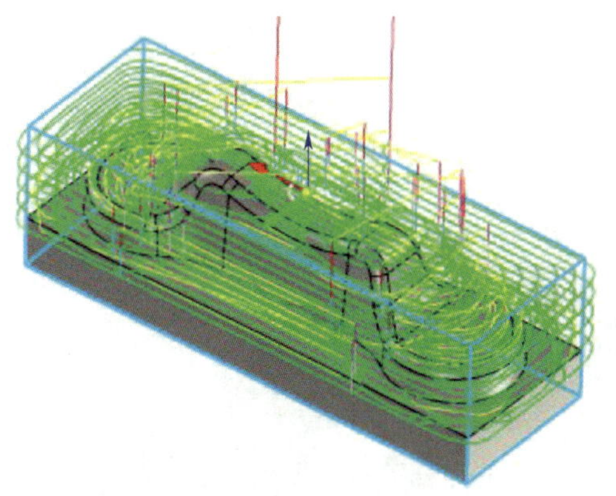

图 6–94 “自适应粗加工”刀具路径

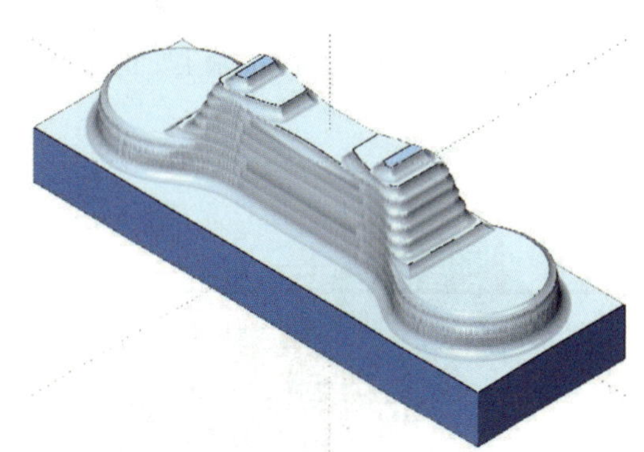

图 6–95 实体仿真效果

## 2. 规划精加工刀具路径

（1）扫描线精加工

1）单击“扫描线精加工”按钮 扫描线精加工，弹出“创建：扫描线精加工”对话框，在默认显示的“加工参数”选项卡中设置加工参数，其中“余量类型”设为“整体余量”，其值设为“0”，“最大行距”设为“0.5”。

2）切换至“连接参数”选项卡，在“起始 / 结束段”子选项卡中选中“加切入”和“加切出”复选框。设置“切入参数”和“切出参数”为采用“相切圆弧”方式切入及切出，设置对应的圆弧参数。

3）切换至“刀具参数”选项卡，选择“直径”为“10”的球头铣刀，设置“刀具号”为“2”。在“速度参数”子选项卡中设置速度参数，其中“主轴转速”为“4000”、“切削速度（F2）”为“1200”，单击“入库”按钮 入库。

4）切换至“几何”选项卡，单击“加工曲面”按钮 加工曲面，弹出“面拾取工具”对话框，选中如图 6–96 所示的曲面。

5）切换至“干涉检查”选项卡，在“检查（1）”子选项卡中选中“使用”复选框，单击“干涉检查几何”下方的“拾取”按钮 拾取，拾取如图 6–97 所示的干涉曲面。

6）其他参数采用默认设置。单击“确定”按钮 确定，生成如图 6–98 所示的“扫描线精加工”刀具路径。选择“1- 自适应粗加工”和“2- 扫描线精加工”刀具路径，完成实体仿真，其效果如图 6–99 所示。

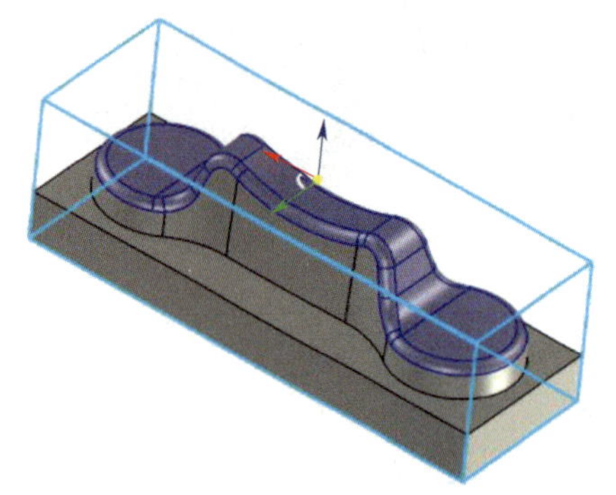

图 6–96　选择“扫描线精加工”几何轮廓

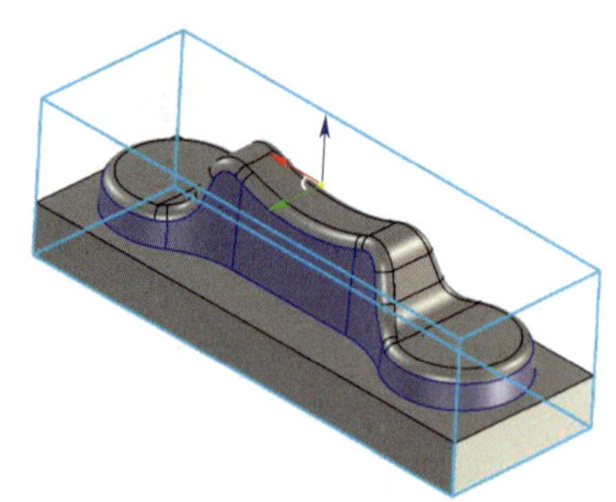

图 6–97　选择干涉曲面

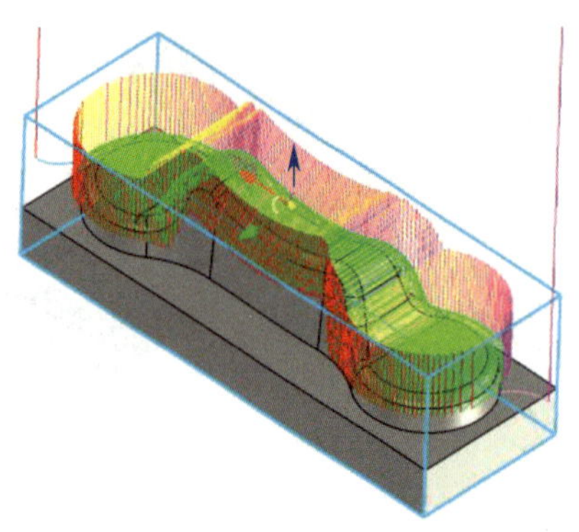

图 6–98　“扫描线精加工”刀具路径

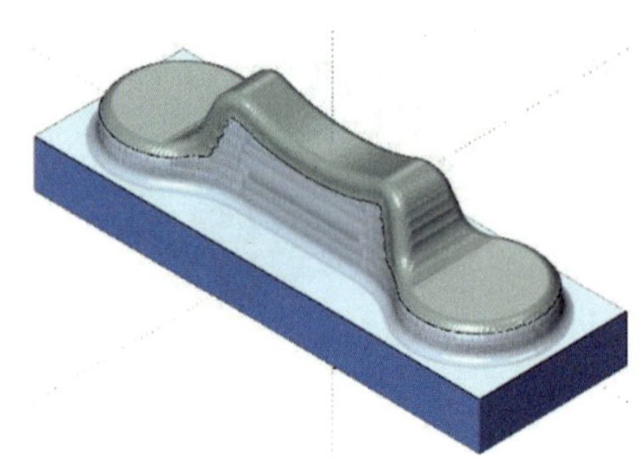

图 6–99　实体仿真效果

（2）等高线精加工

1）选择“在 X–Y 基准面”作为草图平面，以原点为中心绘制“200×100”的长方形，以其作为等高线精加工的加工边界。

2）单击“等高线精加工”按钮 等高线精加工，弹出“创建：等高线精加工”对话框，在默认显示的“加工参数”选项卡中设置加工参数，其中“余量类型”设为“整体余量”，其值设为“0”，“层高”设为“0.5”。

3）切换至“几何”选项卡，单击“加工曲面”按钮 加工曲面，弹出“面拾取工具”对话框，选中如图 6–100 所示的曲面。

4）切换至“干涉检查”选项卡，在“检查（1）”子选项卡中拾取底平面，在“检查（2）”子选项卡中拾取如图 6–101 所示的“倒圆角”曲面。

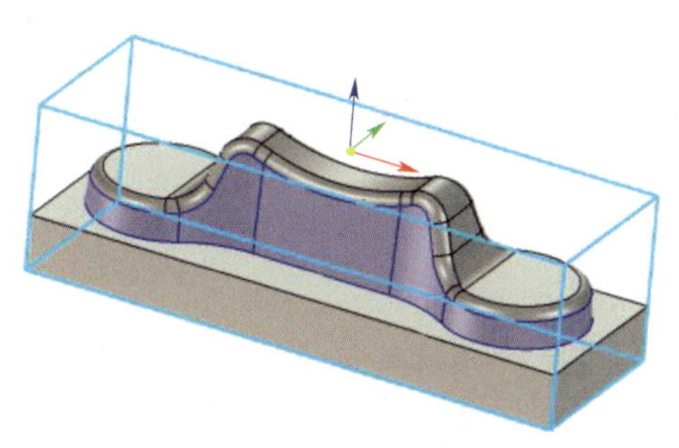

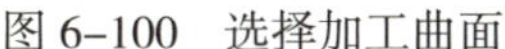
图 6-100 选择加工曲面

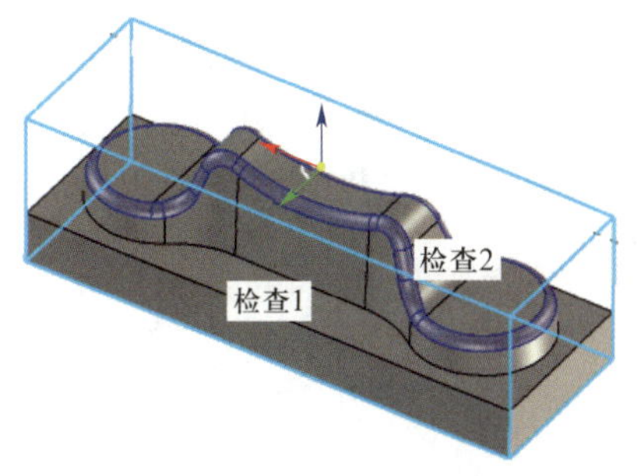


图 6-101 选择干涉曲面

5）切换至“区域参数”选项卡，在“起始点”子选项卡中选中“使用”复选框，输入起始点坐标“X0，Y-40，Z0”。在“加工边界”子选项卡中按图 6-102 所示设置加工边界。

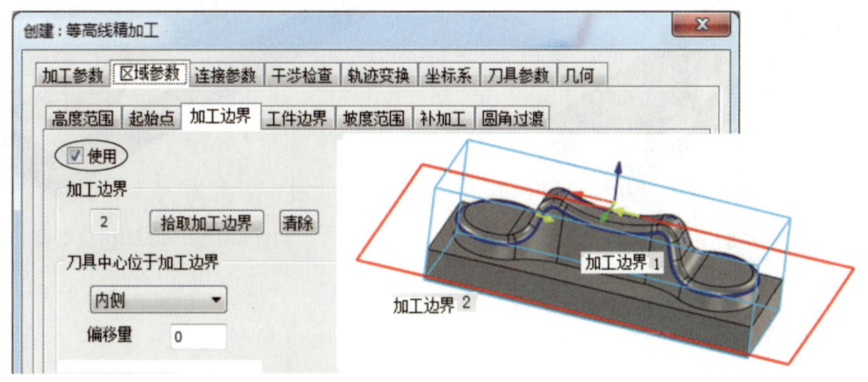


图 6-102 设置加工边界

6）切换至“连接参数”选项卡，在“起始 / 结束段”子选项卡中选中“加切入”和“加切出”复选框。设置“切入参数”和“切出参数”为采用“相切圆弧”方式切入及切出，设置对应的圆弧参数。

7）切换至“刀具参数”选项卡，从“刀具库”中选择 1 号“圆角铣刀”。

8）其他参数采用默认设置。单击“确定”按钮 确定，生成如图 6-103 所示的“等高线精加工”刀具路径。

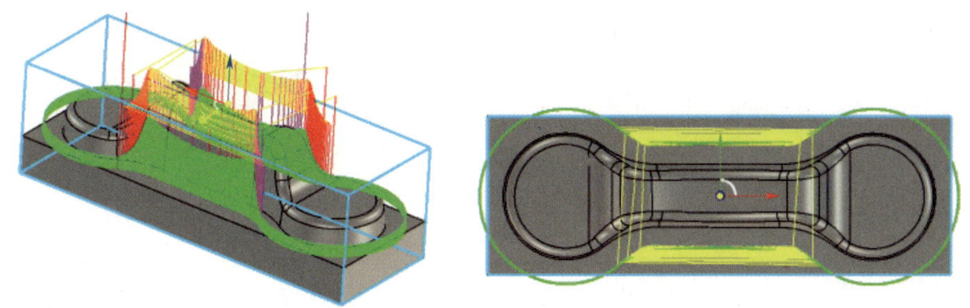

图 6-103 “等高线精加工”刀具路径

（3）平面精加工

单击“平面精加工”按钮 平面精加工，选择“直径”为“16”的立铣刀完成底平面的平面精加工，其刀具路径如图 6–104 所示。

在参数设置中将“整体余量”设为“0”，“行距”设为“4”，选择倒圆角曲面作为干涉面，由轮廓内部边界和草图轮廓构成加工边界。

### 3. 实体仿真

选中所有刀具路径，单击“实体仿真”按钮 实体仿真，完成实体仿真，其效果如图 6–105 所示。

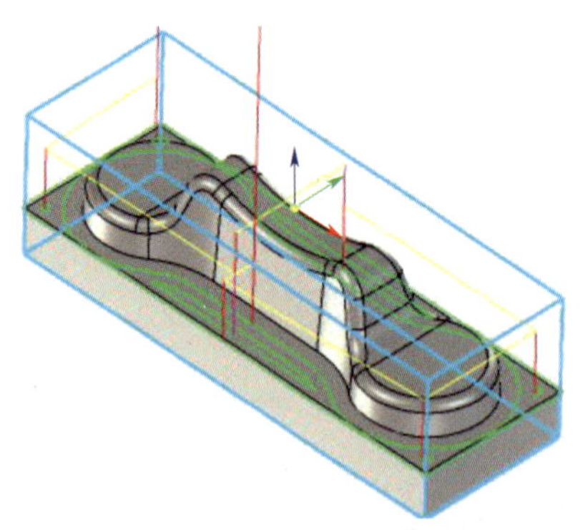

图 6–104 “平面精加工”刀具路径

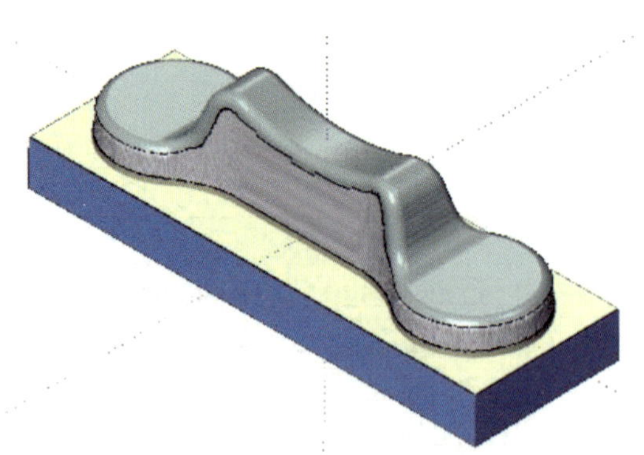

图 6–105 实体仿真效果

## 四、知识拓展

### 1. 行距与加工误差关系分析

采用球头铣刀加工曲面时，同一行刀具轨迹所在的平面称为截平面，截平面之间的距离称为行距。行距之间残留余量高度的最大值称为残余高度，残余高度与球头铣刀的直径和行距有关，残余高度与行距的换算关系如图 6–106 所示，计算公式如下：

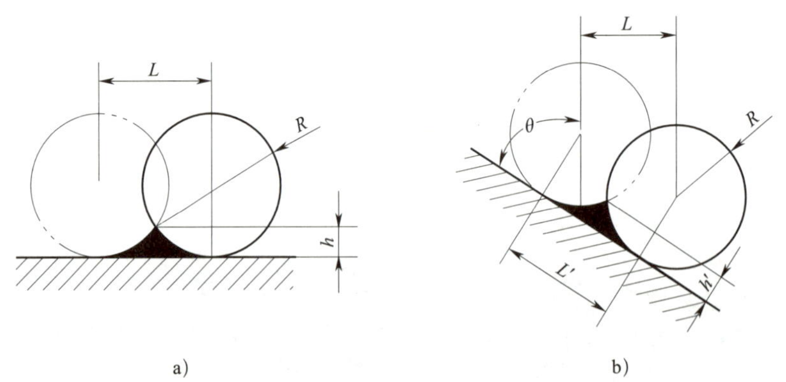


图 6–106 残余高度与行距的换算关系

如图 6–106a 所示，铣削平面时残余高度的计算公式如下：

$$h=R-\sqrt{R^2-\left(\frac{L}{2}\right)^2}$$

$$L=2\sqrt{R^2-(R-h)^2}$$

式中　$h$——残余高度，mm；

$L$——行距，mm；

$R$——球头铣刀的半径，mm。

如图 6–106b 所示，铣削斜面时残余高度的计算公式如下：

$$L'=\frac{L}{\sin\theta}$$

$$h'=R-\sqrt{R^2-\left(\frac{L'}{2}\right)^2}=R-\sqrt{R^2-\left(\frac{L}{2\sin\theta}\right)^2}$$

$$L=2\sqrt{R^2-(R-h')^2}\times\sin\theta$$

式中　$L'$——斜面上的行距；

$h'$——斜面上的残余高度，mm；

$\theta$——斜面方向与垂直方向的夹角，(°)；

$L$——行距，mm；

$R$——球头铣刀的半径，mm。

例 6–1　选择半径为 10 mm 的球头铣刀进行平行铣削精加工，行距为 1.2 mm，试求加工后的残余高度。

解：$h=R-\sqrt{R^2-\left(\frac{L}{2}\right)^2}=10\text{ mm}-\sqrt{10^2-\left(\frac{1.2}{2}\right)^2}\text{ mm}\approx 0.018\text{ mm}$

## 2. 层高与加工误差关系分析

层高（下切）是指两相邻切削层之间的 $Z$ 向距离，可通过设定层高来控制加工误差（残余高度）。残余高度与 $Z$ 轴进给量之间的换算关系如图 6–107 所示，计算公式如下：

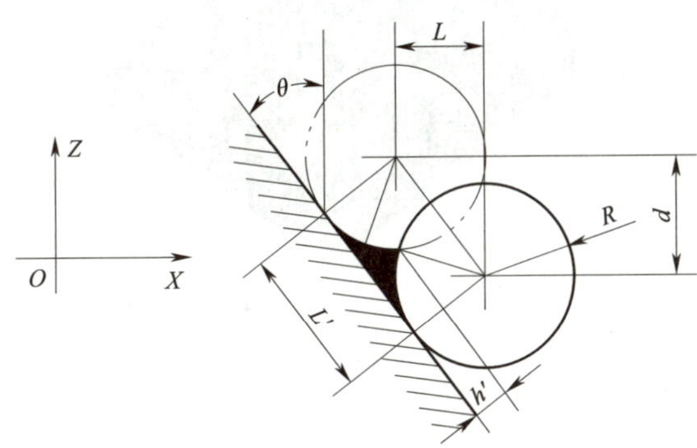


图 6–107　层高与加工误差的关系

进行等高线外形精加工时，其加工误差的计算公式如下：

$$L'=\frac{d}{\cos\theta}$$

$$h'=R-\sqrt{R^2-\left(\frac{L'}{2}\right)^2}=R-\sqrt{R^2-\left(\frac{d}{2\cos\theta}\right)^2}$$

$$d=2\sqrt{R^2-(R-h')^2}\times\cos\theta$$

$L$——$XY$ 向行距，mm；

$L'$——行距，mm；

$d$——层高，mm；

$R$——刀具或刀尖圆弧半径，mm；

$h'$——残余高度，mm；

$\theta$——斜面方向与垂直方向的夹角，(°)。

例 6-2　采用半径为 6 mm 的球头铣刀进行等高线外形精加工，$\theta=5°$，试求：

（1）设定层高为 2 mm 时加工后的残余高度。

（2）要将残余高度控制在 0.05 mm 以内时的最大层高。

解：（1）$h'=R-\sqrt{R^2-\left(\dfrac{d}{2\cos\theta}\right)^2}=6\text{ mm}-\sqrt{6^2-\left(\dfrac{2}{2\cos 5°}\right)^2}\text{ mm}\approx 6\text{ mm}-5.915\text{ mm}=0.085\text{ mm}$

（2）$d=2\sqrt{R^2-(R-h')^2}\times\cos\theta=2\sqrt{6^2-(6-0.05)^2}\text{ mm}\times\cos 5°\approx 1.54\text{ mm}$

## 五、任务拓展

任务拓展 1　数控铣削加工如图 6-108 所示的零件（具体尺寸见图 4-99），毛坯为 125 mm×100 mm×35 mm 的 45 钢，试规划其刀具路径。

任务拓展 2　数控铣削加工如图 4-118 所示的零件，毛坯为 $\phi$120 mm×60 mm 的 45 钢，试规划其刀具路径。

图 6-108　任务拓展 1

# 模块七　数控车削加工

## 课题 1　外轮廓车削

### 一、学习目标

1．掌握外轮廓车削粗加工的方法。

2．掌握外轮廓车削精加工的方法。

3．掌握外轮廓车削槽加工的方法。

4．掌握实体加工模拟的操作方法。

5．掌握 NC 代码的生成方法。

### 二、任务描述

数控车削加工如图 7–1 所示的零件，要求规划其刀具路径并生成加工程序。

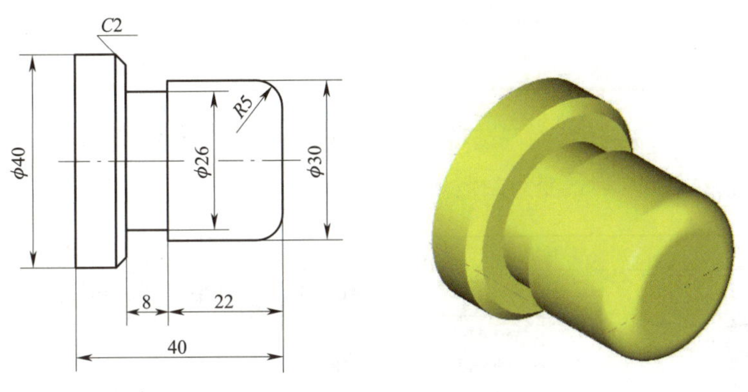


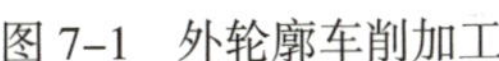
图 7–1　外轮廓车削加工

### 三、任务实施

#### 1. 加工准备

（1）启动 CAXA 数控车 2020

图 7–2　CAXA CAM 数控车 2020 启动图标

1）单击如图 7–2 所示的图标，启动 CAXA CAM 数控车 2020。

2）单击功能选项卡中的“常用”，即可进入绘图界面。“常用”工具栏如图 7–3 所示，主要由“绘图”“修改”“标注”“特性”“剪切板”等工具组组成。

3）单击功能选项卡中的“数控车”，即可进入加工界面。“数控车”工具栏如图 7–4 所示，主要由“二轴加工”“C 轴加工”“仿真”“后置处理”“通信”等工具组组成。

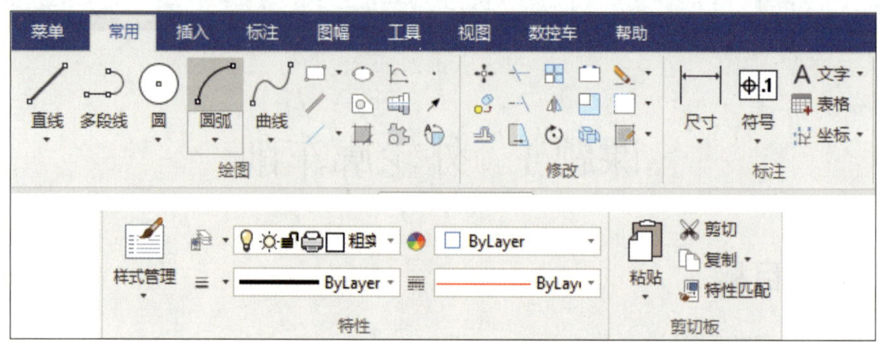


图 7–3 “常用”工具栏

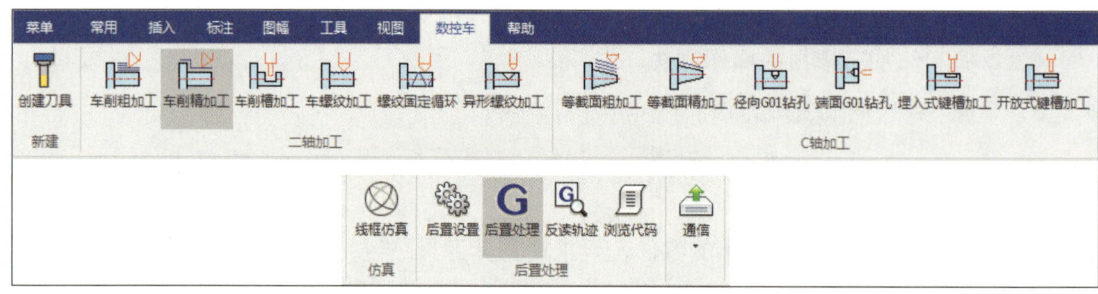


图 7–4 “数控车”工具栏

（2）绘制加工轮廓

1）单击“菜单”/“工具（T）”/“选项（N）”，弹出如图 7–5 所示的“选项”对话框，参照图中的选项设置，将窗口背景变为白色。

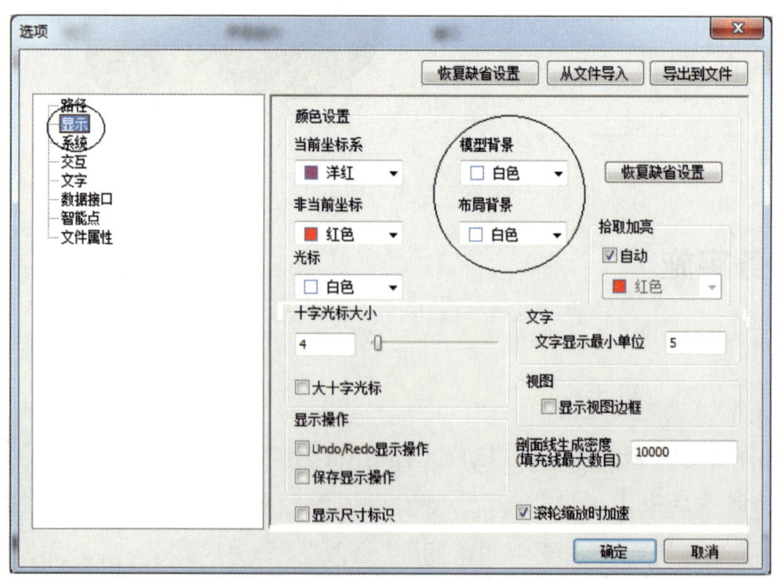


图 7–5 修改绘图背景色

**提示**

修改背景色是为了清楚地展示软件操作过程，读者在实际操作过程中可以不改背景色。对于操作熟练的读者，还可以单击功能选项卡中的“视图”，再单击“界面操作”工具组中的“切换界面”按钮，切换软件工作界面。

2）单击功能选项卡中的“常用”，在其界面中绘制如图 7–6 所示的轮廓。

3）按图 7–6 所示单独绘制切槽轮廓。

**提示**

只需绘制上半部分的加工轮廓和毛坯轮廓，构成一个封闭区域（切除部分），其余线条不用画出。加工轮廓和毛坯轮廓均不能单独成为闭合轮廓。

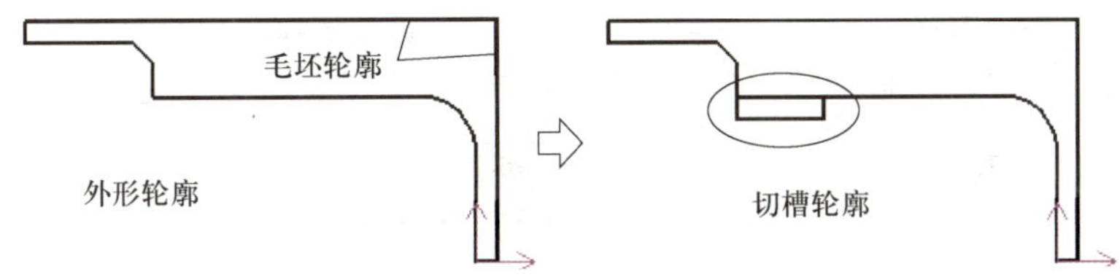


图 7–6　绘制加工轮廓和毛坯轮廓

## 2. 规划刀具路径

（1）规划车削粗加工刀具路径

1）单击功能选项卡中的“数控车”，单击“二轴加工”工具组中的“车削粗加工”按钮，弹出如图 7–7 所示的“车削粗加工（创建）”对话框，默认显示“加工参数”选项卡。

2）参照图 7–7 设置加工参数，其中“切削行距”为“1.5”，“径向余量”为“0.2”，“轴向余量”为“0.1”。

3）切换至“几何”选项卡，如图 7–8 所示。单击“轮廓曲线”按钮 轮廓曲线，按图 7–9a 所示的顺序选择轮廓曲线。单击“毛坯轮廓曲线”按钮 毛坯轮廓曲线，按图 7–9b 所示的顺序选择毛坯轮廓曲线。单击“进退刀点”按钮 进退刀点，在毛坯轮廓右上侧的任意位置（图中的 *A* 点）单击鼠标左键选择进退刀点。

4）切换至“刀具参数”选项卡，如图 7–10 所示。在“轮廓车刀”子选项卡中设置“刀具号”为“1”，单击“DH 同值”按钮 DH同值，其余参数均采用默认值。

5）打开“切削用量”子选项卡，按图 7–11 所示设置切削用量。其中，“进刀量”设为“200”（mm/min），“主轴转速”设为“1000”（选中“恒转速”）。完成后单击“入库”按钮 入库。

6）切换至“进退刀方式”选项卡，按图 7–12 所示设置“进退刀方式”参数。其中，进刀方式选择“与加工表面成定角”，退刀方式选择“矢量”。

图 7-7　设置“车削粗加工”加工参数

图 7-8　“几何”选项卡

a)　　b)

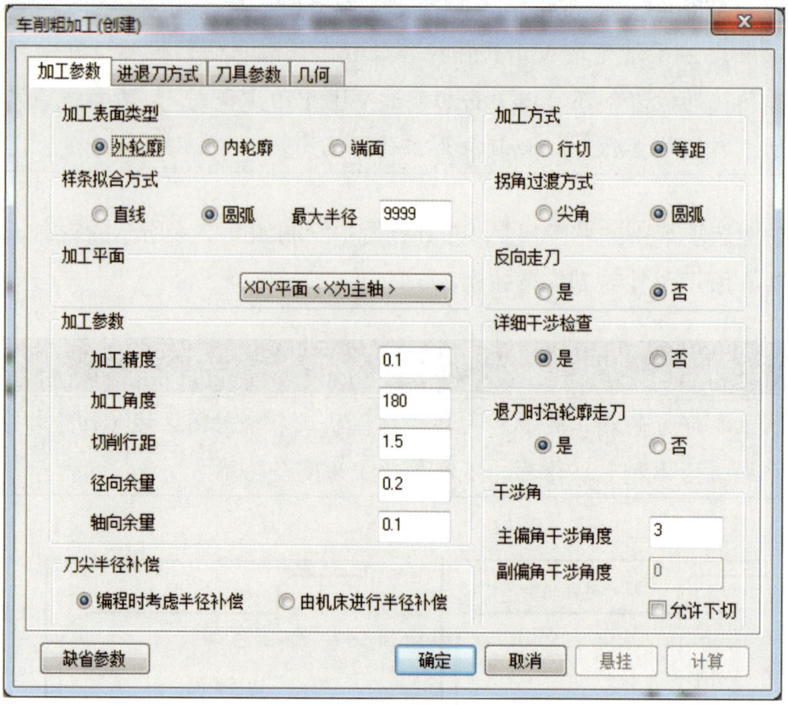

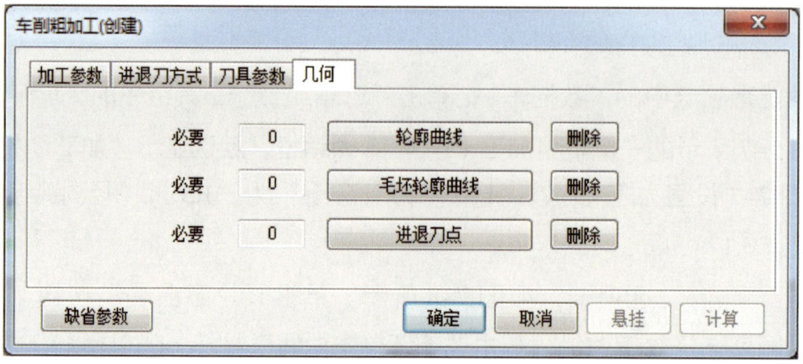

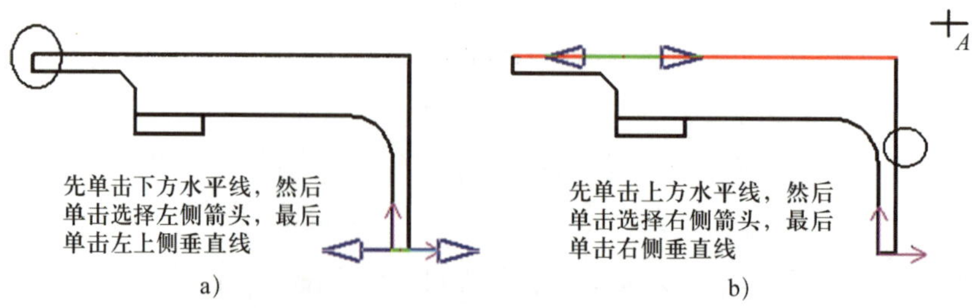

图 7-9　选择“车削粗加工”几何轮廓

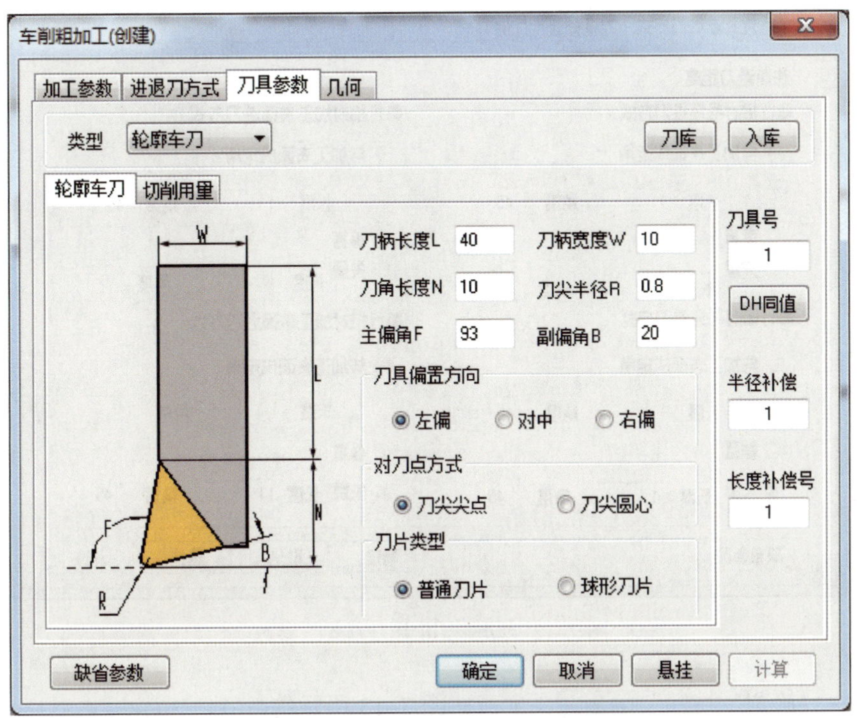


图 7-10　设置“轮廓车刀”刀具参数

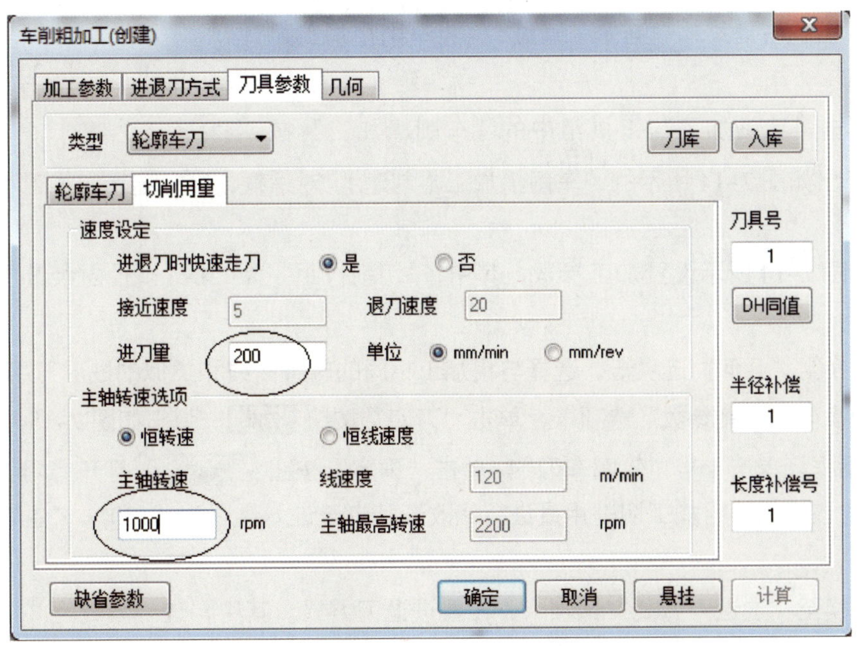


图 7-11　设置“车削粗加工”切削用量

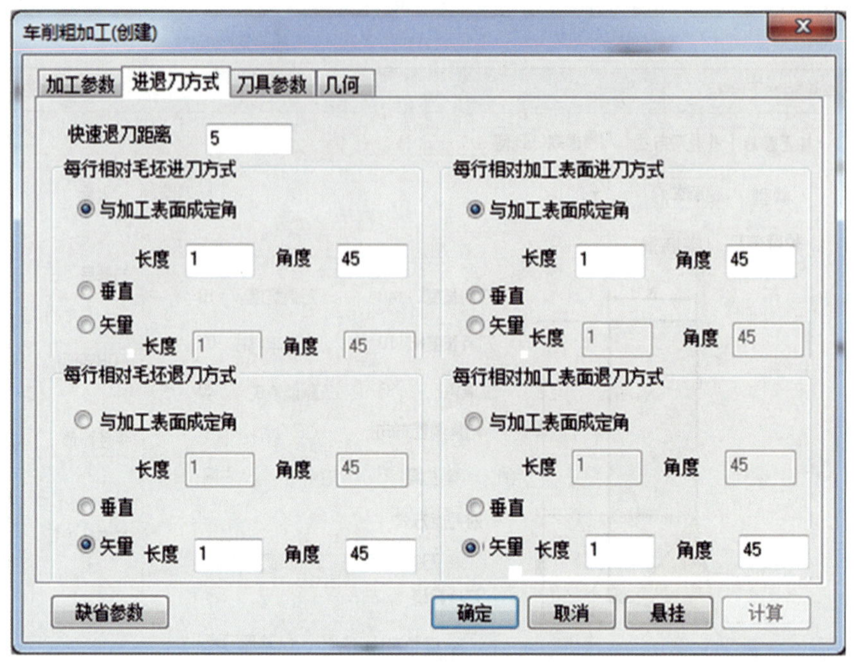


图 7–12　设置“进退刀方式”参数

7）单击“确定”按钮，生成如图 7–13 所示的“车削粗加工”刀具路径。

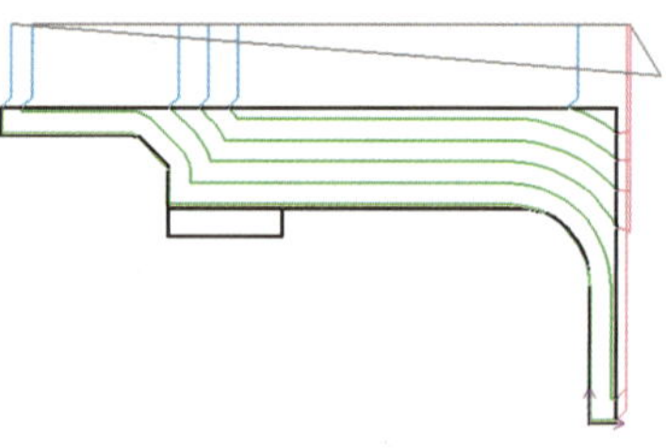

图 7–13　“车削粗加工”刀具路径

（2）规划车削精加工刀具路径

1）用鼠标右键单击“管理树”界面中的“1- 车削粗加工”，在弹出的右键菜单中选中“隐藏”，将车削粗加工刀具路径隐藏。

2）单击“二轴加工”工具组中的“车削精加工”按钮，弹出如图 7–14 所示的“车削精加工（创建）”对话框，默认显示“加工参数”选项卡。

3）按图 7–14 所示设置加工参数，其中，“切削行距”为“1”，“径向余量”和“轴向余量”均为“0”。

4）切换至“几何”选项卡，选择与粗加工相同的轮廓曲线和类似的进退刀点。

5）切换至“刀具参数”选项卡，单击“刀库”按钮，弹出如图 7–15 所示的“刀具库”对话框，单击 1 号“轮廓车刀”，单击“确定”按钮。打开“切削用量”子选项卡，对该刀具的粗加工切削用量进行修改，其中“进刀量”为“120”，“主轴转速”为“1200”。

6）切换至“进退刀方式”选项卡，设置进退刀方式。其中，进刀方式为“与加工表面成定角”，退刀方式为“矢量”。

7）单击“确定”按钮，生成如图 7–16 所示的“车削精加工”刀具路径。

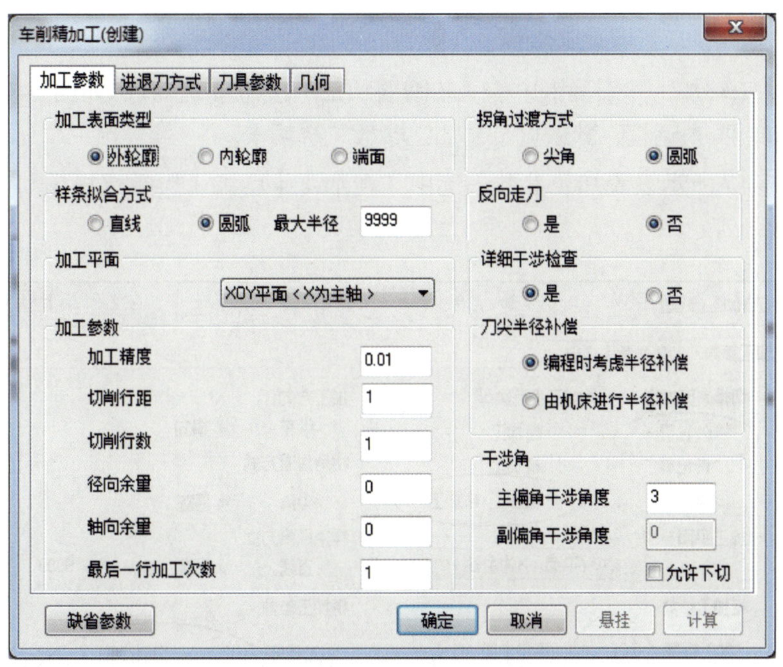


图 7-14　设置“车削精加工”加工参数

刀具库：共 1 把

| 旋转类刀具 | 刀号 | 直径 | 刃长 | 全长 | 半径补偿号 | 长度补偿号 |
|---|---|---|---|---|---|---|

| 车削类刀具 | 刀号 | 主偏角 | 副偏角 | 刃长 | 刀柄长度 | 刀柄宽度 |
|---|---|---|---|---|---|---|
| 轮廓车刀 | 1 | 93.000 | 20.000 | 10.000 | 40.000 | 10.000 |

确定　取消

图 7-15　在“刀具库”选择刀具

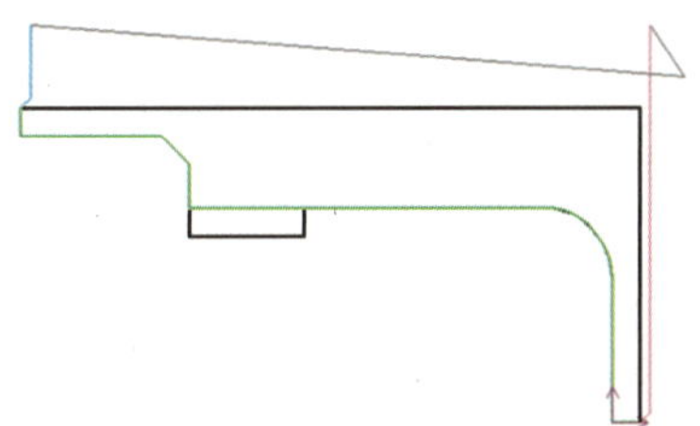

图 7-16　“车削精加工”刀具路径

（3）规划车削槽加工刀具路径

1）用鼠标右键单击“管理树”界面中的“2- 车削精加工”，在弹出的右键菜单中选中“隐藏”，将车削精加工刀具轨迹隐藏。

2）单击“二轴加工”工具组中的“车削槽加工”按钮，弹出如图 7–17 所示的“车削槽加工（创建）”对话框，默认显示“加工参数”选项卡。

3）按图 7–17 所示设置加工参数，选中“粗加工 + 精加工”单选按钮和“粗加工时修轮廓”复选框。

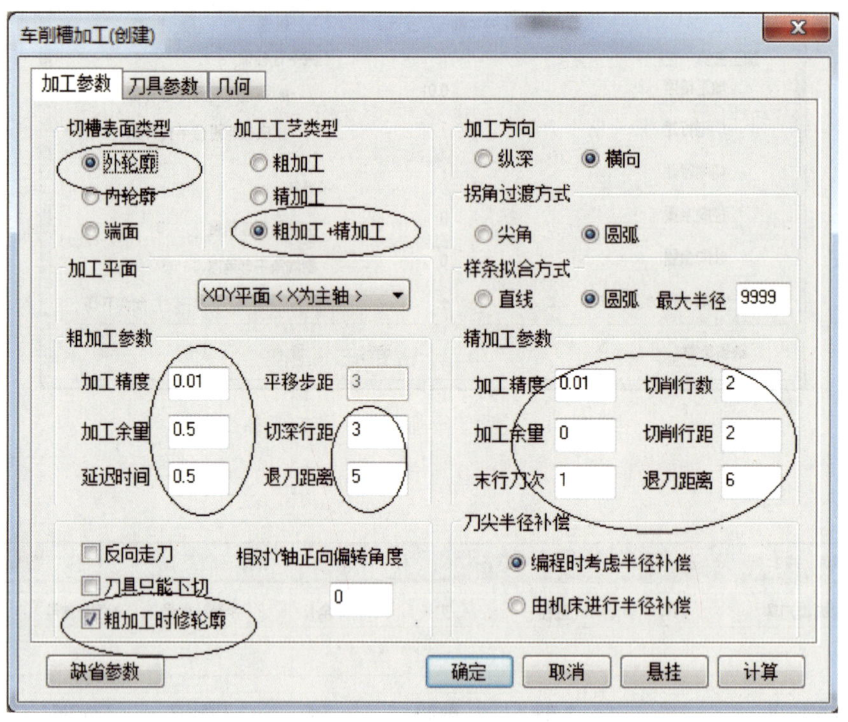


图 7–17　设置“车削槽加工”加工参数

4）切换至“几何”选项卡，按图 7–18 所示选择轮廓曲线和进退刀点。

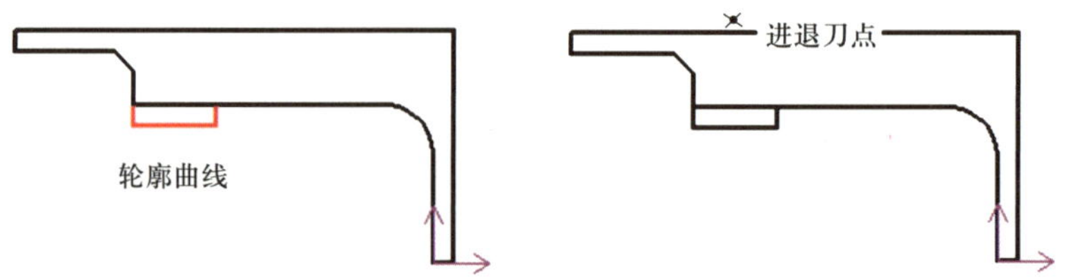


图 7–18　选择“车削槽加工”几何轮廓

5）切换至“刀具参数”选项卡，在图 7–19 所示的“切槽车刀”子选项卡中设置刀具参数，其中“刀刃宽度 N”设为“3”。切换至“切削用量”子选项卡，按图 7–20 所示设置切削用量，其中“进刀量”设为“80”，“主轴转速”设为“600”。

6）单击“确定”按钮 确 定 生成如图 7–21 所示的“车削槽加工”刀具路径。

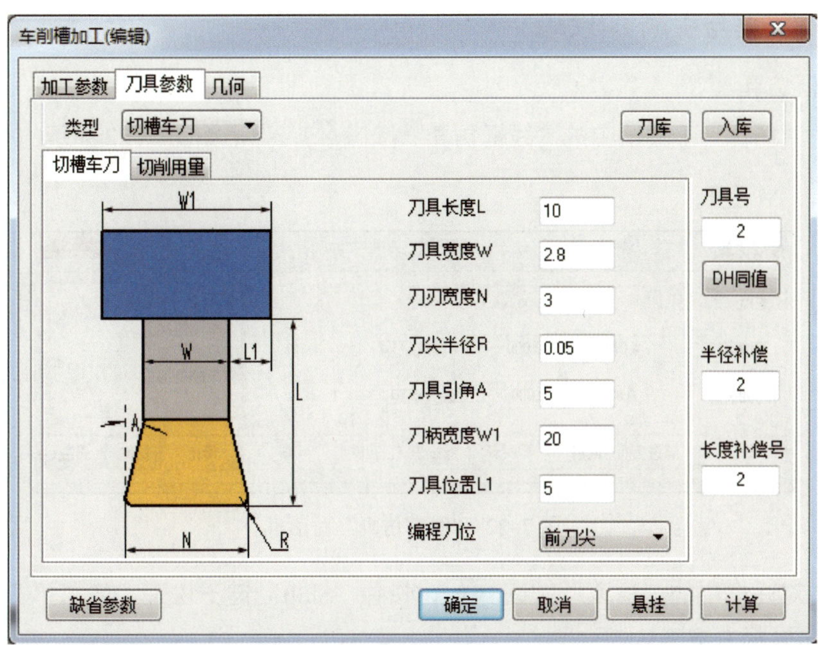


图 7–19　设置“切槽车刀”刀具参数

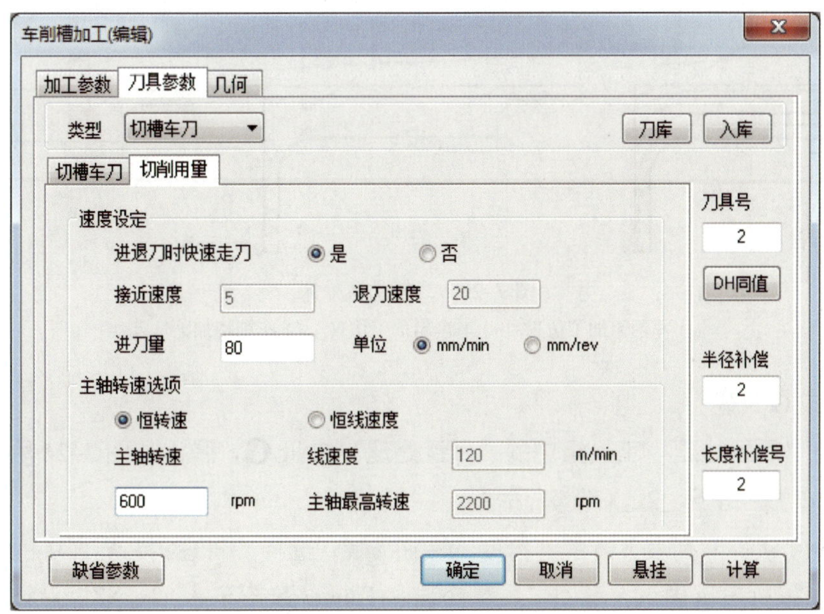


图 7–20　设置“切槽车刀”切削用量

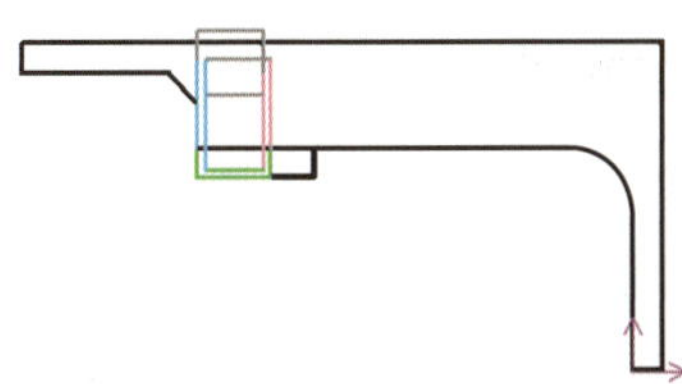

图 7–21　“车削槽加工”刀具路径

### 3. 线框仿真与生成 G 代码

（1）线框仿真

1）单击“仿真”工具组中的“线框仿真”按钮，弹出如图 7-22 所示的“线框仿真”对话框。

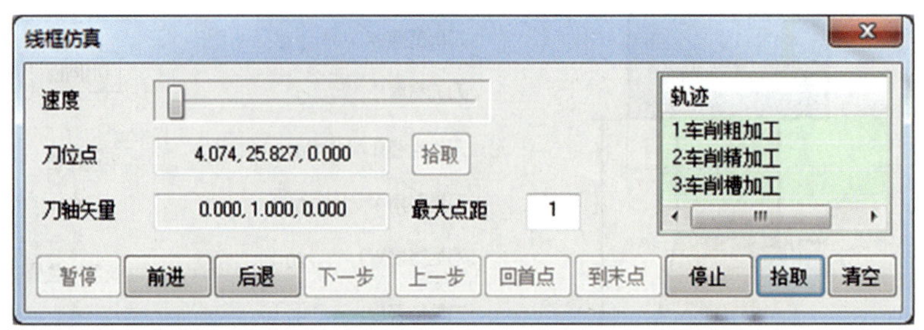


图 7-22 “线框仿真”对话框

2）单击对话框中的“拾取”按钮 拾取，按住“Shift”键不松开，依次单击拾取所有刀具路径，单击鼠标右键确认。

3）单击对话框中的“前进”按钮 前进 开始线框仿真，仿真效果如图 7-23 所示。

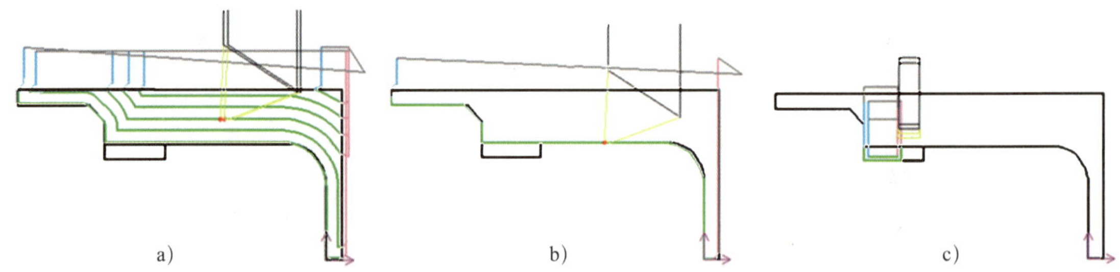


图 7-23 线框仿真效果

a）车削粗加工仿真 b）车削精加工仿真 c）车削槽加工仿真

（2）生成 G 代码

1）单击“后置处理”工具组中的“后置处理”按钮 G，弹出如图 7-24 所示的“后置处理 --Fanuc/ 数控车床 _2x_XZ”对话框。

2）单击“轨迹”列表下方的“拾取”按钮 拾取，选择“管理树”界面中的“2- 车削精加工”，单击鼠标右键确认，返回“后置处理 --Fanuc/ 数控车床 _2x_XZ”对话框，在“轨迹”列表中显示选中的轨迹。

3）选中“控制系统文件”列表中的“Fanuc”和“机床配置文件”列表中的“数控车床 _2x_XZ”，单击“后置”按钮 后置，弹出如图 7-25 所示的“编辑代码”对话框，对话框中已生成加工代码。

4）单击“发送代码”按钮 发送代码 或“另存文件”按钮 另存文件，可对加工程序进行“发送代码”或“另存文件”操作。单击“确定”按钮 确 定 关闭对话框，在“管理树”界面中生成 G 代码“1-NC0002”。

后置处理 -- Fanuc / 数控车床_2x_XZ
控制系统文件
Fanuc
FanucSeries0iMateTD
GSK25i
HUAZHONG hnc-818BM
KND2000T6C3i
机床配置文件
数控车床_2x_XZ
数控车床_3x_XZC
车加工中心_4x_XYZC
轨迹
坐标系
2-车削精加工
世界
拾取
清空
机床坐标系
说明：操作人员在机床上找的零偏
世界
选择
定向加工
后置
取消

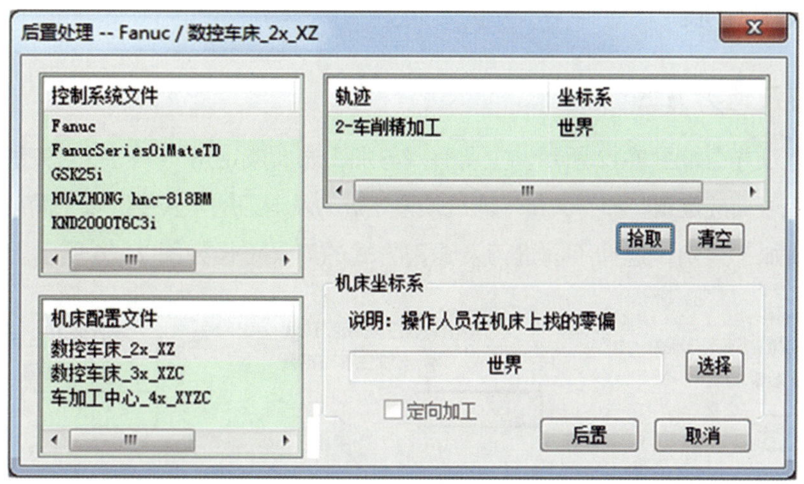

图 7-24　“后置处理 --Fanuc/ 数控车床 _2x_XZ”对话框

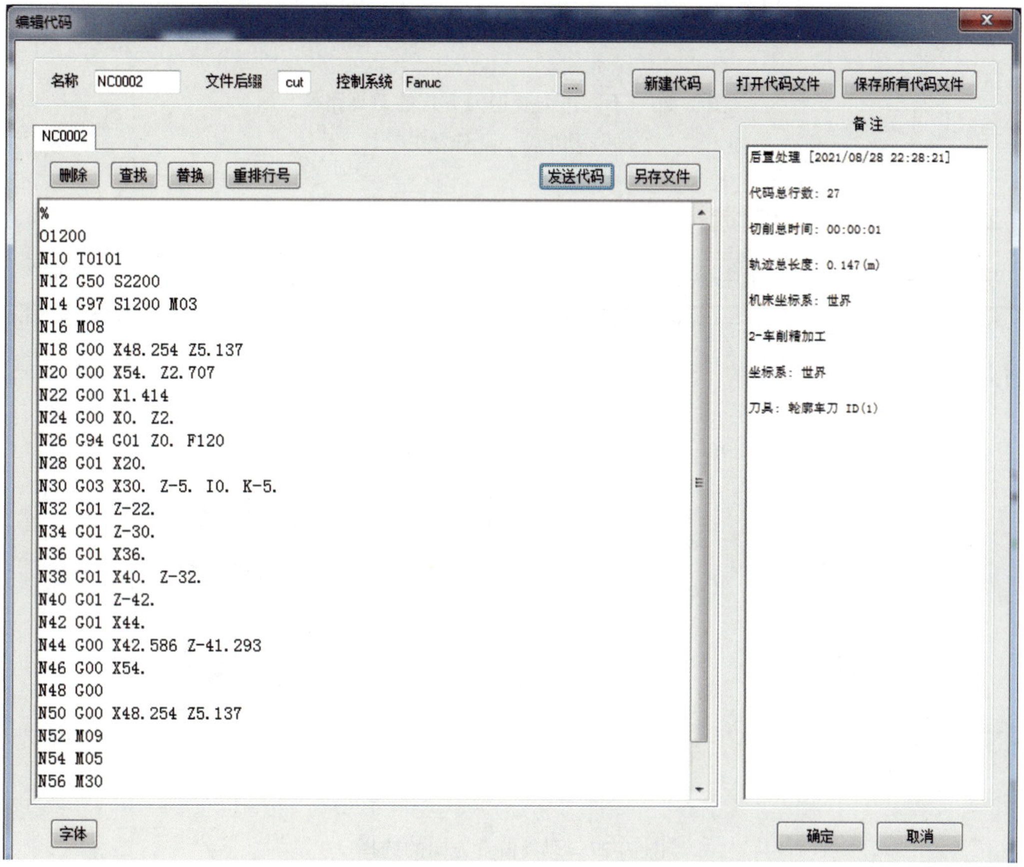

编辑代码
名称 NC0002
文件后缀 cut
控制系统 Fanuc
新建代码
打开代码文件
保存所有代码文件
NC0002
删除
查找
替换
重排行号
发送代码
另存文件
%
O1200
N10 T0101
N12 G50 S2200
N14 G97 S1200 M03
N16 M08
N18 G00 X48.254 Z5.137
N20 G00 X54. Z2.707
N22 G00 X1.414
N24 G00 X0. Z2.
N26 G94 G01 Z0. F120
N28 G01 X20.
N30 G03 X30. Z-5. I0. K-5.
N32 G01 Z-22.
N34 G01 Z-30.
N36 G01 X36.
N38 G01 X40. Z-32.
N40 G01 Z-42.
N42 G01 X44.
N44 G00 X42.586 Z-41.293
N46 G00 X54.
N48 G00
N50 G00 X48.254 Z5.137
N52 M09
N54 M05
N56 M30
备注
后置处理 [2021/08/28 22:28:21]
代码总行数：27
切削总时间：00:00:01
轨迹总长度：0.147(m)
机床坐标系：世界
2-车削精加工
坐标系：世界
刀具：轮廓车刀 ID(1)
字体
确定
取消

图 7-25　“编辑代码”对话框

（3）保存文件

单击“菜单”/“文件”/“另存为”或直接单击快速工具栏的“保存”按钮 ，完成文件的保存。

## 四、知识拓展

### 1. 进刀及退刀方式

进刀及退刀方式如图 7–12 所示，主要有“与加工表面成定角”“垂直”“矢量”三种方式。其中，“与加工表面成定角”和“矢量”方式须设定进刀及退刀的“长度”和“角度”参数。

以车削精加工为例，选择不同进刀及退刀方式的刀具路径如图 7–26 所示。

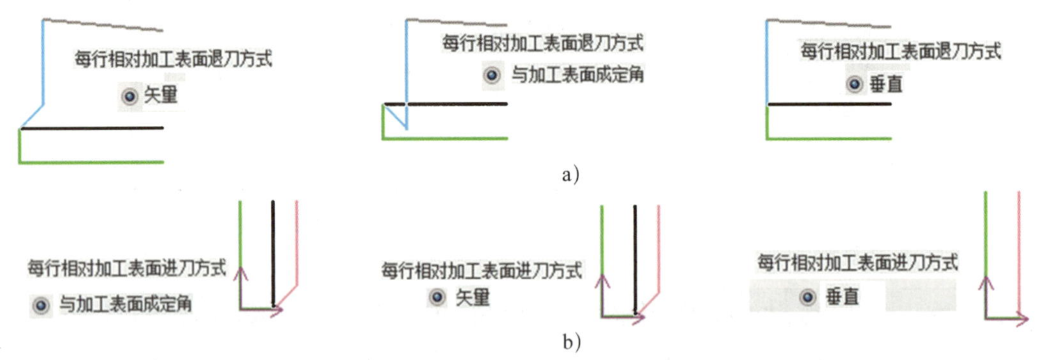


图 7–26　不同进刀及退刀方式的刀具路径

a）退刀方式　b）进刀方式

### 2. 刀具偏置方向的选择

在选择轮廓车刀过程中，刀具偏置方向的选择如图 7–27 所示，主要有“左偏”“对中”“右偏”三种方式。读者可根据零件的加工位置和加工形状等要求，选择不同的刀具偏置方向。

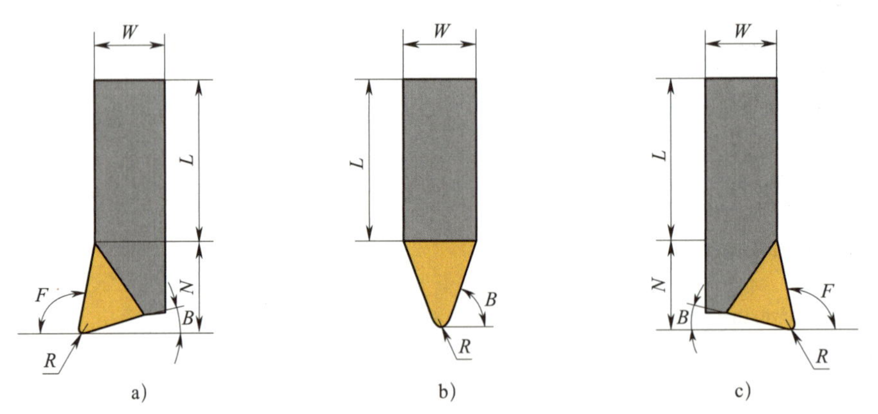


图 7–27　刀具偏置方向的选择

a）左偏　b）对中　c）右偏

## 五、任务拓展

车削如图 7–28 所示的零件，试规划其刀具路径并生成加工程序。

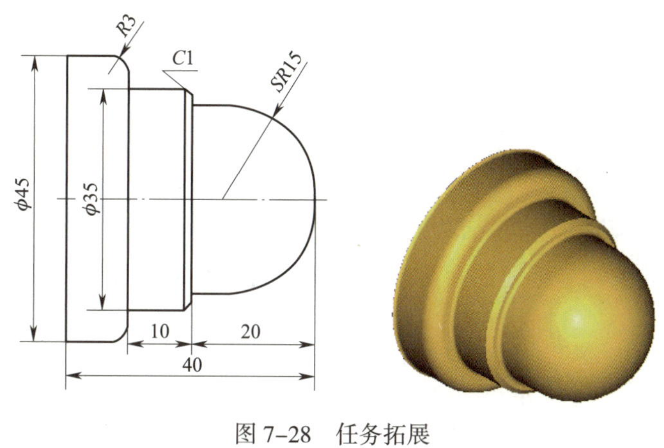


图 7-28 任务拓展

# 课题 2 内轮廓车削

## 一、学习目标

1. 掌握内轮廓车削粗加工的方法。
2. 掌握内轮廓车削精加工的方法。
3. 掌握内轮廓车削槽加工的方法。
4. 掌握车螺纹加工的方法。

## 二、任务描述

加工如图 7-29 所示的零件，右侧外形轮廓（外圆和槽）已加工完成，以右侧已加工表面装夹及加工左侧轮廓，要求规划其刀具路径。

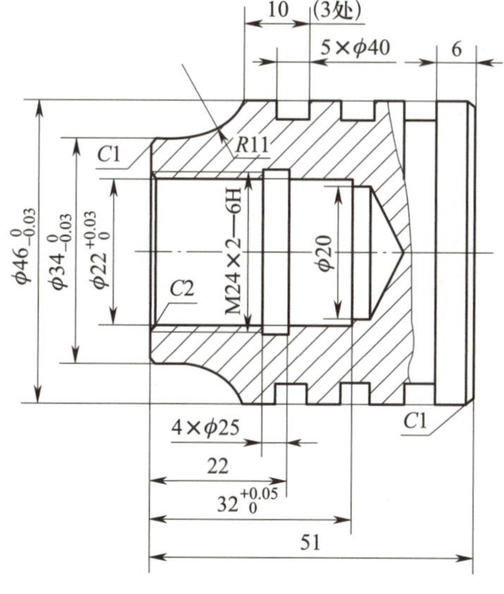


图 7-29 内轮廓车削加工

## 三、任务实施

### 1. 左侧外轮廓加工

（1）加工准备

启动 CAXA 数控车 2020，单击功能选项卡中的“常用”，在其界面中绘制如图 7–30 所示的轮廓。其中外轮廓包含毛坯的余量，内轮廓预钻 $\phi$20 mm、深 40 mm 的孔，内切槽轮廓单独绘制。

（2）规划车削粗加工刀具路径

1）单击“二轴加工”工具组中的“车削粗加工”按钮，弹出“车削粗加工（创建）”对话框。设置加工参数，其中“切削行距”为“1.5”，“径向余量”为“0.2”，“轴向余量”为“0.1”。

2）切换至“几何”选项卡，分别选择如图 7–31 所示的“轮廓曲线”“毛坯轮廓曲线”“进退刀点”。

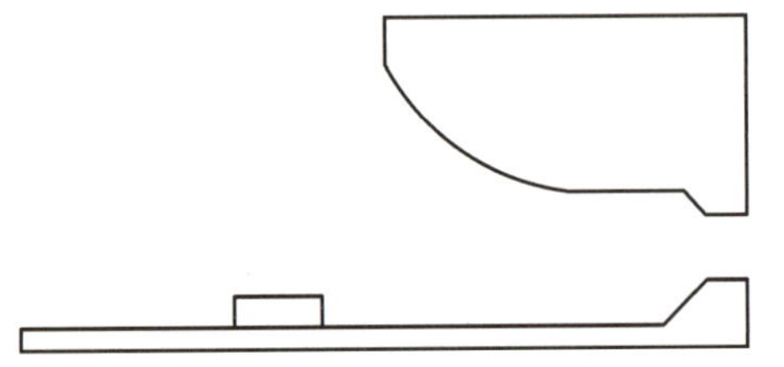

图 7–30　绘制加工轮廓和毛坯轮廓

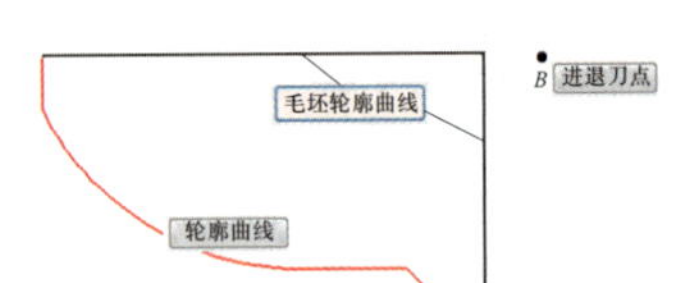


图 7–31　选择“车削粗加工”几何轮廓

3）切换至“刀具参数”选项卡，在“轮廓车刀”子选项卡中将“刀具号”设为“1”，单击“DH 同值”按钮 DH同值。在“切削用量”子选项卡中将“进刀量”设为“200”（mm/min），“主轴转速”设为“800”（选中“恒转速”），完成后单击“入库”按钮 入库。

4）切换至“进退刀方式”选项卡，设置“进退刀方式”参数。其中，进刀方式选择“与加工表面成定角”，退刀方式选择“矢量”。

5）单击“确定”按钮 确 定，生成如图 7–32 所示的“车削粗加工”刀具路径。

（3）规划车削精加工刀具路径

1）隐藏“1- 车削粗加工”刀具路径。单击“车削精加工”按钮，在弹出的“车削精加工（创建）”对话框中设置加工参数，其中，“切削行距”为“1”，“径向余量”和“轴向余量”均为“0”。

2）切换至“几何”选项卡，选择与粗加工相同的轮廓曲线和类似的进退刀点。

3）切换至“刀具参数”选项卡，从刀具库中选择 1 号“轮廓车刀”，修改“进刀量”为“120”、“主轴转速”为“1200”。

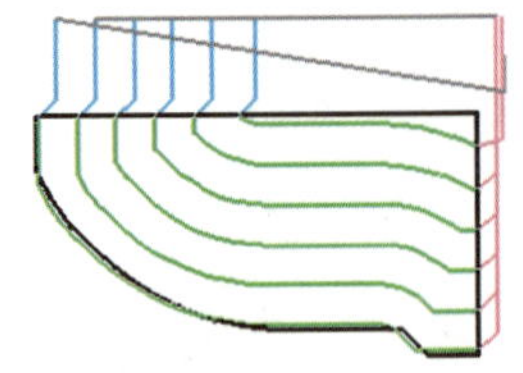

图 7–32　“车削粗加工”刀具路径

4）切换至“进退刀方式”选项卡，设置与粗加工类似的进退刀方式。

5）单击“确定”按钮 确 定 ，生成如图 7–33 所示的“车削精加工”刀具路径。

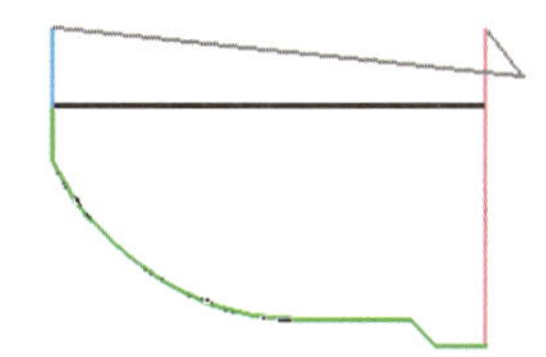

图 7–33 “车削精加工”刀具路径

## 2. 内轮廓加工

（1）规划车削粗加工刀具路径

1）单击“二轴加工”工具组中的“车削粗加工”按钮，弹出“车削粗加工（创建）”对话框，设置加工参数，选中“内轮廓”单选按钮，设置“切削行距”为“1”、“径向余量”为“0.2”、“轴向余量”为“0.1”。

2）切换至“几何”选项卡，选择如图 7–34 所示的“轮廓曲线”“毛坯轮廓曲线”“进退刀点”。

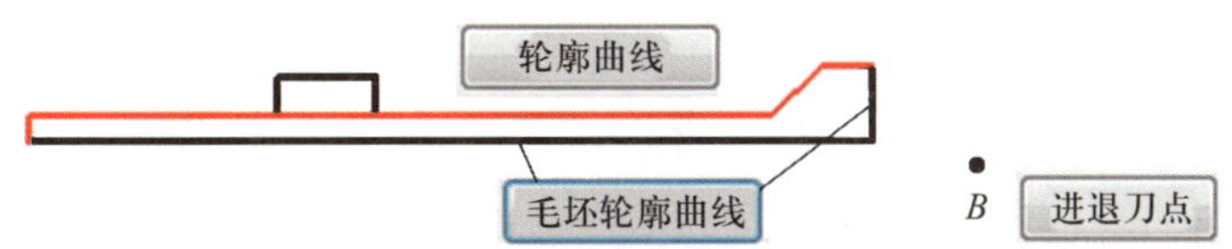


图 7–34 选择“车削粗加工”几何轮廓

3）切换至“刀具参数”选项卡，在“轮廓车刀”子选项卡中将“刀具号”设为“2”，单击“DH 同值”按钮 DH同值 。在“切削用量”子选项卡中将“进刀量”设为“150”（mm/min），“主轴转速”设为“800”（选中“恒转速”），完成后单击“入库”按钮 入库 。

4）切换至“进退刀方式”选项卡，按图 7–35 所示设置“进退刀方式”参数。其中，进刀方式选择“与加工表面成定角”且“角度”设为“45”，退刀方式选择“矢量”且“角度”设为“–45”。

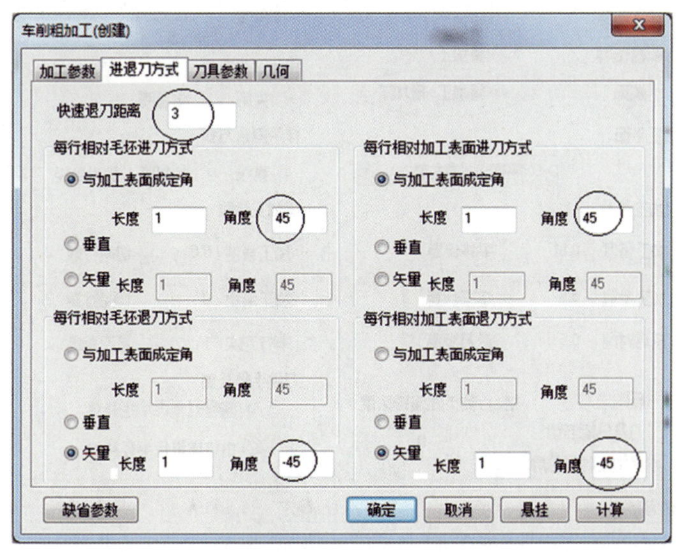


图 7–35 设置“进退刀方式”参数

5）单击“确定”按钮 确定，生成如图 7–36 所示的“车削粗加工”刀具路径。

（2）规划车削精加工刀具路径

1）隐藏“4- 车削粗加工”刀具路径。

2）单击“车削精加工”按钮，在弹出的“车削精加工（创建）”对话框中设置加工参数。

3）切换至“刀具参数”选项卡，从刀库中选择 2 号“轮廓车刀”，修改“进刀量”为“120”、“主轴转速”为“1200”。

4）切换至“进退刀方式”选项卡，设置与粗加工类似的进退刀方式。

5）切换至“几何”选项卡，选择与粗加工相同的轮廓曲线和进退刀点。

6）单击“确定”按钮 确定，生成如图 7–37 所示的“车削精加工”刀具路径。

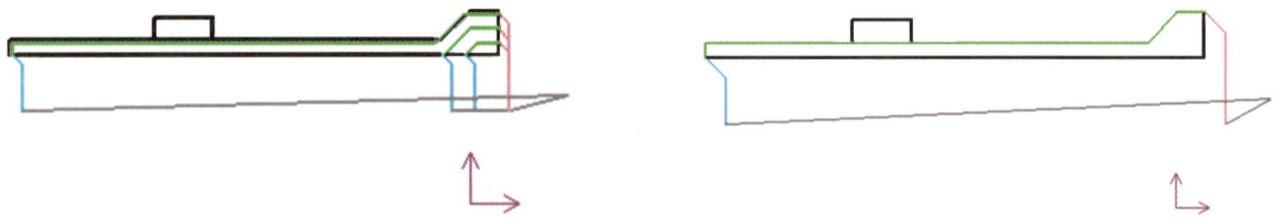

图 7–36 “车削粗加工”刀具路径　　　图 7–37 “车削精加工”刀具路径

（3）规划车削槽加工刀具路径

1）隐藏“5- 车削精加工”刀具路径。

2）单击“车削槽加工”按钮，弹出“车削槽加工（创建）”对话框，按图 7–38 所示设置加工参数，选中“内轮廓”和“粗加工 + 精加工”单选按钮。

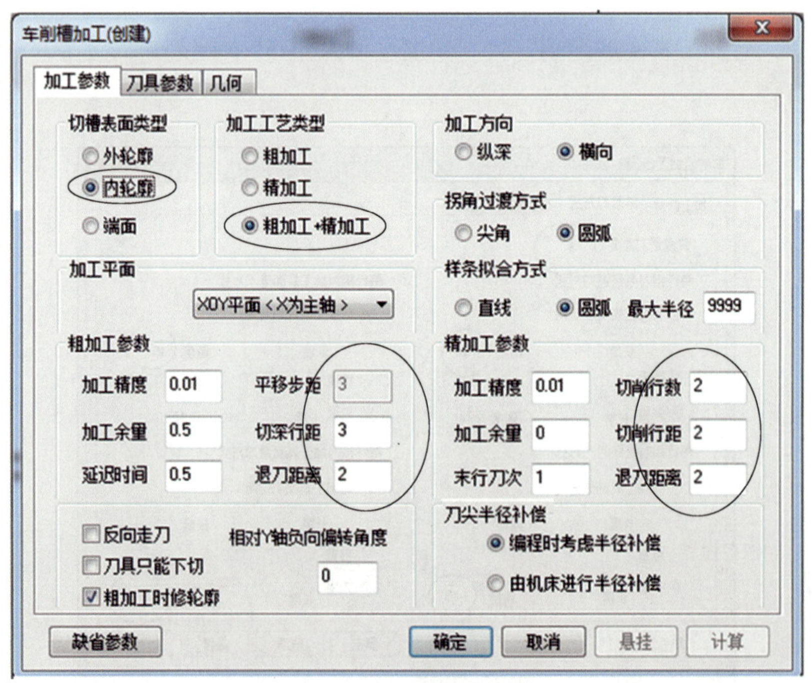


图 7–38 设置“车削槽加工”加工参数

3）切换至“几何”选项卡，选择如图 7–39 所示的轮廓曲线和进退刀点。

4）切换至“刀具参数”选项卡，按图 7–40 所示设置“切槽车刀”参数。在“切削用量”子选项卡中将“进刀量”设为“80”，“主轴转速”设为“600”。

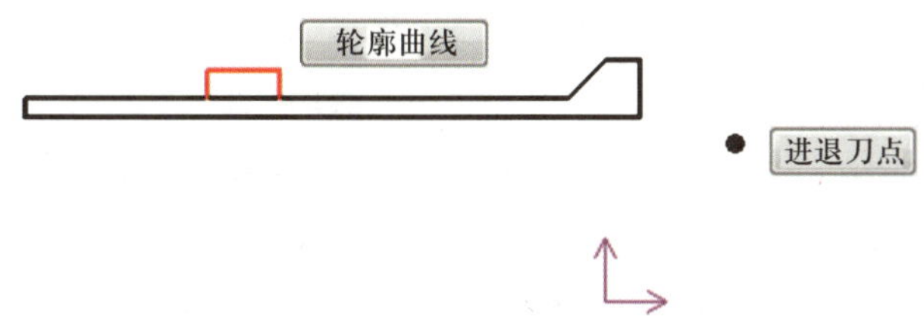


图 7–39　选择“车削槽加工”几何轮廓

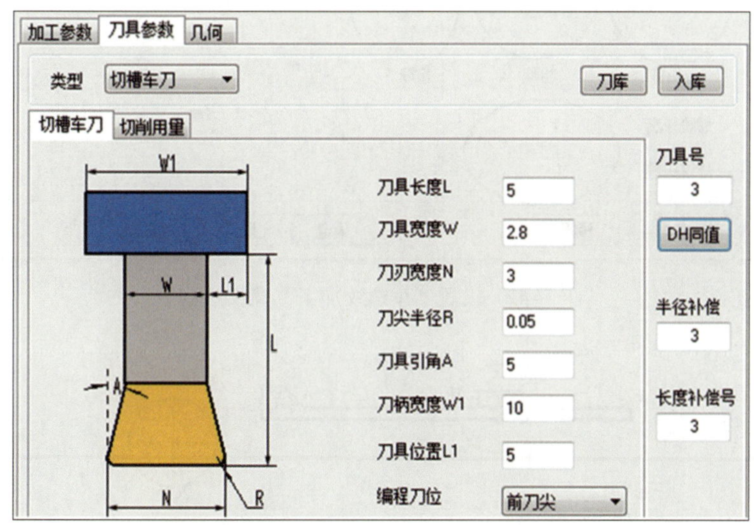


图 7–40　设置“切槽车刀”刀具参数

5）单击“确定”按钮 确 定 ，生成如图 7–41 所示的“车削槽加工”刀具路径。

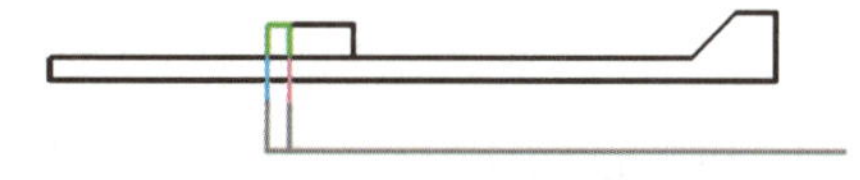

图 7–41　“车削槽加工”刀具路径

（4）规划车螺纹加工刀具路径

1）单击“二轴加工”工具组中的“车螺纹加工”按钮，弹出如图 7–42 所示的“车螺纹加工（创建）”对话框，默认显示“螺纹参数”选项卡。

2）参照图 7–42 设置螺纹参数，选中“内螺纹”和“恒节距”单选按钮，设置“节距”为“2”，同时设置“螺纹起点 \ 终点 \ 进退刀点”参数，在窗口中显示如图 7–43 所示车螺纹加工的起点 / 终点 / 进退刀点的位置。

**提示**

对话框中起点坐标“X3”表示“切入加速间隙”设为“3”，终点坐标“X–20”表示“退出延伸量”设为“–20”，坐标“Y11”表示底孔直径为 22 mm。

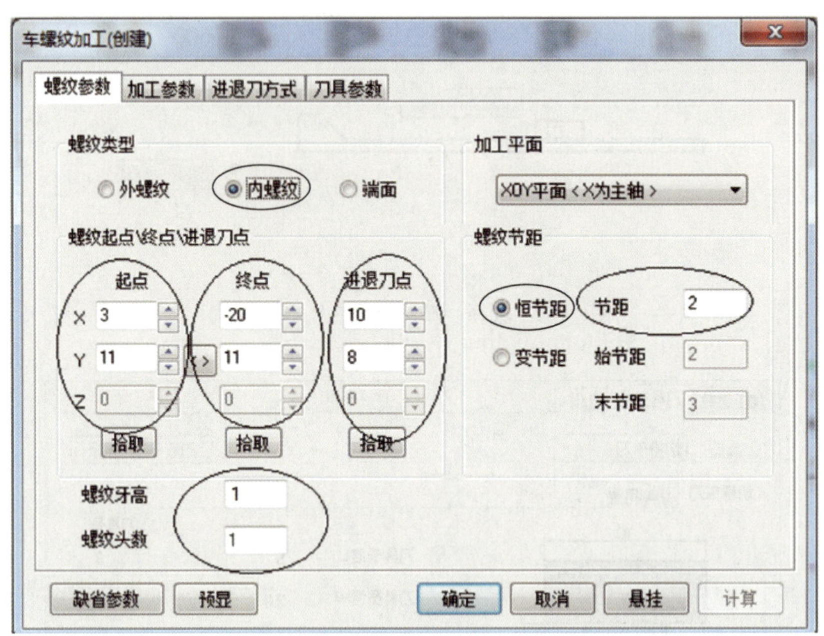


图 7-42 设置“车螺纹加工”螺纹参数

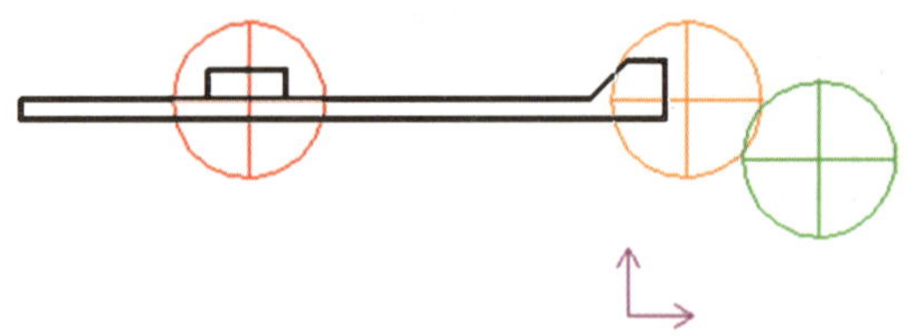

图 7-43 螺纹起点 / 终点 / 进退刀点的位置

3）切换至“加工参数”选项卡，按图 7-44 所示设置加工参数。选中“粗加工 + 精加工”单选按钮，粗加工参数中的“每行切削用量”选择“恒定切削面积”。

## 提示

设置加工参数时，径向参数（如“粗加工深度”“第一刀行距”“螺纹牙高”等）均以半径量设定。

4）切换至“刀具参数”选项卡，在“螺纹车刀”子选项卡中按图 7-45 所示设置刀具参数。

5）切换至“切削用量”子选项卡，按图 7-46 所示设置切削用量，选中“mm/rev”和“恒转速”单选按钮，设置“进刀量”为“2（mm/rev）”、“主轴转速”为“600”。

6）切换至“进退刀方式”选项卡，进刀及退刀方式均选择“垂直”。

7）单击“确定”按钮 确定，生成如图 7-47 所示的“车螺纹加工”刀具路径。

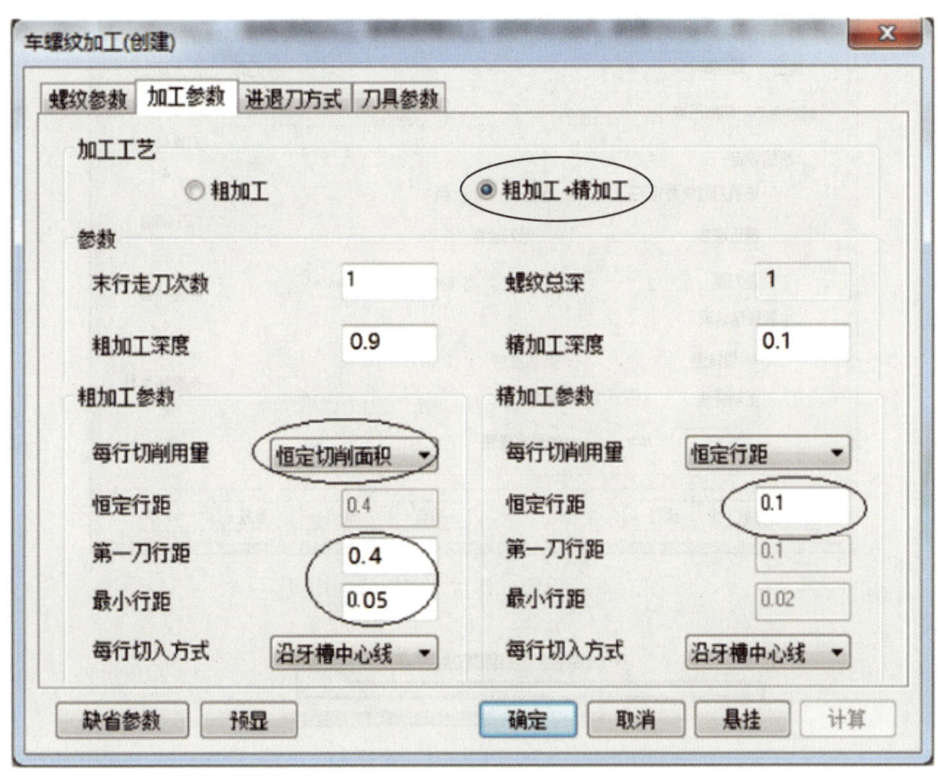


图 7–44　设置“车螺纹加工”加工参数

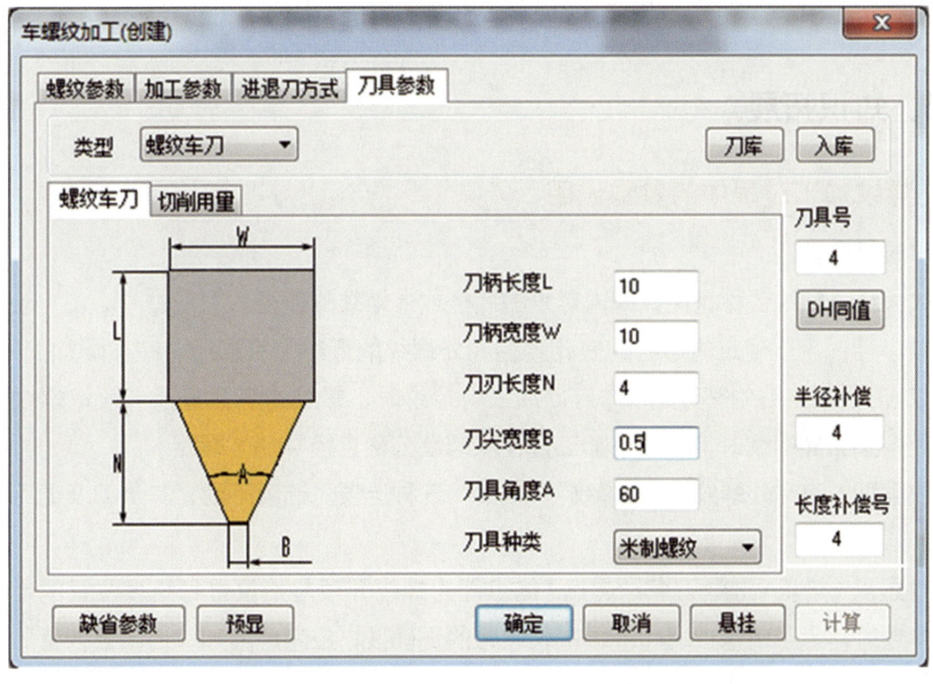


图 7–45　设置“螺纹车刀”刀具参数

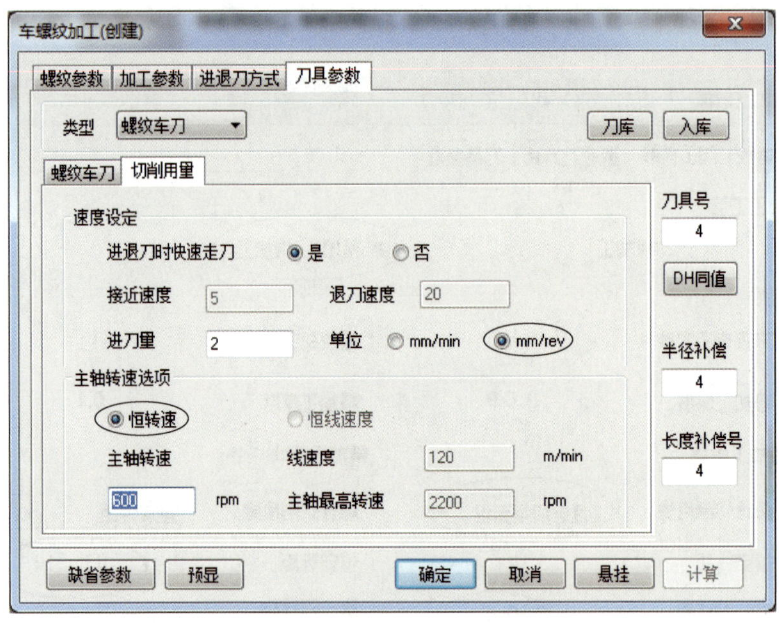


图 7-46 设置“螺纹车刀”切削用量

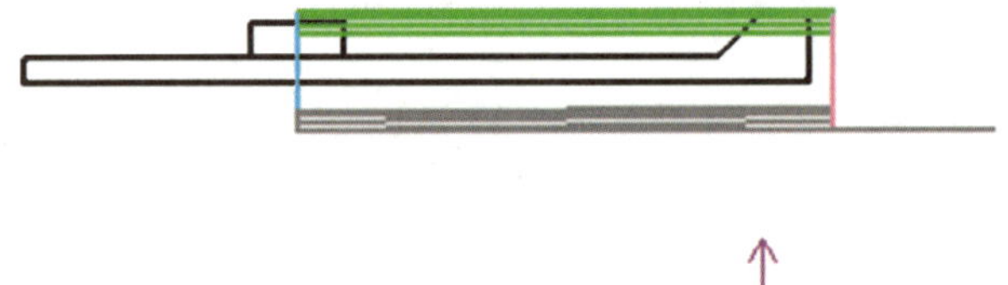

图 7-47 “车螺纹加工”刀具路径

## 四、知识拓展

### 1. 螺纹加工过程中的参数说明

（1）螺纹参数

螺纹大径：螺纹公称直径，即内螺纹的底径或外螺纹的顶径。

螺纹小径：用于确定内螺纹的底孔直径和外螺纹的最小加工直径。在实际加工过程中，考虑螺纹加工过程中的挤压变形作用，加工内螺纹时，螺纹的底孔直径一般取螺纹公称直径 - 螺距；加工外螺纹时，其最小加工直径取螺纹公称直径 -1.3×螺距。

螺纹类型：有“外螺纹”“内螺纹”“端面”三种选项。选项不同，其进刀及退刀方式也不相同。

螺纹起点 \ 终点 \ 进退刀点：起点 / 终点即为螺纹牙顶起始位置和结束位置的坐标，设置此类参数时，为了确保首端和末端螺纹螺距的正确性，应考虑增加“退出延伸量”和“切入加速间隙”，其值一般取 2 ~ 5 mm，该值通过设置起点和终点的坐标值确定。

螺纹节距（导程）：有“恒节距”和“变节距”两种选项。

（2）螺纹加工参数

螺纹总深：螺纹总的加工深度。系统根据设置的“粗加工深度”和“精加工深度”参数自动计算螺纹总深（两参数值相加）。

加工参数：有“恒定行距”和“恒定切削面积”两种选项，当选择“恒定切削面积”选项时，须设置“第一刀行距”和“最小行距”两个参数，系统自动计算切削次数。当选中“恒定行距”时，通过“恒定行距”值计算切削次数。

## 2. 螺纹固定循环

加工螺纹时，除了使用“车螺纹加工”方式外，还可以采用“螺纹固定循环”方式进行加工。以加工本例螺纹为例，其具体操作步骤如下：

（1）单击“二轴加工”工具组中的“螺纹固定循环”按钮，弹出如图 7–48 所示的“螺纹固定循环（创建）”对话框，默认显示“加工参数”选项卡。

（2）参照图 7–48 所示设置加工参数。

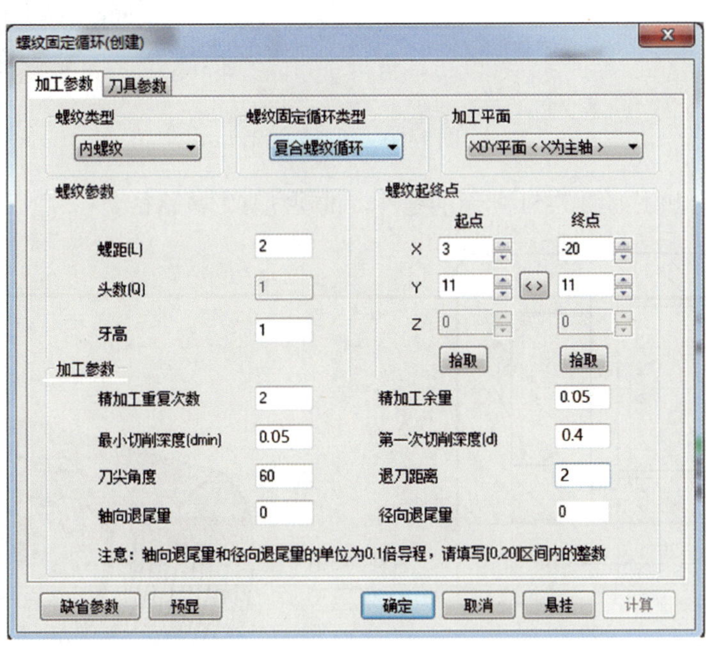


图 7–48　设置“螺纹固定循环”加工参数

（3）切换至“刀具参数”选项卡，设置刀具参数和切削用量。

（4）单击“确定”按钮 确定，生成如图 7–49 所示的“螺纹固定循环”刀具路径。

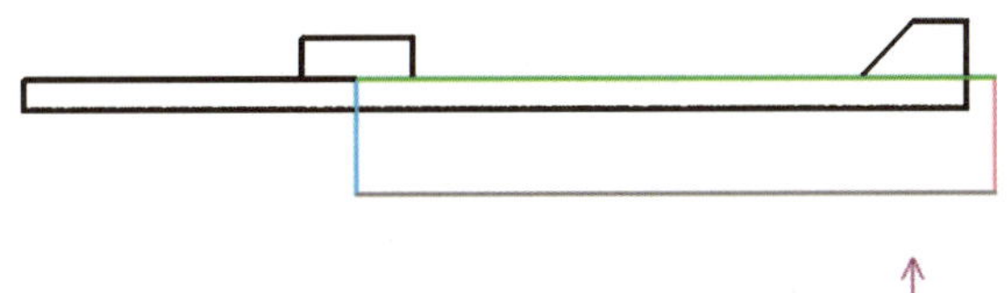

图 7–49　“螺纹固定循环”刀具路径

## 五、任务拓展

任务拓展 1　加工如图 7-50 所示的零件，试规划其刀具路径。

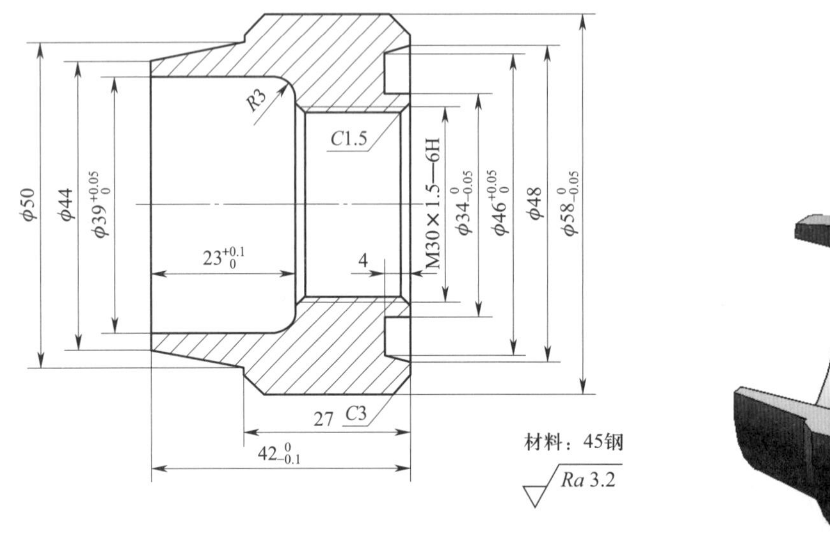


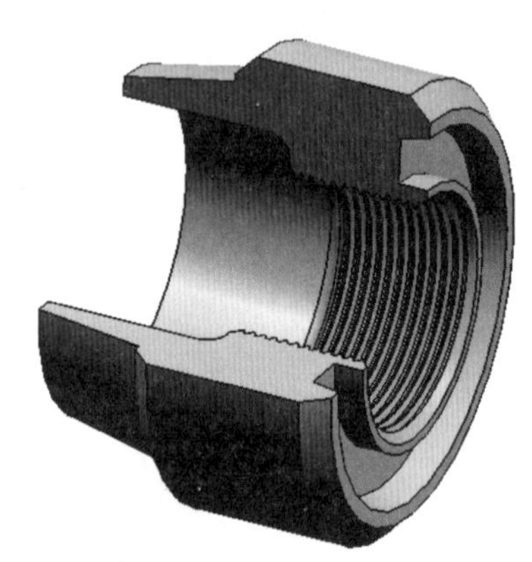

图 7-50　任务拓展 1

任务拓展 2　加工如图 7-51 所示的零件，试规划其刀具路径。

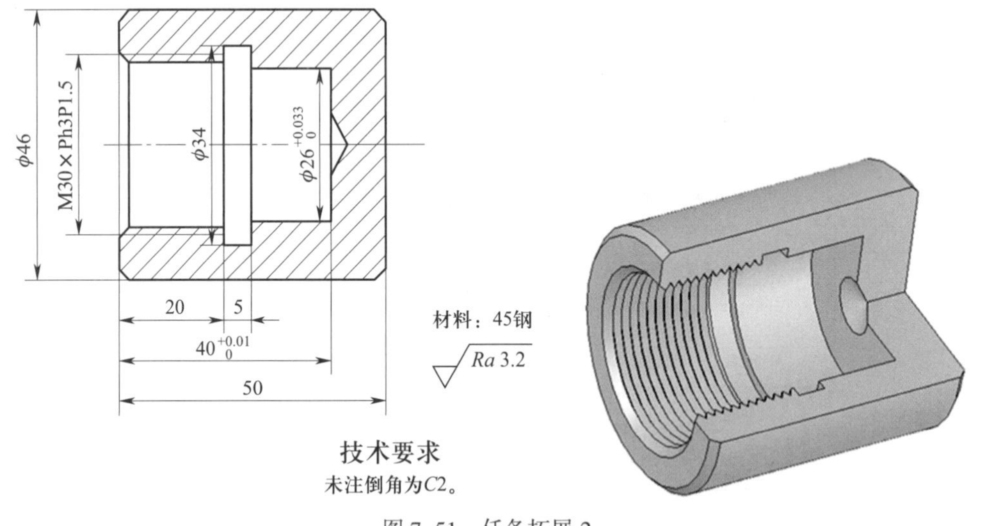


图 7-51　任务拓展 2

# 课题3　仿 形 车 削

## 一、学习目标

1．掌握仿形车削加工过程中刀具的选择方法。

2．掌握零件加工的步骤。

3．进一步掌握粗车和精车的方法。

4．进一步掌握切槽的方法。

## 二、任务描述

车削加工如图 7–52 所示的零件（图中未注圆角为 $R3$ mm，未注倒角为 $C1$ mm），要求规划其刀具路径。

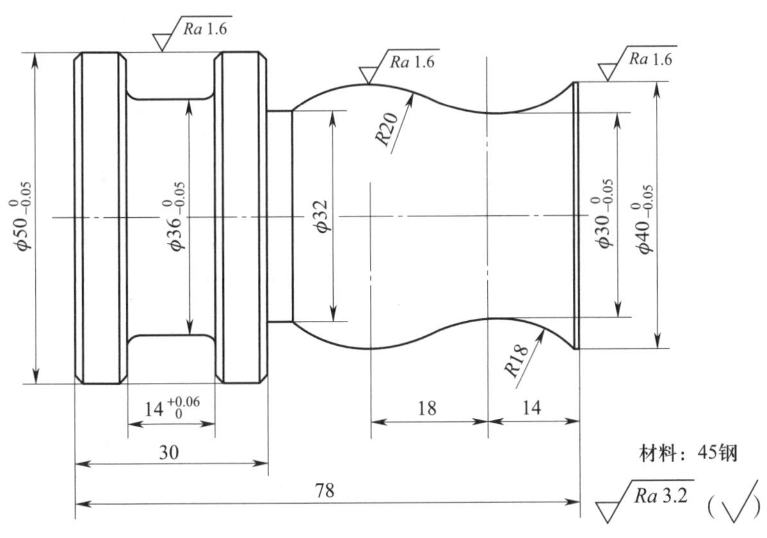


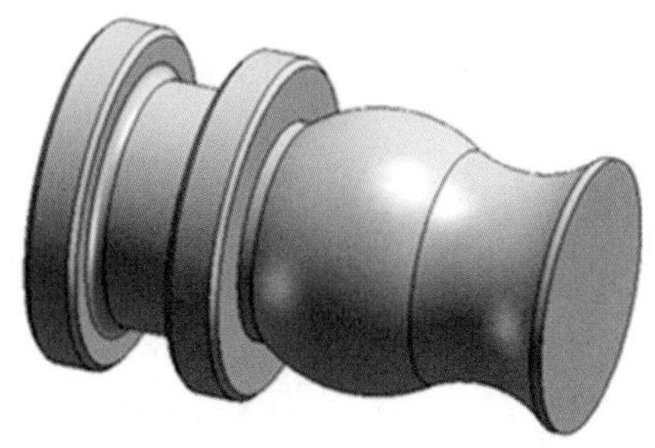

图 7–52　仿形车削与掉头车削

## 三、任务实施

### 1. 加工左侧轮廓

（1）加工准备

启动 CAXA 数控车 2020，单击功能选项卡中的“常用”，在其界面中绘制如图 7–53 所示的轮廓。

（2）规划车削粗加工刀具路径

1）单击“车削粗加工”按钮，弹出“车削粗加工（创建）”对话框，设置加工参数。其中，“切削行距”为“1.5”，“径向余量”为“0.2”，“轴向余量”为“0.1”。

2）切换至“几何”选项卡，分别选择如图 7–54 所示的“轮廓曲线”“毛坯轮廓曲线”“进退刀点”。

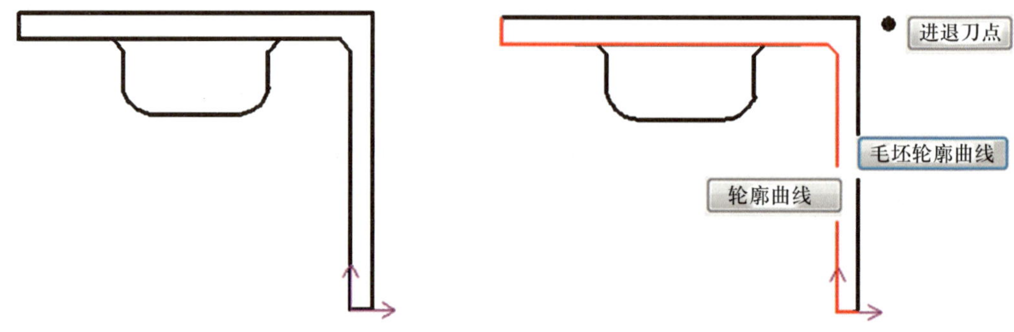


图 7–53 绘制加工轮廓　　图 7–54 选择“车削粗加工”几何轮廓

3）切换至“刀具参数”选项卡，在“轮廓车刀”子选项卡中将“刀具号”设为“1”，单击“DH 同值”按钮 DH同值。在“切削用量”子选项卡中将“进刀量”设为“200”（mm/min），“主轴转速”设为“800”（选中“恒转速”），完成后单击“入库”按钮 入库。

4）切换至“进退刀方式”选项卡，设置“进退刀方式”参数。其中，进刀方式选择“与加工表面成定角”，退刀方式选择“矢量”。

5）单击“确定”按钮 确定，生成如图 7–55 所示的“车削粗加工”刀具路径。

（3）规划车削精加工刀具路径

1）隐藏“1- 车削粗加工”刀具路径。

2）单击“车削精加工”按钮，在弹出的对话框中设置加工参数。其中，“切削行距”为“1”，“径向余量”和“轴向余量”均为“0”。

3）切换至“几何”选项卡，选择与粗加工相同的轮廓曲线和类似的进退刀点。

4）切换至“刀具参数”选项卡，从刀具库中选择 1 号“轮廓车刀”，修改“进刀量”为“120”，“主轴转速”为“1200”。

5）切换至“进退刀方式”选项卡，设置与粗加工类似的进退刀方式。

6）单击“确定”按钮 确定，生成如图 7–56 所示的“车削精加工”刀具路径。

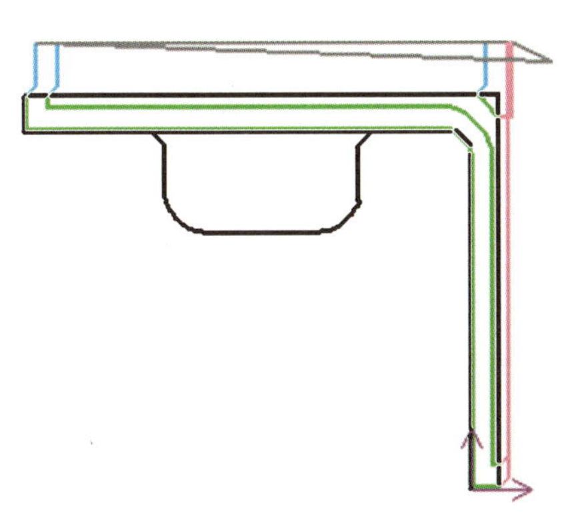

图 7–55　“车削粗加工”刀具路径

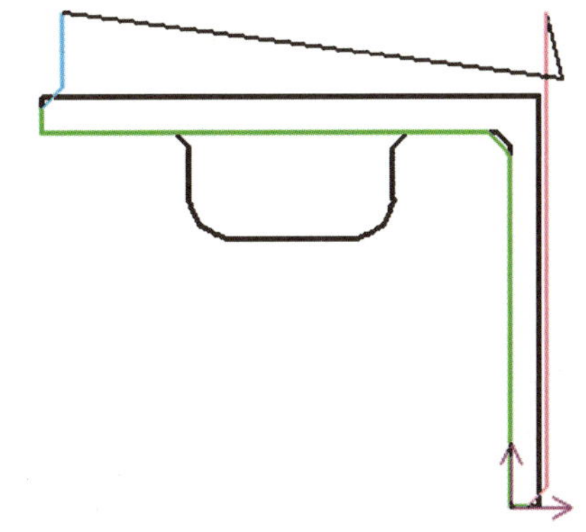

图 7–56　“车削精加工”刀具路径

（4）规划车削槽加工刀具路径

1）隐藏“2- 车削精加工”刀具路径。

2）单击“车削槽加工”按钮，弹出“车削槽加工（创建）”对话框，设置加工参数，选中“外轮廓”和“粗加工 + 精加工”单选按钮。

3）切换至“几何”选项卡，按图 7–57 所示选择轮廓曲线和进退刀点。

4）切换至“刀具参数”选项卡，设置刀具参数和切削用量。其中，“进刀量”为“80”，“主轴转速”为“600”。

5）单击“确定”按钮 确 定，生成如图 7–58 所示的“车削槽加工”刀具路径。

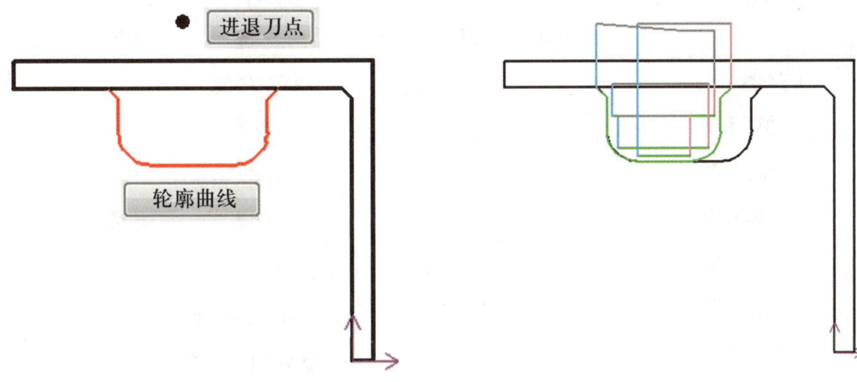


图 7–57　选择“车削槽加工”几何轮廓　　图 7–58　“车削槽加工”刀具路径

## 2. 加工右侧轮廓

（1）加工准备

新建文件，单击功能选项卡中的“常用”，在其界面中绘制如图 7–59 所示的轮廓。

（2）规划车削粗加工刀具路径

1）单击“车削粗加工”按钮，弹出“车削粗加工（创建）”对话框。按图 7–60 所示设置加工参数，其中“切削行距”为“1.5”，“径向余量”为“0.2”，“轴向余量”为“0.1”；选中“允许下切”复选框，设置“副偏角干涉角度”为“52”。

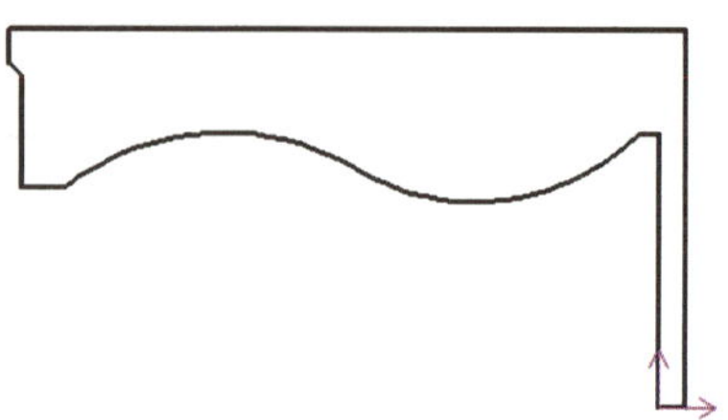

图 7-59　绘制加工轮廓

2）切换至“刀具参数”选项卡，在“轮廓车刀”子选项卡中设置“副偏角 B”为“52”，“刀具号”设为“2”，单击“DH 同值”按钮 DH同值。

3）切换至“切削用量”选项卡，将“进刀量”设为“200”（mm/min），“主轴转速”设为“800”（选中“恒转速”），完成后单击“入库”按钮 入库。

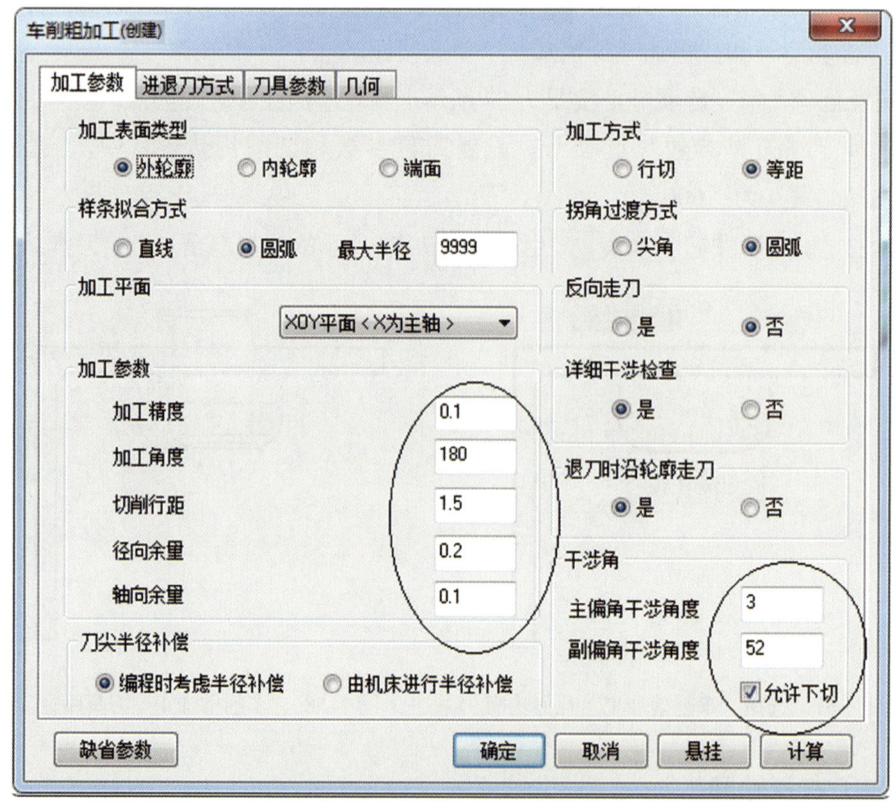


图 7-60　设置“车削粗加工”加工参数

4）切换至“几何”选项卡，分别选择如图 7-61 所示的“轮廓曲线”“毛坯轮廓曲线”“进退刀点”。

5）切换至“进退刀方式”选项卡，设置“进退刀方式”参数。其中，进刀方式选择“与加工表面成定角”，退刀方式选择“矢量”。

6）单击“确定”按钮 确定，生成如图 7-62 所示的“车削粗加工”刀具路径。

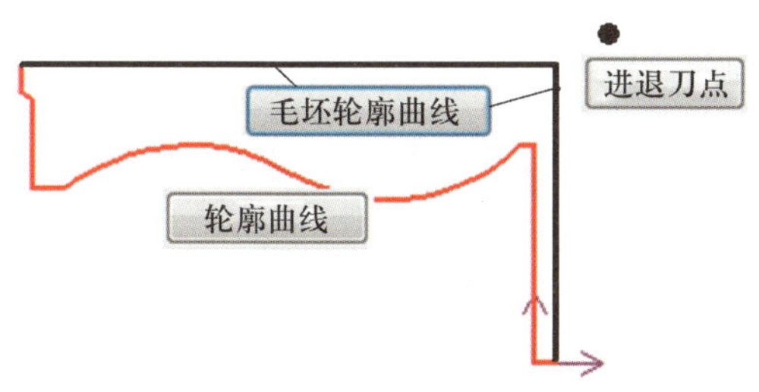

图 7-61　“车削粗加工”几何轮廓

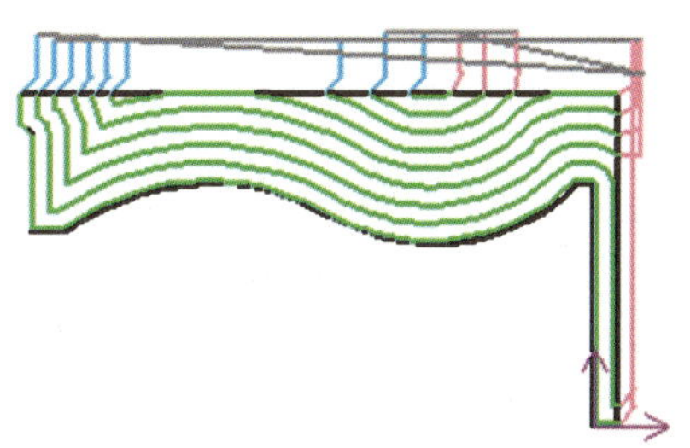
图 7-62　“车削粗加工”刀具路径

（3）规划车削精加工刀具路径

1）隐藏“1- 车削粗加工”刀具路径。

2）单击“车削精加工”按钮，在弹出的对话框中设置加工参数。其中，“切削行距”为“1”，“径向余量”和“轴向余量”均为“0”；选中“允许下切”复选框，设置“副偏角干涉角度”为“52”。

3）切换至“几何”选项卡，选择与粗加工相同的轮廓曲线和类似的进退刀点。

4）切换至“刀具参数”选项卡，从刀具库中选择 1 号“轮廓车刀”，修改“进刀量”为“120”、“主轴转速”为“1200”。

5）切换至“进退刀方式”选项卡，设置与粗加工类似的进退刀方式。

6）单击“确定”按钮 确定，生成如图 7-63 所示的“车削精加工”刀具路径。

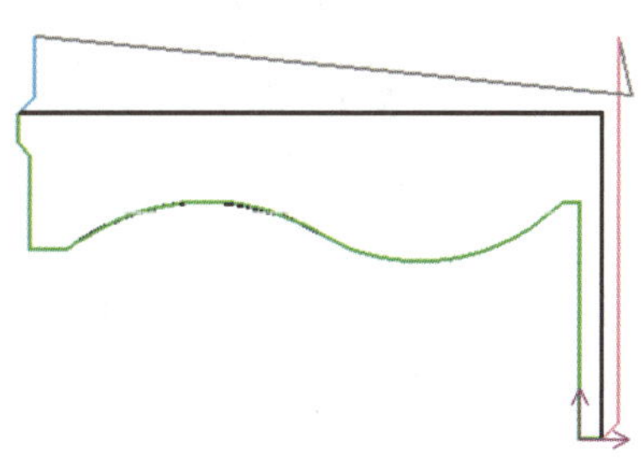
图 7-63　“车削精加工”刀具路径

## 四、知识拓展

### 1. 仿形车削过程中刀具的选择

在仿形车削过程中，由于要车削内凹的轮廓，为避免刀具后面与工件表面发生干涉，须选用副偏角较大的车刀进行加工。加工本例工件的刀具如图 7-64 所示，其刀尖角为 35°，主偏角为 93°，副偏角为 52°。

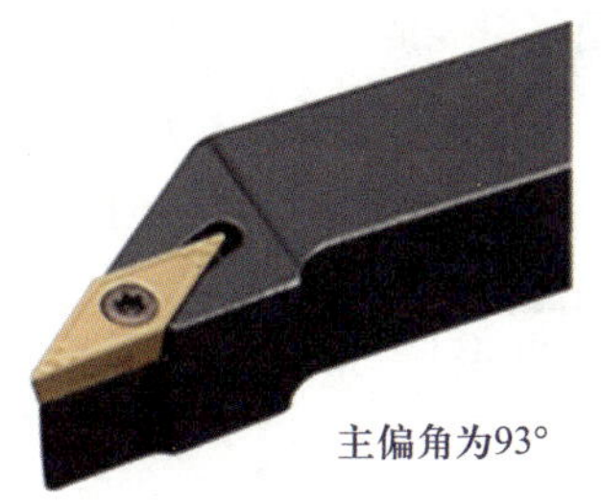

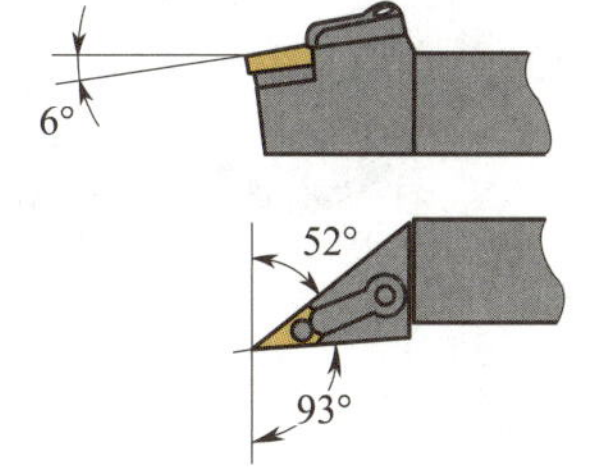

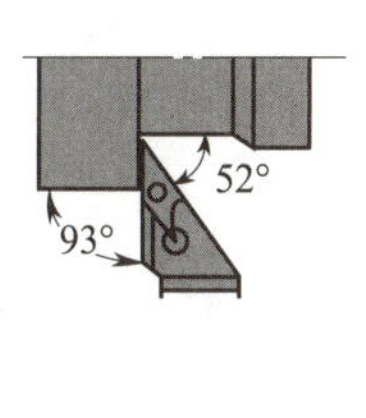

图 7-64　35°棱形车刀

### 2. 加工步骤的合理选择

以本例工件的加工为例，其具体加工步骤如下：

（1）选用主偏角为 93°的轮廓车刀粗加工左侧外轮廓。

（2）选用主偏角为 93°的轮廓车刀精加工左侧外轮廓。

（3）选用刀宽为“3”的外切槽刀粗、精加工外圆槽。

（4）将工件掉头，采用一夹一顶的方式进行装夹，车端面，钻中心孔。

（5）选用 35°棱形车刀（主偏角为 93°），采用仿形车削方式粗加工外轮廓。

（6）选用 35°棱形车刀（主偏角为 93°），采用仿形车削方式精加工外轮廓。

**想一想**

如果采用一夹一顶的装夹方式加工右侧外轮廓，应如何绘制加工轮廓？

## 五、任务拓展

任务拓展 1　车削如图 7–65 所示的零件，试规划其刀具路径。

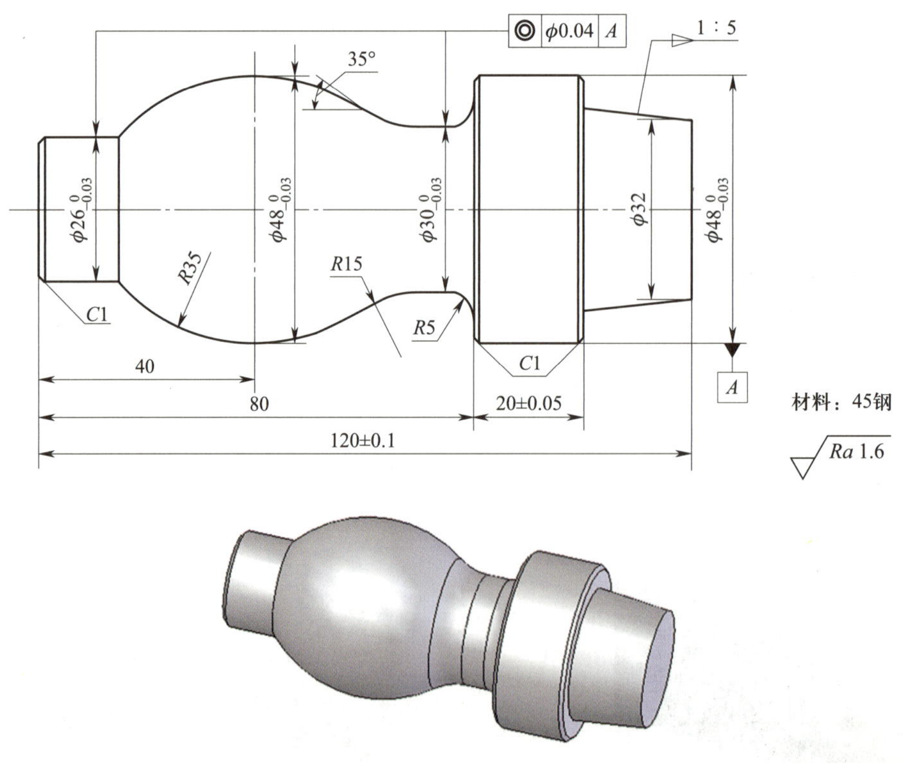


图 7–65　任务拓展 1

任务拓展 2　车削如图 7-66 所示的零件，试规划其刀具路径。

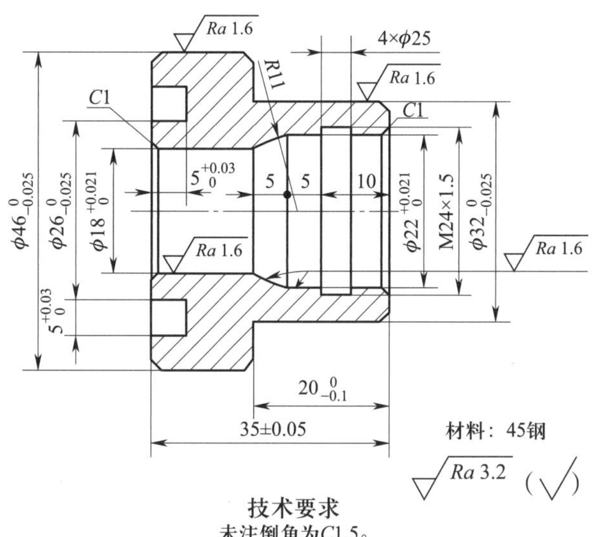


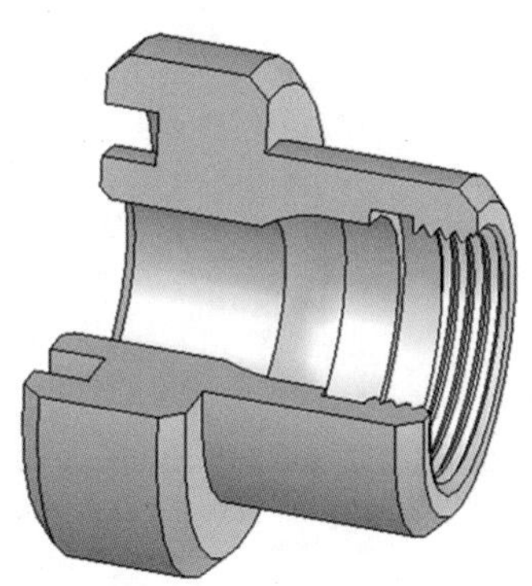

图 7-66　任务拓展 2